"十三五"国家重点出版物出版规划项目

面向可持续发展的土建类工程教育丛书

21 世纪高等教育建筑环境与能源应用工程系列规划教材

热泵技术与应用

第 3 版

主　编　张　昌

主　审　史　琳

机 械 工 业 出 版 社

本书阐述了热泵的基本原理和主要设备，以及热泵空调系统的设计方法和技术措施。其内容包括热泵机组的工作原理、空气源热泵系统设计、水源热泵系统设计、土壤源热泵系统设计、大型公共建筑热泵空调工程的应用实例等。本书注重知识的系统性，内容全面翔实，反映了热泵领域最新的科学研究成果和工程应用进展。

本书可作为高等学校建筑环境与能源应用工程专业本科生及研究生的教学用书，也可作为能源与动力工程、新能源科学与工程等专业教材，同时可供工程技术人员在设计、安装、使用热泵空调系统时参考。

本书配有电子课件，免费提供给选用本书作为教材的授课教师。需要者请登录机械工业出版社教育服务网（www.cmpedu.com）注册后免费下载。

图书在版编目（CIP）数据

热泵技术与应用/张昌主编. —3 版. —北京：机械工业出版社，2019.2
（2024.2 重印）

21世纪高等教育建筑环境与能源应用工程系列规划教材　"十三五"国家重点出版物出版规划项目　面向可持续发展的土建类工程教育丛书
ISBN 978-7-111-61639-9

Ⅰ.①热… Ⅱ.①张… Ⅲ.①热泵-高等学校-教材 Ⅳ.①TH3

中国版本图书馆 CIP 数据核字（2018）第 299705 号

机械工业出版社（北京市百万庄大街22号　邮政编码100037）
策划编辑：刘　涛　责任编辑：刘　涛　章承林　刘丽敏
责任校对：肖　琳　封面设计：陈　沛
责任印制：单爱军
中煤（北京）印务有限公司印刷
2024 年 2 月第 3 版第 6 次印刷
184mm×260mm·17.5 印张·1 插页·464 千字
标准书号：ISBN 978-7-111-61639-9
定价：49.80 元

电话服务　　　　　　　　　　网络服务
客服电话：010-88361066　　　机 工 官 网：www.cmpbook.com
　　　　　010-88379833　　　机 工 官 博：weibo.com/cmp1952
　　　　　010-68326294　　　金 书 网：www.golden-book.com
封底无防伪标均为盗版　　　机工教育服务网：www.cmpedu.com

第3版前言

2018 年 1 月 30 日，教育部发布了《普通高等学校本科专业类教学质量国家标准》，这是我国发布的第一个高等教育教学质量国家标准。其中，对建筑环境与能源应用工程专业的知识体系和核心课程体系都做了明确规定。各高校根据该标准修订教学计划，培养体现各自办学特色的专业人才。这无疑对专业课程教材提出了更广的选用范围和更高的质量要求。另外，建筑环境与能源应用工程系列规划教材入选"十三五"国家重点出版物出版规划项目，为各高校构建各具特色的专业课程体系提供了足够丰富的教材选配空间。因此，有必要再次修订《热泵技术与应用》，以提高本书的整体质量，进一步促进教材向精品迈进，推动课程教学从"教得好"向"学得好"转变。

在第 2 版的基础上，本次修订工作主要集中体现在以下五个方面：

1）补充了与热泵技术有关的国家或行业政策，更新了相关数据和技术信息。

2）以已经商业化的新工质 R1234yf 为例，阐述了工质的热力性质计算原理。

3）检查了全部插图并且修改了部分细节，便于教师在课堂上正确解说相关内容。

4）推敲了各章节的文字和标点符号，力求书面语言表达精准、语法正确、逻辑合理，使得读者能在阅读过程中准确无误地理解教材内容。

5）陈焰华和於仲义更新了部分热泵技术的工程案例。

本次电子课件的修订由邱庆龄完成。

《热泵技术与应用》从开始编写至第 3 版修订完毕历经十年，在全体编写教师的共同努力下，顺应了时代的发展且满足了专业教学的需求。高校广大师生以及暖通空调工程技术人员也期待本教材不断提高成为精品出版物。但是，由于编者的水平有限，书中缺点和不妥之处在所难免，敬请广大师生和专家学者批评指正。

武汉纺织大学

张　昌

于武昌南湖

第2版前言

本书第1版自2008年出版以来，受到高校广大师生以及暖通空调工程技术人员的普遍欢迎，在社会上产生了一定的影响。由于教材密切结合工程实际，内容深入浅出，文字流畅，图表清晰，不仅较好地满足了建筑环境与设备工程专业（原供热、供燃气、通风与空调专业）教学需要，还被国内相关专业广泛采用，同时也为工程技术人员在设计、施工、制造、运行热泵系统过程中提供参考。

2012年9月，教育部公布了新的高等学校本科专业目录，建筑环境与设备工程专业名称调整为建筑环境与能源应用工程。为了适应专业调整的要求，紧跟热泵技术工程应用的进展，提高教材质量，我们对《热泵技术与应用》第1版进行了修订。第2版增加了思考题，更新了涉及相关新规范的内容，更新了部分工程实例，纠正了发现的讹误。

以紧密配合应用型创新人才培养的需要为原则，第2版保持原有特色和框架结构，取材和深度适当有所扩充。本次修订主要做了以下变动：在第1章中介绍了与热泵技术有关的国家或行业政策，让学生了解热泵技术在我国的发展前景；在第2章中增补了热泵工质的热力性质计算原理的内容，以适应热泵制造和工程模拟的需要；在第5章中增补了海水源热泵系统设计、污水源热泵系统设计、水环热泵系统设计的内容，以开拓学生对热泵技术的应用视野；在第6章中增添了土壤热物性测试、复合式土壤源热泵系统设计和土壤源热泵运行管理与能效评价的内容，以加强对工程研究和施工管理的重视；在第7章中更新了部分热泵技术的工程案例，以体现本书与时俱进的编写意图。

本次修订工作由武汉纺织大学张昌教授、华中科技大学胡平放教授、武汉科技大学苏顺玉副教授、中信建筑设计研究总院有限公司陈焰华教授级高级工程师和於仲义高级工程师完成，全书由张昌统稿。本书由清华大学史琳教授担任主审。本书电子课件由武汉商学院邱庆龄高级工程师完成。

本书力图使所阐述的内容深刻而讲解通俗易懂，及时反映热泵技术的最新工程进展和成果，更好地适应新的拓宽专业的教学。但是，限于编者的水平，书中难免有错误和不妥之处，敬请读者提出宝贵意见，以使本书不断得到完善。

武汉纺织大学

张　昌

2014年5月于武汉

第1版前言

在人居环境中，许多场合需要温度不是很高的热源。为此，人们非常重视利用低位能量的热泵技术。热泵技术是从热力学第二定律出发，利用一部分高位能源（煤、石油、电能等）来提升另一部分低位能源（空气、水、土壤、太阳能、工业废热等），以达到节约高位能源的目的。这是一种既可节约一次能源，又可减少环境污染的有效节能技术，深受建筑环境与设备工程师的青睐。热泵空调系统的应用研究正在逐步向大、中型和多样化方向发展，热泵装置已进入了家庭、公共建筑物、厂房，以提供空调采暖、热水供应所需的热量，并且还在一些工业生产的工艺过程中得到应用。

本书主要阐述了热泵的基本原理和主要设备，以及热泵空调系统的设计方法和技术措施，并介绍了大型公共建筑热泵空调工程的成功应用实例。因此，本书不仅可作为高等学校建筑环境与设备工程专业本科生及研究生的教学用书，还可供工程技术人员在设计、安装、使用热泵空调系统时参考。

本书共分8章，由武汉纺织大学张昌教授拟定提纲并编写第1章、第2章、第4章，武汉市建筑设计院陈焰华教授级高级工程师编写第7章，华中科技大学胡平放副教授和於仲义博士编写第6章、第8章，武汉科技大学刘秋新教授编写第5章，武汉纺织大学魏文平副教授编写第3章。本书由张昌统稿。

本书由张昌任主编，胡平放任副主编，清华大学博士生导师史琳教授任主审。

本书引用了许多参考文献和工程案例，谨向有关文献的作者和工程案例的设计者表示衷心感谢。由于编者的水平有限，书中缺点和不妥之处在所难免，敬请专家和读者批评指正。

编者
2007 年 12 月于武昌南湖

目 录

第1章
概　　论

1.1　热泵的节能与环境效益

1.1.1　热泵的定义

热泵是一种以消耗部分能量作为补偿条件使热量从低温物体转移到高温物体的能量利用装置。热泵能够把空气、土壤、水中所含的不能直接利用的热能、太阳能、工业废热等转换为可以利用的热能。在暖通空调工程中可以用热泵作为空调系统的热源来提供100℃以下的低温用能。

根据热力学第二定律，热量是不会自动从低温区向高温区传递的，必须向热泵输入一部分驱动能量才能实现这种热量的传递。热泵虽然需要消耗一定量的驱动能，但根据热力学第一定律，所供给用户的热量却是消耗的驱动能与吸取的低位热能的总和。因为用户通过热泵获得的热量永远大于所消耗的驱动能，所以说热泵是一种节能装置。热泵的制热量与热泵的驱动能量之比称为热泵的制热系数，常用来分析热泵的经济性。

热泵与制冷机从热力学原理上说是相同的，都是按热机的逆循环工作的。两者所不同的是使用的目的不同。制冷机利用吸取热量而使对象变冷，达到制冷的目的；而热泵则是利用排放热量向对象供热，达到供热的目的。另外，两者的工作温度范围也不同，如图1-1所示。制冷机在环境温度T_a和被冷却物体温度T_c之间工作，从作为低温热源的被冷却物体中吸热，向作为高温热源的环境介质排热，以维持被冷却物体温度低于环境温度。热泵在被加热物体温度T_h和环境温度T_a之间工作，从作为低温热源的环境介质中吸热，向作为高温热源的被加热物体供热，以维持被加热物体温度高于环境温度。

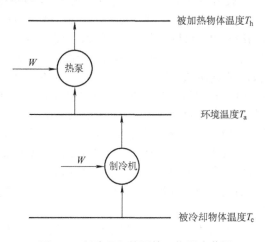

图1-1　制冷机和热泵的工作温度范围

1.1.2　热泵的节能效益

随着我国人居环境的改善和人民生活质量的提高，公共建筑和住宅的供热和空调已成为普遍的需求，造成建筑能耗占全社会总能耗的比例很大且持续增长。据统计，2015年我国建筑能耗已达到8.57亿t标准煤，占全国能源消费总量的20%。在发达国家中，供热和空调的能耗可占到社会总能耗的30%。有国外资料统计，办公楼中仅空调系统耗能量就占总耗能量的35%左右，商住楼中仅空调系统耗能量就占总耗能量的25%左右。所以空调系统节能始终是建筑环境与设备领域中的重要研究课题之一。

根据热泵定义的阐述，热泵空调技术是一种有效的节能手段，可以大大降低一次能源的消耗。有研究表明，电动热泵的制热系数只要大于3，则从能源利用观点看热泵就会比热效率为80%的区域锅炉房用能节省。目前，家用热泵空调器随着热泵技术的进步，制热性能系数已经达到或超过3。各种大型热泵机组的制热能效比（EER）绝大部分大于3。VRV热泵机组的制热性能系数在4.2左右。由此可见，热泵作为空调系统的热源要优于目前传统的供热方式，是一种有效的节能手段。

评价热泵的节能作用时，不仅要看其数量上的收益，还要看其质量上的效果。因为任何实际的能量利用过程都存在量的守恒性和质的贬值性，必须合理做到按质用能才是热力学原理上的节能。热泵从低温热源吸取的低位热能不仅从数量上减少了高品位能量的消耗，而且避免了这些在数量上相等的高品位能因温度的降低所造成的做功本领的损失。也就是说热泵在质的方面减缓了能量的降级或贬值，这就是为什么目前在大城市的重要建筑物中广泛采用热泵技术的重要原因。从综合的经济效益与社会效益看，热泵在我国的发展具有广阔的空间。

1.1.3　热泵的环境效益

当今全球面临环境恶化问题主要有：CO_2、甲烷等产生的温室效应，SO_2、氮氧化合物等酸性物质引起的酸雨，氯氟烃类化合物引起的臭氧层破坏等。而目前空调冷热源中采用的能源基本属于矿物能源。矿物燃料燃烧过程会产生大量CO_2、NO_x、SO_x等有害气体和烟尘，造成环境污染和地球温度上升。2007年我国的温室气体排放量达82.87亿t CO_2当量，2010年我国的温室气体排放量居世界第一位。2016年世界卫生组织发布的空气污染最严重的30个城市中，我国占了6个。我国环境保护问题伴随着工业化、城市化、现代化过程的推进将变得十分突出。

热泵技术就是一种有效节省能源、减少CO_2排放和大气污染的环保技术。把热泵作为空调系统的冷热源，可以把自然界中的低温废热转变为暖通空调系统可利用的再生热能，这就为人们提出了一条节约矿物燃料进而减少温室气体排放、提高能源利用率进而减轻环境污染的新途径。例如，在向暖通空调用户提供相同热量的情况下，电动热泵比燃油锅炉节约40%左右的一次能源，CO_2排放量可减少68%，SO_2排放量可减少93%，NO_2排放量可减少约73%。1997年就有学者估算，全球建筑物和工业中所装的热泵减少1.14亿t CO_2排放量，如果热泵在建筑物供热方面所占份额达到30%，则能减排CO_2 2亿t。所以，许多国家把热泵技术作为减少CO_2、NO_x、SO_x等有害气体和烟尘排放量的有效方法，一些国家的热泵供热量占总供热量的份额已经大幅增加。回顾欧洲和日本的热泵市场发展情况来看，从20世纪90年代开始总体上处于上升状态，进入21世纪后更是增速显著。随着热泵技术的进一步提高和推广，热泵的广泛应用将会带来良好的环境效益。

综上所述，热泵的发展不仅与国民经济总体发展及热泵本身技术进展有关，还与能源的结构与供应、环境保护与可持续发展密切相关。为此暖通空调工作者应加强有关热泵空调方面的研究工作，积极推广和使用热泵空调技术。

1.2　热泵循环的热力学原理

1.2.1　逆卡诺循环

理想的热泵循环是在两个恒温热源间工作的逆卡诺（Carnot）循环。图1-2所示是逆卡诺循环的温熵图。首先，工质在理想热泵中做等温膨胀自状态 4 变化到状态 1，同时在温度 T_L 下从低温热源中吸取热量；接着，工质被等熵压缩至状态 2，其温度由 T_L 升高至 T_H；随后，工质被等温压缩至状态 3，同时在温度 T_H 下向高温热源放出热量；最后，工质再经等熵膨胀回复到状态 4，其温度也由 T_H 降至 T_L，从而完成整个循环。

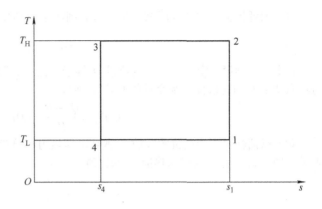

图 1-2　逆卡诺循环温熵图

　　由热力学理论可以证明，按逆卡诺循环工作的热泵的制热系数为

$$COP_h = \frac{T_H}{T_H - T_L} \qquad (1\text{-}1)$$

　　而且，在同样热源条件下理想的热泵循环具有最大的制热系数，因此它是同样热源条件下的实际循环的比较标准。

1.2.2　洛伦兹循环

　　在实际情况中，随着热源与工质之间热交换过程的进行，热源的温度将会发生变化。对于工作在两个变温热源之间的理想热泵循环，可以用洛伦兹（Lorenz）循环来描述。如图 1-3 所示，洛伦兹循环是由两个等熵过程和两个工质与热源之间无温差的传热过程所组成的。1－2 表示等熵压缩过程；2－3 表示工质的可逆放热过程，其温度由 T_2 降低到了 T_3，而高温热源的温度则由 T_3 升高至 T_2；3－4 表示等熵膨胀过程；4－1 表示工质的可逆吸热过程，其温度由 T_4 升高至 T_1，而低温热源的

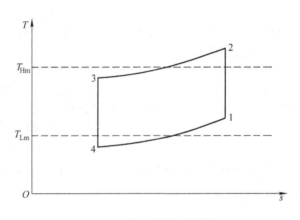

图 1-3　洛伦兹循环温熵图

温度则由 T_1 降至 T_4。在洛伦兹循环中为了使工质与热源之间实现无温差的热交换，必须采用理想的逆流式换热器。

　　由热力学理论可以证明，按洛伦兹循环工作的热泵的制热系数，与在平均吸热温度 T_{Lm} 和平均放热温度 T_{Hm} 间工作的逆卡诺循环制热系数相等，即

$$COP_h = \frac{T_{Hm}}{T_{Hm} - T_{Lm}} \qquad (1\text{-}2)$$

1.2.3　热泵的热力经济性指标

　　常用的热泵系统热力经济性指标有性能系数（Coefficient of Performance，COP）、制热季节性能系数（Heating Seasonal Performance Factor，HSPF）和热泵的㶲效率。

1. 热泵的性能系数

热泵制热时的性能系数称为制热系数 COP_h，热泵制冷时的性能系数称为制冷系数 COP_c。

对于消耗机械功的蒸气压缩式热泵，其制热系数 COP_h 为制热量 Q_h 与输入功率 P 的比值。即

$$COP_h = \frac{Q_h}{P} \tag{1-3}$$

根据热力学第一定律，热泵制热量 Q_h 等于从低温热源吸热量 Q_c 与输入功率 P 之和。由于 Q_c 与输入功率 P 的比值称为制冷系数 COP_c，所以

$$COP_h = \frac{Q_c + P}{P} = COP_c + 1 \tag{1-4}$$

对于以消耗热能为代价的吸收式热泵，其热力经济性指标可用热力系数（Heat Ratio）ξ 来表示，即为制热量 Q_h 与输入热能 Q_g 的比值：

$$\xi = \frac{Q_h}{Q_g} \tag{1-5}$$

2. 制热季节性能系数

由于热泵的经济性不仅与热泵本身的设计和制造情况有关，还与热泵运行时的环境温度有关，而环境温度又是随地区及季节的不同而变化的。为了进一步评价热泵系统在整个采暖季节运行时的热力经济性，就要用到热泵的制热季节性能系数（Heating Seasonal Performance Factor，HSPF）。HSPF 可表示为

$$HSPF = \frac{供热季节总的供热量}{供热季节热泵消耗的总能量 + 供热季节辅助加热的耗能量} \tag{1-6}$$

美国能源部（DOE）制定的测定集中式空调机能耗的统一试验方法中规定，用 HSPF 表示热泵的经济性。美国能源部和美国空调制冷学会（ARI）还提出了估算 HSPF 值的温度频段方法。

3. 热泵的㶲效率

由热力学定律可知，如果实际热泵循环越接近理想热泵循环，则实际热泵的不可逆损失越小。㶲效率能够准确而又定量地反映出热泵热力过程的不可逆性，可以对各种工况下的热泵循环的热力完善性做出统一的评价。热泵的㶲效率定义为

$$\eta_{ex} = \frac{热泵输出的㶲}{输入热泵的㶲} \tag{1-7}$$

当电驱动热泵的制热量为 Q_h 时，热泵的输出㶲为 $\left(1 - \frac{T_L}{T_H}\right)Q_h$，输入功率 P 的㶲还是等于 P 值。因此有

$$\eta_{ex} = \frac{\left(1 - \dfrac{T_L}{T_H}\right)Q_h}{P} = \left(1 - \frac{T_L}{T_H}\right)\frac{Q_h}{P} = \left(1 - \frac{T_L}{T_H}\right)COP_h \tag{1-8}$$

热泵的㶲效率越高说明热泵循环过程中的㶲损失越小，热力完善程度越好。用式（1-8）就可以说明电阻加热设备比热泵性能差的理由。电阻加热设备得到的热量就是输入的电能，$Q_h = P$，$\eta_{ex} = \left(1 - \frac{T_L}{T_H}\right)$；热泵工作时，$Q_h > P$，$COP_h > 1$，$\eta_{ex} = \left(1 - \frac{T_L}{T_H}\right)COP_h$。结论是电阻加热设备的㶲效率比热泵的㶲效率低。也就是说电阻加热设备㶲损失大，电能转变为热能的过程中有一部分转变成了炕，损失了做功的能力。

1.3 热泵的低位热源

1.3.1 空气

空气是热泵空调的主要低位热源之一。空气源热泵装置的安装和使用也比较方便，目前的

产品主要是家用热泵空调器、商用单元式热泵空调机组和风冷热泵冷热水机组。用空气作为热泵装置的低位热源时也可利用来自建筑物内部排出的热空气。当建筑物内某些生产、照明设备的散热量较多，具有足够的发热量需排除时，此时可将这些热量作为热泵的低位热源加以利用。这样不仅可以减少加热新风的热负荷，同时与采用室外空气作为低位热源相比还能提高制热系数。

在暖通空调工程中，常用"采暖度日"（Heating Degree Day，HDD）数来反映该地区冬季供暖的需求。采暖度日（HDD）是采暖期间室温与室外空气日平均温度之差的累计值。日本学者曾提出，当采暖度日数 <3000 时在工程中采用空气源热泵是可行的。我国除寒冷地带以外，很大一部分地区的大气温度是可以满足热泵制热工况的要求的。根据《建筑气候区划标准》（GB 50178—1993），全国分为 7 个一级区，一级区区划指标见表 1-1。Ⅱ区的气候特点是冬季气温较低但是空气干燥，1 月平均气温为 -10 ~ 0℃，年平均气温低于 5℃ 的日数为 90 ~ 145d；在采暖期里白天气温高于 -3℃ 的时数占很大的比例，最冷月室外相对湿度范围为 45% ~ 65%，空气源热泵的结霜现象又不太严重，有利于空气源热泵机组安全可靠地运行。Ⅲ区是我国夏热冬冷地区，夏季闷热，7 月平均气温为 25 ~ 30℃，年日平均气温大于 25℃ 的日数为 40 ~ 110d；冬季湿冷，1 月平均气温为 0 ~ 10℃，年平均气温低于 5℃ 的日数为 0 ~ 90d。Ⅴ区 1 月平均气温为 0 ~ 13℃，年平均气温低于 5℃ 的日数为 0 ~ 90d。在Ⅲ区和Ⅴ区以室外空气作为热泵的低位热源是合理且可行的。近年来的热泵应用情况证明，在这些地区选用空气源热泵供冷、供暖是较为合适的选择。

表 1-1 一级区区划指标

区名	主要指标	辅助指标	各区辖行政区范围
Ⅰ	1 月平均气温 ≤ -10℃ 7 月平均气温 ≤ 25℃ 7 月平均相对湿度 ≥ 50%	年降水量 200 ~ 800mm 年日平均气温 ≤ 5℃ 的日数 ≥ 145d	黑龙江、吉林全境；辽宁大部；内蒙古中、北部及陕西、山西、河北、北京北部的部分地区
Ⅱ	1 月平均气温 -10 ~ 0℃ 7 月平均气温 18 ~ 28℃	年日平均气温 ≥ 25℃ 的日数 <80d 年日平均气温 ≤ 5℃ 的日数 145 ~ 90d	天津、山东、宁夏全境；北京、河北、山西、陕西大部；辽宁南部；甘肃中、东部以及河南、安徽、江苏北部的部分地区
Ⅲ	1 月平均气温 0 ~ 10℃ 7 月平均气温 25 ~ 30℃	年日平均气温 ≥ 25℃ 的日数 40 ~ 110 年日平均气温 ≤ 5℃ 的日数 90 ~ 0d	上海、浙江、江西、湖北、湖南全境；江苏、安徽、四川大部；陕西、河南南部；贵州东部；福建、广东、广西北部和甘肃南部的部分地区
Ⅳ	1 月平均气温 >10℃ 7 月平均气温 25 ~ 29℃	年日平均气温 ≥ 25℃ 的日数 100 ~ 200d	海南、台湾全境；福建南部；广东、广西大部以及云南西南部和元江河谷地区
Ⅴ	7 月平均气温 18 ~ 25℃ 1 月平均气温 0 ~ 13℃	年日平均气温 ≤ 5℃ 的日数 0 ~ 90d	云南大部、贵州、四川西南部、西藏南部一小部分地区
Ⅵ	7 月平均气温 <18℃ 1 月平均气温 0 ~ -22℃	年日平均气温 ≤ 5℃ 的日数 90 ~ 285d	青海全境；西藏大部；四川西部、甘肃西南部；新疆南部部分地区
Ⅶ	7 月平均气温 ≥18℃ 1 月平均气温 -5 ~ -20℃ 7 月平均相对湿度 <50%	年降水量 10 ~ 600mm 年日平均气温 ≥ 25℃ 的日数 <120d 年日平均气温 ≤ 5℃ 的日数 110 ~ 180d	新疆大部；甘肃北部；内蒙古西部

空气源热泵也有其局限性。

1）要考虑补充热源的问题。当室外温度降低时，建筑物空调热负荷会随大气温度的降低而增加，但热泵的制热系数却相反地随着大气温度的降低而下降，热泵的供热能力就降低。为了弥补热泵的这种供需不平衡现象，需要用其他辅助热源补充加热量。

2）要解决除霜问题。冬季空气温度很低时，空气源热泵的室外换热器表面温度低于0℃且低于空气的露点温度时，空气中的水分就会在换热器表面凝结成霜，致使空气源热泵的制热系数和运行的可靠性降低。空气源热泵需要定期除霜，这不仅消耗大量的能量而且影响空调系统正常运行。

3）要注意噪声问题。由于空气的比热容小，为获得足够的热量，其室外蒸发器所需的风量较大，因而风机的容量增大，致使空气源热泵装置的噪声较大。

4）要防止材料被腐蚀问题。在沿海地区使用的热泵，其室外换热器的肋片选材以铜片为好，并应做专门的耐蚀镀层，以减少含有腐蚀性成分的空气造成的损害。

1.3.2　水

地表水（江河水、湖水、海水等）、地下水（深井水、泉水、地热水等）、工业和生活废水都可用作热泵的低位热源。水作为热源的优点有两个：一是水的比热容大、传热性能好，所以换热设备体积紧凑；二是水温一般比较稳定，因而热泵的运行工况稳定。利用水作为热泵的低位热源时，要附设取水装置和水处理设施，而且应考虑换热设备和管路系统的腐蚀问题。

1. 地表水

用地表水作为热泵的热源有两种方式：一种方式是用泵将水抽送至热泵机组的蒸发器换热之后返回水源；另一种方式是在地表水水体中设置换热盘管，用管道与热泵机组的蒸发器连接成回路，换热盘管中的媒介水在水泵的驱动下循环经过蒸发器。在采用地表水时，应尽可能减少对河流或湖泊造成的生态影响。

我国的地表水资源丰富，如果能用江、河、湖、海的水作为热泵的低位热源，则经济效益是很可观的。地表水相对于室外空气可算是高质量的低位热源，只要地表水冬季不结冰，均可作为低位热源使用。例如，武汉长江1月的平均水温为6.7℃，武汉东湖1月的平均水温为3.1℃，不存在结冰问题。而且冬季水温比空气温度明显地稳定，有利于热泵稳定运行。

海洋是一个巨大的能量储存库，占整个气候系统总热量的95.6%。据估算，到达地表的太阳辐射能约有80%为海洋表面所吸收。海洋水温随深度增加昼夜变化幅度减小，15m以下无昼夜变化，140m以下无季节性变化。赤道及两极地带海洋的温度年温差不超过5℃，而温带海洋水温年温差为10～15℃。海洋水温在垂直方向上，水温波动幅度从表层向下层衰减很快，在2000m以下水温几乎没有变化。海洋表层水温的分布主要取决于太阳辐射和洋流性质。等温线大体与纬线平行，低纬水温高，高纬水温低，纬度平均每增高1°水温下降0.3℃。

我国海域冬季表层水温自北向南逐渐升高，表层之下水温均匀且高于海面空气温度。冬季水温的分布规律是：沿岸低，外海高，径向梯度较大。由于海水的比热容比空气的比热容大，因此冬季海水降温比空气滞后。渤海表层冬季水温为 -1～1℃，渤海中央温度高，温度自中央向四周递减，东部高西部低。黄海表层冬季水温为0～10℃，黄海中央为一高温水舌由南向北伸展。东海表层冬季水温为8～21℃，呈现西北低东南高的形态，致使等温线基本上都呈西南—东北走向。南海表层冬季水温为16～26℃，等温线分布大致与海岸平行，温度由岸向外海递增。由此可见，我国沿海的海水都是很好的低位热源。

选用地表水作为热泵低位热源时，应注意地表水的特性对热泵机组运行的影响。

1）江河水流量变化大会引起水位变化幅度大，取水构筑物在枯水期内也要能保证热泵机组的需水量。

2）江河水温的变化将会影响热泵机组的运行工况，水温变化范围应能够在热泵机组正常运行的工况范围内。

3）江河水含沙量大的情况下，要采取防沙处理措施。

4）海水含盐量高且海洋生物丰富，热泵系统要有防腐和清除的手段。

5）在湖水中采热时，要防止热污染和破坏湖泊的生态平衡。

2. 地下水

地下水温度变化主要受气候和地温的影响，尤其是地温。因土壤的隔热和蓄热作用，地表20m以下深井水温随季节气温的变化较小，对热泵运行十分有利。深井水的水温一般比当地年平均气温高 $1 \sim 2 ℃$。我国东北地区深井水温为 $10 \sim 14 ℃$，华北地区为 $14 \sim 18 ℃$，华东地区为 $19 \sim 20 ℃$，西北地区为 $18 \sim 20 ℃$，中南地区为 $19 \sim 21 ℃$。作为热泵的低位热源，地下水无论其水质、水温都是适宜的。对于地下热水，还可先作为供热的热媒再作为热泵的低位热源，实现地下热水的梯级利用，提高能量利用率。

地下砂岩和砾岩因为孔隙率较大、渗透性好而容易形成含水层。因为含水层的砂层粒度越大，含水层的渗透系数越大，出水量就大，所以应选择地下含水层为砾石和中粗砂区域作为地下水源。地下水的补给一般有两个来源，一是雨水渗入地下，二是外区地下水由地下透水层渗流到本区。用井水作为热泵空调的低位热源时，必须采用"井水回灌"的方法，用过的井水应回灌到原含水层中以防止地面的沉降。

3. 生活废水

我国城市生活废水的排放量巨大。2015年全国废污水排放总量735.3亿t中，城镇生活污水排放量535.2亿t。根据全国城镇污水处理及再生利用的要求，城市污水集中处理率将会年年增高，为城市生活废水用作热泵站的热源创造了基本条件。洗衣房、浴池、旅馆等排出废水的温度一般都在30℃以上，用这些废水作为热泵的低位热源，可以使热泵具有较高的制热系数。城市生活废水作为热泵低位热源时，必须贮存热泵用水量 $2 \sim 3$ 倍的生活废水，使热泵能连续运行以免供热量波动。此外，如何保持换热设备表面的清洁也是值得注意的问题。由于热泵热源使用生活废水只吸纳和释放热量，水温改变但水质不改变，因为必须按照《污水综合排放标准》（GB 8978—1996）的规定，经处理并达到一、二级排放标准后方可排至相应标准的水域或海域。

4. 工业废水

工业废水的数量可观，大有利用的前途。2015年全国的工业废水排放量为199.5亿t。各种设备用过的冷却水温升一般为 $5 \sim 8 ℃$ 且热量巨大，有的设备冷却水的温度甚至达到80℃。可以利用热泵回收这些废水的热量用于供热。对于温度较高的冶金钢铁工业废水，可直接作为供热的热媒或作为吸收式热泵的驱动能源。

1.3.3　土壤

地表浅层土壤相当于一个巨大的集热器，土壤热源是人类可利用的可再生能源，是热泵的一种良好的低位热源。土壤的持续吸热率一般为 $20 \sim 40 W/m^2$。土壤的蓄热性能好，温度波动小。土壤温度的年变化是指一年中每个月的平均温度变化，如图1-4所示。一般来说，从地表到地下15m的表层，土壤全年平均温度略高于气温。土壤越深则其温度年变化也越小，在我国大部分地区15m以下土壤就进入常温层，约等于当地年平均气温。从图1-4上可看到，土壤温度的变化较空气温度（深度0m）的变化有滞后和衰减的特点。由于土壤温度有延迟性，当室外空气的温度最低时，室内需要的热量也最多，而此时土壤层内却具有较高的温度，并且土壤层内温度能保持较稳定。所以把土壤作为热泵的低位热源，与空气源相比更能与建筑物热负荷较好地匹配。这对于空气调节是非常有利的。

土壤热源的主要缺点：①土壤的热导率小，地下盘管换热器的传热系数小，需要较大的传热面积，因此地下盘管换热器比较大导致占地面积大；②地下盘管换热器在土壤中埋得较深，所以土壤中埋设管道成本较高，运行中发生故障不易检修；③用盐水或乙二醇水溶液作中间载热介质时，增大了热泵工质与土壤之间的传热温差和管内介质的流动阻力，影响热泵循环的经济性。

1.3.4　太阳能

太阳以电磁波的形式向外辐射能量，它的辐射波长范围从0.1nm以下的宇宙射线直至无线电波的绝大部分，可见光（波长为400～780μm）

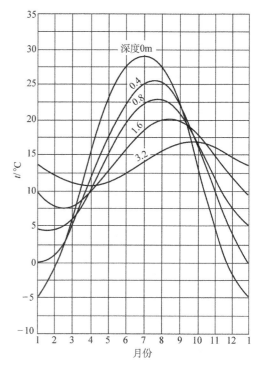

图1-4　不同深度土壤的温度曲线

只占整个电磁辐射波的很小部分。在应用太阳能系统时，通常把它看成是温度为6000K的黑色辐射体。地球只接收到太阳总辐射量的22亿分之一，即有1.73×10^{17}W到达地球大气层上缘。由于穿越大气层时的衰减，最后约有8.5×10^{16}W的能量到达地球表面。这个数量相当于目前全世界总发电量的几十万倍。但其辐射强度最多不超过1000W/m^2，属低密度能源，且受天气阴晴影响。因此，利用太阳能需要较大的设备投资。

我国的太阳能资源十分丰富，陆地表面每年接收的太阳辐射能约为50×10^{18}kJ，将是未来热泵的主要热源之一。根据接收太阳能辐射强度的大小，全国大致上可分为以下五类地区：

一类地区的全年日照时数为3200～3300h，辐射量为6680～8400MJ/（m^2·a），相当于225～285kg标准煤燃烧所发出的热量。一类地区主要包括青藏高原、甘肃北部、宁夏北部和新疆南部等地。其中拉萨是世界著名的阳光城。

二类地区的全年日照时数为3000～3200h，辐射量为5852～6680 MJ/（m^2·a），相当于200～225kg标准煤燃烧所发出的热量。二类地区主要包括河北西北部、山西北部、内蒙古南部、宁夏南部、甘肃中部、青海东部、西藏东南部和新疆南部等地。

三类地区的全年日照时数为2200～3000h，辐射量为5016～5852MJ/（m^2·a），相当于170～200kg标准煤燃烧所发出的热量。三类地区主要包括山东、河南、河北东南部、山西南部、新疆北部、吉林、辽宁、云南、陕西北部、甘肃东南部、广东南部、福建南部、江苏北部和安徽北部等地。

四类地区的全年日照时数为1400～2200h，辐射量为4190～5016MJ/（m^2·a），相当于140～170kg标准煤燃烧所发出的热量。四类地区主要是长江中下游、福建、浙江和广东的一部分地区。

五类地区的全年日照时数为1000～1400h，辐射量为3344～4190MJ/（m^2·a），相当于115～

140kg 标准煤燃烧所发出的热量。五类地区主要包括四川、贵州两省。

占全国总面积 2/3 以上的一、二、三类地区具有利用太阳能的良好条件，四、五类地区太阳能资源也有一定的利用价值。把太阳能作为热泵热源，一般是采用太阳能集热器为热泵提供热量。具有蓄热功能的太阳能集热器可使水温达 10 ~ 20℃，然后由热泵提升水温达到 30 ~ 50℃，水作为载热介质输送到空调用户。

由于太阳辐射有季节、昼夜的变化，故太阳能辐射热量具有很大的不稳定性。要利用太阳能必须要解决太阳能的间歇性和低密度性问题，要有大容量的蓄热槽并且配置其他形式的辅助热源。集热器的性能与成本也对整个太阳能热泵系统的有效性和经济性产生重大影响。

1.4　热泵的驱动能源和驱动装置

1.4.1　热泵的驱动能源和能源利用系数

目前运行的热泵大部分都是由电能驱动的。除了电驱动热泵之外，热泵还可以利用石油、天然气的燃烧热以及蒸气或热水来驱动，故称为热驱动热泵。电能属二次能源的范畴，而煤、石油、天然气属一次能源的范畴。电能是由一次能源转变而成的，在转换过程中会有损失。因此热泵的驱动能源不同时，必须用一次能源利用率来评价热泵的效率。一次能源利用率也称为能源利用系数，一般用 E 表示，它表示供热量与一次能耗的比值。电能驱动的热泵与有热回收的内燃机驱动热泵的能流对比如图 1-5 所示。

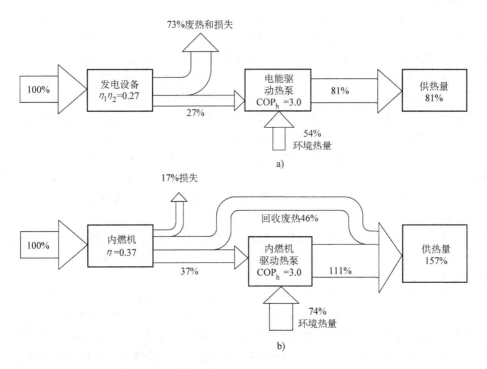

图 1-5　电能驱动的热泵与有热回收的内燃机驱动热泵的能流对比

a）电能驱动的热泵　　b）有热回收的内燃机驱动的热泵

对于图 1-5a 所示的电能驱动的热泵，如果发电效率为 η_1，输配电效率为 η_2，热泵制热系数为 COP_h，则能源利用系数 $E = \eta_1 \eta_2 COP_h$。火力发电站的发电效率 $\eta_1 = 0.25 \sim 0.35$，输配电效率 $\eta_2 = 0.9$。

对于图 1-5b 所示的有热回收的内燃机驱动的热泵，如果内燃机的热机效率为 η，热泵的制热系数为 COP_h，排气废热和冷却水套热量的回收率为 $\eta_{回}$，则能源利用系数 $E = \eta COP_h + \eta_{回}$。

燃煤锅炉房的供热系统能源利用系数为 $0.60 \sim 0.70$，燃气锅炉能源利用系数约为 0.95。上述两种热泵是否能节省一次能源，这要取决于热泵制热系数 COP_h，一般情况下热泵制热系数 COP_h 要在 3.2 以上才具有节能的作用。

1.4.2　热泵的驱动装置

1. 电动机

电动机是一种方便可靠、技术成熟和价格较低的原动机。家用热泵均采用单相交流电动机，中、大型热泵一般采用三相交流电动机。三相交流电动机的效率比单相交流电动机的效率高。如果采用变频器调节交流电动机的转速，既可减小起动电流，又能方便地实现热泵的能量调节。热泵也可采用直流电动机驱动，直流电动机可以无级调速且起动转矩大，适用于热泵频繁起动和调速的工作过程。

全封闭式压缩机或半封闭式压缩机的电动机和压缩机是装在一个壳体中的。当温度低的气体工质通过电动机时有冷却作用，从而可提高电动机的工作效率，也增加了电动机的使用寿命；另外又可使气体工质获得过热而实现干压缩过程，提高热泵装置运行的安全性。

2. 燃料发动机

燃料发动机按热机工作原理不同有内燃机和燃气轮机两种，其效率一般都在 30% 以上。当电力短缺而有燃料利用时，使用燃料发动机对城市的能源品种平衡有着积极的意义。

内燃机可用液体燃料或气体燃料，根据采用的燃料不同有柴油机、汽油机、燃气机等。内燃机驱动的热泵如果充分利用内燃机的排气和气缸冷却水套的热量，就可得到比较高的能源利用系数，具有明显的节能效果。另外还可利用内燃机排气废热对风冷热泵的蒸发器进行除霜。

燃气轮机（燃气透平）的功率较大，它主要由压气机、燃烧室和涡轮三大部件组成，常用在热电联产与区域供冷供热工程中。在热电联产系统中，一次能源的综合利用效率可达 80% ~ 85%。燃气轮机以天然气为燃料，发电供建筑物自用（包括驱动热泵的用电），废热锅炉回收燃气轮机高温排气的热量产生蒸汽，蒸汽可作为蒸汽轮机的气源，蒸汽轮机产生动力驱动离心式热泵。蒸汽轮机的背压蒸汽还可用作吸收式热泵的热源或用来加热生活热水。

3. 燃烧器

燃烧器是热驱动热泵达到良好使用性能的最重要的部件。燃烧器由燃料喷嘴、调风器、火焰监测器、程序控制器、自动点火装置、稳焰装置、风机、燃气阀组等组成。由程序控制器控制燃烧器的整个工作过程。

液体、气体燃料的主要成分是烃类，燃料与空气的充分混合、加热和着火、燃尽等是燃料燃烧时的几个关键过程。燃烧器就是组织燃料与空气混合及充分燃烧，并实现要求的火焰长度、形状的装置。燃烧器的质量和性能对吸收式热泵的安全运行至关重要。因此，对燃烧器的基本要求如下：

1）在额定的燃料供应条件下，应能通过额定的燃料并将其充分燃烧，达到需要的额定负荷。

2）具有较好的变工况性能，即在热力设备由最低负荷至最高负荷时，燃烧器都能稳定地工作，而且在调节范围内应使燃烧器获得较好的燃烧效果。

3）火焰的形状与尺寸应能适应燃烧室的结构形式。

4）燃烧完全、充分，即尽量降低因不完全燃烧造成的热损失。

5）环保性能要好，努力减少运行时的噪声和烟气中的有害物质。

6）操作方便灵活，有利于实现自动化控制。

1.5 热泵的分类

1.5.1 热泵的分类方法

目前工程界对热泵系统的称呼尚未形成规范统一的术语，热泵的分类方法也各不相同。例如有的国外文献把热泵按低温热源所处的几何空间分为大气源热泵（Air Source Heat Pump, ASHP）和地源热泵（Ground Source Heat Pump, GSHP）两大类。地源热泵又进一步分为地表水热泵（Surface Water Heat Pump, SWHP）、地下水热泵（Ground Water Heat Pump, GWHP）和地下耦合热泵（Ground Coupled Heat Pump, GCHP）。国内文献则把地源热泵系统分为三类，分别称为地表水地源热泵系统、地下水地源热泵系统和地埋管地源热泵系统。如果按工作原理对热泵分类可以分为机械压缩式热泵、吸收式热泵、热电式热泵和化学热泵。如果按驱动能源的种类对热泵分类又可以分为电动热泵、燃气热泵和蒸气热泵。由此看来，分类方法不相同对热泵的称呼会有差异。

在暖通空调专业范畴内，当对热泵机组分类时常按热泵机组换热器所接触的载热介质分类，当对热泵系统分类时常按低位热源分类。

1.5.2 按热泵机组换热器所接触的载热介质分类

1. 空气-空气热泵

图1-6所示是空气-空气热泵简图。这种单元式热泵被极广泛地用于住宅和商业建筑中。在这种热泵中，流经室外、室内换热器的介质均为空气，可通过电动或手动操作的四通换向阀来进行换热器功能的切换，以使房间获得热量或冷量。在制热循环时，室外空气流过蒸发器而室内空气流过冷凝器；在制冷循环时，室外空气流过冷凝器而室内空气流过蒸发器。

2. 空气-水热泵

图1-7所示是空气-水热泵简图。这是热泵型冷水机组的常见形式，制热与制冷功能的切换是通过换向阀改变热泵工质的流向来实现的。与空气-空气热泵的区别在于有一个换热器是工质-水换热器。冬季按制热循环运行时，工质-水换热器是冷凝器为空调系统提供热水作为热源。夏季按制冷循环运行时，工质-水换热器是蒸发器为空调系统提供冷水作为冷源。

3. 水-空气热泵

图1-8所示是水-空气热泵简图。这类热泵流经室内换热器的介质为空气，流经另一个换热器的介质为水。根据水的来源有以下几种情况：

1）地下水。如井水、泉水、来自大地耦合式换热器的水。

2）地表水。如湖水、池水、河水、海水。

3）内部热水。如现代建筑中空调水环回路产生的内部热水、卫生或洗衣废热水。

4）太阳能热水。如太阳能集热器的热水。

4. 水-水热泵

图1-9所示是水-水热泵简图。这种热泵采用的换热器均是工质-水换热器。制热或制冷运行方式的切换可用换向阀改变热泵机组的工质回路来实现，也可以通过改变进出热泵机组蒸发器和冷凝器的水回路来完成。

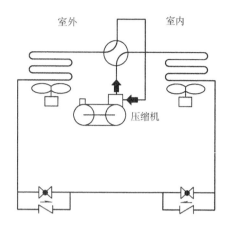

图 1-6　空气 – 空气热泵简图

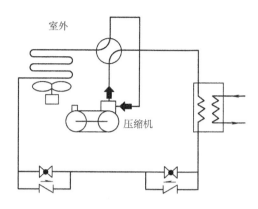

图 1-7　空气 – 水热泵简图

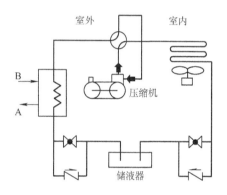

图 1-8　水 – 空气热泵简图

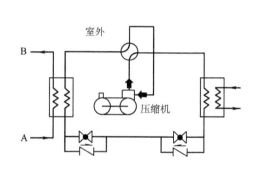

图 1-9　水 – 水热泵简图

5. 土壤 – 水热泵

图 1-10 所示是土壤 – 水热泵简图。这种热泵采用了一个埋于地下的盘管换热器和一个工质 – 水换热器。制热或制冷运行方式的切换可用换向阀改变热泵机组的工质回路来实现。

6. 土壤 – 空气热泵

图 1-11 所示是土壤 – 空气热泵简图。这种热泵与土壤 – 水热泵的区别在于室内的换热器是工质 – 空气换热器。制热或制冷运行的切换可用换向阀改变热泵机组工质回路来实现。

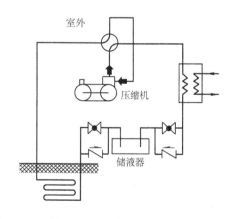

图 1-10　土壤 – 水热泵简图

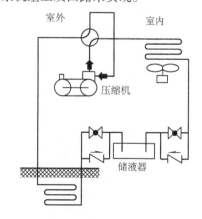

图 1-11　土壤 – 空气热泵简图

1.5.3 按低位热源分类

1. 空气源热泵系统

当把空气－空气热泵机组或者空气－水热泵机组应用于空调系统中时，就形成了空气源热泵系统。习惯上常见的"空气源热泵"一词可以理解为空气源热泵系统的简称。图1-12所示为空气源热泵系统简图，工程中一般是把空气－水热泵机组置于建筑物楼顶。冬季工况热泵机组提供45～55℃的热水，夏季工况热泵机组提供7℃的冷冻水。

2. 水源热泵系统

图1-13所示为用湖水或海水作热源的全年热泵空调系统。冬天制热运行时，阀门2、3、7、6关闭，阀门1、4、5、8开启。水泵将湖水或海水压送到蒸发器，被吸取热量的湖水或海水经阀门8排回低温热源；从空调用户来的循环水在冷凝器中被加热到45～50℃，再经阀门5送到空调用户中。夏季制冷运行时，阀门1、4、5、8关闭，阀门2、3、7、6开启。湖水或海水成为机组的排热源，空调用户来的循环水在蒸发器内被制取7℃左右的冷水供空调用户使用。

用一个循环水环路将多台小型水－空气热泵机组并联在一起的水源热泵系统如图1-14所示，也称为水环热泵空调系统。水环热泵空调系统是一个以

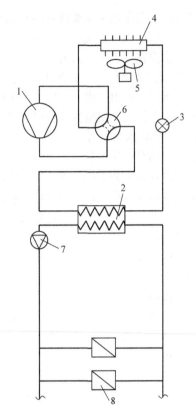

图1-12 空气源热泵系统简图

1—压缩机 2—工质－水换热器 3—节流装置
4—工质－空气换热器 5—风机 6—换向阀
7—水泵 8—风机盘管

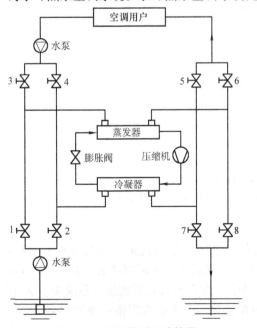

图1-13 水源热泵系统简图

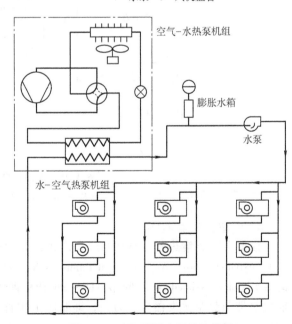

图1-14 水环热泵空调系统简图

回收建筑物内部余热为主要特点的热泵供暖、供冷空调系统，常用于内区房间需要供冷而外区房间需要供热的大型建筑物中。在循环水环路中还配有一台空气－水热泵机组，以保持水环路中的循环水温在一定范围以内。当水环路中水的温度由于水－空气热泵机组的放热（制冷运行时）较多使其温度超过一定值时，这台空气－水热泵机组制冷运行可将水环路中热量排放出去；当环路中水的温度由于水－空气热泵机组的吸热（制热运行时）较多而使其温度低于一定值时，这台空气－水热泵机组制热运行可对循环水进行加热。

3. 土壤源热泵系统

土壤源热泵系统主要由三部分组成：室外地热能交换器、水－空气热泵机组或水－水热泵机组、建筑物内空调末端设备。一般情况下室外地热能交换器采用土壤－水地埋管换热器，所以土壤源热泵系统也称地耦合地源热泵系统。图1-15所示为采用水－空气热泵机组的土壤源热泵系统简图。在冬季，水－空气热泵机组制热运行。水或防冻水溶液通过地埋管换热器1从土壤中吸收热量后，在循环水泵2的作用下流经水－空气热泵机组的蒸发器（冷热源侧换热器3），并将热量传递给热泵机组的工质。在冷凝器（负荷侧换热器7）中，从土壤源吸收的热量连同压缩机4消耗的功所转化的热量一起供给室内空气。在夏季，换向阀5换向，水－空气热泵机组制冷运行，水源热泵机组中的工质在蒸发器（负荷侧换热器7）中，吸收来自空调房间的热量。在冷凝器（冷热源侧换热器3）中，从蒸发器中吸收的热量连同压缩机4消耗的功所转化的热量一起排给地埋管换热器中的水或防冻水溶液。水或防冻水溶液再通过地埋管换热器1向土壤排放热量。部件6是节流阀。

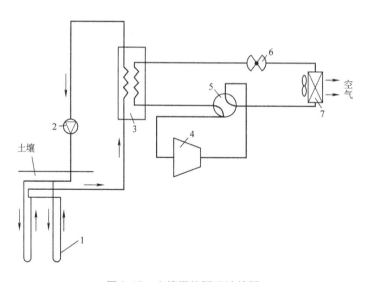

图1-15　土壤源热泵系统简图

1—地埋管换热器　2—循环水泵　3—冷热源侧换热器　4—压缩机　5—换向阀　6—节流阀　7—负荷侧换热器

4. 太阳能热泵系统

根据太阳能集热器与热泵的组合形式，太阳能热泵系统可分为直膨式太阳能热泵（Direct－expansion Solar Assisted Heat Pump，DX－SAHP）和非直膨式太阳能热泵（Indirect－expansion Solar Assisted Heat Pump，IX－SAHP）两种系统。在直膨式太阳能热泵系统中，太阳能集热器与热泵蒸发器合二为一，即制冷工质直接在集热器中吸收太阳辐射能而得到蒸发，如图1-16所示。

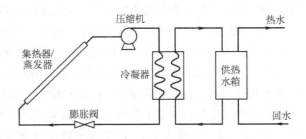

图 1-16 直膨式太阳能热泵系统

图 1-17 所示为非直膨式太阳能热泵系统。非直膨式太阳能热泵系统的太阳能集热器与热泵机组的蒸发器分立，通过集热介质（一般采用水、防冻溶液等）在集热器中吸收太阳辐射能，并在蒸发器中将热量传递给水 - 水热泵机组。

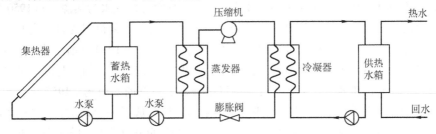

图 1-17 非直膨式太阳能热泵系统

1.6 热泵发展的历史与现状

热泵的理论研究起源于法国科学家卡诺在 1824 年发表的关于卡诺循环论文。在这个理论基础上，1852 年英国教授汤姆逊（W. Thomson）首先提出一种热泵设想，那时称为热量倍增器。如图 1-18 所示，该装置用蒸汽机驱动一个吸气缸和一个排气缸，工作介质为空气。装置运行时外界空气进入吸气缸并在其中膨胀后降低压力与温度；低压、低温的空气从吸气缸排出后进入储气筒吸收环境的热量后提高温度；温度升高的空气紧接着被排气缸吸入压缩后其温度一步升高；最后送至所需采暖的建筑物中。

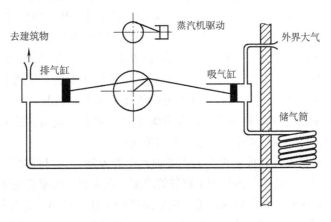

图 1-18 热量倍增器示意图

到了 20 世纪 20 年代—30 年代，热泵的应用研究不断拓宽。1927 年英国人霍尔丹（Haldane）在苏格兰安装试验了一台用氨作为工质的封闭循环热泵，用于家庭的采暖及加热水。一般认为这一装置是现代蒸气压缩式热泵的真正原型。当时霍尔丹还研究了利用废水热量、廉价的低谷电力、带废热回用的柴油机和在低温端制冰等问题。1931 年美国南加利福尼亚安迪生公司的洛杉矶办公楼里的制冷机被用于供热，这是大容量热泵的最早应用，供热量达 1050kW，制热系数达 2.5。1937 年在日本的大型建筑物内安装了两台采用 194kW 透平式压缩机的带有蓄热箱的热泵系统，以井水为低位热源，制热系数达 4.4。1938 年—1939 年间瑞士苏黎世议会大厦里安装了夏季制冷、冬季供热的大型热泵采暖装置，该装置采用离心式压缩机，R12 作为工质，以河水作为低温热源，输出热量达 175kW，制热系数为 2，输出水温可达 60℃。

20 世纪 40 年代—60 年代热泵技术进入了快速发展期。欧洲 1937 年—1941 年期间各种热泵装置应用于学校、医院、办公室和牛奶场。20 世纪 40 年代后期出现许多更加具有代表性的热泵装置的设计，1940 年美国已安装了大型商业用热泵，并且大都以井水为热源。到 1950 年已有 20个厂商及十余所大学和研究单位从事热泵的研究，各种空调与热泵机组面世。当时运行的热泵中，约 50% 用于房屋供暖，45% 为商用建筑空调，5% 用于工业。1950 年前后美、英两国开始研究采用地盘管的土壤热源热泵。通用电气公司生产的以空气为热源，制热与制冷可自动切换的热泵机组打开了局面，作为一种全年运行空调机组进入了空调商品市场。1957 年美军决定在建造大批住房项目中用热泵来代替燃气供热，使热泵的生产形成了一个高潮。至 20 世纪 60 年代初，在美国安装的热泵机组已达近 8 万台。然而，在这段时间由于美国的冬夏两用热泵机组产品增长速度过快造成制造、安装、维修及运行等方面没有跟上，出现了美国热泵发展史上重大的挫折，直至 20 世纪 70 年代中期产量才获得了恢复。尽管如此，在此期间，在全世界范围内还是扩大了热泵的应用。日本、瑞典和法国等国家生产了以室外空气为热源的小型家用热泵，英国和德国更注重把大型热泵装置用于大型商业和公共建筑物的热回收系统中。

20 世纪 70 年代以后热泵技术进入了成熟期。美国 1971 年具有年产 8.2 万台热泵装置的产能，到 1976 年达年产 30 万台，1977 年跃升为 50 万台/年。而日本后来居上，1977 年产量已超过 50 万台。据报道，1976 年美国已有 160 万套热泵在运行，1979 年约有 200 万套热泵装置在运行。联邦德国 1979 年约有 5000 个热泵系统正常地使用。1983 年—1987 年瑞典建立了约 100 座以湖水、海水、地下水为低位热源的热泵站用于区域供暖，斯德哥尔摩市区域供暖的容量约有50% 由大型热泵站提供，成为世界上应用大型地表水源热泵站最多的国家之一。而后，芬兰、荷兰、丹麦等国也相继建成了一批大型地表水源热泵站用于区域供热。1994 年—1995 年美国的土壤源热泵的应用从 10% 上升到 30%，至 1996 年美国的空气源热泵年产量就达 114 万台。日本1996 年热泵型房间空调器年产量达 700 万台，商用热泵空调器产量达 75 万台。1992 年—1994年，国际能源机构的热泵中心对 25 个国家（其中包括经济合作发展组织的美、日、英、法、德等 16 国和中、韩、巴西、捷克等 9 国）在热泵方面的技术和市场状况进行了调查和分析，全世界已经安装运行的热泵已超过 5500 万台，已有 7000 台工业热泵在使用，近 400 套区域集中供热系统在供热，全世界的供热需求量中由热泵提供的近 2%。

热泵技术是由于经济发展和技术进步的需要而产生和发展的，目前热泵不仅在工业发达的美国、德国、法国、日本、瑞典等国得到了很好的应用，在发展中国家更是迅速发展。热泵的用途也在不断地开拓，在木材、食品及棉、毛、纸制品等的干燥，谷物、茶叶的烘干、牛奶浓缩、海水淡化等方面都得到了广泛的应用。特别是在人居环境方面，热泵已成功地用于同时需要供冷和供热的场合,如室内游泳池和人工冰场等。随着能源危机和环境污染的严重威胁,热泵的推广和应用对提高能源利用率和减少环境污染都有积极的作用。

我国的热泵发展与应用相对于工业发达国家有一段明显的滞后期,但起点较高,有些研究项目达到了当时的世界先进水平。早在20世纪50年代初,天津大学、同济大学的一些学者已经开始从事热泵技术的研究工作,为我国热泵事业开了个好头。1965年我国第一台制热量为3720W的热泵型窗式空调器在上海研制成功,我国第一台水源热泵空调机组在天津研制成功。1965年哈尔滨建筑工程学院徐邦裕教授等首次提出应用辅助冷凝器作为恒温恒湿空调机组的二次加热器的新流程,并与生产厂家共同开始研制利用冷凝废热作为空调二次加热的立柜式恒温恒湿热泵式空调机。20世纪70年代初我国第一例采用热泵机组实现的恒温恒湿工程在黑龙江省安达市完成,现场实测的运行效果达到 (20 ± 1) ℃、(60 ± 10) % 的精度要求。1978年—1988年间我国热泵应用工作全面启动,暖通空调制冷界大力研究和开发适合国情的热泵装置和热泵系统。在这期间,大量地引进国外空气–空气热泵技术和先进生产线,我国家用热泵空调器开始由1980年年产量1.32万台快速增长到1988年年产量24.35万台。在20世纪80年代,我国热泵系统在各种场合的应用研究有许多进展,成功地用于木材干燥、茶叶干燥、游泳池或水产养殖池冬季加热等方面的工程中。1984年由上海、开封、无锡等地的科技人员联合试制了双效型吸收式热泵机组。

1989年—1999年期间,我国热泵行业紧跟国民经济突飞猛进的时代潮流,在理论研究、试验研究、产品开发、工程应用等方面取得了可喜成果。1995年开始生产变频空调器。房间空调器的生产已成为世界生产大国,1996年产量达645.9万台,其中热泵型空调器占65%。窗式热泵空调器、分体式热泵空调器开始步入百姓家庭。到1999年底,上海每百户居民拥有家用空调器85.2台,广东省为83.47台,北京市为49.9台,天津市为59.8台。1989年—1999年热泵专利总数为161项。我国的热泵新产品不断涌现,20世纪90年代中期开发出井水源热泵冷热水机组,90年代末又开发出污水源热泵系统。采用大容量的螺杆式压缩机和小容量的涡旋式压缩机的空气源热泵冷热水机组产品日趋成熟,在华中、华东和华南地区逐步形成中小型公共和民用建筑空调项目中的冷热源设计主流。1995年以后,空气源热泵冷热水机组的应用范围由长江流域开始扩展到黄河流域。20世纪90年代中期我国一些大中城市的现代办公楼和大型商场建筑中开始采用闭式环路水源热泵空调系统(又称水环热泵空调系统),到1997年国内采用水环热泵空调系统的工程共52项。全国各省市几乎均有热泵应用工程实例,热泵装置已成为暖通空调中的重要设备之一。到1999年,全国约有100个项目、2万台水源热泵机组在运行。

20世纪90年代逐步形成了我国完整的热泵工业体系。热泵式家用空调器厂家约有300家,空气源热泵冷热水机组生产厂家约有40家,水源热泵生产厂家约有20家,国际知名品牌热泵生产厂商纷纷在我国投资建厂。我国已步入国际上空调用热泵的生产大国,产品的质量也与世界知名品牌相距不远。

进入21世纪后,我国热泵技术的研究不断创新。热泵理论研究工作比以前显著地加大了深度与广度,对空气源热泵、水源热泵、土壤源热泵和水环热泵空调系统等进行了系统研究。热泵的变频技术、热泵计算机仿真和优化技术、热泵的CFCs替代技术、空气源热泵的除霜技术、一拖多热泵技术等都取得了实质性的进展。2000年—2003年间热泵专利总数为287项,年平均为71.75项,是1989年—1999年专利平均数的4.9倍。我国的同井回灌热泵系统、土壤蓄冷与土壤耦合热泵集成系统、供寒冷地区应用的双级耦合热泵系统的创新性成果均处于世界领先地位。

热泵技术是我国建筑节能的重要技术之一，具有节能、环保及经济效益，符合经济与社会的可持续性发展战略，特别适合城市特点。我国热泵行业从起步到发展壮大离不开政府的支持和引导。

2005年国家发展和改革委员会制订并颁布了《中华人民共和国可再生能源产业发展指导目录》，地热发电、地热供暖、地源热泵供暖或空调、地下热能储存系统被列入重点发展项目，地热井专用钻探设备、地热井泵、水源热泵机组、地热能系统设计、优化和测评软件、水的热源利用等被列为地热利用领域重点推荐选用的设备。2006年财政部、建设部印发《可再生能源建筑应用专项资金管理暂行办法》的通知，该办法第四条专项资金支持的重点领域其中包括利用土壤源热泵和浅层地下水源热泵技术供热制冷、地表水丰富地区利用淡水源热泵技术供热制冷、沿海地区利用海水源热泵技术供热制冷、利用污水源热泵技术供热制冷。2007年建设部科学技术司印发了关于组织推荐申报《建设部"十一五"可再生能源建筑应用技术目录》项目的通知，申报技术领域其中包括土壤源热泵技术、空气源热泵技术、地表/地下水源热泵技术、海水水源热泵技术、污水水源热泵技术以及地热能梯级利用技术和地热能热电及热电冷三联供技术。2007年国家发展和改革委员会发布实施了《关于印发可再生能源中长期发展规划的通知》，其中对地热能的中长期发展目标和方向做出明确规定，要积极推进我国地热能的开发利用，合理利用地热资源，推广满足环境保护和水资源保护要求的地热供暖、供热水和地源热泵技术，在长江流域和沿海地区发展地表水、地下水、土壤等浅层地热能进行建筑供暖、空调和生活热水供应。2008年住房和城乡建设部办公厅和财政部办公厅联合印发了《关于组织申报2008年可再生能源建筑应用示范项目的通知》，重点支持以下几个方面的建筑应用示范：与建筑一体化的太阳能供应生活热水（高层建筑）及太阳能供热制冷技术，与建筑一体化的太阳能光电转换技术，沿江、海、湖地区利用地表水源热泵供热制冷技术，地质条件适宜地区利用土壤源及水源热泵技术，利用污水源热泵供热制冷技术，利用太阳能与热泵复合供热制冷技术。

2011年财政部办公厅与住房和城乡建设部办公厅发布了《关于2011年度可再生能源建筑应用申报工作》的通知，支持对可再生能源建筑应用技术进步与产业发展有重大影响的共性关键技术、产品、设备的研发和产业化，包括热泵关键部件（压缩机、高效换热器）自主研发及产业化、基于吸收式热泵的供暖技术及设备研发和产业化、区域制冷/制热系统能效提高关键技术、产品研发及产业化、太阳能高效热利用技术、产品研发及产业化等。2011年科技部会同重庆市科委共同组织开展了全国范围地热能利用技术及应用情况的调研工作，编制完成了《中国地热能利用技术及应用》。2012年国家能源局公布了《可再生能源发展"十二五"规划》，其中安排了地热能在"十二五"的发展目标，地热发电装机容量争取达到10万kW，浅层地温能建筑供热制冷面积达到5亿 m^2。2013年国务院印发《大气污染防治行动计划》，其中第四条措施"加快调整能源结构，增加清洁能源供应"中指出，积极发展绿色建筑，政府投资的公共建筑、保障性住房等要率先执行绿色建筑标准。新建建筑要严格执行强制性节能标准，推广使用太阳能热水系统、地源热泵、空气源热泵、光伏建筑一体化、"热－电－冷"三联供等技术和装备。2015年住房和城乡建设部印发的《绿色工业建筑评价技术细则》中规定，工业建筑中可再生能源利用占暖通空调能耗的70%以上，分值为1.1，空气源热泵供热占空调供热量或生活热水供热量不低于30%，分值为0.6。2015年国家发展和改革委员会办公厅印发的《低碳社区试点建设指南》中规定，在有条件的社区优先推广分布式能源和地热、太阳能、风能、生物质能等可再生能源，鼓励在社区改造中选用"热－电－冷"三联供、地源热泵、太阳能光伏并网发电技术，鼓励安装太阳能热水装置，实施阳光屋顶、阳光校园等工程。

思　考　题

1. 高品位能和低品位能各指什么？两者有何区别？
2. 什么是热泵？热泵与制冷机组的区别是什么？
3. 描述热泵的常用经济性指标有哪些？
4. 热泵系统的热源有哪些种类？
5. 综述一下热泵的分类方法。
6. 分别谈谈空气、水、土壤、太阳能作为热泵的低位热源各自的优点与缺点。

第 2 章
蒸气压缩式热泵的工作原理

2.1 蒸气压缩式热泵循环

2.1.1 单级蒸气压缩式热泵的工作过程

单级蒸气压缩式热泵系统如图 2-1 所示。它由压缩机、冷凝器、节流阀（或膨胀阀）和蒸发器组成。它们之间用管道连接成一个封闭系统，热泵工质在系统内不断地循环流动。其工作过程是：蒸发器内产生的低压、低温热泵工质蒸气经过压缩机压缩使其压力和温度升高后排入冷凝器，在冷凝器内热泵工质蒸气在压力不变的情况下与被加热的水或空气进行热量交换，放出热量而冷凝成温度和压力都较高的液体；高压液体热泵工质流经节流阀，压力和温度同时降低而进入蒸发器；低压、低温热泵工质液体在压力不变的情况下不断吸收低位热源（空气或水）的热量而又汽化成蒸气，蒸气又被压缩机吸入。这样，热泵工质在系统内经过压缩、冷凝、节流和汽化四个过程完成了一个热泵循环。

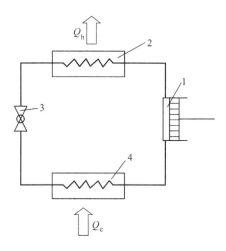

图 2-1 单级蒸气压缩式热泵系统
1—压缩机 2—冷凝器 3—节流阀 4—蒸发器

在热泵系统中，压缩机起着压缩和输送热泵工质蒸气的作用，它是整个系统的心脏；节流阀对热泵工质起节流降压作用并调节进入蒸发器热泵工质的流量，它是系统高低压的分界线；蒸发器是吸收热量的设备，热泵工质在其中吸收低温热源的热量而产生冷效应；冷凝器是放出热量的设备，从蒸发器中吸收的热量和压缩机消耗功所转化的热量一起在冷凝器中让供热介质（水或空气）带走。在热泵循环中，只有消耗一定的能量后，热泵工质才能把从低温物体吸取的热量不断地传递到高温物体中去，从而实现供热的目的。

2.1.2 单级蒸气压缩式热泵循环在压焓图上的表示

为了深入全面地分析单级蒸气压缩式热泵循环，不仅要研究循环中的每一个过程，而且要了解各个过程之间的内在关系及其相互影响。用热力状态图来研究整个循环，可以清楚地了解循环中各个过程工质状态变化及其过程特点，使分析问题得到简化。由于热泵循环中各个过程的功量与热量的变化在压焓图中均可用过程初、终态热泵工质的焓值变化来计算，因此压焓图在工程中得到了广泛的应用。

1. 压焓图

压焓图的结构如图 2-2 所示。以绝对压力 p 为纵坐标（为了缩小图面，通常取其对数 $\lg p$ 为坐标），以比焓值 h 为横坐标。图上有一点、二线、三区域和六条等参数线簇。图中一点为临界点 K。K 点左边为饱和液体线（称下界线），干度 $x=0$；右边为干饱和蒸气线（称上界线），干度 $x=1$。临界点 K 和上、下界线将图形分成三个区域：下界线以左为过冷液体区，上界线以右为过热蒸气区，两者之间为湿蒸气区（即两相区）。六条等参数线簇：等压线（p）——水平线；等焓线（h）——垂直线；等温线（t）——液体区几乎为垂直线，湿蒸气区与等压线平行为水平线，过热区为向右下方弯曲的倾斜曲线；等熵线（s）——向右上方倾斜的实线；等容线（V）——向右上方倾斜的虚线，但比等熵线斜率小；等干度线（x）——只在湿蒸气区域内，其方向大致与饱和液体线或饱和蒸气线相近，其大小从左向右逐渐增大。压焓图是进行热泵循环分析和计算的重要工具，应熟练掌握和应用。

2. 热泵循环在压焓图上的表示

在热泵循环的分析和计算时，为了进一步了解单级蒸气压缩热泵循环中工质状态的变化情况，可把单级热泵装置的工作过程表示在压焓上，如图 2-3 所示。现将图中所表示的各个主要状态点及各个过程简述如下：

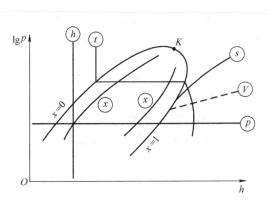

图 2-2　压焓图的结构

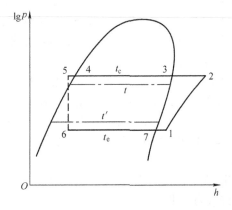

图 2-3　单级蒸气压缩热泵循环在压焓图上的表示

点 1 是工质进入压缩机的状态。蒸发压力下的等压线与吸气温度下的等温线相交的交点就是点 1 的状态。

点 2 是工质出压缩机（也就是进冷凝器）时的状态。过程 1-2 即为工质在压缩机内的压缩过程。在理想情况下，此过程中没有摩擦且工质与外界没有热量交换，为等熵过程。点 2 的压力即为冷凝压力。因此，冷凝压力下的等压线与通过点 1 的等熵线的交点即为理想情况下点 2 的状态。

点 5 是工质在冷凝器中冷凝和冷却后成为过冷液体的状态。过程 2-3-4-5 表示工质在冷凝器内的气态冷却（2-3）、气态冷凝（3-4）和液态冷却（4-5）的过程。在这一过程中，压力始终保持不变。因此，冷凝压力下的等压线与过冷温度下的等温线的交点即为点 5 的状态。

点 6 是工质出节流阀（也就是进蒸发器）时的状态。过程 5-6 为绝热节流过程。该过程中，工质的压力由冷凝压力降至蒸发压力，工质的温度由过冷温度降至蒸发温度。有一部分液体工质转化为蒸气，故进入两相区。绝热节流前后工质的焓值不变。因此，过点 5 的等焓线与蒸发压力下的等压线的交点即为点 6 的状态。由于节流过程是不可逆过程，因此在图上用虚线表示。

过程 6 – 7 – 1 表示工质在蒸发器内汽化吸热（6 – 7）和吸热升温（7 – 1）的过程。在这一过程中工质的压力保持不变，不断从低温热源吸取热量变为过热蒸气。

2.1.3 单级蒸气压缩式热泵的实际循环

前面分析讨论单级蒸气压缩式热泵循环，是假定在没有传热温差和不考虑任何损失的可逆压缩下进行的理论循环。这种假定主要是便于用热力学方法予以分析讨论，从中找出某些规律性的东西，但客观上实际循环与理论循环存在着许多差异。

1. 实际循环与理论循环的区别

（1）实际压缩过程不是定熵过程　热泵工质蒸气在气缸压缩过程中存在着明显的热交换过程。压缩初始阶段，蒸气温度低于缸壁温度，蒸气吸收缸壁的热量；压缩终了阶段，蒸气温度高于缸壁的温度，蒸气又向缸壁放出热量。再加之活塞与气缸壁之间的摩擦，因此，实际压缩过程是一个多变指数不断变化的多变过程。

（2）热泵工质的冷凝和蒸发过程是在有传热温差下进行的　温差是传热过程的推动势差，实际的热交换过程中总是存在着传热温差。如在冷凝器中，热泵工质冷凝放热的冷凝温度 t_c 高于供热介质（即水或空气）的温度 t；而在蒸发器中，热泵工质沸腾吸热时的蒸发温度 t_e 又低于低温热源的温度 t'。由于有传热温差存在，因此该过程是不可逆过程。

（3）热泵工质流经管道、设备时存在流动阻力　热泵工质流经吸、排阀时，要克服阀片的惯性力和弹簧力以及其他流动阻力，其结果使得实际吸气压力低于蒸发压力，实际排气压力高于冷凝压力。

综上所述，实际循环中四个基本热力过程——压缩、冷凝、节流和汽化都是不可逆过程，其结果必导致制冷能力下降、功耗增加、制冷系数降低。实际循环比较复杂，很难进行快速热分析和计算，工程中通常都是基于蒸发温度 t_e 和冷凝温度 t_c 与传热介质之间有一定温差的理论循环（1 – 2 – 3 – 4 – 5 – 6 – 7 – 1），并考虑压缩机的输气系数和轴效率，来进行实际循环的热力分析和计算。

实际情况下，压缩机的实际输气量 V_s 小于理论输气量 V_h，两者之比值称为压缩机的输气系数，用 λ 表示，即

$$\lambda = \frac{V_s}{V_h} \tag{2-1}$$

由于压缩机的压缩过程实际上不是等熵过程，因此，输入压缩机曲轴的功率 P_e 比理论所需要的功率 P_t 大。P_t 与 P_e 的比值称为轴效率，用 η_e 表示，即

$$\eta_e = \frac{P_t}{P_e} \tag{2-2}$$

影响轴效率的主要因素有压缩过程的不可逆损失（即非等熵压缩造成的损失）和摩擦损失，所以

$$\eta_e = \eta_i \eta_m \tag{2-3}$$

式中　η_i——考虑不可逆损失的指示效率；

η_m——考虑摩擦的机械效率。

2. 单级蒸气压缩式热泵循环的热力计算

在选定热泵工质和循环形式之后即可进行热力计算。热力计算的目的主要是根据实际热泵循环的工作条件（通常称为工况），计算实际循环的性能指标、制热量、压缩机的容量和功率及蒸发器、冷凝器等换热器的热负荷，为热泵系统的选择计算提供数据。

在对单级蒸气压缩式热泵进行分析和计算时，常用到以下物理量：

（1）单位质量吸热量　每千克工质在蒸发器中从低温热源吸取的热量称为单位质量吸热量，用 q_e 表示，单位为 kJ/kg。它可由图 2-3 中的点 1 与点 6 的焓差表示，即

$$q_e = h_1 - h_6 \tag{2-4}$$

（2）单位理论压缩功　压缩机输送每千克工质所消耗的理论功称为单位理论压缩功，用 w_o 表示，单位是 kJ/kg。它可由等熵压缩过程的初点与终点的焓差表示，即

$$w_o = h_2 - h_1 \tag{2-5}$$

（3）单位实际压缩功　压缩机输送每千克工质所消耗的实际功称为单位实际压缩功，用 w_e 表示，单位是 kJ/kg。其计算公式为

$$w_e = \frac{w_o}{\eta_i \eta_m} = \frac{h_2 - h_1}{\eta_e} \tag{2-6}$$

对于封闭式压缩机所消耗的单位功通常用电动机输入的单位功 w_{el} 来表示，即

$$w_{el} = \frac{w_e}{\eta_{mo}} = \frac{w_o}{\eta_e \eta_{mo}} = \frac{h_2 - h_1}{\eta_{el}} \tag{2-7}$$

式中　η_{mo}——电动机的效率；

η_{el}——压缩机的总效率。

（4）单位理论制热量　压缩机输送每千克工质蒸气在冷凝器中放出的理论热量称为单位理论制热量，用 q_{ho} 表示，单位是 kJ/kg。它可由图 2-3 中的点 2 与点 5 的焓差表示，即

$$q_{ho} = h_2 - h_5 \tag{2-8}$$

（5）单位实际制热量　压缩机输送每千克工质蒸气在冷凝器中放出的实际热量称为单位实际制热量，用 q_h 表示，单位是 kJ/kg。它可根据热力学第一定律，用循环能量平衡关系求得，即

$$q_h = q_e + w_e \tag{2-9}$$

对于封闭式压缩机，则为

$$q_h = q_e + w_{el} \tag{2-10}$$

（6）工质循环流量　在分析热泵的工作状况时，有时需要算出工质在系统中的循环流量 G，即

$$G = \frac{V_h \lambda}{v_1} \tag{2-11}$$

式中　V_h——压缩机的理论输气量（m^3/s）；

v_1——压缩机在吸气状态下工质的比容（m^3/kg）。

（7）热泵制热量　每一台热泵的制热量 Q_h 可由工质循环流量和单位实际制热量相乘求得，即

$$Q_h = q_h G \tag{2-12}$$

（8）压缩机的实际功率　压缩机的轴功率为

$$P_e = w_e G \tag{2-13}$$

对于封闭式压缩机，则为

$$P_{el} = w_{el} G \tag{2-14}$$

（9）热泵实际制热系数　为了考核和比较热泵循环的先进性，还需要知道实际的制热系数。其计算公式为

$$COP_h = \frac{q_h}{w_e} \tag{2-15}$$

对于封闭式压缩机，则为

$$COP_{hl} = \frac{q_h}{w_{el}}$$ (2-16)

3. 确定工作参数

在热力计算时，首先应确定工作参数，即确定热泵循环的工作温度及工作压力，其中最主要的是蒸发温度 t_e（蒸发压力 p_e）和冷凝量温度 t_c（冷凝压力 p_c）。

（1）蒸发温度 t_e 蒸发温度即工质在蒸发器中沸腾吸热时的温度，它主要取决于低温热源的温度和蒸发器的结构形式。

对于以空气为介质的蒸发器，其传热温差为 $8 \sim 12℃$，即

$$t_e = t' - (8 \sim 12)℃$$

式中 t'——蒸发器进口空气的干球温度（℃）。

对于以液体（如水或盐水）为介质的蒸发器，其传热温差为 $4 \sim 6℃$，即

$$t_e = t'' - (4 \sim 6)℃$$

式中 t''——蒸发器中液体的进口温度（℃）。

（2）冷凝温度 t_c 冷凝温度即工质在冷凝器中凝结放热时的温度，它也取决于所采用的供热介质（水或空气）和冷凝器的结构形式。

对于用空气作为供热介质的冷凝器，冷凝温度为

$$t_c = t_a + (5 \sim 10)℃$$

式中 t_a——进冷凝器的空气干球温度（℃）。

如用水作为供热介质时，其传热温差为 $4 \sim 6℃$，即

$$t_c = \frac{t_{s1} + t_{s2}}{2} + (4 \sim 6)℃$$

式中 t_{s1}——冷凝器供热水进口温度（℃）；

t_{s2}——冷凝器供热水出口温度（℃）。

对于卧式冷凝器，取冷凝器进、出口水温差 $t_{s2} - t_{s1} = 4 \sim 8℃$。一般情况下，当供热水进水温度偏高时，温差取下限；进水温度较低时，温差取上限。

（3）吸气温度 t_1 工质蒸气进入压缩机前的温度应根据低压蒸气离开蒸发器时的状态及吸气管道中的传热情况来确定。一般情况下

$$t_1 = t_e + (5 \sim 8)℃$$

对于氟利昂压缩机，吸气温度 t_1 通常定为 $15℃$。

（4）过冷温度 t_5 液体过冷后的温度取决于供热介质的温度和过冷器的传热温差。通常取过冷温度较同压力下的冷凝温度低 $3 \sim 5℃$，即

$$t_5 = t_c - (3 \sim 5)℃$$

分析表明，热泵的工作参数主要是蒸发温度 t_e 和冷凝温度 t_c，而蒸发温度和冷凝温度又主要取决于低温热源的温度、供热介质的温度及相应的传热温差。一般说来，蒸发器的传热温差应选得比冷凝器的传热温差小些。

下面通过一个例题来说明热泵的热力计算步骤。

例题   某空气–水热泵制热时的工作条件为：空调用供热水出口温度为 $37℃$，蒸发器进口空气的干球温度为 $13℃$，计算时取液体过冷度为 $5℃$，吸气过热度（工质出蒸发器后的过热）为 $15℃$，压缩机的理论输气量 $V_h = 10.289 \times 10^{-3} \, m^3/s = 37.04 \, m^3/h$，压缩机的输气系数 $\lambda = 0.8$，

指示效率 $\eta_i = 0.8$，机械效率 $\eta_m = 0.9$，工质为 R134a，试进行热力计算。

解：首先，确定热泵的工作参数。

蒸发温度 $t_e = (13 - 8)℃ = 5℃$

冷凝温度 $t_c = (35 + 5)℃ = 40℃$

过冷温度 $t_5 = (40 - 5)℃ = 35℃$

吸气温度 $t_1 = (5 + 15)℃ = 20℃$

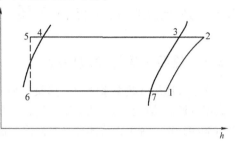

然后，根据工作温度绘制热泵循环的压焓图，如图 2-4 所示。查 R134a 的热力性质图表得其各状态点状态参数见表 2-1。

图 2-4　热泵循环的压焓图

表 2-1　各状态点状态参数

点号	p/MPa	$t/℃$	$h/(\text{kJ/kg})$	$v/(\text{m}^3/\text{kg})$	$s/[\text{kJ}/(\text{K}\cdot\text{kg})]$
1	0.3497	20	415.1	62.853×10^{-3}	1.772
2	1.0166	58	439.1		1.772
3	1.0166	40	419.4		
4	1.0166	40	256.4		
5	1.0166	35	249.0		
6	0.3497	5	249.0		
7	0.3497	5	401.5		

热力计算如下：

1）单位质量吸热量

$$q_e = h_1 - h_6 = (415.1 - 249.0)\text{kJ/kg} = 166.1\text{kJ/kg}$$

2）单位理论压缩功

$$w_o = h_2 - h_1 = (439.1 - 415.1)\text{kJ/kg} = 24\text{kJ/kg}$$

3）单位实际压缩功

$$w_e = \frac{w_o}{\eta_i \eta_m} = \frac{24}{0.72}\text{kJ/kg} = 33.33\text{kJ/kg}$$

4）单位理论制热量

$$q_{ho} = h_2 - h_5 = (439.1 - 249.0)\text{kJ/kg} = 190.1\text{kJ/kg}$$

5）单位实际制热量

$$q_h = q_e + w_e = (166.1 + 33.33)\text{kJ/kg} = 199.43\text{kJ/kg}$$

6）工质循环流量

$$G = \frac{V_h \lambda}{v_1} = [10.289 \times 10^{-3} \times 0.8/(62.853 \times 10^{-3})]\text{kg/s} = 0.13096\text{kg/s}$$

7）热泵制热量

$$Q_h = q_h G = (199.43 \times 0.13096)\text{kW} = 26.113\text{kW}$$

8）压缩机的轴功率

$$P_e = w_e G = 33.33 \times 0.13096\text{kW} = 4.365\text{kW}$$

9）热泵实际制热系数

$$\text{COP}_h = \frac{q_h}{w_e} = 199.43/33.33 = 5.98$$

2.2　蒸气压缩式热泵的工质

2.2.1　热泵工质的发展历程

在蒸气压缩式热泵系统中，热泵工质在各部件间循环流动，来实现热泵从低温热源吸热而向高温热源放热的目的。从本质上说，热泵工质的功能与制冷剂在制冷系统中的功能相同。特别是对那些只用一种工作流体且具有制冷和制热功能的机组来说，热泵工质就是制冷剂。所以，制冷剂的发展历程也就是热泵工质的发展历程。

从历史上看，制冷剂的发展经历了三个阶段，即早期工质阶段（1830年—1930年）、氯氟烃CFCs与含氢氯氟烃HCFCs工质阶段（1930年—1990年）、氢氟烃HFCs和天然工质为主的绿色环保工质阶段（1990年至今）。

1834年美国人珀金斯发明的世界上第一台制冷机的工质是二乙醚。1866年二氧化碳被用作工质。1872年英国人波义耳发明的制冷机以氨为工质。1876年二氧化硫被用作工质，二氧化硫冰箱于1925年左右在美国处于鼎盛时期。1878年开始使用氯甲烷，它用于家用冰箱的高峰期是1935年前后。1912年四氯化碳被用作工质。1924年开利（W. H. Carrier）和沃特菲尔（R. W. Waterfill）详细分析了当时的许多工质的情况后，最终选择了二氯乙烷异构体作为离心式压缩机的工质。1926年还曾使用二氯甲烷工质。早期的工质几乎都是可燃的或有毒的，有些还有很强的腐蚀性和不稳定性，有些压力过高经常引发事故。从20世纪20年代中期开始，人们选择工质的注意力转向了更安全和性能更好的方面。

1930年梅杰雷（T. Midgley）和他的助手在亚特兰大举行的美国化学学会年会上发表了第一份关于有机氟化合物工质的文章，文中说明了如何根据所要求的沸点将碳氢化合物氟化或氯化，并说明了化合物成分将如何影响可燃性和毒性。他们评价了单碳族15种含氢、氯和氟的化合物，最终选出了氯氟烃12（CFC12，R12），并于1931年得到商业化。紧接着，1932年氯氟烃11（CFC11，R11）也被商业化。随后，一系列CFCs和HCFCs陆续得到了开发，R114于1933年，R113于1934年，R22于1936年，R13于1945年，R14于1955年陆续出现，随后于1961年又开始使用R502。美国杜邦公司大量生产这些卤代烃，并注册了氟利昂（Freon）商标。这一类工质的特点是安全、稳定且热工性能良好，显著地改善了制冷机和热泵的性能。"氟利昂"几乎已达到了相当完善的地步，而成为20世纪在制冷空调和热泵系统中得到广泛应用的工质。

甲烷类衍生物的氟利昂系列有15种，如图2-5所示。乙烷类衍生物的氟利昂系列有28种，如图2-6所示。乙烷类衍生物的氟利昂系列物质分子中的两个碳原子可与氟、氯、氢原子以不同的方式结合，因而存在同分子异性体。按每个碳原子结合的元素的原子量不平衡程度，可以依此排列为a、b、c三种异性体，如R134a、R142b、R114等。这种同分子异性体现象

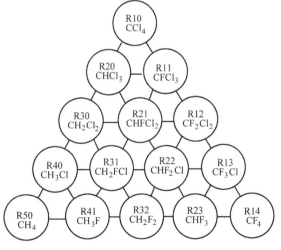

图2-5　甲烷类衍生物的氟利昂系列

为选用更合适的制冷剂提供了一个更加广泛的范围。

氟利昂的性能随其分子中所含氟、氯、溴的原子个数而变化。氟利昂的氢原子减少时，其可燃性和爆炸性显著降低；所含的氟原子数越多，对人体越无害，对金属的腐蚀性越小。当氟利昂的分子中没有氢原子时，即被全卤化，在大气中的寿命长。图 2-7 所示是氟利昂类物质的特性区域简图。

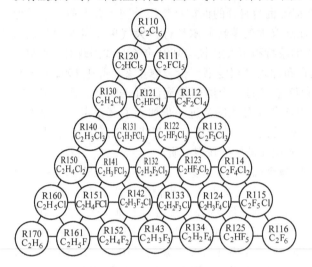

图 2-6　乙烷类衍生物的氟利昂系列

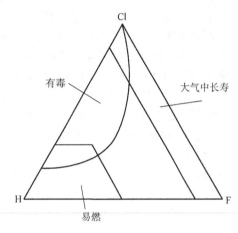

图 2-7　氟利昂类物质的特性区域简图

2.2.2　热泵工质与环境保护

目前我们采用的工质都是按国际上规定的统一编号，书写为 R12、R22、R11、R32 等。为了区别各类氟利昂对臭氧（O_3）的作用，1988 年美国建议采用新的命名方法。把不含氢的氟利昂写成 CFC，读作氯氟烃，如 R12 改写为 CFC12。把含氢的氟利昂写成 HCFC，读作氢氯氟烃，如 R22 改写为 HCFC22。把不含氯的氟利昂写成 HFC，读作氢氟烃，如 R134a 改写为 HFC134a。这种新的命名方法正逐渐地被人们接受。

1. CFC 对臭氧层的破坏作用及温室效应

一般认为，地球表面的大气按其高度分为若干层，其高度约 25km 处存在一个臭氧层，大气中的臭氧（O_3）约 90% 集中在该层中。由于臭氧层阻挡大部分紫外线形成了一道天然屏障，因此能有效地阻止来自太阳的紫外线对地球表面上生物和人类的辐射危害。

1974 年美国两位化学家罗兰（Lowland）和莫利纳（Molina）提出 CFC 的氯离子对臭氧层有严重的破坏作用。由于 CFCs 的化学性质稳定，在大气中的寿命可长达几十年甚至上百年。当CFCs 类物质在大气中扩散、上升到臭氧层时，在强烈的紫外线照射下才发生分解。分解时释放出氯离子，氯离子对 O_3 有亲和作用，可与 O_3 分子作用生成氧化氯分子和氧分子。氧化氯又能和大气中游离的氧原子作用，重新生成氯离子和氧分子，这样循环反应产生的氯离子就不断地破坏臭氧层。据测算，一个 CFCs 分子分解生成的氯离子可以破坏近 10 万个臭氧分子。

另外，CFCs 还是温室气体会加剧温室效应。所谓"温室效应"简单地说，就是生产的某些气体已超出地球所能分解平衡的能力范围，这些气体在大气中长时间地存在并能稳定地吸收太阳热，导致大气温度上升。有人估算，当前大气中 CO_2 与 CFC 对温室效应的影响，分别为 70%和 30%。据世界气象资料统计，近 10 年全世界温度平均上升了 1℃，这种世界性的气候变暖与温室气体（其中包含 CFCs）的排放有密切关系。温度上升会因此产生气候问题、食物生产问题以及北极冰帽的融解造成的海平面上升问题等。

2. 环境保护及 CFC 替代物的选择

保护臭氧层是一项全球性的环境保护问题，已成为刻不容缓的大事。由于任何一国的 CFCs 排放都会影响所有国家的环境和人类的健康，因此限制和淘汰 CFCs 的生产和使用需要世界各国共同努力。联合国于 1985 年 3 月在奥地利首都维也纳召开的保护臭氧层外交大会上通过了《保护臭氧层维也纳公约》。1987 年 9 月联合国在加拿大的蒙特利尔举行"大气臭氧层保护会议"，会上 24 个国家签订了《关于消耗臭氧层物质的蒙特利尔议定书》。1991 年 6 月我国政府在肯尼亚首都内罗毕召开的第三届缔约国会议上正式宣布加入《议定书》伦敦修正案，并于 1992 年 8 月 10 日生效。同年制定了履行这些国际公约和议定书的《中国逐步淘汰消耗臭氧层物质国家方案》，并于 1993 年 1 月经国务院批准实施。2003 年 4 月我国又进一步加入了《议定书》哥本哈根修正案。保护臭氧层对工质的使用提出了严峻的挑战。为了贯彻《蒙特利尔议定书》，世界各国的科学家正在努力寻找和开发更理想的对臭氧层无破坏的新型工质。

CFCs 问题的出现及其替代技术的发展，使制冷机和热泵又进入了一个以氢氟烃和天然化合物为主的绿色环保工质阶段。目前，国际上广泛关注的工质长期替代物的备选工质主要分两类：一类是天然工质，如 CO_2、碳氢化合物（HCs）等；另一类是氢氟烃类工质，如 HFC – 32、HFC – 125、HFC – 134a、HFC – 143a、HFC – 152a、HFC – 227ea、HFC – 245ca、HFC – 236fa 和 HFC – 236ea、HFO – 1234yf 和 HFO – 1234ze 等。另外，日本学者还曾在氢氟醚（HFE）物质中寻找有望成为新工质的候补化合物，如用 HFE – 143m（CF_3OCH_3）替代 CFC – 12 和 HFC – 134a、用 HFE – 245mc（$CF_3CF_2OCH_3$）替代高温热泵工质 CFC – 114 等。表 2-2 列出了 7 种对环境友善的纯工质的基本物性数据。

表 2-2   对环境友善的纯工质的基本物性数据

工质	摩尔质量/(g/mol)	临界温度 T_c/K	临界压力 p_c/kPa	临界密度 ρ_c/(kg/m³)	臭氧损耗潜值（ODP）	全球变暖潜值（GWP）
HFC – 32	52.023	351.255 ± 0.010	5780 ± 5	424 ± 1	0	650
HFC – 125	120.021	339.165 ± 0.020	3616 ± 5	568 ± 1	0	2800
HFC – 134a	102.031	374.083 ± 0.010	4048 ± 5	509 ± 1	0	1300
HFC – 143a	84.040	345.860 ± 0.020	3761 ± 6	434 ± 3	0	3800
HFC – 152a	66.050	386.41 ± 0.02	4517 ± 4	368 ± 2	0	140
HFC – 227ea	170.03	375.95	2984.8	580	0	2900
HFO – 1234yf	114.04	367.85 ± 0.01	3382 ± 3	478 ± 5	0	4

仅从纯工质中来寻找无害或低害工质不仅选择范围小，而且会存在某些方面的缺憾。与纯工质相比，混合工质的种类更加繁多，即使是组成相同的混合物还可以有多种不同的配比。把两种或多种现有的低公害纯工质混合组成共沸、近共沸或非共沸混合工质，通过调整其混合比例，可望达到对环境影响小、改善溶油性、抑制燃烧、提高能效的目的，可以满足各种不同设备的特定性能要求。自 20 世纪 90 年代中期以来，人们对 HFC 混合物研究的兴趣有增无减，一批相关的研究论文和成果陆续发表。近几年来国际上又新提出了用丙烷族 HFCs 物质（如 HFC – 227ea、HFC – 236fa 和 HFC – 236ea 等）作为阻燃组分，与热工性能和环境特性都很好但有可燃性的 HCs 类物质、HFCs 类物质混合，成为新型环保制冷剂。这一方向已经成为目前工质研究的一个热点。

2007 年 5 月 28 日国家环保局发布了《消耗臭氧层物质（ODS）○替代品推荐目录（修订）》，有关制冷剂部分详见表 2-3。其中有相当数量的替代品是 HFCs 类物质的混合物。

○ 根据《制冷术语》（GB/T 18517—2012）应为损耗臭氧层物质（ODS）。

表 2-3 《消耗臭氧层物质（ODS）替代品推荐目录（修订）》中有关制冷剂部分

替代品名称	ODP	GWP	主要应用领域（产品）	被替代的 ODS
HCFC – 22[①]	0.055	1780	工商制冷（冷库冷柜机组、运输制冷机组、建筑空调等）	CFC – 12，R502
HFC – 134a	0	1320	家用、汽车及工商制冷（汽车空调器、冰箱冰柜机组、运输制冷机组、离心式制冷机、建筑空调等）	CFC – 12，CFC – 11，R500
HFC – 152a	0	122	家用制冷、汽车空调、工商制冷（小型设备）	CFC – 12
R600a	0	≈20	家用及工商制冷（冰箱冷柜机组）	CFC – 12
HCFC – 123[①]	0.02	76	工商制冷（离心式制冷机）	CFC – 11
氨	0	<1	工商制冷	CFC – 11，CFC – 12
R407C	0	1674	家用及工商制冷（空调设备）	HCFC – 22
R410A	0	1997	家用及工商制冷（空调设备）	HCFC – 22
R418A[①]	≈0.03	1300	工商制冷	R502，HCFC – 22
R411A[①]，R411B[①]	≈0.03，≈0.032	1500，1600	工商制冷	R502，HCFC – 22
R404A	0	3800	工商制冷（低温）	R502
R507A	0	3900	工商制冷（低温）	R502
R425A	0	960	工商制冷	HCFC – 22，R502
LXR2a	0	1930	工商制冷和建筑空调	CFC – 12
HTR01[①]	0.032	620	工商制冷（高温热泵）	CFC – 114
R421A	0	1200	家用（空调）及工商制冷	HCFC – 22，CFC – 12
R417A	0	1950	工商制冷（空调设备维修）	HCFC – 22
ZCI – 7	0	1220	家用及工商制冷（空调）	HCFC – 22
ZCI – 8	0	1370	工商制冷（空调、热泵）	HCFC – 22
ZCI – 9	0	2840	家用及工商制冷（冷库、冷柜等低温器具）	R502
ZCI – 10	0	1410	工商制冷（空调、热泵）	HCFC – 22
ZCI – 12	0	114	家用制冷	CFC – 12
CO_2[②]	0	0	家用制冷、汽车空调及热泵	—
R290[③]	0	≈0	家用制冷（空调）[④]	HCFC – 22

① 属过渡性替代品，按《关于消耗臭氧层物质的蒙特利尔议定书》哥本哈根修正案要求我国 HCFCs 类物质生产和消费到 2040 年将停止使用。

② 该替代技术处于研究开发阶段，是汽车空调及家用空调领域具有前景的替代技术。

③ 该物质没有实现商业化生产及应用，是家用空调行业较为理想的替代技术。

④ 推荐在灌注量较小（<300kg）的空调中试用。

2.2.3 对热泵工质的要求

对制冷剂的诸多要求原则上也适用于热泵工质。但由于热泵工质更注重其本身的节能和环保的特殊性，因此专家们主要从热物理性质和环境特性方面对热泵工质提出更高的要求。

1. 工质的热物理性质要求

工质的热物理性质是指工质在与热有关的运动中所表现出的性质，一般可以分为两大类：平衡态的热力学性质（简称"热力学性质"）和非平衡态的迁移性质（简称"输运性质"）。热力学性质主要包括压力、温度、比容、密度、压缩因子、比热容、热力学能（内能）、焓、熵、音速、焦耳 - 汤姆孙系数、绝热指数、压缩指数、表面张力等。输运性质是指工质的输运量（如动量、能量、质量）在传递过程中所表现的性质，例如黏度、热导率、扩散系数等。工质的热物理性质研究一般都是建立在精确的试验数据的基础上，然后归纳成半理论半经验或纯经验的方程式来推算流体的其他参数。在科学研究中，详尽精确的热物理性质数据是必不可缺少的，甚至作为理论体系的验证基准。

具有优良热力学性质的热泵工质在给定的温度区间内运行时有较高的循环效率。

1）希望热泵工质的临界温度高于冷凝温度。热泵循环的工作区越远离临界点，则热泵循环的节流损失越小，制热量及制热系数越高。

2）在热泵的工作温度区间内应有合适的饱和压力。从热泵运行的冷凝温度看，希望饱和压力不要太高，这样可以减少热泵部件承受的工作压力，降低对密封性的要求和降低工质渗漏的可能性。另外，希望有较低的标准沸点，如果沸点较高则可能在低的蒸发温度下使热泵系统出现真空状态，从而有可能造成空气的渗入导致循环的效率降低。

3）有利于优化热泵循环的性能。工质的比热容小可减少节流损失，绝热指数低可降低压缩的排气温度，较大的单位容积制热量可使压缩机尺寸紧凑，气相比焓随压力变化小则可降低同样压力比下的压缩机耗功。

在传热学方面，工质应有较高的热导率和放热系数以及在相变过程中具有良好的传热性能，这样能提高蒸发器和冷凝器的传热效率和减少它们的传热面积。在流动阻力方面，希望有较低的黏度及较小的密度，以降低工质在管路系统中的流动阻力，可以降低压缩机的耗功率和缩小管道口径。

2. 工质的环境特性要求

工质的环境特性主要体现在两个方面，即对臭氧层的破坏和温室效应。热泵工质的使用不能造成对大气臭氧层的破坏及引起全球气候变暖。工质对臭氧层的破坏能力用臭氧损耗潜值（Ozone Depletion Potential，ODP）的大小来表示，工质的温室效应用全球变暖潜值（Global Warming Potential，GWP）的大小来表示。这两者都是相对值，ODP 是以 CFC - 11 为比较基准，规定其为 1；GWP 是以 CO_2 为比较基准，规定其为 1，通常累计的时间基准为 100 年。

近几年专家学者们指出，在评价替代工质的环境特性时，不但要看其 ODP、GWP 的大小，更要比较它们的变暖影响总当量（Total Equivalent Warming Impact，TEWI）。

变暖影响总当量（TEWI）是一个评价变暖影响的综合指标，可以描述为直接变暖影响（Direct Warming Impact）和间接变暖影响（Indirect Warming Impact）两个部分。直接变暖影响是指制冷空调装置中工质的泄漏和装置维修或报废时工质的排放所带来的影响，可以表示为排入大气的工质质量与其 GWP 的乘积。间接变暖影响是指制冷空调装置在使用寿命中因耗能引起的 CO_2 排放量所带来的影响。由 TEWI 的定义可知，它不同于 GWP，不是工质的特性参数。TEWI 不仅受工质本身特性的影响，而且还受到诸如制冷装置的设计寿命、密封程度、使用期限、消耗能源的产生途径等因素的影响。解决了系统的泄漏和工质的再利用等问题，也就降低了工质的直接变暖影响；提高了系统运行效率从而降低能耗，也就降低了工质的间接变暖影响。变暖影响总当量（TEWI）综合了温室气体的 GWP 和实际耗能装置的效率对变暖的影响，可以更客观、公正地评价工质的变暖影响。

1999 年美国 Arthur D Little 公司提出寿命期气候性（Life Cycle Climate Performance，LCCP）指标。LCCP 概念与 TEWI 指标基本相同，但考虑了生产氟烃化合物及其原料时的耗能（如电能和各种燃料）所伴随的影响，以及生产这些物质过程中不易收集造成的作为温室气体的任何副产品的排放所产生的影响。LCCP 评价指标利于研究和比较各种制冷空调系统使用不同工质对全球气候变暖的影响。联合国环境保护署、美国和欧洲一些国家认为评价制冷空调设备对全球气候变暖的影响，更为关注的应是它们的 LCCP 指标。

3. 其他方面的要求

（1）应具有良好的化学稳定性　热泵工质应不燃烧、不爆炸，高温下不分解，对金属和其他材料不会产生腐蚀和侵蚀作用，以保证热泵能长期可靠地运行。

（2）对人的生命和健康应无危害　热泵工质应不具有毒性、窒息性和刺激性。工质的毒性分为六级，一级毒性最大，六级毒性很小。六级只是在浓度高的情况下才会造成人体的危害，危害也只是窒息性质的。同级毒性中 a 等的毒性比 b 等大。工质的毒性分级标准见表 2-4。

表 2-4　工质的毒性分级标准

级别	条件		产生的结果
	工质蒸气在空气中的体积百分比（%）	作用时间/min	
1	0.5~1.0	5	致死
2	0.5~1.0	60	致死
3	2.0~2.5	60	开始死亡或成重症
4	2.0~2.5	120	产生危害作用
5	20	120	不产生危害作用
6	20	120 以上	不产生危害作用

（3）具有一定的吸水性　当系统中渗进极少的水分时，热泵工质不至于在低温下因"冰塞"而影响系统的正常运行。

（4）经济性好　要求热泵工质应易于购买且价格便宜。

（5）溶解于油的性质（从正反两方面分析）　如果工质能和润滑油互溶，则其优点是为机件润滑创造良好条件，在蒸发器和冷凝器的传热面上不易形成油膜而阻碍传热；其缺点是使蒸发温度有所提高，使润滑油黏度降低，工质沸腾时泡沫多，导致蒸发器中的液面不稳定。如果工质难溶于油，则其优点是蒸发温度比较稳定，在制冷设备中工质与润滑油易于分离；其缺点是蒸发器和冷凝器的热交换面上形成很难清除的油垢影响传热效率。

上述对热泵工质的要求仅作为选择工质时的参考。因为要选择十全十美的热泵工质实际上做不到，目前能作为热泵工用的物质或多或少都存在一些缺点。实际使用中只能根据用途和工作条件，保证一些主要的要求，而不足之处可采取一些弥补措施。

2.2.4　常用的热泵工质

虽然有很多种工质适用于空调用制冷系统中，但随着人们对环境的关注以及新型工质的出现，目前在热泵机组中使用的工质主要是以下几种。

1. R22

R22 在空调用热泵装置中被广泛采用。R22 在标准大气压下的沸点为 -40.8℃，凝固温度为 -160℃，能工作的最低蒸发温度为 -80℃，通常冷凝压力不超过 1.6MPa。

R22 对电绝缘材料的腐蚀性比 R12 大，毒性比 R12 大。R22 不燃烧也不爆炸，在大气中的寿命约为 20 年。R22 能够部分地与矿物油相互溶解，其溶解度随矿物油的种类而变化，随温度的降低而减小。为了防止发生冰塞现象，要求水在 R22 中的质量含量不大于 0.0025%，系统中也必须配干燥过滤器。

R22 无色、无味而且安全可靠，是一种良好的工质；但是 R22 属于 HCFC 类工质，将被限制和禁止使用。

2. R134a

R134a 是 R12 的一种氢氟烃替代工质。R134a 在标准大气压下的沸点为 −26.25℃，凝固点为 −101℃，临界温度为 101.05℃，临界压力为 4.06MPa。R134a 无毒、不燃、不爆，是一种安全的工质，其 ODP 为 0，GWP 为 1430，对臭氧层无破坏作用，但有一定的温室效应。

R134a 的热力性质和 R12 非常接近。R134a 与 R12 相比，在相同的蒸发温度下其蒸发压力略低，在相同的冷凝温度下其冷凝压力略高。R134a 的绝热指数比 R12 小，所以在同样的蒸发温度和冷凝温度下其排气温度较低。R134a 的单位体积制冷量略低于 R12，其理论循环效率也比 R12 略有下降。R134a 的冷凝和蒸发过程的表面换热系数比 R12 要高 15% ~ 35%。

水在 R134a 中的溶解度比在 R12 中更小，因此在系统中需要采用与 R134a 相容的干燥剂，如 XH − 7 或 XH − 9 型分子筛。R134a 的化学稳定性很好，对电绝缘材料的腐蚀程度比 R12 还稳定，毒性级别与 R12 相同。R134a 与传统的矿物油不相溶，但能完全溶解于多元醇酯类（POE）合成润滑油。R134a 在大气中的寿命为 8 ~ 11 年。

3. R1234yf

R1234yf 在标准大气压力下的沸点为 −29.45℃，化学名为四氟丙烯（$CF_3CF \equiv CH_2$），分子中不含氯原子。R1234yf 具有良好的环境性能，ODP 为 0，在大气中寿命只有 11 天，GWP 为 4。R1234yf 的自燃点是 405℃，为弱可燃性。R1234yf 属低毒类化学物质，不会导致人类基因突变。R1234yf 对设备中所有常用金属材料不具有活性和腐蚀性，与塑料和橡胶弹性体的兼容性均在要求的标准范围内。

R1234yf 因其热力性质与汽车空调中广泛应用的 R134a 非常相近，被公认为是很有发展前景的环保替代工质，有助于实现直接充注式替代 R134a。用 R1234yf 替代 R134a 时，具有与 R134a 相近的能耗指标，且系统的功率基本不变，排气温度、压力比均低于 R134a，有助于提高汽车空调系统的整体性能。

4. R142b

R142b 在标准大气压力下的沸点为 −9.25℃，具有较高的制热系数。与 R12 相比，其排气温度略低，容积制热量较小。当冷凝温度高达 80℃时其冷凝压力仅为 1.4MPa，系统采用 R142b 后的供热温度可高于 R12 或 R22 的供热温度，因此适用于在高环境温度下工作的空调或热泵装置。

R142b 具有一定的可燃性，当它与空气混合后其体积分数为 10.6% ~ 15.1% 时会发生爆炸。它的毒性与 R22 相近。R142b 对大气臭氧层的破坏作用比 R22 还小，许多国家和地区正在将其作为一种过渡性的替代物进行研究和使用。

5. R227ea

R227ea 是一种很有前途的热泵工质。R227ea 在标准大气压下的沸点为 −18.3℃，临界温度为 102.8℃，临界压力为 2.94MPa，ODP 为 0，无毒，而且具有抑制燃烧的作用，可作为一种阻燃组分与可燃工质组成混合物用于热泵，也可以纯工质形式用于热泵。

R227ea 在常温常压下稳定，不与钢、生铁、黄铜、纯铜、锡、铅、铝等金属反应。水在 R227ea 中的溶解度（25℃）为 0.06%。R227ea 与聚亚烷基二醇（PAG）、多元醇（POE）润滑油的互溶性良好。R227ea 在室温下与丁基橡胶、聚乙烯、聚苯乙烯、聚丙烯、ABS、聚碳酸酯、尼龙不发生明显的线膨胀、增重和硬度变化；但它与氟橡胶（Viton A）不相容，使聚四氟乙烯增重明显，使聚甲基丙烯酸甲酯发生部分溶解、变形。

6. R407C

R407C 由不破坏臭氧层的 HFC 类物质 R32、R125 和 R134a 三元混合而成，各组分的质量百分配比为 23%、25% 和 52%。这种三元混合工质属非共沸混合物。三组分中只有 R32 可燃，但当其含量较小时混合物基本不燃。

R407C 在标准大气压下，其泡点温度为 –43.4℃，露点温度为 –36.1℃。由于 R407C 的泡点、露点的温差较大，在使用时最好将换热器做成逆流形式，以充分发挥非共沸混合工质的优势。与其他 HFC 工质一样，R407C 不能与矿物油互溶，但能溶于聚酯类合成润滑油。

R407C 的制冷性能与 R22 很相近，是新开发的 R22 的替代工质。因此，用 R407C 替换空调系统的 R22 时，只要将润滑油改换就可以了，而不需要更换压缩机。

7. R410A

R410A 是由质量百分比为 50% 的 R32 和 50% 的 R125 组成，当质量百分比为 45% 的 R32 和 55% 的 R125 组成时称为 R410B。R410A 属近共沸工质，它的泡点与露点温差仅为 0.2℃，具有与共沸混合工质类似的优点。与 R22 相比，R410A 的排气压力较高，但其制冷性能比 R22 要优越。它的单位容积制冷量比 R22 大，制冷系数也比 R22 约高。所以，使用 R410A 的热泵空调系统具有更小的体积和更高的能量利用率。

与其他 HFC 工质一样，R410A 不能与矿物油互溶，但能溶于聚酯类合成润滑油。R410A 中无有毒成分，只要在空气中的浓度不超过 1000×10^{-6}，对人体就不会有伤害。

2.2.5　热泵工质的热力性质计算原理

无论是热泵空调装置的产品设计还是其选配设计，工程技术人员首先要进行热力计算。热力计算的目的是要计算出热泵循环的性能指标，为压缩机及换热器的设计或选配提供必要的数据。在热力计算时，工质的饱和、过热热力性质表是必不可少的基础数据。另外，为满足热泵技术领域里不断进步的需要，科研人员和学者也要从循环的性能方面对新型工质进行筛选。计算热泵工质的热力性质常用四个基本方程，即状态方程、饱和蒸气压力方程、饱和液体密度方程、理想气体比定压热容方程。对于其他没有被这四个基本方程描述的热力参数，可以根据热力学一般关系式，由基本方程推导计算得到。下面以 R1234yf 为例，由热力学理论推导出工程中常用的热力学参数计算公式，用计算机编制计算程序，可快速地计算出热泵工质的热力学数据，以供科学研究和工程应用使用。

1. 状态方程

R1234yf 的 MH – 59 方程[注]为

$$p = \sum_{i=1}^{5} \frac{A_i + B_i T + C_i \exp(-5.033 T_r)}{(v - b)^i} \tag{2-17}$$

式中　　T_r——$T_r = T/T_c$；

　　　　T——温度（K）；

　　　　T_c——临界温度（K），$T_c = 367.85\text{K}$；

　　　　p——压力（$1 \times 10^5 \text{Pa}$）；

　　　　v——比体积（m^3/kg）；

A_i，B_i，C_i——MH – 59 方程的常数项，$A_1 = 0$，$B_1 = R$，$R = 72.908383\text{J}/(\text{kg} \cdot \text{K})$，$C_1 = 0$，$B_4 = 0$，$C_4 = 0$，其他常数见表 2-5。

○　MH 方程是指由马丁 – 侯（Martin – Hou）于 1955 年提出的，以后有过多次发展。1959 年发表的 MH 方程即称为 MH – 59 方程。

表 2-5　　　　R1234yf 的 MH − 59 方程中的常数

常数符号	常数值
b	$4.09632153333435 \times 10^{-4}$
A_2	$-1.1186530117532 \times 10^{-3}$
B_2	$1.02778706060601 \times 10^{-6}$
C_2	$-1.72308397241473 \times 10^{-2}$
A_3	$1.77392876848972 \times 10^{-6}$
B_3	$-1.12275161006575 \times 10^{-9}$
C_3	$3.32195846598864 \times 10^{-5}$
A_4	$-1.09050884812676 \times 10^{-9}$
A_5	$-6.84052376288226 \times 10^{-14}$
B_5	$1.34671688757934 \times 10^{-15}$
C_5	$-1.15949241704621 \times 10^{-11}$

2. 饱和蒸气压力方程

R1234yf 的饱和蒸气压力方程为

$$T_r \ln p_r = -7.311\tau + 1.3841\tau^{1.5} - 1.5566\tau^{2.5} - 5.7037\tau^5 \tag{2-18}$$

式中　p_r，τ——$p_r = p/p_c$，$\tau = 1 - T/T_c$；

　　　p_c——临界压力（kPa），$p_c = 3382.2\ \text{kPa}$。

3. 饱和液体密度方程

R1234yf 的饱和液体密度方程为

$$\rho_r = 1 + 2.0959\tau^{0.35} + 10.2667\tau^2 - 55.8525\tau^3 + 96.3091\tau^4 \tag{2-19}$$

式中　ρ_r——$\rho_r = \rho/\rho_c$；

　　　ρ——饱和液体密度（kg/m³）；

　　　ρ_c——临界密度（kg/m³），$\rho_c = 475.55\ \text{kg/m}^3$。

4. 理想气体比定压热容方程

$$\frac{c_p^0}{R} = -0.316 + 19.543T_r - 6.543T_r^2 + 0.826T_r^3 \tag{2-20}$$

式中　c_p^0——理想气体比定压热容[kJ/(kg·K)]。

5. 汽化潜热方程

由克劳修斯 − 克拉贝龙（Clausius − Clapeyron）方程可以导出汽化潜热的计算公式为

$$r = T(v'' - v')\left(\frac{dp}{dT}\right)_S \tag{2-21}$$

$\left(\dfrac{dp}{dT}\right)_S$ 为饱和蒸气压对温度的一阶导数，可由式（2-18）推得，则

$$r = 100(v'' - v')p\Big[7.311\frac{T_c}{T} - 1.3841 \times 1.5\tau^{0.5} + 1.5566 \times 2.5\tau^{1.5} + 5.7037 \times 5\tau^4 -$$
$$\left(1.3841\frac{T_c}{T}\tau^{1.5} - 1.5566\frac{T_c}{T}\tau^{2.5} - 5.7037\frac{T_c}{T}\tau^5\right)\Big] \tag{2-22}$$

式中　r——汽化热（kJ/kg）；

　　　v''——饱和蒸气比体积（m³/kg）；

v'——饱和液体比体积（m³/kg）。

6. 熵方程

用偏差函数法，求出气体熵方程为

$$s = 100R\left(-0.316\ln T + \frac{19.543}{T_c}T - \frac{6.543}{2T_c^2}T^2 + \frac{0.826}{3T_c^3}T^3 \right) + 100R\ln\frac{v-b}{RT} -$$

$$100\left[\frac{B_2}{(v-b)} + \frac{B_3}{2(v-b)^2} + \frac{B_5}{4(v-b)^4} \right] +$$

$$100\frac{5.033}{T_c}\exp\left(\frac{-5.033T}{T_c} \right)\left[\frac{C_2}{(v-b)} + \frac{C_3}{2(v-b)^2} + \frac{C_5}{4(v-b)^4} \right] + Y \tag{2-23}$$

式中　s——气体熵 [kJ/(kg·K)]；

　　　Y——与计算基准点有关的常数项，取 0℃ 时饱和液体的熵值为 1kJ/(kg·K)，则 $Y = 0.895925940555282$。

7. 焓方程

用偏差函数法，求出气体焓方程为

$$h = 100R\left(-0.316T + \frac{19.543}{2T_c}T^2 - \frac{6.543}{3T_c^2}T^3 + \frac{0.826}{4T_c^3}T^4 \right) + 100(pv - RT) +$$

$$100\exp\left(\frac{-5.033T}{T_c} \right)\left(1 + \frac{5.033T}{T_c} \right)\left[\frac{C_2}{(v-b)} + \frac{C_3}{2(v-b)^2} + \frac{C_5}{4(v-b)^4} \right] + \tag{2-24}$$

$$100\left[\frac{A_2}{(v-b)} + \frac{A_3}{2(v-b)^2} + \frac{A_4}{3(v-b)^3} + \frac{A_5}{4(v-b)^4} \right] + X$$

式中　h——气体焓（kJ/kg）；

　　　X——与计算基准点有关的常数项，取 0℃ 时饱和液体焓值为 200kJ/kg，则 $X = 254.6624245488338$。

2.3　蒸气压缩式热泵的压缩机

2.3.1　热泵用压缩机的特点和要求

在蒸气压缩式热泵系统中采用着各种类型的压缩机，其功能和工作原理与蒸气压缩式制冷系统中的同类压缩机是一样的。但是，热泵用压缩机往往严冬酷夏都要使用，每年累计的运行时间长，工况变化范围大，运行条件要比通常空调制冷用压缩机恶劣。所以，热泵用压缩机在结构、工艺上还必须满足用于热泵循环时的一些特殊要求。

1. 热泵用压缩机的工作温度范围更宽

热泵用压缩机的工作温度范围与空调制冷用压缩机的工作温度范围不同。以空气源热泵为例，其压缩机至少要能在蒸发温度 −15 ~ +15℃、冷凝温度 ≤65℃ 下正常工作。其结果是压缩机工作的压比高，排气温度高，吸气密度小，质量流量下降。因此，热泵用压缩机必须根据其运行工况和条件做专门的设计，以保证其经济性和可靠性。

由于压比高，为提高容积效率，热泵压缩机应选用较小的相对余隙容积。由于压差大，在机械结构方面要加大轴承的支承面积和改进轴承材料，保护轴承中的承载油膜，降低磨损程度。还有，热泵要在十分宽广的温度范围工作，这必然会在某些工况下系统中出现过多的工质。为此，必须将此多余的工质贮存在适当的容器中。

封闭式压缩机中排气温度高容易引起内置电动机和压缩机过热的现象。必须在电动机线圈内设置温度传感器或继电器，以达到可靠地保护电动机的目的。线圈也应该选用改进的高强度绝缘线和环氧浸渍工艺，以提高电动机在高温时耐工质－润滑油混合物的能力。有的热泵用全封闭式压缩机在其运行蒸发温度约低于－4℃时，可以将一定控制量的液体工质注入压缩机，以达到冷却内置电动机的目的。对于电动机靠吸气冷却的半封闭式压缩机，由于吸入蒸气经过电动机后会有很大的过热，在大压比工况下采用一种被称为"按需冷却"的方法。当排气温度超过143℃设定点后，可以向气缸周围吸气腔喷入一定量经精确控制的液体工质，以冷却吸入蒸气使排气温度降低。当排气温度降到约137℃时则喷液停止。

2. 热泵用压缩机的抗液击能力更强

在空气源热泵机组中，压缩机的工作方式往往是供热、制冷交替使用。例如除霜过程的开始和结束时，系统要反向运行。在原冷凝一侧中所积聚的液体工质由于其中压力突然降低为吸气压力而会大量涌向压缩机的机壳，与其中的润滑油相混合后剧烈沸腾，导致过多的液体进入气缸，出现压缩机的液击现象。这会导致气阀、连杆的损坏和压缩机的不正常振动和响声。为此，必须防止工质不受控制地进入压缩机，将此多余的工质贮存在适当的容器中。所以，在压缩机的吸气管和换向阀之间装设的气液分离器成为系统中必不可少的部件。

由于冬天装在户外的热泵用压缩机所处的环境温度比室内低，工质将不断冷凝在压缩机的曲轴箱或机壳中，与润滑油混合在一起。压缩机所处的环境温度越低，停机的时间越长，则凝聚在曲轴箱或机壳中的工质越多，这就是所谓工质在系统中迁移的现象。当热泵重新起动时，曲轴箱中的压力骤然下降，工质－润滑油混合物沸腾发泡，容易引发压缩机液击和曲轴箱中失油的严重情况。为此，在热泵用压缩机的曲轴箱或机壳中必须装设适当功率的润滑油电加热器，并要求在压缩机开机前必须对润滑油进行长时间的充分加温，这样才能使液体工质在润滑油中的溶解度维持在正常范围内。

在热泵压缩机工作时，吸气流中可能带液滴的概率往往会大于制冷空调用压缩机。因此，要对活塞式压缩机舌簧阀中的阀片强度、吸气孔大小做专门设计，以确保承受一定液击的能力。

目前，在热泵机组中选用的压缩机类型有活塞式压缩机、滚动转子式压缩机、滑片式压缩机、涡旋式压缩机、螺杆式压缩机、离心式压缩机等，其中抗液击能力强的涡旋式压缩机和螺杆式压缩机应用越来越广泛。

2.3.2　活塞式压缩机

1. 活塞式压缩机的结构

活塞式压缩机利用气缸中活塞的往复运动来压缩气缸中的气体，通常是利用曲柄连杆机构将电动机的旋转运动变为活塞的往复直线运动，故也称为往复式压缩机。活塞式压缩机主要由机体、气缸、活塞、连杆、曲轴和气阀等组成。按压缩机的密封方式，可分开启式、半封闭式和全封闭式。热泵压缩机一般都是半封闭式和全封闭式。

半封闭式压缩机在结构上最明显的特征在于电动机外壳和压缩机曲轴箱构成一个密闭空间，从而取消轴封装置，并且可以利用吸入低温工质蒸气来冷却电动机线圈，改善了电动机的冷却条件。空调用热泵机组采用的是半封闭式压缩机，其结构如图2-8所示。

图2-9所示为全封闭式压缩机的结构。全封闭式压缩机的结构特点在于压缩机与电动机共用同一个主轴，两者组装在一个密闭的钢制壳内，故结构紧凑、噪声低。全封闭活塞式压缩机的气缸多数为卧式排列，电动机轴垂直安装。压缩机主轴为偏心轴，下端开设偏心油道，靠主轴高速旋转离心上油，活塞为平顶，不装活塞环，仅有两道环形槽，使润滑油充满其中，起密封和润滑作用。连杆为整体式，直接套在偏心轴上。气阀结构往往采用各种形状的簧片阀（舌形、马蹄

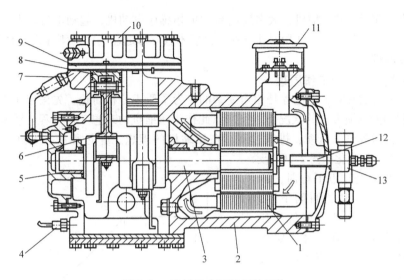

图 2-8　半封闭式压缩机的结构

1—电动机　2—壳体转子　3—曲轴　4—加热器　5—轴承　6—连杆组件　7—排气截止阀
8—活塞组件　9—阀板组件　10—气缸盖　11—电器盒　12—吸气过滤器　13—吸气截止阀

形、条形）。簧片阀的结构简单，余隙容积小，阀片质量小、启闭迅速，噪声低。但簧片阀的阀隙通流面积小，对材质和加工工艺要求高。

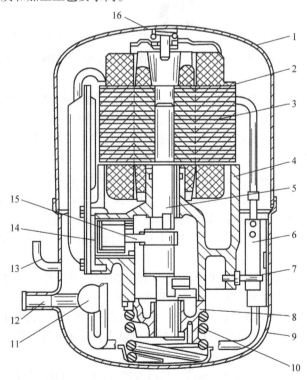

图 2-9　全封闭式压缩机的结构

1—上壳体　2—电动机转子　3—电动机定子　4—机体　5—曲轴　6—抗扭弹簧组　7—抗扭螺杆　8—轴承座　9—下壳体
10—下支承弹簧　11—排气汇集管　12—排气总管　13—工艺管　14—气阀组　15—活塞连杆组　16—上支承弹簧

小功率全封闭活塞式压缩机，大多配电容式单相感应电动机，起动电流较大（为正常电流的 5~7 倍），但起动转矩小。使用时注意在停机后不宜立即起动，因为刚停机时高低压差较大，压缩机起动较困难。

2. 活塞式压缩机的工作原理

活塞式压缩机的实际工作过程是相当复杂的，为了便于分析讨论，先假定压缩机在没有任何损失（容积和能量损失）的状况下运行，以此作为压缩机的理想工作过程。活塞式压缩机的理想工作过程包括吸气、压缩、排气过程。在压缩机的理想工作过程中，气缸中工质的压力（p）随容积（V）的变化如图 2-10 所示。

吸气：活塞由上止点下行时，排气阀片关闭，气缸内压力瞬间下降，当低于吸气管内压力 p_1 时，吸气阀开启，吸气过程开始，低压气体在定压下（p_1）被吸入气缸内，直至活塞行至下止点为止，如图 2-10 上 4-1 过程线。

压缩：活塞由下止点上行，当气缸内制冷工质压力等于吸气管内压力（p_1）时，吸气阀关闭，气缸内形成封闭容积，缸内气体被绝热压缩，随着活塞上行到某一位置，缸内气体被压缩至压力与排气管内压力相等时（p_2），压缩过程结束，如图 2-10 上 1-2 过程线。

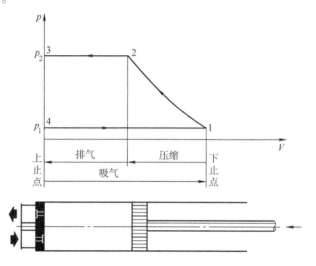

图 2-10   压缩机的理想工作过程示功图

排气：当活塞上行到 2 点时，排气阀开启，排气过程开始。活塞继续上行，排气过程持续进行到活塞行至上止点，将气缸内高压气体在定压（p_2）下全部排出为止，如图 2-10 上 2-3 过程线。

这样，曲轴旋转一圈，活塞往返一次，压缩机完成吸气、压缩，排气过程，将一定量的低压气体吸入经绝热压缩提高压力后全部排出气缸。所以，一个气缸的工作容积就是一个气缸理论容积输气量。在一定的工况条件下运行的制冷压缩机，其理论制冷量主要取决于理论输气量 V_h。

压缩机实际工作过程比理想过程复杂得多。为了便于比较，把具有相同吸气压力、排气压力、吸气温度和气缸工作容积的压缩机的实际工作循环示功图（即 $p-V$ 图）$1'-2'-3'-4'-1'$ 和无余隙理想工作循环示功图 $1-2-3-4-1$ 对照，发现有下述主要方面的区别，如图 2-11 所示。

（1）余隙容积 V_c 由于有余隙容积 V_c 存在，排气结束，活塞开始反向移动时，残留在气缸中的高压蒸气首先膨胀，不能立即吸气，形成膨胀过程 $3'-4'$。

（2）气阀阻力   吸、排气阀片必须在两侧压差足以克服气阀弹簧力和运动零件的惯性力时才能开启。这就造成了吸、排气的阻力损失，导致气缸内实际吸气压力低于吸气腔压力，实际排气压力高于排气腔压力。

（3）有热交换   吸气过程中制冷工质蒸气与吸入管道、腔、气阀、气缸等零件发生热量交换。

（4）有泄漏   气缸内部的不严密处和气阀可能发生延迟关闭引起气体的泄漏损失。

（5）有摩擦   运动机构的摩擦，消耗一定的摩擦功。

由于以上因素的影响，压缩机实际工作过程较为复杂，其实际输气量低于理论输气量，实际功耗要大于理论功耗。

2.3.3 涡旋式压缩机

涡旋式压缩机是利用涡旋转子与涡旋
定子的啮合，形成多个压缩室，当涡旋转
子回转时，由各压缩室的容积不断变化来
压缩气体的。涡旋式压缩机的概念首先是
由法国的 L. Creux 于 1905 年提出的。20
世纪 80 年代初期，美国和日本成功地开
发了应用于空调制冷的涡旋式压缩机。涡
旋式压缩机的构造简单，可靠性好。由于
它不需要吸、排气阀，允许气态制冷剂中
带有液体，因此可用喷液冷却压缩机。又
由于涡旋式压缩机可以采用轴向和径向的
柔性密封，大大提高了容积效率。另外，

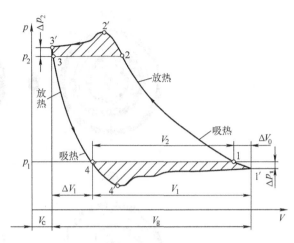

图 2-11 压缩机的实际工作循环示功图和
理论工作循环示功图的对比

其噪声低，尺寸小，重量轻，故很适合在高压比下运行的热泵采用。当然，涡旋式压缩机需要很
高的加工精度和精密的安装技术。

1. 涡旋式压缩机的工作原理

图 2-12 所示为涡旋式压缩机的压缩机构，仅由
涡线定子、涡线转子、防自转环、曲轴、机座五个
部件组成。图 2-13 所示为涡旋式压缩机的工作原
理。气体进入涡线定子与涡线转子的涡线之间，就
在涡线端板形成的空间中被压缩。涡线转子与涡线
定子的涡线呈渐开线，两曲线基本相同。配合时使
两者中心相距旋转半径，保证相位差为 180° 并相切。
涡线定子的外圈上开有吸气孔，在端板的中心部分
开有排气孔，涡线端板被固定在机座上。涡线转子
随曲轴进行公转运动，在运动中应保持不发生自转，
并使它的中心在以涡线定子中心为圆心的圆周上做
圆周运动。防止自转环是防止涡线转子自转的机构。

由图 2-13 所示可以看出，涡旋式压缩机的工作
也分为进气、压缩和排气三个过程。但是在两个涡
线槽板所组成的不同空间，进行着不同的过程。外

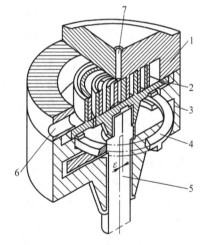

图 2-12 涡旋式压缩机的压缩机构
1—涡线定子 2—涡线转子 3—机座
4—防自转环 5—曲轴 6—进气口 7—排气口

侧空间与吸气口相通，始终处于吸气过程；中心部位与排气口相通，始终进行排气过程；上述两
空间的中间有两个半月形封闭腔，则一直在进行压缩过程。因此，涡旋式压缩机基本上是连续进
气和排气，转矩均衡，振动小；而且封闭啮合线两侧的压差较小，仅为进、排气压差的一部分。
由于具有四个压缩室，这样压缩过程中工质泄漏就少，容积效率得以提高。

2. 数码变容量技术

图 2-14 所示为数码涡旋压缩机的结构简图。其最突出的特点是压缩机利用轴向"柔性"密
封技术，将定子涡旋盘轴向活动范围精密调整，并在压缩机吸气口增设一根连通管，与定子轴向
浮动密封处的中间压力室相通。压缩机在电磁阀控制电源的作用下可自由地调节开启－关闭时

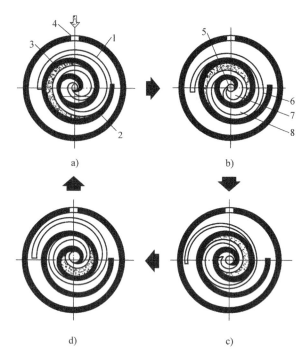

图 2-13   涡旋式压缩机的工作原理

1—涡线转子 2—涡线定子 3—压缩室 4—进气口 5—排气口 6—吸气过程 7—排气过程 8—压缩过程

间的比例。当电磁阀关闭时，排气压力及中间压力室内压力将定子下压，实现密封并负载；当电磁阀通电打开时，中间压力室内压力释放，压缩腔室内压力大于定子上端面压力，压缩机定子轴向上移一间隙，往上移动约1mm，使得两个涡旋盘之间产生一个缝隙，因高低压腔室的连通实现卸载。压缩机是在负载－卸载两种状态下运行的，在负载状态下的容量为100%，而在卸载状态下的容量为0%，实现"1－0"输出，体现了数码特征调节输出容量。压缩机的平均输出容量是负载状态和卸载状态的时间平均值。例如：当周期时间为20s时，如果数码涡旋负载、卸载各10s，那么时间平均容量就是50%。

2.3.4   螺杆式压缩机

螺杆式压缩机是一种容积型回转式压缩机，其结构简单、紧凑，易损件少，在高压缩比工况下容积效率高。但由于目前大都采用喷油式螺杆压缩机，因此其润滑系统比较复杂，辅助设备较大。

1. 螺杆式压缩机的基本结构

半封闭螺杆式压缩机的基本结构如图2-15所示。其主要部件是转子、机体、轴承、平衡活塞及

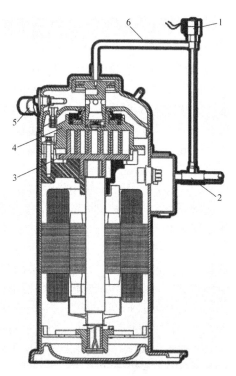

图 2-14   数码涡旋压缩机的结构简图

1—数码调节电磁阀 2—吸气管 3—涡线转子
4—涡线定子 5—排气管 6—容量调节连通管

能量调节装置。该压缩机的工作气缸容积由转子齿槽与气缸体、吸排气端座构成。吸气端座和气缸体的壁面上开有吸气口（分轴向吸气口和径向吸气口），排气端座和气缸体内壁上也开有排气口，而不像活塞式压缩机那样设有吸气阀、排气阀。压差供油是利用排气压力和轴承处压力的差来供油的，不设置油泵，简化了润滑供油系统。喷油的作用是冷却气缸壁，降低排温，润滑转子，并在转子及气缸壁面之间形成油膜密封。螺杆压缩机运转时，由于转子上作用着轴向力，必须采用平衡措施，通常在两转子的轴上设置推力轴承。径向轴承 3 采用圆柱轴承，主轴承 4 则用滚珠推力轴承来承受转子的轴向推力。由于滚动轴承的间隙比滑动轴承小，从而能减小转子啮合间隙，减少泄漏损失。吸入气体先经过电动机 15，冷却了电动机后进入气缸被压缩排出，在排气壳中设置除油雾器 5，将油滴从气体中分离出来，因此不需要在系统中另设油分离器。另外，该压缩机采用移动滑阀方式进行压缩机输气量无级调节。

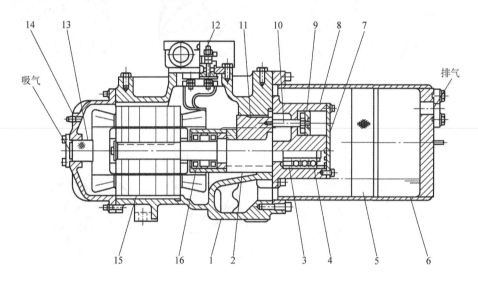

图 2-15　半封闭螺杆式压缩机的基本结构

1—主机体　2—转子　3—径向轴承　4—主轴承　5—除油雾器　6—排气壳　7—端面盖板　8—排气侧盖
9—油活塞　10—活塞体　11—滑阀　12—接线柱　13—吸气过滤器　14—电动机盖　15—电动机　16—轴承

2. 工作过程

螺杆式压缩机是靠一对相互啮合的转子（螺杆）来工作的，如图 2-16 所示。转子表面是螺旋形，主动转子端面上的齿形凸形（也是功率输入转子），从动转子端面上的齿形是凹形的，两者在气缸内做反向回转运动，转子齿槽与气缸体之间形成 V 形密封空间，随着转子的旋转，空间容积不断变化，完成吸气、压缩和排气过程。

下面以一个 V 形工作容积为例，说明其工作过程。图 2-17a、b、c 所示为从进气端方向看的轴向视图，图 2-17d、e、f 所示为径向翻转 180°后从排气端方向看的轴向视图。

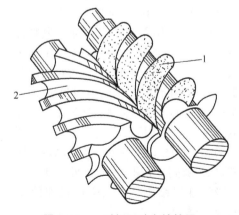

图 2-16　一对相互啮合的转子

1—主动转子　2—从动转子

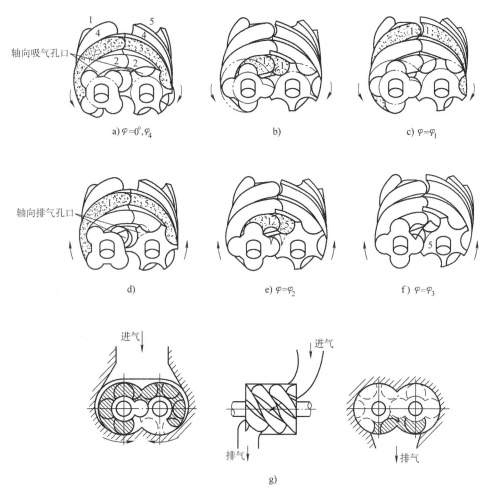

图 2-17　螺杆式制冷压缩机的工作过程

（1）吸气过程　设主动转子转角为 φ，以 V 形齿间容积 1—1 为对象。当 $\varphi = 0°$ 时，容积 1—1 为零。随着 φ 增加，其啮合部分在吸入口侧逐渐脱开，容积 1—1 随之增大，且容积 1—1 一直与吸气口相通使蒸发器内气体不断吸入。当 $\varphi_1 \approx 270°$ 时，构成 1—1 容积的该对螺旋槽在其长度中全部充满气体，容积达最大值 V_1，相应的气体压力为 p_1，如图 2-18 所示。当主动转子转角超过 φ_1 瞬间，容积 1—1 与吸气孔口断开，吸气过程结束。吸气全过程如图 2-17a、b、c 所示。

（2）压缩过程　主动转子继续旋转，主动转子螺旋体 1 与从动转子另一螺旋槽

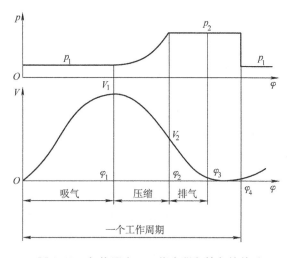

图 2-18　气体压力、工作容积和转角的关系

5（已吸满气体）连通，组成新的 V 形容积 1—5，如图 2-17d 所示。此工作容积 1—5 由最大值 V_1 逐渐向排气端移动而缩小，对封闭在其中的气体进行压缩，压力逐渐升高。当主动转子的转角继续增至 φ_2 时，如图 2-17e 所示，容积 1—5 由 V_1 缩小至 V_2，压力升至 p_2。此时（$\varphi = \varphi_2$）容积 1－5 开始与排气孔口连通，压缩过程结束，排气过程即将开始。压缩过程如图 2-17d 所示。

（3）排气过程　主动转子继续旋转，与排气孔口连通的容积 1—5 逐渐缩小，当主动转子转角由 φ_2 增至 φ_3 时，容积 1—5 由 V_2 缩小至零，排气结束，此过程中气体压力 p_2 基本不变。排气过程如图 2-17e、f 所示。

当主动转子转角再增至 φ_4（$\varphi_4 = 720°$）时，组成容积 1—5 的主动转子螺旋体 1 又在吸气端与吸气口相通，于是下一工作周期又重新开始。

由以上分析可看出，两啮合转子某 V 形工作容积，完成吸气、压缩、排气一个工作周期，主动转子要转两转。而整个压缩机的其他 V 形工作容积的工作过程与之相同，只是吸气、压缩、排气过程的先后不同而已。

每个 V 形工作容积的最大值和压缩终了气体的压力均由压缩机结构形式参数决定，而与运行工况无关。因此，压缩终了工作容积内气体压力 p_2 下的容积 V_2 与工作容积最大值 V_1 之比称为内容积比 ε，即

$$\varepsilon = V_1/V_2 \tag{2-25}$$

为了适应不同的运行条件，我国螺杆式制冷压缩机系列产品分别推荐了三种内容积比，即 $\varepsilon = 2.6$、3.6、5，供高温、中温和低温工况选用。这一点在选择螺杆式压缩机时应予以注意。

螺杆式压缩机的实际排气量低于它的理论排气量，其主要原因是螺杆之间及螺杆与机壳之间的间隙引起的气体泄漏。螺杆式压缩机的容积效率（类同于活塞式压缩机的输气系数）一般为 $0.75 \sim 0.95$，大于相同压力比下的活塞式压缩机，机械效率为 $0.95 \sim 0.98$，指示效率（也称为内效率）为 $0.72 \sim 0.85$。

3. 能量调节

螺杆式压缩机的能量调节多采用滑阀调节，其基本原理是通过滑阀的移动使压缩机主动转子、从动转子齿间的工作容积，在齿面接触线从吸气端向排气端移动的前一段时间内，仍与吸气口相通，使部分气体回流至吸气口，即减少了螺杆有效工作长度达到能量调节的目的。图 2-19 所示为滑阀式能量调节机构，滑阀可通过手动、液动或电动方式使其沿着机体轴线方向往复滑动。若滑阀停留在某一位置，压缩机即在某一排气量下工作。

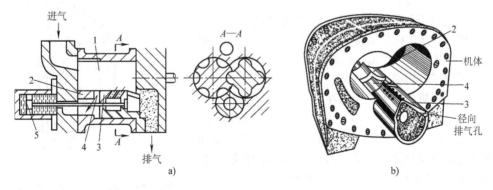

图 2-19　滑阀式能量调节机构

1—转子　2—滑阀固定端　3—能量调节滑阀　4—旁通口　5—油压活塞

图 2-20 所示为滑阀能量调节的原理。其中，图 2-20a 所示为全负荷工作时的滑阀位置，此时滑阀尚未移动，工作容积中全部气体被排出；图 2-20b 所示则为部分负荷时的滑阀位置，滑阀向排气端方向移动，旁通口开启，压缩过程中，工作容积内气体在越过旁通口后才能进行压缩过程，其余气体未进行压缩就通过旁通口回流至吸气腔。这样，排气量就减少，起到调节能量的作用。

一般螺杆热泵压缩机的能量调节范围为 10% ~ 100%，且为无级调节。在能量调节过程中，其制热量与功耗关系如图 2-21 所示。显然，螺杆式热泵压缩机的制热量与功率消耗，在整个能量调节范围内不是正比关系。当制热量为 50% 以上时，功率消耗与制热量近似以正比例变化，而在低负荷下则功率消耗较大。因此，从节能考虑，螺杆式热泵压缩机的负荷（即制热量）应在 50% 以上的情况下运行为宜。

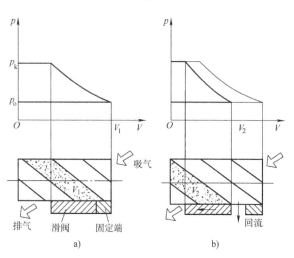

图 2-20   滑阀能量调节原理
a) 全负荷位置   b) 部分负荷位置

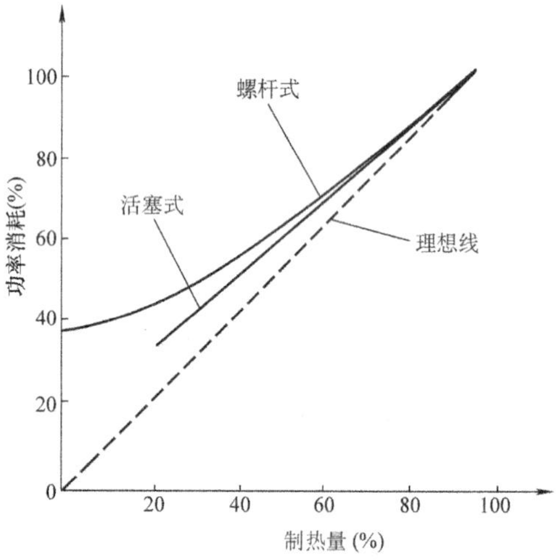

图 2-21   制热量与功耗关系比较

2.3.5 离心式压缩机

离心式压缩机是一种速度型压缩机，具有制热量大、体积小、重量轻、运转平稳等特点，多应用于大型空气调节系统和石油学工行业。

1. 离心式压缩机的结构及工作过程简述

单级离心式压缩机的结构如图 2-22 所示。其主要由吸气室、叶轮、扩压器、弯道、回流器、蜗壳、主轴、轴承、机体及轴封等零件构成。

叶轮是压缩机中最重要的部件。叶轮的结构如图 2-23 所示，其通常由轮盘 2、轮盖 1 和叶片 3 组成，轮盖通过多条叶片与固定在主轴 4 上的轮盘连接，形成多条气流通道。气流在叶轮中的流动是一个复合运动，气体在叶轮进口外的流向基本上是轴向，进入叶片入口时转为径向。

离心式压缩机的工作原理与容积式压缩机根本不同，它不是靠工作容积减小来提高气体压力的，而是利用旋转的叶轮对气体做功，把能量传递给连续流动的工质蒸气，

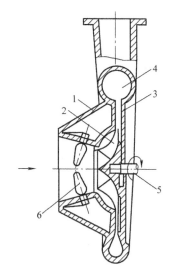

图 2-22   单级离心式压缩机的结构
1—机体 2—叶轮 3—扩压器 4—蜗壳
5—主轴 6—导流叶片能量调节装置

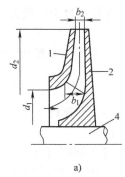
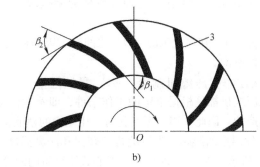

图 2-23 叶轮的结构

d_1—叶片进口外叶轮的直径 d_2—外径 b_1—叶片进口外宽度 b_2—叶片出口外宽度

β_1—叶片进口安装角 β_2—叶片出口安装角

1—轮盖 2—轮盘 3—叶片 4—主轴

依靠工质蒸气本身的动能变化来提高气体压力的。工作时，电动机通过增速器带动主轴高速旋转，从蒸发器出来的工质蒸气经吸气室进入由叶片构成的叶轮通道，由于叶片的高速旋转产生的离心力作用，将工质气体自叶轮中心向四周抛出，致使叶轮进口处形成低压，气体不断吸入。叶轮使气体获得动能和压力能，流速和压力得到提高。高速气流进入通流截面逐渐扩大的扩压器，气流逐渐减速而增压，即将气体的动能转为压力能，压力进一步增大。当被压缩的气体从扩压器流出后，涡室将气体汇集起来，由排气管输送到冷凝器中去，完成压缩过程。

2. 离心式压缩机的特性

离心式压缩机的特性是指在一定的进口压力下，其输气量、功率、效率和排出压力之间的关系，并指明了在这种压力下的稳定工作范围。下面借助一个级的特性曲线进行简单的分析。

图 2-24 所示为一个级的特性曲线。图中 S 点为设计点，所对应的工况为设计工况。由流量 – 效率曲线可见，在设计工况附近，级的效率较高，偏离越远，效率降低越多。

图中的流量 – 排出压力曲线表达了级的出口压力与输气量之间的关系。B 点为该进口压力下的最大流量点。当流量达到这一数值时，叶轮中叶片进口截面上的气流速度将接近或达到声速，流动损失和冲击损失都很大，流体所获得的能量头用以克服这些阻力损失，流量不可能再增加，通常将此点称为滞止工况。

图中 A 点为喘振点，其对应的工况为喘振工况。此时的流量为该进口压力下级的最小流量，当流量低于这一数值时，由于供气量减少，而工质通过叶轮流道的损失增大到一定的程度，有效能量头将不断下降，致使排气压力陡然下降使得叶轮不能正常排气。这样，叶轮以后的高压

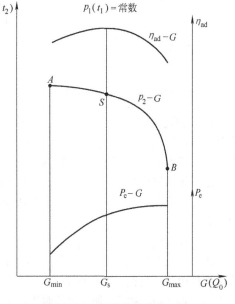

图 2-24 级的特性曲线

部位的气体将倒流回来。当倒流的气体补充了叶轮中的气量时，叶轮才开始将气体排出。而后供气量仍然不足，排气压力又会下降，又出现倒流，这样周期性地重复进行，使压缩机产生剧烈的

振动和噪声而不能正常工作，这种现象称为喘振现象。因此，运转过程中应极力避免喘振的发生。

喘振工况（A）和滞止工况（B）之间即为级的稳定工作范围。性能良好的压缩机级应有较宽的稳定工作范围。

3. 影响离心式压缩机制冷（热）量的因素

离心式压缩机都是根据给定的工作条件，即蒸发温度、冷凝温度、制冷（热）量等，选定工质设计制造的。因此，当工况变化时，压缩机的性能将发生变化。

（1）蒸发温度的影响　当压缩机的转速和冷凝温度一定时，蒸发温度对压缩机制冷量的影响如图2-25所示。由图2-25可见，离心式压缩机的制冷量受蒸发温度变化的影响比活塞式压缩机明显；蒸发温度越低，制冷量下降得越剧烈。

（2）冷凝温度的影响　当压缩机的转速和蒸发温度一定时，冷凝温度对压缩机制冷量的影响如图2-26所示。由图2-26可见，冷凝温度低于设计值时，由于流量增大，制冷量略有增加；但当冷凝温度高于设计值时，其影响明显不利，随着冷凝温度升高，制冷量将急剧下降，并可能出现喘振现象，这点在实际运行时必须予以足够的注意。

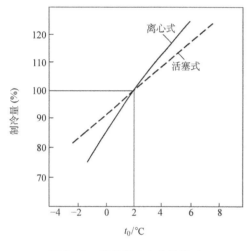

图 2-25　蒸发温度变化的影响

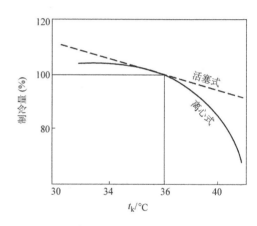

图 2-26　冷凝温度变化的影响

（3）转速的影响　当运行工况一定时，压缩机制冷量与转速的关系对于活塞式压缩机而言是成正比关系，而对于离心式压缩机则与转速的二次方成正比，这是由于压缩机产生的能量头及叶轮外缘圆周速度与转速成二次方关系。图2-27所示为转速变化对制冷量的影响。

4. 离心式压缩机的调节

离心式压缩机运行时主要是根据负荷的变化来调节压缩机的制冷量或反喘振调节。

（1）制冷量的调节　制冷量的调节有以下四种方法：

1）改变压缩机的转速。转速降低，制冷量相应减少。当转速从100%降低到80%时，制冷量减少了60%，轴功率也减少了60%以上。离心式压缩机转速的改变可通过变频调节技术来实现。

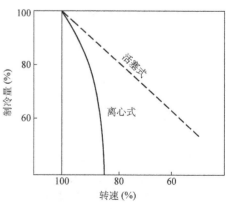

图 2-27　转速变化的影响

2）在压缩机吸入管道上节流。它是通过改变蒸发器到压缩机吸入口之间管道上吸气阀门的开启度予以实现的。为了避免调节时影响压缩机的工作和降低压缩机的效率，吸气节流阀通常采用蝶形阀，使节流后的气体沿周围方向均匀流动。由于节流产生能量损失，运转不经济，但装置简单，仍可采用。

3）转动吸气口导流叶片调节。这种方法是旋转导流叶片，改变导流叶片的角度，这样就可以改变吸气口的气流方向，从而改变叶轮产生的能量头来调节制冷量。这种调节方法经济性好，调节范围宽，可用手动或根据蒸发温度（或冷冻水温度）自动调节，广泛用于氟利昂离心式压缩机。

4）改变冷凝器冷却水量。冷却水量减小，冷凝温度增高，压缩机制冷量明显减小，但动力消耗却变化很小，因而经济性差，一般不宜单独作用，可与改变转速或导流叶片调节等方法结合使用。

（2）反喘振调节　离心式压缩机发生喘振的主要原因是冷凝压力过高或蒸发压力过低，维持正常的冷凝压力和蒸发压力可防止喘振的发生。但是，当调节压缩机制冷量，其负荷过小时，也会产生喘振现象。为此，必须进行保护性的反喘振调节。旁通调节法是反喘振调节的一种措施。当要求压缩机的制冷量减少到喘振点以下时，可从压缩机排出口引进一部分气态工质不经过冷凝器而流入压缩机的吸入口。这样，减少了流入蒸发器的工质流量，相应减少了机组制冷量，又不致使压缩机吸入量过小，从而可以防止喘振发生。

2.4　蒸气压缩式热泵机组

2.4.1　空气 – 空气热泵机组

空气 – 空气热泵冬、夏两用，安装简单，近几年得到了较快的推广和应用。空气 – 空气热泵根据机组的结构不同可分为热泵型房间空调器、风管送风式空调机组以及多联式空调机组。

1. 房间空调器

房间空调器有窗式和分体式之分。窗式空调器是一种体积小、重量轻、可以装在墙壁上或窗口上的空调装置。分体式房间空调器由两部分组成，室内换热机组置于小型房间或办公室中，室外换热器和压缩机组设于房间外。热泵型房间空调器无论是制冷还是供热，都由一套制冷设备完成，通过电磁四通换向阀的切换来实现供冷或供热。当按制冷循环工作时，室内换热器用作蒸发器，室外换热器用作冷凝器；当按供热循环工作时，室内换热器用作冷凝器，室外换热器用作蒸发器。热泵型房间空调器的工质目前一般采用 R22。

四通换向阀由先导阀、主阀和电磁线圈三个主要部分组成。当电磁线圈处于断电状态时如图 2-28 所示：先导阀阀芯在弹簧力作用下左移，高压流体进入毛细管 1，经先导阀阀芯流入活塞腔 2，另外活塞腔 3 中的流体由压缩机吸入，压差造成活塞及滑阀 4 左移，于是系统进行制冷循环。当电磁线圈处于通电状态时如图 2-29 所示：先导阀阀芯在线圈磁场力的吸动下向右移动，高压流体进入毛细管 1，再流入活塞腔 3，另外活塞腔 2 中的流体排出，压差造成活塞和滑阀 4 右移，于是系统切换成制热循环。

2. 变工质流量多联机系统

图 2-30 所示为变工质流量（VRV）多联式空调（热泵）机组的系统图。多联机系统是一种只用一台室外机组拖动多台室内机组的系统，冷（热）量通过工质传递，采用可调容量的变频压缩机或数码涡旋压缩机。变工质流量多联机可以在一个系统内安装种类不强求统一的室内单机，

断电状态

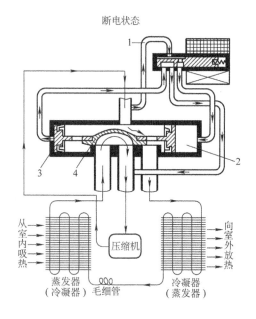

通电状态

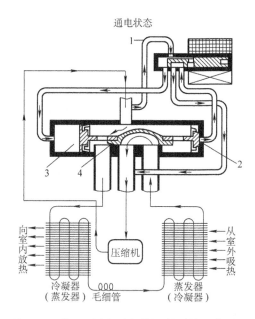

图 2-28　热泵型房间空调器制冷时的工作原理
1—毛细管　2、3—活塞腔　4—滑阀

图 2-29　热泵型房间空调器制热时的工作原理
1—毛细管　2、3—活塞腔　4—滑阀

用户能根据各自的特殊要求和条件使用空调。由于采用变容量控制，工质配管长度可以延长，室内外配管的最大高低落差可以增大，这样的配管系统大大简化了安装过程。VRV 系统使用带有双电缆多线路传输系统的液晶显示遥控装置和多功能集中控制板，可根据用户要求实现各种空调综合控制。该系统中的工质可使用 R22、R407C 或 R410A。

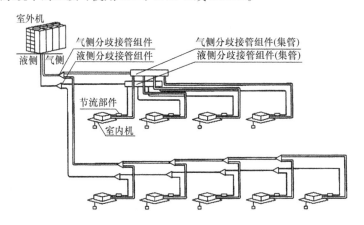

图 2-30　变工质流量（VRV）多联式空调（热泵）机组的系统图

2.4.2　空气-水热泵机组

　　空气-水热泵机组常常被称为风冷热泵冷热水机组，一般做成整体装置。由于其结构紧凑，安装、运行和管理都较方便，因此在空调工程中得到了广泛的应用。压缩机、冷凝器、膨胀阀和蒸发器四大设备和辅助设备、控制件、仪表等组装在一个底架上或箱体内，成为一个完整的机组，用户在现场只需要接上电源和水源就能使用。全部采用高效换热器而更使得整机体积小、重量轻。风冷热泵冷热水机组的压缩机一般采用封闭活塞式压缩机或半封闭螺杆式压缩机，工质采用 R22 或 R407C。

1. 全封闭活塞式风冷热泵冷热水机组

图 2-31 所示为全封闭活塞式风冷热泵机组的工作流程。在制冷工况时，从压缩机 2 排出的高温高压的工质气体通过四通换向阀 4 进入空气侧换热器 1，冷凝后的高温高压工质液体通过图中右下侧的止回阀 6 进入贮液器 12，从贮液器 12 出来的工质液体在带换热器的气液分离器 3 中得到过冷。过冷液体再经过截止阀 9、干燥过滤器 8、电磁阀 11、视液镜 10 进入单向热力膨胀阀 7。节流后的低温低压气液混合物经图中左上侧的止回阀 6 进入板式换热器 5，吸热汽化后的工质蒸气经四通换向阀 4 进入带换热器的气液分离器 3，分离后的低温低压蒸气进入压缩机 2 再压缩，如此连续循环不断地制取冷冻水。制热时四通换向阀换向，工质沿图中虚线箭头所示的流向流动。经压缩机排出的高温高压蒸气进入板式换热器 5 放出冷凝热使水加热，加热后的水供空调系统供暖。冷凝后的液体经图中左下侧的止回阀 6 进入贮液器 12。高压的液体经带换热器的气液分离器 3 过冷后，再经过截止阀 9、干燥过滤器 8、电磁阀 11、视液镜 10 后，进入单向热力膨胀阀 7。节流降压后的工质经图中右上侧的止回阀 6 进入空气侧换热器，吸收空气中的热量而汽化，吸热后的蒸气经四通换向阀 4、带换热器的气液分离器 3 进入压缩机再次压缩，如此连续循环即可向空调系统供应热水。在冬季，机组会根据空气侧换热器翅片管表面结霜的情况自动转换成制冷工况，高温高压的工质气体进入空气侧换热器进行除霜，除霜后机组又能自动转换成制热工况运行。

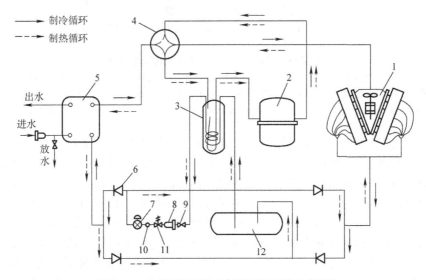

图 2-31 全封闭活塞式风冷热泵机组的工作流程

1—空气侧换热器 2—压缩机 3—带换热器的气液分离器 4—四通换向阀 5—板式换热器
6—止回阀 7—单向热力膨胀阀 8—干燥过滤器 9—截止阀 10—视液镜 11—电磁阀 12—贮液器

在这个系统中，设有高压贮液器以适应制冷与制热循环时不同的工质循环量要求；带换热器的气液分离器的作用是使高压液体过冷和低压气体过热，提高气液分离效率确保压缩机安全运转；四个止回阀的关闭或开启由两边的压差控制，以保证工质的流向正确。

2. 半封闭螺杆式风冷热泵冷热水机组

图 2-32 所示为带双向热力膨胀阀的螺杆式风冷热泵机组的工作流程，由于采用了双向热力膨胀阀和压差式供油，从而使其系统大为简化。其工质采用 R22。

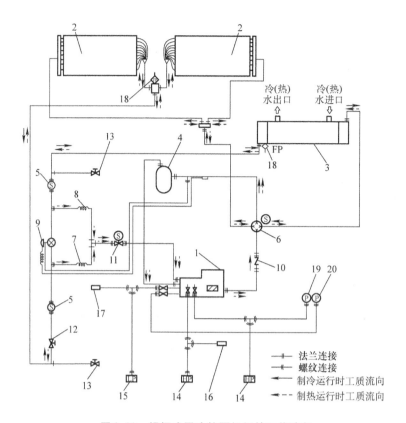

图 2-32 螺杆式风冷热泵机组的工作流程

1—螺杆压缩机 2—空气侧翅片管换热器 3—水侧壳管式换热器 4—气液分离器 5—干燥过滤器 6—四通换向阀
7、8—毛细管 9—双向热力膨胀阀 10—止回阀 11—喷液电磁阀 12、13—截止阀 14—高压开关 15—低压开关
16—高压压力传感器 17—低压压力传感器 18—易熔塞 19—高压压力表 20—低压压力表

在制冷工况时，从螺杆压缩机排出的高温高压工质气体经止回阀 10、四通换向阀 6 进入空气侧翅片管换热器 2。冷凝后的高温高压液体经截止阀 12、干燥过滤器 5 后分两路：一路经双向热力膨胀阀 9 节流降为低压低温的气液混合物，经干燥过滤器 5 进入水侧壳管式换热器 3；另一路经毛细管 7 由喷液电磁阀 11 控制喷入螺杆压缩机压缩腔内进行冷却。工质在水侧壳管式换热器 3 中全部汽化后将冷冻水降温，再经四通换向阀 6、气液分离器 4 进入压缩机。在制热工况时，四通换向阀 6 换向，从螺杆压缩机排出的高温高压工质气体直接进入水侧壳管式换热器 3，将热水加热后送入空调系统。高温高压工质气体在水侧壳管式换热器 3 中冷凝成液体，冷凝后的高温高压液体经干燥过滤器 5 后分两路：一路经双向热力膨胀阀 9 节流降为低压低温的气液混合物，经干燥过滤器 5、截止阀 12 进入空气侧翅片管换热器 2；另一路经毛细管 8 由喷液电磁阀 11 控制喷入螺杆压缩机压缩腔内进行冷却。低压低温的工质在空气侧翅片管换热器 2 中吸收空气中的热量后全部汽化，再经四通换向阀 6、气液分离器 4 进入压缩机。

冬季机组除霜运行时，四通换向阀换向，系统从制热工况转向制冷工况。此时压缩机排出的高温高压工质气体直接进入空气侧翅片管换热器 2，使翅片管表面结的霜融化。除霜完毕，四通换向阀换向，系统从制冷工况恢复到制热工况。

2.4.3　水 - 水热泵机组

　　水 - 水热泵机组常用于大型建筑物或热泵站中，具有单机供热量大、体积小、效率高的优点。这种热泵机组一般用大型螺杆压缩机或离心式压缩机，采用 R22、R123 或 R134a 工质。当单机供热量大于 600kW 时，离心式热泵机组在经济上有较大的优势。由于离心式压缩机的工况不宜频繁变化，因此在热泵站中供热 - 制冷模式切换是由改变离心式热泵机组两侧水的流程来实现的，而不是由四通换向阀改变制冷剂流向来进行供热 - 制冷模式切换的。

　　热泵机组配用的离心式压缩机叶轮的级数为一级或二级，如果冷热源的温差较大，也可采用多级叶轮压缩。图 2-33 所示为一种大温差四级叶轮压缩离心式热泵机组的工作流程简图。这种热泵机组在低温热源温度为 35℃、出水温度为 65℃时供热量为 1540kW，性能系数为 8；采用排气分流三级冷凝技术；工质是 R123/R134a 非共沸混合物，各组分的摩尔百分配比为 95：5。

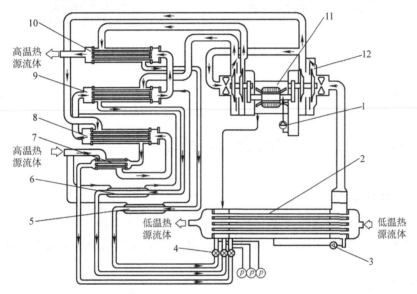

图 2-33　大温差四级叶轮压缩离心式热泵机组的工作流程简图

1—油泵　2—蒸发器　3—制冷剂泵　4—节流阀　5—高温过冷器　6—中温过冷器　7—低温过冷器　8—低温冷凝器
9—中温冷凝器　10—高温冷凝器　11—主电动机　12—离心式压缩机

2.4.4　水 - 空气热泵机组

　　水 - 空气热泵机组的典型实例就是室内水环热泵机组。室内水环热泵机组由全封闭压缩机、四通换向阀、工质 - 水换热器、毛细管、工质 - 空气换热器、风机和空气过滤器等部件组成，其工作原理如图 2-34 所示。

　　机组制冷运行时四通换向阀在 C 档位，工质 - 空气换热器 5 为蒸发器，工质 - 水换热器 1 为冷凝器。其工质循环流动的路径是：全封闭压缩机 3→四通换向阀 2→工质 - 水换热器 1→毛细管 4→工质 - 空气换热器 5→四通换向阀 2→全封闭压缩机 3。机组供热时四通换向阀在 H 档位，工质 - 空气换热器 5 为冷凝器，工质 - 水换热器 1 为蒸发器。其工质循环流动的路径是：全封闭压缩机 3→四通换向阀 2→工质 - 空气换热器 5→毛细管 4→工质 - 水换热器 1→四通换向阀 2→全封闭压缩机 3。

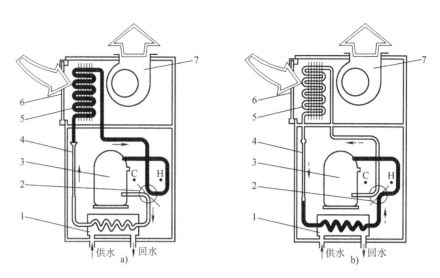

图 2-34 水环热泵机组的工作原理

a）制冷方式 b）供热方式

1—工质–水换热器 2—四通换向阀 3—全封闭压缩机 4—毛细管 5—工质–空气换热器 6—空气过滤器 7—风机

2.5 蒸气压缩式热泵的故障分析与处理

2.5.1 无制热或制冷效果

机组在运转但无制热或制冷效果，产生这类故障的原因有两种，即系统内工质不能循环流动或系统内工质全部泄漏。因此，当机组无制热或制冷效果时就应从上述两方面去分析故障原因。

1. 膨胀阀故障

（1）膨胀阀温包内膨胀剂泄漏 由膨胀阀的结构和原理可知，作用在膜片上部的膨胀剂压力是膨胀阀开启的动力。如果温包、气箱盖或连接的毛细管有裂缝，膨胀剂泄漏后其作用力也就消失，从而使阀孔关闭，系统的工质不能流进蒸发器，机组不能制热或制冷。

（2）系统中"冰堵" 工质含有过量水分，当经膨胀阀孔时，温度突降，水分被析出并冻结，堵住了阀孔。这种故障叫"冰堵"，使工质不能流动，制热或制冷便停止。

（3）系统中"脏堵" 膨胀阀进口处有一个过滤网，其作用是防止污垢进入阀孔而影响膨胀阀的正常工作。若系统内污垢较多，而且是较粗的粉状物，则过滤网很容易被堵塞而不通，这种故障叫"脏堵"。

膨胀阀不通的上述三种故障所引起的反常现象都相同，吸气压力呈很低的真空度，阀不结露或结霜，也无气流声。因而，往往一时难以区分是哪一种故障。在这种情况下，一般是采取逐渐消除疑点的办法来判别。其做法一般是先用酒精灯或热水对膨胀阀体加热，使阀孔处冰粒或凝固油熔化。加热片刻后，如听到气流声，吸气压力上升，则可证实阀孔是被冰堵了。若加热无效，再用扳手轻击阀体的进口侧面，以检查是否为滤网堵塞，若吸气压力有反应则说明是"脏堵"。若仍然无效，可用扳手松一下膨胀阀的进液接扣，看是否有工质喷出。若无液体喷出，相反是吸入空气，则不是膨胀阀的故障；若有液体喷出，则基本肯定是膨胀阀出故障。此时应将膨胀阀拆下来检查。拆膨胀阀前应关闭输液阀和排气截止阀，停机后再进行。拆阀时只得将留在滤网和输液管内的工质放掉。取出过滤网看是否有污垢堵塞。若滤网没有堵塞，可用嘴对着出口接头吹气或吸气。吹、吸气都不通则表明阀针关闭，一般来说这只能是温包内膨胀剂泄漏所引起的结果。

2. 过滤器堵塞或连接管路堵塞

过滤器被污垢堵塞后反常现象也是低压段呈真空状，排气压力低。为证实这一故障，可用扳手轻击过滤器外壳，若吸气压力有所提高，则证实是过滤器被堵塞。这时就要拆下过滤器进行拆洗，烘干后装上系统，抽空后再运行。

管路堵塞一般出现在检修后，因工作疏忽，或把作为临时封头的棉纱遗留在管中，或因焊缝间隙大钎焊时焊料流进管中堆积而堵塞通道。对于已经过一段时间正常运转的制冷机，类似这种堵塞现象是少见的。

3. 压缩机气缸盖纸垫的中筋被击穿

在气缸盖的密封石棉纸垫中部有一条筋，其作用是隔离吸、排气腔。中筋所承受的压力有时会比其他部位的垫片大，较容易被击穿。一旦发生这种情况，高、低压腔之间就会出现大量工质的短路回流，使系统不能制冷或制热。

这种故障的明显反常现象是高、低压压差很小，压缩机气缸盖烫手，机体其他部位温度也上升。这时不宜运转过久，以免损坏机件。此时应关闭吸气截止阀，停机，关闭排气截止阀，拆下气缸盖，更换新垫片。气缸盖复位后，打开排气旁通孔，起动压缩机，排出曲轴箱内空气。然后旋上旁通孔堵头，开启排气截止阀，再开启吸气截止阀，进行运转校验。

4. 压缩机吸、排气阀片击碎

阀片是吸、排气阀的阀门。若吸气阀片被击碎，工质蒸气就在气缸与吸气腔间来回流动；若排气阀片被击碎，高压蒸气就在气缸与排气腔间来回流动。这样，工质就无法由压缩机排出去，系统就不能制热或制冷。

这种故障的反常现象是吸气压力很高。当吸气阀片被击碎后，吸气压力表指针摆动很激烈，吸气温度也高。当排气阀片被击碎时，排气压力表指针摆动很激烈，气缸与气缸盖很烫手。当发现这种现象并判断出故障后，应及时停车，打开气缸盖检查阀片并进行修理。

5. 系统内工质几乎全部泄漏

如系统某处有较大的泄漏点，又未及时发现，以致使系统内工质几乎全部漏掉。这时机组当然不能制热或制冷。

工质几乎全部泄漏后的反常现象是吸气压力是真空，排气压力极低，排气管不热等。在重新加入工质前，应先对系统进行压力检漏并补漏，然后再抽空气后重新加入工质。

2.5.2　热量或冷量不足

机组能运转制热或制冷，但在规定的工作条件下，室内温度达不到原定的温度，也就是说其制热或制冷量不足。一般引起制热或制冷量不足的原因有以下几方面：

1. 压缩机效率差

所谓压缩机的效率差，就是指在工况不变的情况下输气系数下降。这样，压缩机的实际排量就下降，使机组的制热或制冷量相应减少，产生热量或冷量不足的现象。

影响压缩机输气量的因素在前面已详细讨论过。对于一台经过长期运行的压缩机，其输气量下降的原因大多数是由于运动件已有相当程度的磨损，配合间隙增大，特别是气阀的密封性能下降，导致漏气量增加更为严重。

2. 膨胀阀流量太大

经过膨胀阀的工质流量，即系统的工质循环量，是受膨胀阀的开启度控制的。如果膨胀阀的开启度已按规定的吸气过热度调整好了，在以后的正常运行中膨胀阀会根据蒸发器冷负荷的大小而自动调整其流量。如果因系统某些原因使机组的工况发生变化，如压缩机的输气量下降、冷凝温度偏高、系统充灌的工质太多等，都会引起膨胀阀的流量超出自身调节范围。工质循环量太大会导致蒸发压力过高，也就是蒸发温度过高，这样被冷却物的温度也就降不下来。所以，这种故障实质上是蒸发温度降不下来，而不是机组的制热或制冷能力不够。这时，就必须进行人工重新调节，或者排放掉一些工质。

膨胀阀流量的大小，可以根据吸气压力表所反映的蒸发压力变化情况和吸气管的结霜变化情况来进行判别。当机组连续运转相当长的时间后，蒸发压力降不下来，白霜又结到吸气截止阀处，表示膨胀阀的流量过大；反之，蒸发压力过低，白霜不到吸气管，则表示膨胀阀流量过小。

调节膨胀阀，要在运转中仔细地边调节边观察，急于求成是调不好的。调整时，每次旋转杆 1/4 ~ 1/2 圈，运转 20min 左右，观察吸气压力的变化情况。若吸气压力无变化或变化不显著，可再调节阀杆。

3. 系统内有空气

系统内有了空气，除表现在排气压力升高外，吸气压力也会相应提高，气缸盖很烫手。系统内的空气含量不多时，排气压力还未超过压力继电器的动作值，机组能运转但热量或冷量不足。如果含空气量很多，则不是热量或冷量不足的问题了，而是机组能不能安全运转的问题。

对此，首先要检查空气是怎样进入系统的。一般应从以下几方面去检查和考虑：

1）低压段是否有渗漏点，这多数发生在低温冷冻设备上，因为当蒸发温度较低时吸气压力低于大气压，若有渗漏点，空气就会吸入。

2）修理时不慎有空气吸入，或抽真空时有个别阀门未打开，以至于没有把空气抽尽。

系统中的空气应从排气截止阀旁通孔排出。由于空气的密度小，绝大部分积聚在冷凝器中，并且总是浮游在工质之上，因此从排气截止阀旁通孔放空气时带走的工质损失最少。

4. 过滤器不畅通

系统内因清洁度不够好，有较多的污垢未被清除掉，经过一段时间运转后，污垢逐渐淤积在过滤器中。这样，滤网上的大部分网孔被堵塞，工质经过过滤器时阻力很大，流量很少，以致造成制热或制冷量不足。

过滤器不畅通产生的反常现象是过滤器有节流效应。过滤器不畅通时，在过滤器外壳表面上凝有露珠，或是手摸上去壳体温度比环境气温低。滤网堵塞严重时，外壳表面会结白霜。这时要将过滤器从系统上拆卸下来，清除污垢。然后再装入系统，将低压段抽空气，便可进行试运转工作。

5. 膨胀阀流量太小或阀进口滤网不畅通

膨胀阀孔开启度太小，工质循环量就少，蒸发压力下降，机组制热或制冷量就会不足。造成膨胀阀流量太小的原因，可能是以前在调试中没有调好，也有可能是阀进口滤网有点不畅，使阀孔流量有所下降。滤网堵塞和阀孔调节得太小的明显区别是：滤网被堵时，其整个阀体都会结白霜；若是阀孔过小，只会有半片阀体结霜。

阀孔过小时应适当地人工调大阀孔，这时吸气压力会上升。滤网不畅通应拆下清洗。

6. 工质不足

当系统中的工质不足时，其循环量也会不足，制热或制冷量也就不足。工质量不足的反常现象是吸、排气压力都低，但排气温度较高，膨胀阀处可听到断续的"吱吱"气流声，且响声比平时大；若调大膨胀阀开启度，吸气压力仍可上升；停机后系统的平衡压力可能低于环境温度所对应的饱和压力。

工质不足，显然是由于系统内有渗漏点所引起，所以不能急于添加，而是应先找出渗漏部位，修复后再加工质。

2.5.3 压缩机的吸气温度不正常

压缩机的吸气温度可以从压缩机和吸气阀前面的温度计测得。吸气温度一般应比蒸发温度高 5~10℃，其高出的数值取决于回气管路的长度及其保温情况。

1. 吸气温度过高

正常情况下压缩机缸盖是半边凉、半边热。若吸气温度过高时则缸盖全部发热。如果吸气温度高于正常温度，排气温度会相应升高。这样会使制冷系统运行情况恶化，制热或制冷量减少。

压缩机吸气温度过高的原因如下：

1）系统中工质充灌量不足。即使膨胀阀开到最大，供液量也不会有什么变化，这样工质蒸气在蒸发器中过热使压缩机的吸气温度增高。

2）热力膨胀阀开启度过小。这样造成系统工质的循环量不足，进入蒸发器的工质量少，工质蒸气过热，从而吸气温度升高。

3）膨胀阀或过滤器堵塞。蒸发器内的工质供液量不足、工质液体量减少，蒸发器内有一部分被过热蒸气所占据，因此吸气温度升高。

4）其他原因引起吸气温度过高。如回气管道隔热不好或管道过长，都可引起吸气温度过高。

2. 吸气温度过低

理论上压缩机吸入蒸气为饱和状态时其运行效果最好，但是为了保证压缩机安全运行，防止湿冲程，所以必须有一定的过热度。若压缩机吸气温度过低，容易产生湿冲程和使润滑条件恶化，所以应该尽量避免。

压缩机吸气温度过低的原因如下：

1）系统工质充灌量太多。占据了冷凝器内部容积而使冷凝压力增高，进入蒸发器的液体随之增多。工质液体不能完全汽化，使压缩机吸入的气体中带有液体微滴。这样，回气管道的温度下降，但蒸发压力不下降，蒸发温度不下降，即使关小热力膨胀阀也无显著改善。

2）膨胀阀开启度过大。由于感温包绑扎过松，与回气管接触面小，或者感温包未用绝热材料包扎及其包扎位置错误等，致使感温包的温度是环境温度，使感温包中介质压力增大，从而使阀的开启度增大，导致供液量过多。

2.5.4 压缩机的排气压力和温度不正常

压缩机的排气压力一般是与冷凝温度的高低相对应的。在正常情况下，压缩机的排气压力与冷凝压力很接近。

1. 排气压力较高

排气压力较高的危害在于，使压缩功加大、输气系数降低，从而使压缩机的制冷量降低。

产生这种故障的主要原因如下：

1）冷却水流量小、温度高，若是风冷式冷凝器，则是风量小。

2）系统内有空气，造成冷凝压力升高。

3）工质充灌量过多，工质液体占据了有效冷凝面积。

4）冷凝器年久失修，传热面污垢严重也能导致冷凝压力升高，水垢的存在对冷凝压力影响较大，如在严重水垢影响下，冷凝压力可比正常压力高出 $(1\sim2)\times10^5\mathrm{Pa}$。

2. 排气压力过低

排气压力较低，虽然其现象是表现在高压端，但原因多产生于低压端。

排气压力过低的主要原因如下：

1）膨胀阀冰堵或脏堵，以及过滤器堵塞等，必然使吸、排气压力都下降。

2）系统工质充灌不足时排气压力不可能达到正常值。

3）热力膨胀阀感温包中膨胀剂漏掉，造成阀孔全部关死，停止供液，这样吸、排气压力均降低。

3. 压缩机的排气温度较高

压缩机的排气温度可以从排气管路上的温度计测得。排气温度的高低与压力比以及吸气温度有关。如果吸气的过热温度高，压力比大，则排气温度也就高。如果吸气压力和温度不变，当排气压力升高时，排气温度也升高。排气温度过高会使润滑油变稀甚至碳化结焦，从而使压缩及润滑条件恶化。

造成排气温度升高的主要原因如下：

1）工质蒸气吸气温度高，经压缩后排气温度也就较高。

2）冷凝温度升高，必然冷凝压力也就高，造成排气温度升高。

3）排气阀片被击碎，高压工质蒸气在气缸与排气腔间来回被压缩，造成工质的温度升高，气缸与气缸盖烫手，排气管上的温度计指示值也就升高。

思 考 题

1. 蒸气压缩式热泵由哪些基本设备组成？画出其示意图并标明热泵制热时的热量流向。
2. 常用的热泵工质主要有哪些？
3. 简述蒸气压缩式热泵工质的热物理性质及其计算原理。
4. 热泵用压缩机的特点和要求是什么？
5. 蒸气压缩式热泵压缩机的类型有哪些？其中应用广泛的有哪些？
6. 螺杆式压缩机通常采用什么方法调节？
7. 蒸气压缩式热泵制热量或制冷量不足的原因有哪些？如何采取应对措施？
8. 蒸气压缩式热泵常见的故障有哪些？
9. 在压焓图上画出热泵工质热力循环，标上特殊点编号，求解如下循环参数指标：
(1) 单位质量吸热量。
(2) 单位质量压缩功。
(3) 单位质量制热量。
(4) 单位容积制热量。
(5) 制热系数。

第 3 章
吸收式热泵的工作原理

3.1 吸收式热泵概述

3.1.1 吸收式热泵的工作过程

吸收式热泵是一种以热能为动力，利用溶液的吸收特性来实现将热量从低温热源向高温热源泵送的大型水－水热泵机组。吸收式热泵是回收利用低位热能的有效装置，适用于有废热或能通过煤、气、油及其他燃料获得低成本热能的场合，具有节约能源、保护环境的双重作用。

吸收式热泵是由两种沸点不同的物质组成溶液（通常称为工质对）的气液平衡特性来工作的。图 3-1 所示为最简单的吸收式热泵系统图，它由发生器、吸收器、冷凝器、蒸发器、节流阀以及溶液泵等组成。

图 3-1 所示系统的工作过程是：利用外部热源（如水蒸气、热水或燃料的燃烧产物等）在发生器 1 中加热一定浓度的溶液并使其沸腾；于是溶液中的低沸点组分大部分被汽化出来，在冷凝器 2 中凝结成液体；液体经节流阀 3 节流降压进入蒸发器 4 中，低温低压液体吸收低温热源的热量变为蒸气；在蒸发器中产生的低压蒸气直接进入吸收器 5 中。在发生器中经过发生过程后的溶液称之为吸收液，其中低沸点

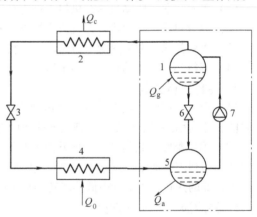

图 3-1 最简单的吸收式热泵系统图
1—发生器 2—冷凝器 3—节流阀 4—蒸发器
5—吸收器 6—溶液阀 7—溶液泵

组分的含量已大为降低；吸收液经溶液阀 6 降压进入吸收器中与从蒸发器来的低压蒸气混合，并吸收这些蒸气，溶液恢复到原来的低浓度；在吸收器中浓度复原了的溶液用溶液泵 7 升压后送到发生器中，继续循环使用。上述过程中，冷凝及吸收过程是两个放热过程，吸收式热泵就是通过这两个放热过程来制热的。

从上述工作过程的说明可知，吸收式热泵与蒸气压缩式热泵的不同点在于将低压蒸气变为高压蒸气所采用的方式。蒸气压缩式热泵是通过压缩机完成的，而吸收式热泵则是通过发生器、节流阀、吸收器和溶液泵，即发生器－吸收器组来完成的。很显然，发生器－吸收器组起着压缩机的作用，故称为热化学压缩器。

3.1.2 吸收式热泵的分类

吸收式热泵的种类繁多，可以按其工质对、驱动热源及其利用方式、制热目的、溶液循环流

程以及机组结构等进行分类。

1. 按工质对划分

（1）水-溴化锂热泵 水为制冷剂，溴化锂为吸收剂。

（2）氨-水热泵 氨为制冷剂，水为吸收剂。

2. 按驱动热源划分

（1）蒸汽型热泵 以蒸汽的潜热为驱动热源。蒸汽包括来自发电站的低压蒸汽、低压锅炉的蒸汽等。

（2）热水型热泵 以热水的显热为驱动热源。热水包括工业余、废热水，地热水或太阳能热水等。

（3）直燃型热泵 以燃料的燃烧热为驱动热源，可分为燃油型、燃气型或多燃料型。燃油型可燃烧轻油和重油，燃气型可燃烧液化气、城市煤气、天然气等，也可以用其他燃料或可燃废料作为驱动热源。

（4）余热型热泵 以工业余热为驱动热源。

（5）复合热源型热泵 如热水与直燃型复合、热水与蒸汽型复合、蒸汽与直燃型复合等形式。

3. 按驱动热源的利用方式划分

（1）单效热泵 驱动热源在机组内被直接利用一次。

（2）双效热泵 驱动热源在机组内被直接和间接地利用两次。

（3）多效热泵 驱动热源在机组内被直接和间接地利用多次。

（4）多级热泵 驱动热源在多个压力不同的发生器内依次被直接利用。

4. 按制热目的划分

（1）第一类吸收式热泵 也称增热型热泵，是利用少量的高温热源热能产生大量的中温有用热能，即利用高温热能驱动，把低温热源的热能提高到中温，从而提高热能的利用效率。

（2）第二类吸收式热泵 也称升温型热泵，是利用大量的中温热源热能产生少量的高温有用热能，即利用中低温热能驱动，用大量中温热源和低温热源的热势差，制取热量少于但温度高于中温热源的热量，将部分中低热能转移到更高温的品位上，从而提高了热能的利用品位。

5. 按溶液循环流程划分

（1）串联式热泵 溶液先进入高压发生器，再进入低压发生器，然后流回吸收器。

（2）倒串联式热泵 溶液先进入低压发生器，再进入高压发生器，然后流回吸收器。

（3）并联式热泵 溶液同时进入高压发生器和低压发生器，然后流回吸收器。

（4）并串联式热泵 溶液同时进入高压发生器和低压发生器，流出高压发生器的溶液再进入低压发生器，然后流回吸收器。

6. 按机组结构划分

（1）单筒式热泵 机组的主要换热器布置在一个筒体内。

（2）双筒式热泵 机组的主要换热器布置在两个筒体内。

（3）三筒式热泵 机组的主要换热器布置在三个筒体内。

（4）多筒式热泵 机组的主要换热器布置在多个筒体内。

在3.1.1节所介绍的热泵属于按制热目的划分的第一类增热型吸收式热泵，也是目前建筑环境与能源应用工程最常使用的一种形式，它输出的热能温度低于驱动热源（供热给发生器的热能）温度。

下面以图3-2所示热泵系统为例，简单介绍一下按制热目的划分的第二类升温型吸收式热泵的工作过程。这种吸收式热泵可利用中温的废热作为驱动，其特点是热泵循环中发生器的压力低于吸收器的压力，冷凝器的压力低于蒸发器的压力，输出的热能温度高于驱动热源（供热给发生器的热能）的温度。

图 3-2 所示热泵系统的基本工作过程是：溴化锂水溶液在发生器 1 中被加热（消耗废热），随着溶液中工质水的不断汽化，溴化锂水溶液由稀溶液变为浓溶液；浓溶液通过溶液泵 6 泵送升压进入吸收器 5；在吸收器 5 中浓溶液因吸收了来自蒸发器 4 的工质水蒸气，再次变化为稀溶液，所释放的吸收热被提供给高温热源；最后稀溶液经节流阀 7 降压后返回发生器 1，从而完成溶液循环。

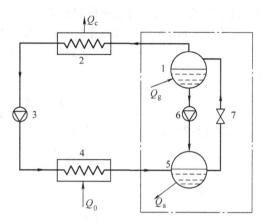

图 3-2 升温型吸收式热泵系统图
1—发生器 2—冷凝器 3—冷剂泵
4—蒸发器 5—吸收器 6—溶液泵 7—节流阀

在发生器 1 中产生的压力较低的工质水蒸气进入冷凝器 2，向环境介质放出冷凝热而冷凝成液体。液态工质水由冷剂泵 3 加压送入蒸发器 4，它在蒸发器 4 中也被废热加热（消耗废热）汽化成压力较高的气态工质，再被输往吸收器 5，来自溶液泵 6 的浓溶液将其吸收后成为稀溶液，并经节流阀 7 降压后回到发生器 1，从而完成了工质循环。由于浓溶液吸收工质蒸气的吸收过程会产生高温吸收热，使得吸收器 5 中的温度高于蒸发器 4、发生器 1 中的温度，所以 Q_a 的温度就会高于 Q_0、Q_g 的温度。

3.1.3 吸收式热泵的热力系数

吸收式热泵的热力经济性用热力系数 ξ 来表示，即制热量 Q_h 与输入热能 Q_g 的比值

$$\xi = \frac{Q_h}{Q_g} \tag{3-1}$$

如图 3-3 所示，增热型吸收式热泵系统通过发生器、蒸发器、溶液泵、吸收器及冷凝器与外界进行能量交换。

根据热力学第一定律得

$$Q_g + Q_0 + W_p = Q_a + Q_c \tag{3-2}$$

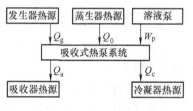

图 3-3 增热型吸收式热泵系统与外界的能量交换

式中 Q_g——发生器的加热量；

$\quad\quad Q_0$——蒸发器的吸热量；

$\quad\quad W_p$——溶液泵的耗功量；

$\quad\quad Q_a$——吸收器的放热量；

$\quad\quad Q_c$——冷凝器的放热量。

式（3-2）中左边为进入热泵系统的能量，右边为离开系统的能量。进入热泵系统的能量中，Q_0 是通过蒸发器吸收的低温热源的热量，不是用户的有效消耗；溶液泵的耗功量 W_p 相对于从发生器加入的热量 Q_g 来说相对较小，通常忽略不计。由此，式（3-1）又可表示为

$$\xi = \frac{Q_h}{Q_g} = \frac{Q_a + Q_c}{Q_g} \tag{3-3}$$

假设图 3-1 所示的吸收式热泵循环是可逆的，发生器中热媒温度等于 T_g，蒸发器中低温热源

的温度等于 T_0，吸收器中的吸收温度 T_a 及冷凝器中冷凝温度 T_c 相等且都为常量 T_e，则根据热力学第二定律可知，系统引起外界总熵的变化应等于零，即

$$\Delta S = \Delta S_g + \Delta S_0 + \Delta S_a + \Delta S_c = 0 \tag{3-4}$$

或

$$\Delta S = \frac{Q_g}{T_g} + \frac{Q_0}{T_0} - \frac{Q_a}{T_a} - \frac{Q_c}{T_c} = 0 \tag{3-5}$$

由式（3-2）和式（3-5）可得

$$Q_g \frac{T_g - T_0}{T_g} = (Q_a + Q_c) \frac{T_e - T_0}{T_e} \tag{3-6}$$

代入式（3-3）得

$$\xi = \frac{Q_a + Q_c}{Q_g} = \frac{T_g - T_0}{T_g} \frac{T_e}{T_e - T_0} = \eta_c \mathrm{COP}_c \tag{3-7}$$

式（3-7）表明，吸收式热泵的最大热力系数 ξ 等于工作在 T_g 和 T_0 之间的卡诺循环热效率 η_c 与工作在温度 T_e 和 T_0 之间的逆卡诺循环的制冷系数 COP_c 的乘积，它随热源温度 T_g 的升高、被加热介质温度 T_e 的降低以及低温热源温度 T_0 的升高而增大。

由此可见，可逆吸收式热泵循环是卡诺循环与逆卡诺循环构成的联合循环。所以，吸收式热泵和压缩式热泵一样，在对外界能量交换的关系上是等效的。只要外界的温度条件相同，两者的理想最大热力系数是相同的。因此，压缩式热泵的热力系数应乘以驱动压缩机的动力装置的热效率后，才能与吸收式热泵的热力系数进行比较。

3.2 吸收式热泵的工质对

3.2.1 工质对的选择

目前吸收式热泵中常用的工质对通常是二组分溶液，习惯上称低沸点组分为制冷剂，高沸点组分为吸收剂。

1. 工质对的种类

吸收式热泵的工质对随制冷剂的不同可分为四类：

（1）以水作为制冷剂 除了目前广泛应用的溴化锂水溶液外，人们对水－氯化锂、水－碘化锂也进行了研究。氯化锂、碘化锂对设备的腐蚀性较小，而且水－碘化锂便于利用更低位的热源。水是很容易获得的天然物质，它无毒、不燃烧、不爆炸，对环境也没有破坏作用，汽化潜热大，是一种相当理想的循环工质；但受其物理性质的限制，只适宜用于蒸发温度较高的热泵系统。溴化锂水溶液的表面张力较大，使传热、传质困难；溴化锂较易结晶，会造成机组运转故障；溴化锂水溶液对一般金属有强烈的腐蚀作用。为克服这些缺点，国内外研究人员已开展了大量的研究工作，至今还在继续进行中。

（2）以醇作为制冷剂 可作为制冷剂的醇类溶液有甲醇、TFE 和 HFIP 等。甲醇与溴化锂配对后，可提高循环的性能。以 TFE 和 HFIP 为制冷剂的溴化锂溶液，可用于节能效果较好的热泵循环中。但它们的黏度较大，易燃，对热不稳定。而且 TFE 的汽化热很小。为克服这些缺点，通过加水以降低黏度的尝试，以及使用碘化锂（LiI）吸收剂的方案都在开发中。

（3）以氨作为制冷剂 氨水溶液中以氨或甲胺为制冷剂。氨在压缩式制冷机中用作制冷剂由来已久，虽在一段相当长的时间里受氟利昂制冷剂的影响应用领域减少，但随着对环境保护

的日益重视，作为天然物质的氨又受到进一步的关注。氨有爆炸性和毒性，冷凝压力较高。此外，氨与水的沸点相差较小，需通过精馏将氨－水混合气体中的水蒸气分离。目前，探索用别的物质替代水用作吸收剂的研究工作正在进行，已取得了一定成效。

（4）以氟利昂作为制冷剂　氟利昂类有机溶液中以氟利昂为制冷剂，有较宽广的温度适应范围。其中，R22 因在汽化热、工作压力、热稳定性、化学稳定性等方面有好的性能而受到公认。此外，R123a 也受到重视。R22 和 R123a 的吸收剂为二甲醚四甘醇（DMETEG）。由于 R22 和 R123a 均含有氯原子，故从长期角度看，它们均为过渡性物质。

表 3-1 中列出了一部分用于吸收式热泵的工质对。

表 3-1　用于吸收式热泵的工质对

名称	制冷剂	吸收剂
氨水溶液	氨	水
溴化锂水溶液	水	溴化锂
溴化锂甲醇溶液	甲醇	溴化锂
硫氰酸钠－氨溶液	氨	硫氰酸钠
氯化钙－氨溶液	氨	氯化钙
氟利昂溶液	R22	二甲醚四甘醇
TFE－NMP 溶液	三氟乙醇	甲基吡咯烷酮

2. 对工质对的要求

吸收式热泵对制冷剂的要求和压缩式热泵基本相同，例如蒸发潜热大、工作压力适中、成本低、毒性小、不爆炸及不腐蚀等。对吸收剂则要求具有如下的一些特性：

1）在压力相同的条件下，它的沸点比制冷剂高，而且相差越大越好。这样，在发生器中蒸发出来的制冷剂纯度就高，有利于提高热泵的热力系数。

2）具有强烈地吸收制冷剂的能力，即具有吸收比它温度低的制冷剂蒸气的能力。

3）和制冷剂的溶解度高，避免出现结晶的危险。

4）在发生器和吸收器中，对制冷剂溶解度的差距大，以减少溶液的循环量，降低溶液泵的能耗。

5）黏性小，以减小在管道和部件中的流动阻力。

6）热导率大，以提高传热部件的传热能力，减小设备体积和成本。

7）化学性质不活泼，和金属及其他材料不反应，稳定性好。

8）无臭、无毒、不爆炸、不燃烧、安全可靠。

9）环境友好。

10）价格低廉，容易获得。

当然，要选择一种工质对，都满足上述有关制冷剂和吸收剂的要求是比较困难的。但有些基本的条件，例如溶液中两种组分沸点相差大则是很有必要的，不然就不可能用作吸收式热泵的工质对。

3.2.2　溴化锂水溶液的性质

到目前为止，虽然提出的吸收式热泵的工质对种类很多，但是实际工程使用的还只限于氨水溶液与溴化锂水溶液两种。其中溴化锂水溶液是建筑环境与设备工程中采用的吸收式热泵机组的工质对。下面主要介绍溴化锂水溶液的性质。

1. 溴化锂水溶液的物理性质

（1）一般性质 溴化锂是由碱金属元素锂（Li）和卤族元素溴（Br）两种元素组成的，是一种稳定的盐类物质，在大气中不变质、不挥发、不分解、极易溶解于水，其主要物理参数如下：

化学式：LiBr；

相对分子质量：86.856；

成分（质量分数）：Li 为 7.99%，Br 为 92.01%；

密度：$3.464kg/m^3$（25℃）；

熔点：549℃；

沸点：1265℃。

溴化锂水溶液是无色透明液体，无毒，入口有碱苦味，溅在皮肤上微痒，使用过程中不要直接与皮肤接触，尤其要特别防止溅入眼内，更不要品尝。

溴化锂水溶液的水蒸气分压力非常小，即吸湿性非常好。其浓度越高，水蒸气分压力越小，吸收水蒸气的能力就越强。

溴化锂水溶液对金属有腐蚀性，需在设计时特殊考虑。纯溴化锂水溶液的 pH 值大体是中性，吸收式热泵中使用的溶液考虑到腐蚀因素已调整为碱性，并在处理为碱性的基础上再添加特殊的腐蚀抑制剂（缓蚀剂）。常用的缓蚀剂有铬酸锂和钼酸锂。添加铬酸锂缓蚀剂后呈微黄色，添加钼酸锂缓蚀剂后仍是无色透明的液体。

用作溴化锂吸收式机组工质对的溴化锂水溶液应符合《制冷机用溴化锂溶液》（HG/T 2822—2012）对溴化锂溶液所规定的技术要求。

（2）溶解度 溶解度是指在一定温度下某固态物质在 100g 溶剂中达到饱和状态时所能溶解的溶质质量（g）。溴化锂极易溶于水，20℃时食盐的溶解度只有 35.9g，而溴化锂的溶解度是其3倍左右，常温下饱和溶液中 LiBr 的质量分数可达 60% 左右。

溶解度的大小除与溶质和溶剂的特性有关外，还与温度有关。溴化锂饱和水溶液在温度降低时，由于溴化锂在水中溶解度的减小，溶液中多余的溴化锂就会与水结合成含有 1、2、3 或 5 个水分子的溴化锂水合物晶体（简称水盐）析出，形成结晶现象，如图 3-4 所示。如对已含有溴化锂水合物晶体的溶液加热升温，在某一温度下，溶液中的晶体会全部溶解消失，这一温度即为该质量分数下溴化锂水溶液的结晶温度。测定各质量分数下溴化锂水溶液的结晶温度，可绘制成图 3-5 所示的结晶温度曲线，该图表示了在溴化锂吸收式机组工作范围内的结晶温度。当溶液的状态点位于结晶温度曲线上或在结晶曲线的下面，即溶液温度低于结晶温度，溶液中就会有晶体析出。

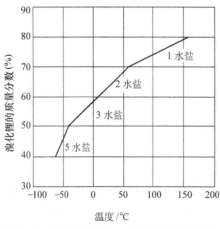

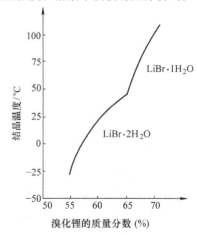

图 3-4 溴化锂在饱和水溶液中的质量分数　　图 3-5 溴化锂水溶液的结晶温度曲线

　　由图3-5可见，溴化锂水溶液的结晶温度与其质量分数关系很大，其质量分数略有变化时，结晶温度相差很大。当其质量分数在65%以上时，这种情况尤为突出。作为热泵机组的工质，溴化锂水溶液应始终处于液体状态，无论是运行或停机期间，都必须防止溶液结晶，这一点在机组设计和运行管理上都应当十分重视。

　　（3）密度　单位体积溴化锂水溶液具有的质量就是溴化锂水溶液的密度。溴化锂水溶液的密度与温度、质量分数有关。国产溴化锂水溶液的密度见表3-2。

表3-2　国产溴化锂水溶液的密度

溴化锂的质量分数(%)	温度/℃											
	10	20	30	40	50	60	70	80	90	100	110	120
	密度/(kg/m³)											
40.0	1390	1385	1379	1374	1369	1363	1358	1353	1348	1342	1337	—
42.0	1417	1412	1406	1401	1396	1393	1385	1380	1375	1369	1364	1359
44.0	1446	1440	1435	1429	1424	1418	1412	1407	1402	1396	1391	1386
46.0	1476	1470	1465	1459	1454	1448	1443	1438	1432	1427	1421	1416
48.0	1506	1500	1495	1489	1484	1478	1472	1467	1462	1456	1450	1445
50.0	1540	1534	1528	1522	1516	1510	1505	1499	1493	1487	1482	1476
52.0	1574	1568	1562	1556	1550	1544	1538	1532	1526	1520	1514	1508
54.0	1611	1604	1598	1592	1586	1579	1573	1567	1561	1555	1549	1542
56.0	1650	1643	1637	631	1624	1618	1612	1605	1599	1593	1587	1580
58.0	1690	1683	1677	1670	1663	1657	1650	1643	1637	1631	1624	1619
60.0	—	1725	1718	1711	1704	1698	1691	1685	1678	1672	1666	1659
62.0	—	—	—	1755	1749	1742	1736	1729	1723	1717	1711	1704
64.0	—	—	—	1805	1799	1792	1786	1779	1773	1767	1760	1754
66.0	—	—	—	—	—	—	1838	1832	1806	1819	1813	1806
67.0	—	—	—	—	—	—	—	1870	1860	1851	1841	1832

　　由表3-2可知，溴化锂水溶液的密度比水大，当温度一定时，随着质量分数增大，其密度增大；如果质量分数一定，则随着温度的升高，其密度减小。

　　（4）比定压热容　溴化锂水溶液的比定压热容就是在压力不变的条件下，单位质量溶液温度升高（或降低）1℃时所吸收（或放出）的热量。溴化锂水溶液的比定压热容曲线如图3-6所示。

　　从图3-6中可以看出，溴化锂溶液的比定压热容随温度的升高而增大，随质量分数的增大而减小，且比水小得多。比热容小则

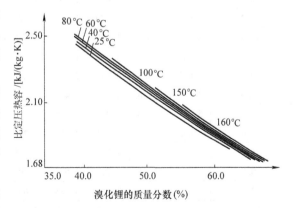

图3-6　溴化锂水溶液的比定压热容曲线

说明在温度变化时需要的热量少，有利于提高机组的热效率。

　　（5）饱和蒸气压　由于溴化锂水溶液中溴化锂的沸点远高于水的沸点，因此溴化锂水溶液

沸腾时只有水被汽化，溶液蒸气压也就是水蒸气分压力。图 3-7 所示为用等压法和沸腾法测定的溴化锂水溶液的水蒸气压曲线。

由图 3-7 可见，溴化锂水溶液的水蒸气压随着质量分数的增大而降低，并远低于同温度下水的饱和蒸气压。例如，在 25℃时，质量分数为 50% 的溴化锂水溶液的水蒸气压仅为 0.8kPa（绝对压力），而水在同样温度下的饱和蒸汽压则为 3.2kPa。这表明溴化锂水溶液的吸湿性很强，因为只要水蒸气的压力大于 0.8kPa，如 0.93kPa（饱和温度为 6℃）时，它就会被溴化锂水溶液所吸收。这就是说，溴化锂水溶液具有吸收比其温度低得多的水蒸气的能力。因此，对于水蒸气来说，溴化锂水溶液是一种良好的吸收剂。

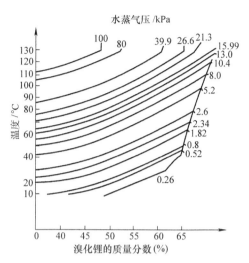

图 3-7 用等压法和沸腾法测定的溴化锂水溶液的水蒸气压曲线

（6）表面张力 溴化锂水溶液的表面张力与温度和质量分数有关。质量分数不变时，表面张力随温度的升高而降低；温度不变时，表面张力随质量分数的增大而增大。在溴化锂吸收式机组中，吸收器与发生器往往采用喷淋式结构，喷淋在管簇上的溴化锂水溶液的表面张力越小，则喷淋的液滴越细，溶液在管簇上很快地展开成薄膜状，可大大提高传质和传热效果。

（7）黏度 黏度是表征流体黏性大小的物理参数，有动力黏度和运动黏度之分。国产溴化锂水溶液的动力黏度见表 3-3。

表 3-3 国产溴化锂水溶液的动力黏度

溴化锂的质量分数（%）	温度/℃										
	20	30	40	50	60	70	80	90	100	110	120
	动力黏度/（×10⁻³Pa·s）										
40.0	2.183	1.788	1.503	1.288	1.106	0.982	0.883	0.793	0.720	0.653	0.603
42.0	2.375	1.950	1.632	1.395	1.208	1.060	0.947	0.853	0.773	0.705	0.648
44.0	2.608	2.135	1.790	1.526	1.320	1.155	1.028	0.923	0.835	0.768	0.700
46.0	2.885	2.362	1.978	1.686	1.458	1.278	1.134	1.013	0.915	0.836	0.766
48.0	3.233	2.634	2.202	1.880	1.626	1.426	1.264	1.125	1.014	0.924	0.847
50.0	3.692	2.988	2.492	2.116	1.832	1.598	1.412	1.253	1.132	1.026	0.940
52.0	4.283	3.448	2.865	2.420	2.078	1.813	1.600	1.415	1.268	1.148	1.048
54.0	5.043	4.048	3.348	2.805	2.394	2.086	1.830	1.608	1.438	1.295	1.175
56.0	6.066	4.833	3.935	3.302	2.793	2.408	2.095	1.846	1.640	1.475	1.332
58.0	—	5.870	4.718	3.908	3.288	2.806	2.428	2.133	1.885	1.692	1.516
60.0	—	7.185	5.726	4.673	3.893	3.318	2.852	2.486	2.180	1.946	1.745
62.0	—	—	7.055	5.888	4.653	3.395	3.362	2.913	2.535	2.247	2.002
64.0	—	—	8.700	6.928	5.613	4.690	3.970	3.416	2.953	2.603	2.292
66.0	—	—	—	—	—	4.708	4.020	3.455	3.012	2.652	
68.0	—	—	—	—	—	—	4.068	3.512	3.086		

由表 3-3 可见，在一定温度下，随着质量分数的增大，溴化锂水溶液的动力黏度急剧增大；在一定质量分数下，随着温度升高，黏度下降。黏度的大小对溶液在吸收式机组中的流动状态和传热有较大影响，在设计中应予以充分考虑。

（8）热导率 热导率是进行传热计算时要用到的重要物理参数之一。表 3-4 列出了不同温度和质量分数下溴化锂水溶液的热导率。由表 3-4 可知，溴化锂水溶液的热导率在温度不变时，随质量分数的增大而减小；在质量分数不变时，其热导率随温度的升高而增大。

表 3-4 溴化锂水溶液的热导率

溴化锂的质量分数（%）	温度/℃				
	0	25	50	75	100
	热导率/[（W/(m·K)]				
20	0.5	0.55	0.57	0.60	0.62
40	0.45	0.49	0.51	0.53	0.55
50	—	0.45	0.49	0.51	0.52
60	—	0.43	0.45	0.48	0.50
65	—	—	0.43	0.45	0.48

2. 溴化锂水溶液的热力状态图

溴化锂水溶液的热力状态图不仅可以说明溴化锂水溶液的热力性质，而且是对溴化锂吸收式热泵机组进行理论分析、设计计算以及运行性能分析时不可缺少的分析计算图。下面介绍两种溴化锂水溶液的热力图表：压力 – 温度（$p-t$）图和比焓 – 含量（$h-\xi$）图。

（1）压力 – 温度（$p-t$）图 图 3-8 所示为溴化锂水溶液的 $p-t$ 图，它表明溴化锂水溶液的压力、温度和含量之间的关系，是溴化锂水溶液最基本的热力状态图。图中 ξ 为溶液的含量（质量分数）。左上角第一条曲线为纯水的压力与饱和温度的关系；右下角的折线为结晶线，即

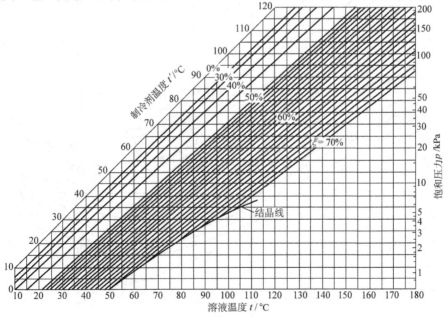

图 3-8 溴化锂水溶液的 $p-t$ 图

不同温度下溶液的饱和含量。温度越低，饱和含量也越低。因此，溴化锂水溶液的含量过高或温度过低时均易形成结晶。

利用溴化锂水溶液的 $p-t$ 图可以确定溶液的状态，图中的三个状态参数只要知道任意两个，另外一个也就随之确定。此外，还可以用它来表示溴化锂吸收式机组中溶液的工作过程及溶液在加热或冷却过程中热力状态的变化。

由于 $p-t$ 图不能反映出溶液比焓的变化，因而不能用来进行热力计算。所以，在进行溴化锂吸收式循环的热力计算时，更常用到的是溴化锂水溶液的比焓 – 含量（$h-\xi$）图。

（2）比焓 – 含量（$h-\xi$）图 溴化锂水溶液的比焓 – 含量（$h-\xi$）图如图 3-9 所示，纵坐标为溶液的比焓（h），横坐标为溶液中溴化锂的含量（质量分数）（ξ）。图的下半部为液相部分，由等温线（虚线）和等压线簇（实线）组成；图的上半部分为气相部分，只有等压线簇。

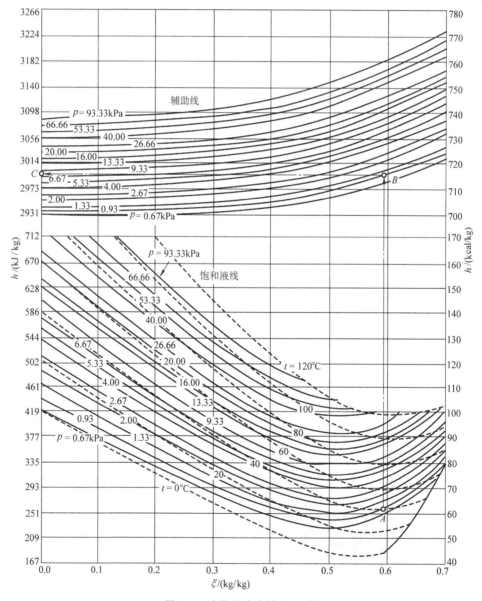

图 3-9 溴化锂溶液的 $h-\xi$ 图

当压力不大时，压力对液体的比焓和混合热的影响很小，故可认为液态等温线与压力无关，液态溶液的比焓只是温度和含量的函数。无论是饱和液态还是过冷液态溶液的比焓，都可在比焓-含量图上用等温线与等含量线的交点求得。

图3-9下半部的实线为等压饱和液线。某一压力下溶液的饱和液态一定落在该压力值的等压线上。某一等压线以下为该溶液的过冷液区，当压力升高时，过冷液区的上界线也随着等压线而上移。根据某状态点与相应等压饱和液的位置关系，可以判别该点的相态。

溴化锂水溶液的比焓-含量图只有液态区，气态为纯水蒸气，集中在 $\xi=0$ 的纵轴上。由于平衡时气液同温，蒸汽的温度由与之平衡的液态溶液的温度求得。因溶液沸点升高的特性，平衡状态溶液面上的蒸汽都是过热蒸汽。其焓值可由纵坐标轴上查得。与液相部分相对应，气相部分也有相应数量的等压线。但这些等压线只是辅助线，并不说明蒸汽的浓度，只能确定蒸汽的焓值。

[例3-1]　饱和溴化锂水溶液的压力为933Pa，温度为40℃，求溶液及其液面上水蒸气各状态参数。

解：首先在比焓-含量图（图3-9）的液态区找到933Pa等压线与40℃等温线的交点 A，得出含量（质量分数）为59%，比焓为255.6kJ/kg（即61kcal/kg）。液面上水蒸气温度等于溶液温度为40℃，含量（质量分数）为0，通过点 A 的等含量（质量分数）线59%与压力933Pa的辅助线交点 B 作水平线与含量（质量分数）为0的纵坐标相交于 C 点，此点即为液面上水蒸气的状态点，得比焓为2998kJ/kg（716kcal/kg），其位置在933Pa辅助线之上，所以是过热蒸汽。而查饱和水蒸气表得知，压力为933Pa时纯水的饱和温度为6℃，远低于40℃，可见溶液面上的水蒸气具有相当大的过热度。

3.3　吸收式热泵的循环及其计算

3.3.1　吸收式热泵的循环

由图3-1所示的吸收式热泵的工作过程可知，吸收式热泵的循环包括两个循环过程：一是制冷剂从发生器开始依次经过冷凝器、节流阀、蒸发器、吸收器后回到发生器所形成的逆向循环，是一个制冷循环；另一个是吸收剂从发生器开始经过溶液节流阀、吸收器、溶液泵后回到发生器的正向循环，表示吸收式热泵的驱动部分，或称为热压缩机的动力循环。

吸收式热泵的理想循环在 $T-S$ 图上的表示如图3-10所示，该图为吸收温度与冷凝温度相同时的情况。

图3-10中，循环5—6—7—8—5为制冷循环，循环1—2—3—4—1为动力循环。吸收式热泵的动力循环必须提供制冷循环所需的功或可用能，因此图3-10中面积1—2—3—4—1应等于面积5—6—7—8—5。

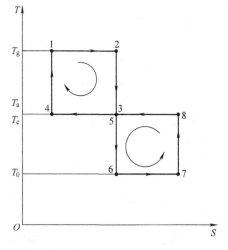

图3-10　吸收式热泵的理想循环

3.3.2 单效溴化锂吸收式热泵的循环及其计算

采用低位热能,如 0.03 ~ 0.15MPa(表压)的蒸汽或 85 ~ 150℃ 热水作为驱动热源时,往往采用单效溴化锂吸收式热泵循环。

1. 单效溴化锂吸收式热泵的理论循环

图 3-11 所示为单效溴化锂吸收式热泵系统的工作流程。其中除图 3-1 所示简单吸收式热泵系统的主要设备外,在发生器和吸收器之间的溶液管路上装有溶液换热器,来自吸收器的冷稀溶液与来自发生器的热浓溶液在此进行热交换。这样,既提高了进入发生器的冷稀溶液温度,减少了发生器所需耗热量,又降低了进入吸收器的浓溶液温度,减少了吸收器的冷却负荷,故溶液换热器又可称为节能器。

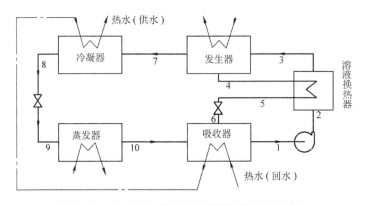

图 3-11 单效溴化锂吸收式热泵系统的工作流程

在分析理论循环时假定:工质流动时无损失,因此在热交换设备内进行的是等压过程,发生器压力 p_g 等于冷凝压力 p_k,吸收器压力 p_a 等于蒸发压力 p_0。发生过程和吸收过程终了的溶液状态,以及冷凝过程和蒸发过程终了的制冷剂状态都是饱和状态。

图 3-12 所示为图 3-11 所示系统理论循环的比焓 – 含量图。

1—2 为泵的加压过程。将来自吸收器的稀溶液由压力 p_0 下的饱和液变为压力 p_k 下的过冷液。$\xi_1 = \xi_2$,$t_1 \approx t_2$,点 1 与点 2 基本重合。

2—3 为过冷状态稀溶液在换热器中的预热过程。

3—4 为稀溶液在发生器中的加热过程。其中 3—3_g 是将稀溶液由过冷液加热至饱和液的过程;3_g—4 是稀溶液在等压 p_k 下沸腾汽化变为浓溶液的过程。发生器排出的蒸汽状态可认为是与沸腾过程溶液的平均状态相平衡的水蒸气(状态 7 的过热蒸汽)。

7—8 为制冷剂水蒸气在冷凝器内的冷凝过程,其压力为 p_k。

8—9 为制冷剂水的节流过程。制冷剂由压力 p_k 下的饱和水变为压力 p_0 下的湿蒸汽。状态 9 的湿蒸汽由状态 9′ 的饱和水与状态 9″ 的饱和水蒸气组成。

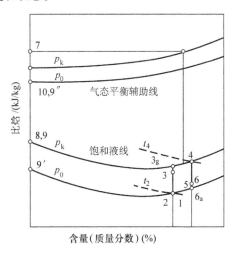

图 3-12 单效溴化锂吸收式热泵
循环在 $h - \xi$ 图上的表示

9—10 为状态 9 的制冷剂湿蒸汽在蒸发器内吸热汽化至状态 10 的饱和水蒸气过程，其压力为 p_0。

4—5 为浓溶液在换热器中的预冷过程。即把来自发生器的浓溶液在压力 p_k 下由饱和液变为过冷液。

5—6 为浓溶液的节流过程。将浓溶液由压力 p_k 下的过冷液变为压力 p_0 下的湿蒸汽。

6—1 为浓溶液在吸收器中的吸收过程。其中，6—6_a 为浓溶液由湿蒸汽状态冷却至饱和液状态；6_a—1 为状态 6_a 的浓溶液在等压 p_0 下与状态 10 的制冷剂水蒸气放热混合为状态 1 的稀溶液的过程。

2. 热力计算

[例 3-2]　设单效溴化锂吸收式热泵吸收器中的压力为 2.07kPa，溶液泵进口温度为 54.8℃；发生器的压力为 57.81kPa，发生器出口浓溶液温度为 143.6℃；浓溶液在溶液换热器的出口温度为 79.3℃；制冷剂的流量为 1kg/s。试对该系统进行热力计算。

解：（1）确定各循环节点参数　各典型点的状态和参数见表 3-5。

表 3-5　单效溴化锂吸收式热泵循环中各典型点的状态和参数

状态点	压力/kPa	温度/℃	含量(质量分数)(%)	比焓/(kJ/kg)	质量流量/(kg/s)
1	2.07	54.8	58	305	15.5
2	57.81	约 54.8	58	约 305	15.5
3	57.81	112.5	58	417	15.5
3_g	57.81	133	58	458	15.5
4	57.81	143.6	62	471	14.5
5	57.81	79.3	62	351	14.5
6	2.07	—	62	351	14.5
6_a	2.07	63.8	62	322	14.5
7	57.81	138.2	0	3175	1
8	57.81	85	0	771	1
9	2.07	18	0	771	1
10	2.07	18	0	2951	1

表 3-5 中各点状态及参数的确定方法如下：

1 点和 2 点：查图 3-9，由已知压力的等压线和已知温度的等温线交点，得 1 点，该点纵坐标即为焓值，该点的横坐标即为含量；2 点与 1 点基本重合，其压力为发生器压力。

3 点：由溶液换热器的热平衡得到。根据能量守恒定律，忽略溶液换热器的热损失时，浓溶液放出的热量应等于稀溶液得到的热量，由此求出 3 点的焓值，由焓值及含量即可确定该状态点。

3_g 点：由已知压力的等压线与已知含量的等含量线交点，得 3_g 点，该点的纵坐标为焓值，过该点的等温线为其温度。

4 点：查图 3-9，由已知压力的等压线和已知温度的等温线交点，得 4 点，该点横坐标为其含量，纵坐标为其焓值。

5 点：由已知温度的等温线和已知含量的等含量线的交点，可得点 5，该点纵坐标为焓值。

制冷剂循环量 D：已知为 1kg/s。

溶液循环量：设稀溶液循环倍率为 f，它表示系统中每产生 1kg 制冷剂所需要的溶液的质量

（kg）。参照图3-11，由发生器的质量守恒得知，进入发生器的溴化锂量应等于出发生器的溴化锂量，用公式表示时，可得

$$f\xi_w = (f-1)\xi_s \tag{3-8}$$

解得

$$f = \frac{\xi_s}{\xi_s - \xi_w} \tag{3-9}$$

式中 ξ_s——浓溶液的含量（质量分数）；

ξ_w——稀溶液的含量（质量分数）。

将已知条件 $\xi_w = 62\%$、$\xi_s = 58\%$ 代入式（3-9）得

$$f = \frac{\xi_s}{\xi_s - \xi_w} = \frac{0.62}{0.62 - 0.58} = 15.5$$

因此，稀溶液的循环流量为15.5kg/s，浓溶液的循环流量为14.5kg/s。

6点和 6_a 点：由已知压力的等压线与含量（质量分数）为62%的等含量（质量分数）线交点，得 6_a 点，该点的纵坐标为焓值，过该点的等温线为其温度；6点与5点基本重合，其压力为吸收器压力。

7点：可认为是与沸腾过程溶液的平均状态相相平衡的水蒸气状态点。本例近似通过4点求得。由4点向上作垂直线，与图上方冷凝压力的等压线交于一点，沿该点向左作水平线，与纵坐标轴［含量（质量分数）为0%的等含量（质量分数）线］的交点，即为7点，其纵坐标即为焓值。

8点：设冷凝器中的压力约等于发生器中的压力，查图3-9可得该压力下水的温度和焓值。

9点和10点：设水的蒸发压力约等于吸收器中压力，查图3-9可得该压力下水及水蒸气的温度和焓值。

（2）各设备的单位热负荷

$$q_g = f(h_4 - h_3) + (h_7 - h_4) = [15.5 \times (471 - 417) + (3175 - 471)] kJ/kg$$
$$= 3541 kJ/kg$$

$$q_a = f(h_6 - h_1) + (h_{10} - h_6) = [15.5 \times (351 - 305) + (2951 - 351)] kJ/kg$$
$$= 3313 kJ/kg$$

$$q_k = h_7 - h_8 = (3175 - 771) kJ/kg = 2404 kJ/kg$$

$$q_0 = h_{10} - h_9 = (2951 - 771) kJ/kg = 2180 kJ/kg$$

$$q_t = (f-1)(h_4 - h_5) = (15.5 - 1) \times (471 - 351) kJ/kg = 1740 kJ/kg$$

总放热量：$q_a + q_k = 5717 kJ/kg$

总吸热量：$q_g + q_0 = 5717 kJ/kg$

由此可见，总吸热量等于总放热量，符合能量守恒定律。

（3）各设备的热负荷

发生器：$Q_g = Dq_g = 3541 kW$

吸收器：$Q_a = Dq_a = 3313 kW$

冷凝器：$Q_c = Dq_k = 2404 kW$

换热器：$Q_t = Dq_t = 1740 kW$

（4）热力系数

$$\xi = \frac{Q_a + Q_c}{Q_g} = \frac{3313 + 2404}{3541} = 1.615$$

3.3.3　双效溴化锂吸收式热泵的循环及其计算

采用较高品位热能作为驱动能源时，如 0.25 ~ 0.8MPa（表压）的水蒸气、150℃以上的热水或燃油、燃气等燃料直接燃烧加热时，可采用双效或多效吸收式热泵循环。

1. 双效溴化锂吸收式热泵的理论循环

双效（也称两效）吸收式热泵有两个发生器，第一发生器中产生的制冷剂蒸气又用作第二发生器的热源，因此热力系数可明显提高。但是，由于第一发生器中溶液的温度升高，其腐蚀性增强；高、低压部分的压差增大，机组结构也比较复杂。双效溴化锂吸收式热泵的工作原理如图 3-13 所示。

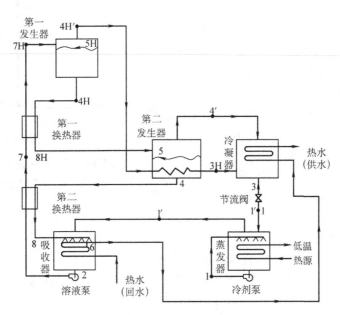

图 3-13　双效溴化锂吸收式热泵的工作原理

如图 3-13 所示，在蒸发器中，喷淋在传热管上的制冷剂水，吸收在管内流动的低温热源的热量而汽化，进入吸收器，被喷淋在吸收器管外的浓溶液所吸收。吸收过程中产生的热量用于加热热水的回水。

浓溶液在吸收器中吸收制冷剂水蒸气后变为稀溶液，由溶液泵输送，经第二换热器和第一换热器后送往第一发生器。在第一换热器和第二换热器内，稀溶液分别被来自第二发生器和第一发生器的高温浓溶液所加热。

进入第一发生器的稀溶液被驱动热源加热、沸腾，产生制冷剂水蒸气而被浓缩，变为浓度较高的中间溶液，中间溶液经第一换热器适当降温后进入第二发生器。

在第二发生器内，中间溶液被来自第一发生器的制冷剂水蒸气（在管内）加热、沸腾，再产生制冷剂水蒸气而被浓缩成浓溶液，浓溶液经第二换热器放热后，进入吸收器并喷淋在吸收器的管簇上。

在第二发生器中产生的工质水蒸气进入冷凝器中，加热来自吸收器的被初步加热的热水回水，同时水蒸气被冷却凝结成工质水。此外，第二发生器管内来自第一发生器的工质水蒸气，也在第二发生器中加热中间溶液过程中凝结成水，进入冷凝器，与来自第二发生器的蒸汽凝结水混合，经节流阀降压后进入蒸发器，开始下一个循环。

图 3-14 所示为图 3-13 所示双效溴化锂吸收式热泵系统理论循环的比焓 – 含量图。

图 3-14 中各基本过程如下：

6—2：吸收过程。

2—7_H：稀溶液在第一换热器和第二换热器中的升温过程。

7_H—5_H：第一发生器中稀溶液的加热过程。

5_H—4_H：稀溶液在第一发生器中的浓缩过程。

4_H—8_H：中间溶液在第一换热器中的降温过程。

8_H—5：第二发生器中，中间溶液的闪发（等焓变化）过程，即部分工质闪发出来，使溶液温度由过热状态温度 t_{SH} 降低到该含量、压力下的气液饱和温度 t_5。由于闪发的工质很少，溶液含量的变化也很小，在图上无法表示出来。

5—4：第二发生器中的浓缩过程。

4—8：浓溶液在第二换热器中与稀溶液进行热交换，温度下降。

8—6：吸收器中的冷却过程。

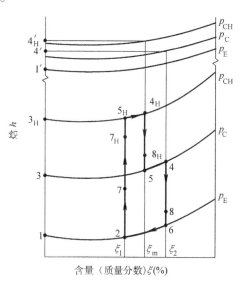

图 3-14 双效溴化锂吸收式热泵循环在
$h-\xi$ 图上的表示

2. 双效溴化锂吸收式热泵循环的热力系数分析

由热力系数的定义，双效溴化锂吸收式热泵的热力系数 ξ 计算公式为

$$\xi = \frac{Q_a + Q_c}{Q_{GH}} = \frac{Q_0 + Q_{GH}}{Q_{GH}} = 1 + \frac{Q_0}{Q_{GH}} \tag{3-10}$$

式中　Q_{GH}——第一发生器的加热量；

　　　Q_0——蒸发器的吸热量；

　　　Q_a——吸收器的放热量；

　　　Q_c——冷凝器的放热量。

Q_{GH} 可由溶液侧的热平衡关系求得

$$Q_{GH} = G_M h_{4H} + D_1 h_{4H'} - G_1 h_{7H} \tag{3-11}$$

式中　Q_{GH}——第一发生器的加热量（kJ/s）；

　　　G_M——第一发生器出口中间溶液的流量（kg/s）；

　　　D_1——第一发生器中产生的制冷剂蒸气量（kg/s）；

G_1——吸收器出口稀溶液量（kg/s）；

$h_{4H'}$——第一发生器中产生的制冷剂蒸气比焓（kJ/kg）；

h_{4H}——第一发生器出口中间溶液的比焓（kJ/kg）。

h_{7H}——第一换热器出口处稀溶液比焓（kJ/kg）。

由于

$$G_M = G_1 - D_1 \tag{3-12}$$

代入式（3-11）得

$$Q_{GH} = G_1(h_{4H} - h_{7H}) + D_1(h_{4H'} - h_{4H}) \tag{3-13}$$

又因为第二发生器的加热量来自第一发生器产生的制冷剂水蒸气，因此制冷剂水蒸气在第二发生器中的放热量为

$$Q_{G1} = D_1(h_{4H'} - h_{3H}) \tag{3-14}$$

式中　h_{3H}——第二换热器出口处液态制冷剂的比焓（kJ/kg）。

同时，由热平衡关系，第二发生器中加热溶液所需的热量为

$$Q_{G2} = G_2 h_4 + D_2 h_{4'} - G_M h_{8H} \tag{3-15}$$

式中　h_{8H}——第二发生器进口处中间溶液的比焓（kJ/kg）；

D_2——第二发生器中产生的制冷剂蒸气量（kg/s）；

G_2——第二发生器出口浓溶液量（kg/s）。

设 D_0 为机组总的制冷剂循环量，即 $D_0 = D_1 + D_2$，则

$$D_2 = D_0 - D_1 \tag{3-16}$$

以及

$$G_1 = G_2 + D_0 \tag{3-17}$$

由式（3-12）、式（3-15）~式（3-17）得

$$Q_{G2} = G_1(h_4 - h_{8H}) + D_0(h_{4'} - h_4) + D_1(h_{8H} - h_{4'}) \tag{3-18}$$

由于第二发生器中蒸汽放热量就是对溶液的加热量，即 $Q_{G1} = Q_{G2}$，将式（3-14）和式（3-18）联立，可得

$$D_1 = \frac{G_1(h_4 - h_{8H}) + D_0(h_{4'} - h_4)}{(h_{4H'} - h_{3H}) + (h_{4'} - h_{8H})} \tag{3-19}$$

将式（3-19）代入式（3-13），有

$$Q_{GH} = G_1(h_{4H} - h_{7H}) + \frac{G_1(h_4 - h_{8H}) + D_0(h_{4'} - h_4)}{(h_{4H'} - h_{3H}) + (h_{4'} - h_{8H})}(h_{4H'} - h_{4H}) \tag{3-20}$$

将溶液循环倍率 $f = G_1/D_0$ 代入式（3-20）得

$$Q_{GH} = f D_0(h_{4H} - h_{7H}) + \frac{D_0 \left[f(h_4 - h_{8H}) + (h_{4'} - h_4) \right]}{(h_{4H'} - h_{3H}) + (h_{4'} - h_{8H})}(h_{4H'} - h_{4H}) \tag{3-21}$$

此外，根据冷凝器、蒸发器、吸收器的热平衡关系，可得冷凝器、吸收器的放热量 Q_c、Q_a 和蒸发器的吸热量 Q_0 分别为

$$Q_c = D_2(h_{4'} - h_3) + D_1(h_{3H} - h_3) = D_0(h_{1'} - h_3) - D_1(h_{4'} - h_{3H}) \tag{3-22}$$

$$Q_a = (f - 1)D_0 h_8 + D_0 h_{1'} - f D_0 h_2 \tag{3-23}$$

$$Q_0 = D_0(h_{1'} - h_3) \tag{3-24}$$

由式（3-10）、式（3-13）和式（3-24）可得热力系数为

$$\xi = 1 + \frac{Q_0}{Q_{GH}} = 1 + \frac{D_0(h_{1'} - h_3)}{G_1(h_{4H} - h_{7H}) + D_1(h_{4H'} - h_{4H})}$$

$$= 1 + \frac{h_{1'} - h_3}{f(h_{4H} - h_{7H}) + \frac{D_1}{D_0}(h_{4H'} - h_{4H})} \qquad (3\text{-}25)$$

其中，D_1/D_0 可由溶液循环倍率定义式 $f = G_1/D_0$ 及式（3-19）求得，即

$$\frac{D_1}{D_0} = \frac{f(h_4 - h_{8H}) + (h_{4'} - h_4)}{(h_{4H'} - h_{3H}) + (h_{4'} - h_{8H})}$$

3.4 溴化锂吸收式热泵机组

3.4.1 单效溴化锂吸收式热泵机组的结构

溴化锂吸收式热泵机组由各种换热器，并辅以屏蔽泵、真空阀门、管道、抽气装置、控制装置等组合而成。按照各换热器的布置方式分为单筒型、双筒型或三筒型结构。

单效溴化锂吸收式热泵机组由下列九个主要部分构成：

（1）蒸发器　借助制冷剂水的蒸发来从低温热源吸收热量。

（2）吸收器　吸收制冷剂蒸气，保持蒸发压力恒定，同时放出吸收热。

（3）发生器　使稀溶液沸腾产生制冷剂蒸气，稀溶液同时被浓缩。

（4）冷凝器　使制冷剂蒸气冷凝，放出凝结热。

（5）溶液换热器　在稀溶液和浓溶液间进行热交换，提高机组的热效率。

（6）液泵和制冷剂泵　输送溴化锂水溶液和制冷剂水。

（7）抽气装置　抽除影响吸收与冷凝效果的不凝性气体。

（8）控制装置　有热量控制装置、液位控制装置等。

（9）安全装置　确保安全运转所用的装置。

上述（1）～（4）部分是溴化锂吸收式热泵的四个主要换热设备，它们的组合方式决定了机组的结构。

1. 单筒型结构

单筒型就是将发生器、冷凝器、蒸发器、吸收器置于一个筒体内。整个筒体一分为二，如图3-15 所示，这样就形成两个压力区，即发生－冷凝压力区和蒸发－吸收压力区，压力区之间通过管道及节流装置相连。这种类型的机组具有结构紧凑、密封性好、机组高度低等优点，但制作较复杂，热应力及热损失比较大。

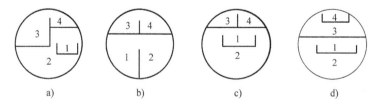

图 3-15　单筒型结构的布置方式

1—蒸发器　2—吸收器　3—发生器　4—冷凝器

单筒型单效溴化锂吸收式热泵机组示意图如图 3-16 所示。

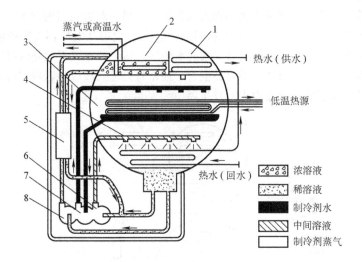

蒸汽或高温水

热水（供水）

低温热源

热水（回水）

浓溶液
稀溶液
制冷剂水
中间溶液
制冷剂蒸气

图 3-16 单筒型单效溴化锂吸收式热泵机组示意图
1—冷凝器 2—发生器 3—蒸发器 4—吸收器 5—换热器 6—溶液泵Ⅰ 7—冷剂泵 8—溶液泵Ⅱ

2. 双筒型结构

双筒型是将压力大致相同的发生器和冷凝器置于一个筒体内，而将蒸发器和吸收器置于另一个筒体内，两个筒体上下叠置。其布置方式如图 3-17 所示。

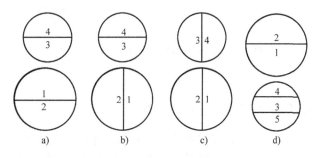

图 3-17 双筒型结构的布置方式
1—蒸发器 2—吸收器 3—发生器 4—冷凝器 5—换热器

采用双筒型结构可以避免热损失，减小热应力，缩小安装面积，结构简单，制作方便，特别适合大热量机组的分割搬运。不过其高度有所增加，连接管道多，可能的泄漏点比单筒型结构多。

双筒型单效溴化锂吸收式热泵机组示意图如图 3-18 所示。图 3-18 中，发生器和冷凝器压力较高，布置在一个筒体内，称为高压筒；吸收器与蒸发器压力较低，布置在另一个筒体内，称为低压筒。高压筒与低压筒之间通过 U 形管连接，以维持两筒间的压差。在低压筒下部的吸收器 6 内储有吸收蒸汽后的稀溶液，稀溶液通过溶液换热器 4 后，压入高压筒中的发生器 2。在发生器内的稀溶液由于驱动热源的加热解析出蒸汽。产生的蒸汽在冷凝器 1 内冷凝，冷凝后的制冷剂水经 U 形管流入低压筒内的蒸发器 3。制冷剂水吸收低温热源的热量，蒸发为制冷剂蒸气。在蒸发器 3 内产生的制冷剂蒸气被从发生器 2 出来经过引射器 5 的浓溶液吸收，又成为稀溶液流入吸收器下部，如此循环工作，达到连续制热的目的。溶液换热器 4 的作用是将发生器 2 来的高温浓溶液与从吸收器 6 来的稀溶液进行热交换，回收部分热量以提高循环的热力系数。从溶液泵 7 出来的稀溶液分成两路：一路通过溶液换热器而进入发生器；另一路进入引射器 5 （其质量流量与循环质量流量的比值称为稀溶液在吸收器中的再循环倍率），引射从发生器 2 来的浓溶液，混合后进入吸收器 6 的喷淋系统，吸收从蒸发器 3 来的水蒸气。另一种布置方式是浓溶液直接喷淋的吸收器系统，即浓溶液不与稀溶液通过引射器混合，而是直接进入吸收器吸收制冷剂蒸气；溶液泵出来的稀溶液全部通过溶液换热器而进入发生器。

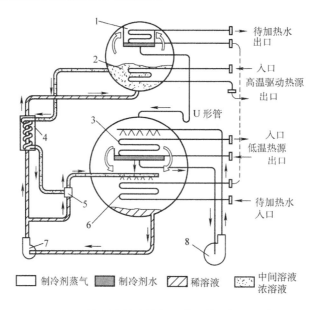

图 3-18　双筒型单效溴化锂吸收式热泵机组示意图

1—冷凝器　2—发生器　3—蒸发器　4—换热器　5—引射器　6—吸收器　7—溶液泵　8—制冷剂泵

3.4.2　双效溴化锂吸收式热泵机组的结构

双效机组是以单效机组为基础，在单效机组上增加一个高压发生器、一个高温溶液换热器以及一个凝水换热器构成的。在高压发生器中，热源若是蒸汽或热水，则是蒸汽型或热水型双效溴化锂吸收式机组；热源若是燃油或燃气直接燃烧，则是直燃型双效溴化锂吸收式机组。

根据溶液进入高压发生器与低压发生器的方式，可分为串联流程、并联流程、倒串联流程和并串联流程等形式。

1. 串联流程

从吸收器出来的稀溶液，在溶液泵输送下，依次经过低温溶液换热器、凝水换热器、高温换热器，以串联方式先进入高压发生器，从高压发生器流出的溶液，经过高温溶液换热器后进入低压发生器，再经低温溶液换热器到引射器流回吸收器。串联流程具有结构简单、操作方便等优点。

串联流程的双效溴化锂吸收式热泵机组示意图如图 3-19 所示。在机组的主要换热器中，高压发生器单独布置在左侧的上筒体，低压发生器和冷凝器并列布置在下筒体右侧的上部。蒸发器夹在吸收器中间，布置在机组的下筒体。高压发生器和低压发生器都采用沉浸式结构。蒸发器和吸收器采用喷淋式结构。该热泵机组的工作过程为：在高压发生器中，稀溶液被高温驱动热源加热，在较高压力下产生制冷剂蒸气，同时稀溶液浓缩。高压发生器中产生的蒸气通入低压发生器作为热源，加热由高温换热器来的溶液，使之产生制冷剂蒸气，该溶液浓缩成浓溶液。驱动热源的能量在高压发生器和低压发生器中两次得到利用，故称为双效循环。

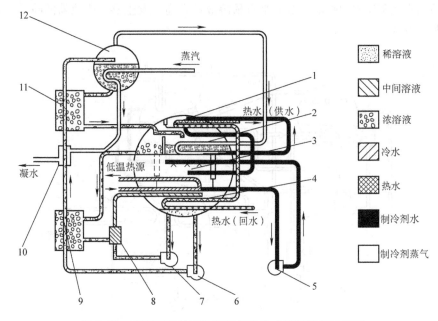

图 3-19　串联流程的双效溴化锂吸收式热泵机组示意图

1—冷凝器　2—低压发生器　3—蒸发器　4—吸收器　5—制冷剂泵　6—溶液泵 I　7—溶液泵 II　8—引射器
9—低温换热器　10—凝水换热器　11—高温换热器　12—高压发生器

高压发生器中产生的蒸汽，在低压发生器中加热溶液后凝结成制冷剂水，经节流后闪发的蒸汽和低压发生器中产生的蒸汽一起进入冷凝器中放热并凝结成制冷剂水。冷凝器中的制冷剂水经 U 形管或小孔节流后进入蒸发器，喷淋在蒸发器管簇上，吸取管内低温热源介质的热量，并变为制冷剂蒸气。由低压发生器浓缩并经低温溶液换热器降温后，经引射器混合成为中间溶液，喷淋在吸收器管簇上吸收蒸发器中产生的蒸汽。中间溶液吸收蒸汽后变为稀溶液，并由溶液泵压出，经低温溶液换热器、凝水换热器和高温溶液换热器加热后，进入高压发生器开始下一个循环。

上述串联流程中，由于利用从高压发生器出来品位较低的制冷剂蒸气作为低压发生器的热源，而低压发生过程又处于高浓度的放气范围，因而当工作蒸气参数较低时，低压发生器的放气范围较小，热力系数较低。如果采用溶液先进低压发生器，后进高压发生器，则能使加热能源得到合理利用，即低品位热源加热低质量浓度的溶液，高品位热源加热高质量浓度的溶液。这种溶液串联流程称为倒串联流程，其主要缺点是需增加一个高温溶液泵。

2. 并联流程

从吸收器出来的稀溶液，在溶液泵输送下，经过低温和高温溶液换热器后，以并联方式进入高压发生器和低压发生器，再流回吸收器。这种溶液流程被称为并联流程。该流程可以增大低压发生器的放气范围，提高机组的热力系数。

图 3-20 所示为一种并联流程的蒸汽型双效溴化锂吸收式热泵机组示意图。该机组为三筒型结构。高压发生器一个筒，低压发生器和冷凝器上下合为一个筒，左右布置在机组的上方；蒸发器和吸收器并列布置在机组的下筒体。高压发生器和低压发生器都采用沉浸式结构。蒸发器和吸收器采用喷淋式结构。该机组溶液按并联流程流动，即从吸收器流出的稀溶液，由溶液泵经过低温溶液换热器和凝水换热器升温后，同时进入低压发生器和高压发生器浓缩，然后一起流回吸收器。这种溶液流程也较适合于工作蒸汽参数较低的应用场合。机组采用两台屏蔽泵：制冷剂

水泵使制冷剂水在蒸发器中喷淋，溶液泵将稀溶液送入高压发生器。吸收器的喷淋系统采用浓溶液直接喷淋方式。

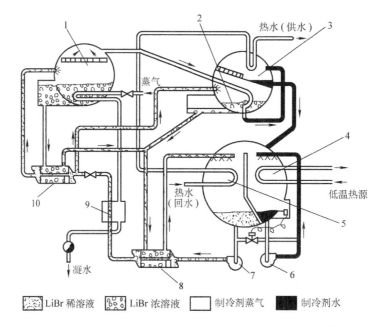

图 3-20　并联流程的蒸汽型双效溴化锂吸收式热泵机组示意图

1—高压发生器　2—低压发生器　3—冷凝器　4—蒸发器　5—吸收器　6—制冷剂泵　7—溶液泵
8—低温换热器　9—凝水换热器　10—高温换热器

如果稀溶液经过低温、高温溶液换热器后，以并联方式进入高压发生器和低压发生器，然后流出高压发生器的溶液再进入低压发生器闪蒸然后一起流回吸收器。这种溶液并联流程称为并串联流程。

3.5　溴化锂吸收式热泵的安装调试与维护

3.5.1　溴化锂吸收式热泵的安装

与蒸气压缩式热泵机组比较，溴化锂吸收式热泵的运动部件少，振动和噪声较小，运行较平稳。因此，对机组的基础和安装要求相对来说不是很高，但是安装时对机组水平度要求严格。

溴化锂吸收式热泵机组出厂时，小型机组为整体式，可整体运输；中大型则可采用分体式，即分为两件和多件运输。

1. 整体机组的安装

（1）机组的检查　机组在出厂前，内部已充注表压为 0.02～0.04MPa 的氮气，安装前应对机组外观、电气仪表、机组压力情况等进行检查，确保运输过程中机组无任何损坏。

（2）机组的吊装　一般采用钢丝绳起吊机组。由于制造厂家的不同，机组起吊方法也各异。一般用两根钢丝绳起吊机组主筒体的两端，如果机组设有专用的吊孔，则用钢丝绳通过吊孔起吊。

吊装机组要精心组织、谨慎操作，确保不会损坏机组的任何部分。尤其注意钢丝吊索与机组的接触部位、细管、接线和仪表等易损件。在机组起吊时，要保持水平，就位时，机组所有的底座应同时并轻轻地接触地面或基础表面。

（3）机组的安装　溴化锂吸收式热泵机组振动小，运行平稳，其基础按静负荷设计。在机组就位前，应清理基础表面的污物，并检查基础标高和尺寸是否符合设计要求，检查基础平面的水平度。机组就位后，必须对机组进行水平找正。

机组的水平找正的方法如下：

1）在吸收器管板两边，或者在筒体两端，找出机组中心点。如果找不到机组的中心点，也可利用管板的加工部位作为基准点。

2）用水平仪找正机组的水平。机组合格的水平标准是纵向在 1mm/m 内，若机组尺寸是 6m 或大于 6m，合格值应小于 6mm；机组横向水平标准是小于 1mm/m。

3）如果机组水平不合格，可用起吊设备，通过钢丝绳慢慢吊起机组的一端，用钢制长垫片来调节机组的水平。

2. 分体机组的安装

（1）机组外观及压力检查　分体机组的各件内部在出厂前都充以氮气，安装前应检查各件的氮气压力，确保机组完好。

（2）机组的吊装　分体机组各件的吊装与整体式相似，不同的是要先将下筒体吊在基础上并进行纵向及横向水平找正，只有在下筒体水平度合格后方可将上筒体吊装在下筒体上，同时还要对上筒体进行纵向及横向水平找正。

（3）机组的安装　上、下筒体就位完毕后，连接上、下筒体间的有关管道及部件，并现场焊接安装。连接操作开始前，应打开蒸发器 - 吸收器组件的辅助阀以及发生器或冷凝器上的辅助阀，将加压氮气放出，并用火焰切割掉所有管道上的盖板、毛刺和垃圾。

3.5.2　溴化锂吸收式热泵的调试

1. 调试前的准备

（1）机组外部配套设施的检查

1）水系统管路的检查。包括管路系统是否清洗干净、机组是否安装有排水及排气阀门、水路系统中是否装有过滤网、是否有渗漏、水流量是否达到规定值、水质是否符合要求、管路上所有仪表（温度计、恒温器、流量开关、温度传感器及压力表）的安装位置是否正确、水泵等设备的检查。

2）供热系统的检查。对于蒸汽系统，检查各阀门安装是否正确、启闭是否灵活，减压阀、水气分离器、疏水器等设备的安装是否合理，蒸汽管路及蒸汽凝水管路最低处是否装有排水阀、蒸汽凝水管路是否低于高压发生器。如果蒸汽凝水要送回锅炉房，检查在凝水排出管后是否设有凝水箱，凝水箱的最高液面是否高于发生器。

对于燃气管路系统，首先进行气路的检查，包括气压调节器、球阀、高低气压开关、过滤器、压力表及截止阀等的选型、尺寸及安装方式是否正确，管路是否正确安装且管路接头处垫片是否是聚四氟乙烯材料，机房内是否安装了与机房强力排风系统联动的燃气报警器，供气压力是否符合设计要求，管路系统是否按标准要求进行了气密性试验等。然后检查燃烧器系统，包括燃烧器是否按燃烧器的说明书正确安装、三相电动机接线与电动机转动方向是否正确、燃烧器是否按照接线图正确连接了与控制箱相连的控制线路和动力电线、所有燃烧控制与安全保护装置是否正确接线且功能是否正常。最后进行排气系统的检查，烟囱排气口的位置必须远离冷却塔和机组的空气入口位置，以免污染冷却水并防止废气混入新鲜空气中。烟道应避免截面积的急剧变化而产生涡流或形成背压，烟囱和烟道的最低处应设有排除凝露水的接管，以防止凝露水进入冷热水机组。排气连接口的部位，还需设置加盖的清洁孔，以便能充分清扫烟囱内部。烟道应有独立的支撑架，不得依靠机组本体的支撑。

对于燃油管路系统，检查供油路与回油路的尺寸与安装方法是否正确、检查油路元器件的选型及安装方式是否正确、油箱的安装是否正确、是否充注正确型号的燃油、整个油路系统是否泄漏、管道最低处和最高处是否设置了排污阀及排气阀、供油系统是否设有油过滤器等。

（2）机组的检查

1）抽气系统的检查。检查真空泵油的牌号是否正确、油位是否适中、油的外观是否异常等，检查真空泵的性能、检查真空电磁阀的性能、检查抽气系统有无泄漏等。

2）机组气密性的检查。包括检漏和真空检漏。检漏通常采用压力检漏、卤素检漏、真空检漏和氦质谱仪检漏四种方法。

① 压力检漏。机组总装完毕后，首先对机组进行压力检漏。步骤为：向机组内充入表压力为 0.15MPa 的氮气→检查法兰密封面、螺纹连接处、传热管胀接接头、焊缝等可能泄漏处，涂以肥皂水或其他发泡剂检漏→无泄漏点后对机组进行保压检查。除去气候因素影响后，24h 机组因泄漏导致的气体压力下降应在 66.5Pa 以内。

② 卤素检漏。由于溴化锂吸收式热泵机组筒体的充气压力限制和观察时间较长，不能满足低漏率的检测要求。为进一步提高机组的气密性，可在压力检漏后，再用灵敏度较高的电子卤素检漏仪检查。卤素检漏用的卤素有 R22、R134a 等。

卤素检漏的方法为：先将机组抽空至 50Pa 的绝对压力，然后向机组内充入一定比例的氮气和氟利昂（如 R22），通常氟利昂可占 20%（体积分数），待气体充分混合后，用卤素检漏仪对焊缝、阀门、法兰密封面及螺纹接头等处检查。

卤素检漏合格后，需对机组抽真空。由于氟利昂扩散性强，机组中的氟利昂难以抽尽，解决办法是在机组抽成真空后，再向机组中充入一些氮气，和机组内的残留氟利昂混合，再将机组抽真空，这样反复几次，最后将机组抽成高真空。

③ 真空检漏。机组在压力检漏合格后，为进一步验证在真空状态下的可靠程度，需要进行真空检漏。具体步骤为：使机组内不含水分→将机组通往大气的阀门全部关闭→用真空泵将机组抽至 50Pa 的绝对压力→保持 24h，除去环境温度、压力的影响因素后，机组内绝对压力升高（或真空度降低）不超过 5Pa（从低温热源吸热量小于 1250kW 的机组不超过 10Pa），则机组在真空状态下的气密性是合格的。

④ 氦质谱仪检漏。氦质谱仪是原子能工业中常用的一种检漏设备，现在吸收式机组中已得到广泛应用，其灵敏度极高，机组经其检漏后，可更进一步提高气密性，有利于机组的性能及寿命的提高。

（3）机组电气设备和自控元器件的检查

1）机组现场接线的检查。按照现场接线图，检查电源及其设备的动力与互锁接线。

2）机组自动控制系统的检查。包括机组的元器件和控制箱内元器件的检查，自动阀门和传感器及其安装以及接线情况的检查，屏蔽泵起动与关闭的检查。屏蔽泵过载保护检查，燃烧器互锁保护检查，水低温保护检查，水流量保护检查。高压发生器高压开关检查，高压发生器高温开关检查，燃烧高温开关检查。高压发生器高或低液位开关检查，蒸发器工质水液位开关检查。

3）各控制系统检查后应恢复原状态。

2. 溴化锂水溶液的充注

溴化锂都是以溶液状态供应的，质量分数一般为 50% 左右，且已加入 0.2% 左右的铬酸锂或

0.1% 左右的钼酸锂缓蚀剂，溶液的 pH 值调整至 9 ~ 10.5，可直接加入机组。

溴化锂水溶液的充注主要有两种方式：溶液桶充注和储液器充注。新溶液一般采用溶液桶充注方式。

（1）溶液桶充注　准备好一只溶液桶（或缸，容积一般在 $0.6m^3$ 左右），将溴化锂水溶液倒入桶内。取一根软管（真空胶管），用溴化锂水溶液充满软管排除管内的空气，将软管的一端连接机组的注液阀，另一端插入盛满溶液的桶内。打开溶液充注阀，借助机组内部的真空将溴化锂水溶液充入机组内。

（2）储液器充注　在设有储液器的场合，机组需要检修时，一般将溴化锂水溶液从机组放至储液器中。将储液器中的溶液注入机组时，首先向储液器中充入一定量的氮气，使其表压保持在 0.05MPa 左右。用软管将储液器与机组相连，进行充注。注意储液器上液位计的液位。

无论采用哪种充注方式，溶液充注完毕后，均应起动溶液泵，观察发生器、吸收器的液位和喷淋情况，发生器的液位应处于机组正常运转的液位，吸收器液位应位于吸收器管排和抽气管的下方并高于吸收器液囊。然后起动真空泵，将充注溶液时带入机组的非凝性气体抽尽，保证机组真空度符合要求。

3. 制冷剂水的充注

充入机组的制冷剂水必须是蒸馏水或离子交换水（软水），且要满足一定的水质要求。不能用自来水或地下水，因为其中含有游离氯或其他杂物，会影响机组的性能。充注前，先将蒸馏水或软化水注入干净的桶或缸中，然后用一根真空橡胶管，管内充满蒸馏水以排除空气，一端和制冷剂泵的取样阀相连，另一端放入桶中，将水充入蒸发器中。其充注方法与溴化锂水溶液充注相同。

4. 机组的调试

吸收式热泵的现场调试，一般只在实际使用工况下做运转试验，调整各液位，调整溴化锂水溶液量和工质水量，调整各阀门的开启度，检查和调整自动控制和安全保护装置，检查抽气系统。通过一系列调整后，测量机组的性能（如机组的制热量、能耗等），使机组在使用条件下高效地正常运行。

当用户需热量变化时，机组的制热量也应随之变化。典型控制方法有：调节加热蒸汽量（蒸汽型）或热水量（热水型）或燃料供应量（直燃型），调节溶液循环量，调节加热蒸汽凝水阀。每一种方法可单独使用，也可以组合使用。

3.5.3　溴化锂吸收式热泵的维护

1. 蒸汽或热水型机组的检查保养

蒸汽或热水型机组的检查保养项目见表 3-6。

表 3-6　蒸汽或热水型机组的检查保养项目

项目	检查内容	保养检查期限				
		每日	每周	每月	每半年或每年	其他
真空泵	油的污染情况		○			
	真空度		○			
	传动带或联轴器松紧情况			○		
	电动机绝缘情况				○	
	分体检查				○	

（续）

项目	检查内容	保养检查期限				
		每日	每周	每月	每半年或每年	其他
真空电磁阀	动作检查		○			
	分解检查				○	
溶液泵、制冷剂泵	有无异常声音	○				
	定子绝缘电阻				○	
冷剂水密度测定	用密度计测定，必要时再生	开始时		○		
低温热源水、被加热水水质	pH值、电导率及水质分析	开始时		○	○	
传热管、管板	腐蚀				○	
	清洗				○	
自动保护装置	动作检查				○	
	设定值检查				○	
自动调节装置	动作检查	○				
	检查（包括拆开检查）				○	
溶液	质量分数（测密度）	开始时				
	污染再生					*
	pH值调整				○	*
	缓蚀剂				○	*
	加入表面活性剂				○	*
机内气密性	吸收器损失上升1℃所需时间			○		
	测定不凝性气体累积量			○		
隔膜阀	泄漏检查				○	
	调换膜片					*
控制箱	绝缘情况				○	
	控制程序				○	
	指示灯调换				○	
	清洁检查		○			
	接线及端子松弛检查				○	
	电源接地检查				○	
自动抽气装置	动作检查				○	
	设定值检查				○	
传感器	性能检查				○	
温度压力指示计	性能检查				○	
运行记录及日记			○			
液位观察			○			

注：○—检查保养；＊—必要时。

2. 直燃型机组的检查保养

除表 3-6 所示的项目外，直燃型机组的还有如下一些保养项目，见表 3-7。

表 3-7　直燃型机组的检查保养项目

项目	检查内容	保养检查期限				
		每日	每周	每月	每年或每季	其他
燃烧设备	火焰观察	○				
	保养检查		○			
	动作检查			○		
	点火试验				○	
燃烧要素	空燃比调整				○	
	排气成分分析			○		
燃烧配管系统	过滤器检查	○				
	泄漏检查			○		
	配件动作检查				○	
烟道	烟道烟囱检查				○	
	保温检查				○	
控制箱	绝缘电阻				○	
	控制程序				○	

注：○—检查保养。

思 考 题

1. 什么是吸收式热泵？其热力性能指标用什么表达？

2. 谈谈吸收式热泵的分类方法。

3. 为什么理想吸收式热泵的制热性能系数永远低于同温度范围内的机械压缩式逆卡诺循环的制热性能系数？

4. 简述吸收式热泵工质对的总体要求。

5. 吸收式热泵的工质对的种类有哪些？目前常用到的工质对有哪两种？

6. 溴化锂水溶液的热力状态坐标图构成是怎样的？在进行溴化锂吸收式循环热力计算时常用的是哪一个坐标图？

7. 单效、双效溴化锂吸收式热泵的单效、双效指的是什么？两者对驱动热源要求有什么不同？

8. 增热型热泵（第一类热泵）与升温型热泵（第二类热泵）的工作原理不同之处是什么？两者热力系数的表达式各是怎样的？这两类吸收式热泵的目的各是什么？

第4章
空气源热泵系统设计

4.1 空气源热泵机组的技术参数

4.1.1 空气源热泵机组的特点

空气源热泵机组也称为风冷热泵机组，是空气－空气热泵和空气－水热泵的总称。随着热泵技术的不断成熟，空气源热泵机组以其独特的优点正在发挥着日益重要的作用，特别是在中小型建筑中，利用空气源热泵机组作为空调系统的冷、热源得到了广泛的应用。这种机组的特点是：一机两用，具有夏季供冷和冬季供热的双重功能；不需要冷却水系统，省去了冷却塔、水泵及其连接管道；安装方便，机组可放在建筑物顶层或室外平台上，省去了专用的机房。

为了使机组能在低温环境中高效、稳定、可靠地运行，空气源热泵机组在结构上较一般制冷系统也有所不同：

1）制热与制冷循环采用独立的节流机构（热力膨胀阀、电子膨胀阀或毛细管），因此还需要多个单向阀辅助转换工质流向。

2）除小型机组采用单台压缩机外，中大型冷热水机组均用两台或多台压缩机，每台压缩机可配有独立的空气侧换热器，但整机只用一台水侧换热器。

3）为了平衡多路换热盘管的工质流量，空气侧换热器采用分液器，由多根细铜管连接换热器的各路换热盘管。

4）系统除了使用常用的干燥过滤器、电磁阀等辅助件外，还要使用气液分离器和油分离器。

空气源热泵机组的主要缺点如下：

1）由于空气的传热性能差，因此空气侧换热器的传热系数小，换热器的体积较为庞大，增加了整机的制造成本。

2）由于空气的比热容小，为了交换足够多的热量，空气侧换热器所需的风量较大，风机功率也就大，造成了一定的噪声污染。

3）当空气侧换热器翅片表面温度低于0℃时，空气中的水蒸气会在翅片表面结霜，换热器的传热阻力增加使得制热量减小，所以风冷热泵机组在制热工况下工作时要定期除霜。除霜时热泵停止供热，影响空调系统的供暖效果。

4）冬季随着室外气温的降低，机组的供热量逐渐下降，此时必须依靠辅助热源来补足所需的热量，这就降低了空调系统的经济性。

4.1.2 空气源热泵机组的参数及相关标准

空气源热泵机组的额定制热量和额定制冷量是指机组在标准试验工况下的数据，必须把额定数据转换成运行工况下的数据，才能供空气源热泵系统设计时使用。《多联式空调（热泵）机组》（GB/T 18837—2015）规定的多联式空调（热泵）机组的试验工况和有关参数见表4-1～表4-3，实际运行时一般不超过此范围。

表4-1　多联式空调（热泵）机组的试验工况　　　　　　（单位:℃）

试验条件		室内侧入口空气状态		室外侧状态				
				风冷式（入口空气状态）		水冷式（进水温度/水流量状态）		
		干球温度	湿球温度	干球温度	湿球温度	水环式	地下水式	地埋管（地表水）式
制冷	最大运行	32	23	43	26①	40/–②	25/–④	40/–②
	最小运行	21	15	18	—	20/–②	10/–④	10/–②
	低温运行			21	—			
	凝露、凝结水排除	27	24	27	24①			
制热	最大运行	20	—	21	15	30/–②	25/–④	25/–②
	最小运行		15	–7	–8	15/–②	10/–④	5/–②
	融霜		≥15③	2	1	—	—	—

注: 1. "—"为不做要求的参数。"–"为水流量参数。

2. 室内机风机转速挡与制造商要求一致。

3. 若室外机标称有机外静压的，按室外机标称的机外静压进行试验。

4. 试验时，若室外机风量可调，则按照制造商说明书规定的风机转速挡进行；若室外机风量不可调，则按照其名义风速挡进行试验。

① 适应于湿球温度影响室外侧换热的装置。

② 采用名义制冷试验条件确定的水流量，按单位名义制冷量水流量0.215m³/(h·kW)计算得到。

③ 适应于湿球温度影响室内侧换热的装置。

④ 采用名义制冷试验条件确定的水流量，按单位名义制冷量水流量0.103m³/(h·kW)计算得到。

表4-2　多联式空调（热泵）机组的性能系数

类型		制冷季节能效比（SEER）/[W·h/(W·h)]	全年性能系数（APF）/[W·h/(W·h)]	制冷综合部分负荷性能系数[IPLV(C)]/(W/W)	制冷能效比（EER)/(W/W)
风冷式	单冷型	3.1	—	—	—
	热泵型		2.7		
水冷式	水环式	—	—	3.5	
	地下水式				4.3
	地表水/地埋管式				4.1

注: "—"为不做要求的性能参数。

表4-3　多联式空调（热泵）机组的室外机噪声限值（声压级）

名义制冷量/W	室外机噪声/dB（A）
≤7000	60
>7000～14000	62
>14000～28000	65

（续）

名义制冷量/W	室外机噪声/dB（A）
>28000～56000	67
>56000～84000	69
>84000	72

《风管送风式空调（热泵）机组》（GB/T 18836—2017）规定的风管送风式空调（热泵）机组的试验工况和有关参数见表4-4～表4-6，实际运行时一般不超过此范围。

表4-4　风管送风式空调（热泵）机组的试验工况　　　　（单位：℃）

试验条件		室内侧入口空气状态		室外侧状态			
				风冷式（入口空气状态）		水冷式（进、出水温度状态）	
		干球温度	湿球温度	干球温度	湿球温度	进水温度	出水温度
制冷试验	最大运行	32	23	43	26①	34	—②
	凝露、凝结水排除能力	27	24	27	24①	—②	27
	低温运行	21	15	21	15①		21
制热试验	最大运行	27	—		15		
	融霜	15以下③		2	1		
电热装置制热		20	—	—	—		
风量④			15				

注：1. "—"为不做要求的参数。

2. 空调机室内机需在标称的机外静压下进行试验；室内机风机转速挡与制造商要求一致。

3. 若室外机标称有机外静压的，按室外机标称的机外静压进行试验。若室外机风量可调，则按照制造商说明书规定的风机转速挡进行；若室外机风量不可调，则按照其名义风速挡进行试验。

4. 热水盘管供热量试验时，盘管进风温度按照20℃、进水温度按照60℃，并采用盘管明示的热水流量进行试验。

① 适应于湿球温度影响室外侧换热的装置。

② 采用名义制冷试验条件确定的水流量。

③ 适应于湿球温度影响室内侧换热的装置。

④ 风量测量时机外静压的波动应在测定时间内稳定在规定静压的±5%以内，但是规定静压少于98Pa时应取±3Pa。

表4-5　风管送风式空调（热泵）机组的正常工作环境温度　　　　（单位：℃）

空调机型式	温度范围
冷风型	18～43
热泵型	−7～43
冷风热水盘管型	
冷风加电热装置与热水盘管装置型	
热泵辅助电热装置型	≤43
热泵辅助热水盘管型	
热泵辅助电热装置与热水盘管装置型	

表 4-6 风管送风式空调（热泵）机组的噪声限值（声压级）

名义制冷（热）量/W	室内机噪声/dB（A）	室外机噪声/dB（A）
≤4500	48	58
>4500～7100	53	59
>7100～14000	60	63
>14000～28000	65	68
>28000～43000	68	69
>43000～80000	71	74
>80000～100000	73	76
>100000～150000	76	79
>150000～200000	79	82
>200000	按供货合同要求	按供货合同要求

《蒸气压缩循环冷水（热泵）机组 第 1 部分：工业或商业用及类似用途的冷水（热泵）机组》（GB/T 18430.1—2007）规定的蒸气压缩循环冷水（热泵）机组工商业用和类似用途的冷水（热泵）机组的名义工况和有关参数见表 4-7 和表 4-8。

表 4-7 冷水（热泵）机组的名义工况 （单位：℃）

项目	使用侧		热源侧（或放热侧）					
	冷、热水		水冷式		风冷式		蒸发冷却式	
	进口水温	出口水温	进口水温	出口水温	干球温度	湿球温度	干球温度	湿球温度
制冷	12	7	30	35	35	—	—	24
热泵制热	40	45	15	7	7	6	—	—

表 4-8 冷水（热泵）机组的制冷性能系数

压缩机类型	往复式		涡旋式		螺杆式			离心式	
机组制冷量/kW	>50～116	>116	>50～116	>116	≤116	116～230	>230	≤1163	>1163
水冷式	3.5	3.6	3.55	3.65	3.5	3.75	3.85	4.5	4.7
风冷和蒸发冷却式	2.48	2.57	2.48	2.57	2.48	2.55	2.64	—	—

4.2 空气源热泵机组的变工况特性

4.2.1 热源温度变化对机组供热能力的影响

对于工程设计人员来说，只知道空气源热泵机组的额定参数是不够的，必须了解其变工况特性才能正确地选用设备。为了便于用户选择使用空气源热泵机组，生产厂商一般都会提供机组的特性曲线。图 4-1 所示是空气源热泵机组的制热特性曲线，高温热源温度是室内空气的温度，低温热源温度就是室外环境温度。

在实际工作时，当环境温度不同和空调系统中介质的温度不同时，机组的制热量和输入功率会随之变化。从图 4-1 中可以看出，机组按制热工况运行时的变工况特性如下：

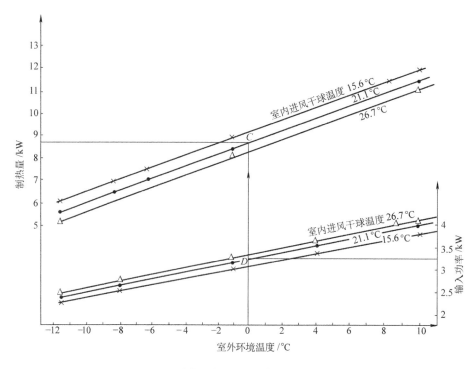

图 4-1 空气源热泵机组的制热特性曲线

1）空气源热泵机组的制热量随室内温度的增高而减少。这主要是由于室内温度的增高相应提高了冷凝温度，当冷凝温度提高后的工质液体节流以后其干度增加，液体量的减少必然导致系统从环境中吸收的汽化潜热减少，制热量也就相应减少。

2）空气源热泵机组的输入功率随室内温度的增高而增加。这主要是由于冷凝压力相应提高后压缩机的压力比增加，压缩机对每千克工质的耗功增加，导致压缩机的输入功率增加。

3）空气源热泵机组的制热量随环境温度的降低而减少。这主要是由于环境温度的降低相应降低了蒸发温度，当蒸发温度降低后的压缩机吸气温度也会下降，吸气比容增加使得系统的工质流量下降，制热量也就相应减少。当环境温度降低到 0℃ 左右时，空气侧换热器表面结霜加快，此时蒸发温度下降速率增加，机组制热量下降加剧。

4）空气源热泵机组的输入功率随环境温度的降低而下降。当环境温度降低时系统的蒸发温度降低，使压缩机的工质流量减小，压缩机的输入功率也就下降。

4.2.2 热源温度变化对机组制冷能力的影响

由于选择使用的空气源热泵机组在夏季是空调系统的冷源，因此还必须校核制冷模式下的变工况特性能否在设计范围内满足使用要求。图 4-2 所示是空气源热泵机组制冷特性曲线，此时的高温热源温度是室外环境温度，低温热源温度就是室内空气的湿球温度。把湿球温度作为低温热源温度是因为在蒸发器表面有凝结水的缘故，湿球温度的高低决定了室内空气焓值的高低。

从图 4-2 中可以看出，机组按制冷工况运行时的变工况特性如下：

1）机组的制冷量随室内湿球温度的上升而增加。这是因为室内湿球温度的增加相应提高了蒸发温度，当蒸发温度提高后的工质液体节流以后其干度下降，每千克工质的制冷量增加；压缩机的吸气压力提高后，吸气比容减小，使得工质的循环量增加，所以机组的制冷量也就相应

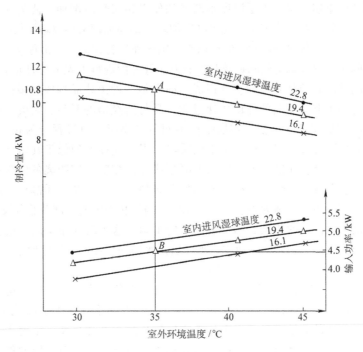

图 4-2 空气源热泵机组制冷特性曲线

增加。

2）机组的输入功率随室内湿球温度的增高而增加。这主要是因为蒸发温度提高后吸气比容减小，使得工质的循环量增加，导致压缩机的输入功率增加。在压力比为 3 左右时压缩的输入功率最大。

3）机组的制冷量随环境温度的降低而增加。这是因为环境温度的降低相应降低了冷凝温度，当冷凝温度降低后的工质液体节流以后其干度减少，液体量的增加必然导致系统从室内空气中吸收的汽化潜热增加，机组制冷量也就相应增加。

4）机组的输入功率随环境温度的降低而下降。当环境温度降低时系统的冷凝温度降低，使系统的冷凝压力下降，压缩机对每千克工质的耗功减小，压缩机的输入功率也就下降。

4.3 空气源热泵空调机组冬季除霜控制

4.3.1 结霜过程及其影响因素

冬季当室外侧换热器表面温度低于空气露点温度且低于 0℃时，换热器表面就会结霜。室外换热器出现的结霜现象是空气源热泵机组的一个很复杂的技术难题。尽管在结霜初期霜层增加了传热表面的粗糙度及表面积，使蒸发器的传热系数有所增加，但随着霜层增厚导热热阻逐渐成为影响传热系数的主要方面，使蒸发器的传热系数开始下降。另外，霜层的存在加大了空气流过翅片管蒸发器的阻力，减少了空气流量，增加了对流换热热阻，加剧了蒸发器传热系数的下降。由于这些负面影响，空气源热泵在结霜工况下运行时，随着霜层的增厚，将出现蒸发温度下降、制热量下降、风量衰减等现象而使空气源热泵机组不能正常工作。在结霜工况下热泵系统性能系数在恶性循环中迅速衰减：霜层厚度不断增加使得霜层热阻增加，使蒸发器的换热量大大减少导致蒸发温度下降，蒸发温度下降使得结霜加剧，结霜加剧又导致霜层热阻进一步加剧。为了提高热泵的运行性能，从20世纪50年代以来，国内外学者在结霜的机理及霜层的增长、翅片管换热器的结霜问题、热泵机组的除霜及其控制方法等方面进行了大量的研究工作。

霜层是由冰的结晶和结晶之间的空气组成，即霜是一种由冰晶构成的多孔性松散物质。霜层的形成实际上是一个非常复杂的热质传递过程，是与所经历的时间、霜层形成时的初始状态和霜层的各个阶段密切相关的。根据霜层结构不同可将霜层形成过程分为霜层晶体形成过程、霜层生长过程和霜层的充分发展过程三个不同阶段。当空气接触到低于其露点温度的换热器冷壁面时，空气中的水分就会在换热器冷壁面上凝结成彼此相隔一定距离的结晶胚胎。空气中水蒸气进一步在结晶胚胎凝结，会形成沿壁面均匀分布的针状或柱状的霜晶体。这个时期霜层高度增长快，而霜的密度不大，称为霜层晶体形成期。当柱状晶体的顶部开始分枝时，由于枝状结晶的相互作用发展形成网状的霜层，霜层表面趋向平坦。这个时期霜层高度增长缓慢但密度增加较快，称为霜层生长期。当霜层表面成为平面后，霜层的结构不变但厚度增加，霜层增厚而形状基本不变的这个时期称为霜层充分发展期。

1977年Hayashi等人用显微摄影的方法研究了结霜现象，并以霜柱模型建立了霜层发展模型，用来预测霜层厚度与附着速度，并提出了霜层有效热导率和密度关系式。后来的研究者在此基础上提出了各种复杂的数学模型，用来计算霜层生长过程的热导率、密度和温度等特性变量的动态分布特性，并且将计算结果与一些试验数据进行对比。通过对霜层的理论研究得到了霜层内部密度、温度、热导率分布情况，为以后的数值模拟和试验研究奠定了理论基础。

对结霜机理的研究有助于从物理本质上更好地分析影响结霜的因素。换热器结霜过程研究表明，影响换热器上霜层形成速度的因素主要有换热器结构、结霜位置、空气流速、壁面温度和空气参数。由于换热器的可变参数太多且复杂，研究人员在这些因素如何影响霜层形成规律上不能取得完全共识。比较一致的结论是：壁面温度降低，霜层厚度将增加；空气含湿量增大，霜层厚度也将增加；前排管子的结霜比后面管子严重得多。

研究人员发现，蒸发器翅片管的温度变化率实际上反映了机组供热能力的衰减程度。图4-3表示在不同的环境条件下，蒸发器翅片管温度变化率随时间变化的情况。从图4-3中可以看出，

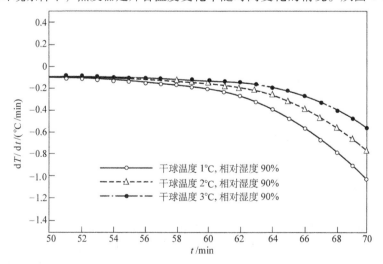

图4-3　翅片管的温度变化率与时间的关系

翅片管温度变化率在结霜运行的前一个时段里以很小的速率递减，但在随后一个时段里，翅片管温度变化率迅速递减。随着时间的推移，翅片管温度变化的速度越来越快。这一现象表明，翅片管的温度变化趋势并不随环境温度和结霜条件的改变而改变，只是反映了霜层对机组供热能力的衰减程度。所以它可以用来作为机组实际运行状况的结霜监测参数。

空气源热泵机组结霜工况运行时热泵的供热量和性能系数下降的幅度与室外气象条件有关。在同一室外空气干球温度时，析湿结霜量随着室外空气相对湿度增加而增加。发生严重结霜现象的室外空气参数范围是 $-12.8℃ \leqslant t \leqslant 5.8℃$ 且 $\varphi \geqslant 67\%$（t 表示气温，φ 表示相对湿度，下同）。当气温高于 $5.8℃$ 时，换热器表面只会有析湿结露状况。当气温低于 $-12.8℃$ 时，由于空气绝对含湿量太小，也不会发生严重结霜现象，可以不考虑结霜对热泵系统的影响。当气温在 $-12.8℃ \leqslant t \leqslant 5.8℃$ 范围，相对湿度 $\leqslant 67\%$ 时，由于室外换热器表面温度一般会比空气露点温度高，就不会发生结霜现象。当 $\varphi \geqslant 67\%$，试验发现气温在 $0 \sim 3℃$ 的温度范围结霜最为严重。这是因为，空气源热泵机组在室外空气干球温度为 $0 \sim 3℃$ 且 $\varphi \geqslant 67\%$ 运行时，换热器表面温度一般会在 $0℃$ 以下且比空气露点温度低，而空气含湿量也比较大，会促使霜层快速生长。空气相对湿度变化对结霜情况的影响远远大于空气温度变化对结霜的影响。根据我国气象资料统计，南方地区热泵的结霜情况要比北方地区严重得多。济南、北京、郑州、西安、兰州等城市属于寒冷地区，气温比较低，空气相对湿度也比较低，所以结霜现象不太严重。但是长沙、武汉、杭州、上海等城市的空气相对湿度较大，室外空气状态点恰好处于结霜速率较大的区间。在使用空气源热泵时，必须充分考虑结霜除霜损失对热泵性能的影响。

翅片形状和排列方式对霜层的形成有重要的影响。换热器翅片之间的间距增大，对减少空气阻力和提高冲霜效果会有一定的作用。在霜层出现的情况下，低翅片密度的换热器运行效果要好些。但是低翅片密度造成了肋片管效率减低，使得换热器的体积增大。

4.3.2　除霜过程及其控制方法

目前，空气源热泵机组都采用热气冲霜，即通过四通换向阀切换改变工质的流向进入制冷工况，让压缩机排出的热蒸气直接进入翅片管换热器以除去翅片表面的霜层。这是一种比较经济合理的除霜运行方案。但从实际效果来看，往往导致室内温度波动过大，用户有明显的吹冷风感觉。另外，当机组除霜结束恢复制热时，有可能出现起动困难甚至发生压缩机电动机烧毁的现象。

由于在热泵除霜的过程中不但不能向室内提供热量，反而还要吸收室内的热量，因此一般用总制热量和总能效比来评判空气源热泵机组性能的优劣。总制热量是指在一个除霜和结霜周期中热泵向室内提供的总热量，它等于制热循环时热泵向室内提供的总热量减去除霜时热泵从房间吸收的热量。总能效比就是在一个除霜和结霜周期中总制热量与总耗功的比值。由此看来，在一个除霜和结霜周期中恰到好处地开始除霜和停止除霜，对于提高空气源热泵机组性能至关重要。

在空气源热泵的除霜控制方法上，早期的定时除霜法弊端较多，目前常用的是时间 - 温度法，而模糊智能控制除霜法将逐渐成为除霜控制的主流方法。

1. 时间 - 温度法

时间 - 温度法是用翅片管换热器盘管温度（或蒸发压力）、除霜时间以及除霜周期来控制除霜的开始和结束。翅片管换热器盘管温度可以由绑在盘管上的温度传感器获得，如果要获得蒸发压力则必须在系统的低压回路上装有压力传感器。除霜周期内盘管的温度变化如图 4-4 所示。

当室外翅片管换热器表面开始结霜时，盘管温度就会不断下降，压缩机吸气温度以及吸气

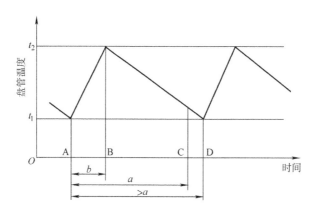

图 4-4 除霜周期内盘管温度的变化

压力也会不断下降。当盘管温度（或吸气压力）下降到设定值 t_1 时，绑在盘管上的温度传感器将信号输入时间继电器开始计时，同时四通换向阀动作，机组进入除霜模式（制冷工况）。室外风机停止转动，压缩机的高温排气进入室外翅片管换热器，使盘管表面霜层融化，盘管温度也随之上升。当盘管温度（或排气压力）上升到设定值 t_2 时或除霜执行时间达到设定的最长除霜时间 b 时除霜结束，风机起动，四通换向阀动作，机组恢复制热工况。室外翅片管换热器表面又开始结霜使得盘管的温度又会不断下降，当盘管温度第二次下降到设定值 t_1 且超过设定的除霜周期 a 时进入第二次除霜模式。

如果机组在制热工况下，盘管温度下降到达 t_1 的时间小于除霜间隔时间 a，则机组仍不开始除霜继续制热工况，只有当机组连续运行的时间超过 a 后才进入除霜模式。

由于翅片盘管内的工质与室外空气之间的温差会在盘管表面结霜以后增大，因此可用这种温差作为控制参数替代上述除霜方法中的盘管温度，其他控制过程同上述方法。也就是用温差 – 时间控制除霜的开始，而用温度（或压力） – 时间控制除霜的结束。

显然，时间 – 温度法的监测参数太少，不可能完全随霜层厚度的变化规律来进行除霜。

2. 霜层厚度控制法

理想的除霜控制应该是既能在霜层积聚时及时除霜，又不在无霜时做无效的除霜动作。霜层厚度控制法可实现根据结霜程度来判断是否需要除霜。随着换热器表面结霜层的厚度增加，空气流过换热器的压降也会相应变化，通过测量换热器两侧空气的压差，以此作为除霜开始的判断依据。或者以室外换热器风机的电流作为除霜开始的判断依据。这是因为随着空气流过换热器的阻力增大，风机的工作电流也会增大，说明表面霜层厚度增加，可由此判断是否可以开始除霜。但引起风机电流变化的因素很多，以此确定除霜开始时机易导致误报。直接由霜层厚度作为除霜开始的判断依据最为简单，用声电或电容探测器测取霜层厚度，达到设定值时即可开始除霜。当然，增加霜层测量组件会增加热泵机组的制造成本。

3. 模糊智能控制法

影响室外换热器翅片表面结霜的因素很多，如大气温度、相对湿度、气流速度、太阳辐射、翅片的结构、制冷系统的构成等。因此，空气源热泵的除霜控制是一个多因素、非线性、时变性的控制过程，仅采用简单的参数控制方法是无法实现合理的除霜控制的。而模糊控制技术适合于处理多维、非线性、时变性问题，可以在解决除霜合理控制的过程中发挥重要作用，是一种先进并可行的智能除霜控制方法。

模糊智能控制除霜系统一般由数据采集与 A – D 转换、输入量模化、模糊推理、除霜程序、除霜监控及控制规则调整五个功能模块组成。通过对除霜过程的相应分析，修正除霜的控制规则，可以使除霜控制自动适应空气源热泵机组工作环境的变化，实现智能除霜的目标。

尽管目前模糊控制技术已经开始在空气源热泵机组中运用，但以什么样的标准衡量模糊控制规则、怎样得到合适的模糊控制规则和怎样进行模糊控制规则的自适应修改等问题都还没有得到很完美地解决。根据一般经验得到的控制规则有其局限性和片面性，必须根据大量的试验数据统计得到符合结霜规律的规则，才是保证除霜效果良好的前提。

4.3.3 空气源热泵除霜的研究方向

空气源热泵的除霜及除霜控制问题，是空气源热泵改善制热性能、提高运行可靠性的关键问题。提高融霜效果、抑制结霜技术和人工智能融霜控制，将是空气源热泵除霜技术今后发展的三个主要方向。

加快霜层的融化速度对空气源热泵机组除霜性能的提高具有重要意义。进一步完善热气冲霜系统可以缩短除霜时间。有研究表明：涡旋压缩机热泵系统不装气液分离器可缩短除霜时间；加大节流孔孔径也有利于缩短除霜时间；采用专用热力膨胀阀的系统在除霜时无明显的低压衰减现象，并且高压的建立比较快，缩短了除霜时间，提高了机组的可靠性。另外，改进换热器的设计，采用变频压缩机和电子膨胀阀都对缩短除霜时间有利，机组的可靠性也有不同程度地提高。在除霜结束前提前起动风机，可以解决除霜结束时系统排气压力过高和翅片表面残留水的问题。

把压缩机的机壳做成蓄热容器，可以减小热泵除霜过程中室内空气的温度波动幅度，如图 4-5 所示，不像采用普通压缩机的热泵那样会使室温急剧下降。这种蓄热式压缩机的外周嵌装横肋片，在肋片间隙内填入以聚乙二醇为主体的高分子潜热蓄热材料。压缩机机体散发的热量通过热交换肋片传到蓄热材料中。在热泵的每一次换向除霜起动时充分利用压缩机所积蓄的热量，由于尽可能少地使用室内热量使得室内温度不至于快速下降。此外，这种蓄热式压缩机还有噪声比普通压缩机低 5 ~ 9dB、效率提高 5% 的优点。

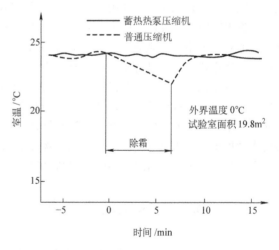

图 4-5 除霜周期中室内的温度变化

尽管在一定的条件下冷壁面要结霜，但采用一定的表面处理方法，可抑制或延缓结霜。抑制结霜技术可以从根本上解决目前机组除霜所产生的问题。抑制结霜技术是基于换热器外表面结霜机理来寻找减低霜层形成速度的途径。其主要有以下三种方法：

1）利用表面涂层，使室外换热器翅片表面产生憎水作用或使水蒸气不能在表面凝结。

2）降低水的凝固温度，将管外表面水分的结霜温度降低到 -15℃。因为使用机组的室外环境温度一般不低于 -10℃，即使低于 -10℃，此时空气中的含湿量已经很小，结霜非常缓慢，所以除霜已不是主要问题。

3）采用电动流体力学方法，在换热器周围形成电场、磁场或电磁场，使得换热器表面的电介质产生电泳作用。外力场的引入可以增加附面层内的扰动，使结出的霜呈针刺状或者非常松散的结构，使之对换热效果影响不大甚至能强化传热，从而改善换热效果并减轻结霜。这样就可以减少除霜次数或者不需要除霜。

除霜程序专用化是提高除霜可靠性和准确度的有效途径，例如可以分别提供以白天用为主的商用机组、以夜晚用为主的家用机组、不同气候区的机组专用除霜程序，供用户选择。要想研制更加符合实际结霜情况的除霜控制方法，以及准确控制除霜时间和次数，热气冲霜的人工智能控制是实现"按需除霜"的根本保证。大数据人工智能时代的数据挖掘技术是基于统计学抽样、估计和假设、搜索算法、模式识别、人工智能和自学习等理论且在数据库和计算机技术支撑下的先进技术。运用数据挖掘技术研究最优除霜控制策略，从而实现热泵空调系统的智能融霜，将成为大数据时代背景下的除霜研究热点。

大数据视域下的热泵除霜数据的特点是：多量性，例如温度、压力、流量、电压、电流、功率等；多维性，这是因为记录热泵除霜过程的机组运行状态参数的一组数据就可能有几十个不同的参数；地域性，不同地区的气候条件会使得相同型号的热泵机组的除霜运行参数完全不同。因此，热泵除霜数据挖掘不仅要满足对多量性、多维度的要求，还要能够产生不同地域除霜规律的知识发现。数据挖掘技术首先要对数据集进行冗余数据删减，去除一些不必要的特征量达到降维的目的；接着挖掘一些隐含在大数据中的除霜信息，并给出物理层面的解释；然后利用携带除霜信息的历史数据预测热泵空调机组结霜的程度，及时选择最优化的过程控制程序进行除霜。

利用数据挖掘技术的监督算法，可以发现人们过去没有发现的除霜规律。传统研究方法是对研究对象提炼出物理模型和数学模型，然后对其模型求解得到数据之间的对应关系。但是，人们对客观事物的认识深度以及用数学方法描述的困难，使得传统研究方法的准确性受到了很大限制。逻辑回归、决策树、神经网络、支持向量机等算法可以从已有的一部分输入数据与输出数据之间的对应关系发现数据和类别之间的关联模式，并利用这些模式来预测除霜实例的属性，可以找出采用传统方法没有发现的规律，从而加快热泵除霜研究的进程。

利用数据挖掘技术的无监督算法，有可能找到过去人们认为在除霜过程中完全不相关的关联性。人们对除霜过程的认识是基于眼前看到的或能够直接感知到的判断，但是热泵工作过程是非常复杂和瞬息万变的。聚类、最邻近距离、关联规则分析等算法可以从由互联网信息手段获得的大数据中挖掘出某些变量之间的相关关系，揭示热泵结霜中目前还没有被认识到的某种关联，更加精准描述热泵机组结霜的原因和时间。

4.4　空气源热泵系统的平衡点

4.4.1　热泵供热量与建筑物耗热量的供需矛盾

当建筑物的围护结构一定时，其耗热量取决于室内外的温差。随着室外温度的降低，建筑物热负荷逐渐增大。若冬季室内温度维持在设计值，则耗热量就是室外温度的线性函数，即

$$Q = KF(t_i - t_a) \tag{4-1}$$

式中　Q——建筑物围护结构的散热量（W）；

　　　K——建筑物围护结构的传热系数［W/(m²·K)］；

　　　F——建筑物围护结构的外墙传热面积（m²）；

　　　t_i——建筑物内设计温度（℃）；

　　　t_a——室外环境温度（℃）。

式（4-1）可以整理成为

$$Q = K_a F_a (t_i - t_a) \tag{4-2}$$

式中　K_a——折合建筑面积的传热系数$[\mathrm{W}/(\mathrm{m}^2 \cdot \mathrm{K})]$；

　　　F_a——建筑面积（m^2）。

　　另外，室外空气的温度和湿度随地区、季节和时间的不同而变化。这对空气源热泵的制热量和制热系数影响很大。特别是当冬季室外温度下降时，此时热泵的蒸发温度较低，制热系数就会随蒸发温度下降而下降。

　　根据热力学第一定律，热泵的制热量等于室外换热器（此时为蒸发器）在制热状态下在空气中的吸热量和压缩机功率消耗之和。若维持室内换热器中的冷凝温度不变，随着室外温度的降低，机组的供热量逐渐减少。热泵的制热量与室外温度也呈近似线性关系，即

$$Q_h = A + Bt_a \tag{4-3}$$

式中　Q_h——热泵的制热量（W）；

　　　A、B——常数。

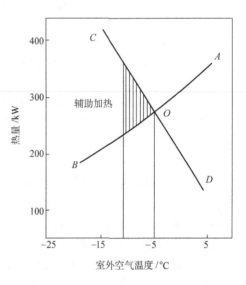

　　由以上分析可知，当室外空气的温度降低时，空气源热泵的供热量减少，而建筑物的耗热量却在增加，这就造成空气源热泵供热量与建筑物耗热量之间的供需矛盾。图 4-6 所示为空气源热泵空调系统的供需特性关系。图中，AB 线为空气源热泵供热特性曲线，CD 线为建筑物耗热量特性曲线，两条线呈相反的变化趋势。热泵制热量曲线 AB 和建筑物耗热量曲线 CD 的交点 O 称为平衡点，相对应的室外温度 t_o 称为平衡点温度。

　　当室外温度为 t_o 时，热泵供热量与建筑物耗热量相平衡。当室外空气温度低于 t_o 时，热泵的供热量小于建筑物的耗热量，则表示热泵供热量不足，必须用辅助热源来补充加热量。当室外空气温度高于 t_o 时，热泵的供热量大于建筑物的耗热量，表示热泵供热量有多余，可通过对热泵的能量调节来解决热泵供热量过剩的问题。当然，具有不同的耗热特性的建筑物或采用不同容量的热泵机组，其平衡点也是不同的。

图 4-6　空气源热泵空调系统的供需特性关系

　　所以，空气源热泵空调系统设计中需要解决的重要问题，就是机组供热量与建筑物耗热量的供需矛盾。此时，应从三方面着手：经济合理地选择平衡点温度；合理选取辅助热源及其容量；热泵的能量调节方式。

4.4.2　最佳平衡点温度

　　对于某一具体的建筑物，平衡点温度取得低，要求配置的热泵机组容量就大，则选用的辅助热源较小，甚至可以不设辅助加热器。这样虽然辅助热源的设备费和运行费用降下来了，但热泵机组容量较大，机组的设备费较高且运行效率降低，经济上不一定是合理的。平衡点温度取得高，所选择的热泵机组容量较小，设备费和运行费用较低，但所必需的辅助热源较大，辅助热源的设备费和运行费用较高，也不利于节能。图4-7 所示是不同方案的比较情况。方案 A 的热泵机组容量较大而辅助热源容量较小，平衡点温度较低。方案 B 的热泵机组容量较小而辅助热源容

量较大，平衡点温度较高。

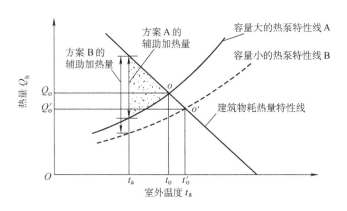

图 4-7 不同平衡点温度方案的比较

选择不同的平衡点温度，就会有不同容量的热泵机组和辅助热源配置方案。显然，平衡点温度对于选择热泵机组容量及其运行的经济性和节能效果都有很大的影响。如何合理选择平衡点温度是一个技术经济比较问题。

以空气源热泵系统冬季运行耗能最少为目标确定的平衡点温度，称为最佳能量平衡点温度。如果按此平衡点选择热泵机组，就能够使整个系统获得最大的供热季节性能系数 HSPF，即输入相应的功可获得最大的季节供热量。

在市场经济条件下，人们最关心的是能否省钱，即让初投资和运行费用之和较低。以空气源热泵系统冬季运行最经济为目标确定的平衡点温度，称为最佳经济平衡点温度。如果按此平衡点来选择热泵机组和辅助热源，能够使整个空调系统（热泵 + 辅助热源）的初投资和运行费用之和最少。影响最佳经济平衡点的主要因素是能源价格和气候特征。

为了更全面地评价空气源热泵系统，对于最佳能量平衡点还要用夏季能效比 SEER 核算是否节能；对于最佳经济平衡点，还应比较夏季的运行费用。一般情况下，只要空气源热泵系统冬季运行节能或经济，夏季运行时，若用单冷机组补充空气源热泵机组冷量的不足，则整个系统也是节能或经济的。

4.4.3 辅助加热

当室外温度低于平衡点温度时，建筑物的散热量大于热泵机组的制热量，造成室内空气温度无法维持。因而必须在空气源热泵空调系统内加设辅助热源，热泵机组冬季供热量不足部分由辅助加热设备补足热量。辅助加热源有三种：电加热；用非峰值电力储存的热量；用燃烧燃料加热。

采用电加热能较好地调节工况，并灵活地适应不同的气候环境。在室外环境温度低于平衡点温度时，按补充热负荷量的需要，分档起动电加热器。电加热器体积小，无环境污染，安装使用方便，得到了广泛的应用。对于空气 – 空气热泵机组，电加热器可以直接安置在室内机送风侧。

对于采用空气 – 水热泵机组的系统，电加热器可安装在热泵机组的出水处，如图 4-8 所示。由系统电气部分集中按热泵空调系统的出水温度要求自动控制。

汽水换热器可安装在热泵机组的出水处，如图 4-9 所示。来自辅助热源的热能通过汽水换热

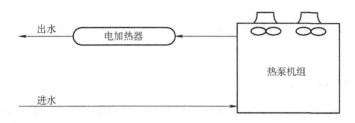

图 4-8　电加热器安装示意图

器，将流出空气 – 水热泵机组的热水再加热，以使送至房间内的末端装置中的热水保持在 45 ~ 55℃ 。

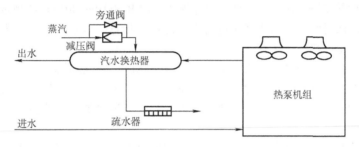

图 4-9　辅助加热换热器安装示意图

在有蒸汽的场合，可用蒸汽作为辅助加热热源。对峰值时电力较为短缺，而高低峰时电差价较大的地区，可采用蓄热方法储存热量。利用低峰时间的廉价电力，起动热泵机组将水池内水加热至白天峰值时使用。在电力短缺、电费昂贵的场合，可用燃油、燃气热水锅炉作为空气 – 水热泵的辅助加热源。

4.4.4　空气源热泵机组的能量调节

当空气源热泵空调系统在高于平衡点温度的条件下运行时，热泵机组制热能力大于建筑物的耗热量，这就要求调节机组的制热能力以减少运行中的能耗。所以，热泵机组的制热量与建筑物的耗热量匹配运行对空调系统的节能运行至关重要。

早期的能量调节方式以分级能量调节为主。在空气源热泵机组中采用 3 ~ 5 台封闭式压缩机，当室内负荷减小或机组出水温度达设定值后，自动停止部分压缩机运行，以此实现分级调节运行。为避免首台起动的压缩机长期处于工作状态而引起的各台压缩机磨损不匀的现象，热泵机组的控制系统必须调节各台压缩机的运行时间，使得各台压缩机能磨损均匀。由于压缩机的起动电流较大，开停机过于频繁会对电网产生冲击，也会缩短压缩机的使用寿命。

分级能量调节不能实现热泵机组的制热量随建筑物的热损失及室外空气温度的变化同步调节。只有采用压缩机的变容量柔性调节才能适应不同热负荷的要求，提高热泵的制热系数和制热季节性能系数，减少系统对电网的冲击和室内温度的波动。从节能和舒适性的角度来看，用变容量的柔性控制比定速分级起停控制有着明显的优越性。

目前常用的变容量压缩机有两种，即变频压缩机和数码涡旋压缩机。在热泵机组中，采用一台变容量压缩机与多台定速压缩机组合，就能实现大容量机组的连续能量调节，并且对增加机组使用寿命、提高房间的舒适性和降低噪声均有好处。

4.5　空气源热泵系统设计要点

4.5.1　空调负荷的计算

空调负荷是合理选择末端空调设备和确定热泵机组容量的依据。空调负荷计算包括夏季冷负荷计算和冬季热负荷计算。在方案设计阶段，可采用单位建筑面积热指标法估算，例如：冬季单层住宅供暖负荷指标为 80~105W/m²，多层及高层住宅为 45~70W/m²；夏季空调负荷指标按照 80~90W/m² 估算。在初步设计阶段，可采用分项简化计算，例如：分别计算围护结构、人员、设备、灯光、食物和新风的负荷，其中围护结构负荷可按经验指标估算。在施工图设计阶段，根据《工业建筑供暖通风与空气调节设计规范》（GB 50019—2015）的规定，应采用冷负荷系数法或谐波反应法对空调房间或区域进行逐时冷负荷计算，房间或区域的热负荷可不考虑室外气温波动，按稳定传热方法计算。

冬季空调热负荷计算方法与供暖耗热量计算方法相同，只是不能采用供暖室外计算温度，而应该用冬季空调室外计算温度。为了得到冬季空调热负荷随室外温度变化的曲线，应该在较宽的室外温度范围内计算至少三个点的热负荷值，其中应包含冬季空调室外计算温度和热泵机组的名义工况温度。

统计总冷负荷时，由于所有末端设备同时使用的可能性很小，应根据用户的要求及使用性质考虑不同的使用系数。统计总热负荷时，还应根据不同的建筑物来选取同时使用系数及考虑邻室无空调时温差传热所引起的负荷。确定空调系统总负荷时还应考虑新风负荷。总冷热负荷确定之后才能选择设备。表4-9是部分民用建筑空调冷负荷估算指标，空调热负荷估算指标可以在表中冷负荷数据上乘以不同地区的估算系数获得。

表4-9　部分民用建筑空调冷负荷估算指标

房间名称		室内人均面积/(m²/人)	新风量		建筑冷冷负荷/(W/m²)	人体冷冷负荷/(W/m²)	照明及设备冷负荷/(W/m²)	新风冷负荷/(W/m²)	总冷负荷/(W/m²)
			m³/(h·人)	m³/(h·m²)					
宾馆饭店	客房	10	25	2.5	60	7	20	27	114
	酒吧	2	25	12.5	35	70	15	136	256
	中餐厅	1.5	25	17.5	35	116	20	190	360
	西餐厅	2	25	12.5	40	84	17	136	277
	宴会厅	1.25	25	20	30	134	30	216	410
	中庭	8	18	2.25	90	17	60	24	191
	小会议室	3	25	8.5	60	43	40	92	235
	大会议室	1.5	25	17.5	40	88	40	190	358
	理发美容室	4	25	6.25	50	41	50	67	208
	健身房	5	60	12	35	87	20	130	272
	弹子房	5	30	6	35	46	30	65	176
	棋牌房	2	25	12.5	35	63	40	136	274
	舞厅	3	33	11	20	97	20	119	256
	办公室	10	25	2.5	40	14	50	27	151
	小卖部	5	18	3.6	40	31	40	40	151

（续）

房间名称		室内人均面积/(m²/人)	新风量		建筑冷冷负荷/(W/m²)	人体冷冷负荷/(W/m²)	照明及设备冷负荷/(W/m²)	新风冷负荷/(W/m²)	总冷负荷/(W/m²)
			m³/(h·人)	m³/(h·m²)					
科研办公楼	科研办公室	5	20	4	40	28	40	43	151
	门厅	3.5	0	0	47	47	60	0	154
	会客室	3.5	25	7.5	40	42	20	81	183
	图书阅览室	10	25	2.5	50	14	30	27	121
	展览陈列室	4	25	6.25	58	31	20	68	177
	会堂报告厅	2	25	12.5	35	58	40	136	269
公寓、住宅		10	50	5	70	14	20	54	158
商场	底层	1	12	12	35	160	40	130	365
	二层	1.2	12	10	35	12.8	40	104	307
	三层以上	2	12	6	4	80	40	65	225
影剧院	观众厅	0.5	8	16	30	228	15	174	447
	休息厅	2	40	20	70	64	20	216	370
	化妆室	4	20	5	40	35	50	55	180
体育馆	比赛馆	2.5	15	6	35	65	40	65	205
	休息室	5	40	8	70	27.5	20	86	203
	贵宾室	8	50	6.25	58	17	30	68	173

4.5.2　空气源热泵系统方案选择

1. 热泵空调系统形式的选择

目前典型的空气源热泵系统有三种类型：风管式空调系统、冷热水空调系统以及多联机（VRV）空调系统。选用空调系统时，应充分考虑运用场合的建筑类型、使用特点和用户对空调的要求等因素，根据本地区的气象条件和能源供应状况选用合适的热泵机组。

（1）风管式空调系统　风管式空调系统由室外机、配管、室内机和室内风管、风口、阀门、控制器等组成。

室内机采用带机外余压的风机强制循环通风，将制冷（热）量送至各空调区域，属于全空气空调系统。由于空气处理设备置于整体式机组内，可以设有新风引入装置，管理和维修也比较方便。风管式空调系统比较适用于会议室、影剧院、体育馆、商场和歌舞厅等较大空间的场合；也可以用于多房间楼层，但风管设计复杂，而且不易调节各房间的温湿度，当一个房间需要送风时，其他不需要空调的房间同样有风送入。

风管式空调系统的负荷调节能力较差，机组只是根据回风参数控制压缩机的起停。风管的设置需与建筑结构相配合，机组送风量一般不能随房间空调负荷变化而变化。室内机出风口必须设置静压消音箱，室内机还应尽量靠近空调区域布置，以使送、回风管尽量短直。

对于层高较低的楼层，为了便于装饰处理，主风管尽量布置在走廊、客厅周边，支管上还应设置风量调节阀。送风口以侧送双层百叶风口为主，也可结合装潢需要，采用顶送散流器风口或条缝型风口等。送、回风管的布置必须精心设计，要注意各送风口风量的分配问题，避免出现送风不均的现象。设有回风管路时，回风口与送风口必须合理布置，以保证合理的气流组织。回风口应设置简单的过滤装置。

（2）冷热水空调系统 空气源热泵冷热水空调系统一般由四部分组成：主机部分、水系统部分、末端部分、配电及控制部分。

主机部分就是整体式空气－水热泵机组，一般都放置在建筑物的屋顶，以节省机房建筑面积，安装和使用都十分方便。机组是空调系统的冷热源，可实现冬夏共用，设备利用率高。省去了冷却水系统，不需要配置锅炉房。在难以安装冷却塔、锅炉等设备的城市中，这类热泵机组被广泛应用于写字楼、旅馆的空调系统中。

水系统部分由水管、阀门、保温材料、软接头、自动排气阀、注水管（阀）、补水管（阀）、水过滤器、水流开关、温度计、补水装置等组成。水管布置尽量隐蔽，尽量减少局部阻力，一般采用同程式。水管系统要做保温层，避免出现裸露水管。

末端部分主要是指风机盘管、变风量空调箱、组合式空调箱等设备。末端设备的作用是将主机制出的冷、热量交换给室内空气，使室内空气参数达到设计参数。末端设备的噪声要小，布置要与室内装饰相结合。与末端设备相连的冷凝水管路要注意泄水坡度，尽量布置在靠近排放的地点，减少凝水管长度。

配电及控制部分包括配电箱、电路、主机和末端设备的控制装置等。

（3）多联机（VRV）空调系统 多联机（VRV）空调系统具有安装简单、布置灵活、占用建筑空间小、使用方便等优点。特别是在诸如小会议室、接待室、包间、小餐厅等多种使用功能房间在同一楼层平面的场合，能充分体现出多联机（VRV）空调系统既能灵活布置，又能省平常运行费用的特点。室外机可以组合排列在屋顶上，室内机最多可以连接64台，且不强求统一的型号。图4-10所示是多联机（VRV）空调系统示意图。

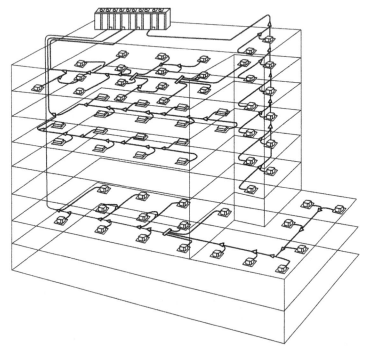

图4-10 多联机（VRV）空调系统示意图

多联机（VRV）空调系统可以通过变频或数码变容等手段调节压缩机的输气量，控制工质循环量和进入室内换热器的工质流量，适时地满足各个房间的冷热负荷要求。室外机采用低负荷起动，降低了起动电流，避免了对其他用电设备和电网的冲击。工质连接管可长达 100m 以上，室内机与室外机之间落差可达 50m，同一条管路上的室内机之间落差可达 15m。室内机的品种有天花板嵌入式、明装吊顶式和暗装吊顶式、风管式、壁挂式等，用户可依据室内情况分别选用。多联机（VRV）空调系统的室内机可以实现独立控制、群控制和单个/多个系统的集中控制，并使空调系统稳定工作在最佳工作状态。

在设计多联机（VRV）空调系统时，要充分考虑工质管路的配管长度对空调系统性能的影响。虽然热泵式多联空调系统配管长度可达 100～150m，但长配管会使得工质的流动阻力大，冷、热量损失大，系统的 COP 会下降。长配管内工质充灌量、润滑油量都要增多。配管长度的增加导致吸气压力损失，使得压缩机的吸气压力下降、压缩比增大、吸气过热度增加，从而使系统的运行工况恶劣，可靠性相应下降。在选配设备时，要根据多联机（VRV）空调系统管路的实际配管长度，按表 4-10 给出的修正率对其制冷（制热）容量进行修正。

表 4-10　多联机（VRV）空调系统配管长度修正率

当量长度/m	制冷 COP 修正率	制热 COP 修正率	制冷量修正率	制热量修正率
5	1	1	1	1
30	0.95	0.98	0.94	0.98
50	0.91	0.95	0.87	0.95
80	0.86	0.92	0.79	0.92
100	0.81	0.90	0.73	0.90
120	0.76	0.88	0.67	0.88
150	0.72	0.85	0.55	0.85

为了达到室内卫生标准要求，多联机（VRV）空调系统还应引入新风。在餐厅、舞厅、会议室等有排风要求的场合，可以用全换热器处理新风。将室外新风经过全换热器与室内排风进行热湿交换后送入室内，大大降低新风负荷，非常节能。对于多房间的建筑可以使用专用的新风机系统，室外新风经过新风机系统处理后通过管道分别送入各房间。也可用风机箱将新风送至各个房间，新风负荷由各个室内机负担。风机箱的系统简单，过渡季节还可以作为通风换气机使用。但是未经过处理的新风直接接入室内时，室内机负荷加大。

2. 热泵型空调系统的经济性比较

随着"节能建筑"设计理念在国内的流行，空调系统的经济性分析也成为当前热门课题之一。空调系统经济性分析是基于工程学和经济学理论，在有限资源条件下，运用科学的算法，对多种可行方案进行评价和决策，从而确定最佳方案的一种分析方法。

评价空调方案经济效果的优劣，除了取决于基础数据的完整性和可靠性之外，另一个重要方面就是评价指标体系的合理性。只有选取正确的评价指标体系，经济性分析的结果才能与客观实际情况相吻合，才具有实际的意义。

经济性评价指标大致可以分为四种：价值指标，效益－费用（B－C），反映项目效益的价值量；效率型指标，效益/费用（B/C），反映单位费用效益；静态评价指标，计算简单，适用于数据不完备和精度要求较低的短期投资项目；动态评价指标，计算复杂，适用于项目最后决策前的详细可行性研究。

采用动态评价指标不仅考虑了资金时间价值，而且考虑了项目整个寿命期内的收入和支出的全部经济数据，因此它比其他评价指标更适合于热泵空调方案的经济性分析。

经济性评价指标确定之后，采用合理的经济性分析算法就可以对方案做出正确的经济性评价。经济性分析算法有很多种，如净现值法、投资现值率法、投资回收期法、综合能源价格现值法、费用现值法（PC）以及费用年值法（AC）等。由于很多不确定因素的影响，使热泵空调系统的经济性分析变得十分复杂，工程中应根据实际条件选择切实可行的算法。

对于用户来说，空气源热泵系统的经济性主要应考虑初投资费用和年运行费用这两部分。

初投资费用包括：电力增容费和输配电材料费；热泵主机、辅助加热器的设备费；水泵，阀门，管材，保温材料，风机，送、回风管及保温，风机盘管，新风机组，空调箱，混合箱，散热器，送、回风口，分水器和消声器等购置费用；末端装置控制设备，温控设备，防火阀，温、湿度传感器及水量、风量自动调节设备等购置费用；由于空调系统布置后，对建筑物层高要求的变化而引起的投资费用；设备安装费用。

年运行费用包括：更换润滑油、过滤器、水处理的费用，日常维修和人工费，补充工质的费用，设备折旧费。

4.5.3　设备容量确定

空调末端设备容量可适当放大，末端设备的容量适当选大，可保证空调效果。同时末端设备应设调节器，用户可根据自己的需求调节风量或冷量。室外主机容量可适当减小，适当降低主机容量，可以降低初投资和运行费用。

选用空气源热泵系统的热泵机组和辅助热源时，可按最接近当地最佳能量平衡点的结果来确定设备容量，一般选用步骤为：

1）根据当地的气象条件，计算至少三个冬季室外温度点的热负荷值，拟合得到建筑物冬季空调热负荷随室外温度变化的曲线。

2）把建筑物冬季空调热负荷随室外温度变化的曲线，绘制在可供选用的空气源热泵机组性能曲线图上，两条曲线的交点即为平衡点，获得该热泵机组的平衡点温度。

3）根据这些可供选用的空气源热泵机组的平衡点温度，计算其对应的供热季节性能系数HSPF，取HSPF值最大的热泵机组为空调系统选定的冷热源设备。

4）通过查询该机组在夏季空调设计工况下的制冷量，校核是否能满足空调冷负荷的要求，如果不够则应补充选用风冷单冷机组作为辅助冷源。一般来说不会存在夏季空调设计工况下热泵机组所提供的冷量远大于空调设计冷负荷的情况。

5）在绘有建筑物热负荷曲线的且已选定的热泵机组性能曲线图上，按当地冬季空调室外计算温度点查得建筑物的热负荷值和热泵机组的制热量，两者的差值就是辅助热源的额定加热容量。

4.5.4　水系统设计

1. 水系统的热稳定性

在配置定速压缩机的空气源热泵冷热水空调系统中，如果空调系统的水容量较小，就会出现空调水系统的热稳定性问题。热泵机组的能量调节一般是根据室内温度的变化，通过起停压缩机来实现的。在部分负荷下，压缩机运行很短时间空调系统水温就会达到设定温度，此时压缩机停机；当水系统容量较小时，在很短时间内空调系统水温就会超出设定温度，压缩机又必须起动。从而造成压缩机频繁起停，既增加了系统功耗又降低了主机使用寿命。水系统容量较小还会造成冬季除霜时系统水温下降过大，形成吹冷风的现象。虽然由变容量压缩机和定速压缩机组合的热泵机组能自动与室内负荷相匹配，但如果水系统容量过小，在变容压缩机和定速压缩机衔接的负荷盲区也会造成定速压缩机的频繁起停。

水系统的容量越小，则系统的热稳定性越差，反之，系统的热稳定性越好。因此，水系统设计时，应该校对计算系统水容量是否满足系统热稳定性要求。当系统水容量不能满足要求时，应增设蓄能循环水箱，或加大供、回水温差的设定值。蓄能循环水箱不能过于庞大，系统水容量过大会影响开机时的空调效果。

冬季进、出热泵的热水参数宜设为 40℃、45℃，以保证较高的能效比。水系统的辅助热源应设置在热泵机组的出水口，以此来提高循环水温度。

2. 管路设计

空气源热泵空调系统的循环水量一般较小，宜采用定流量系统。水系统循环方式一般采用两管制闭式循环系统。为避免空气滞留于管内，水管的最高处应装设自动排气阀。由于系统规模小，水管路宜采用异程式。必须使用自动补水阀根据系统的压力实时对系统进行补水。必须在水系统的最低处设置排水阀，以便在非使用期排去水系统内的积水。

为保证机组正常高效运行，水系统管路上应设置相应的监测和保护设备。例如：在机组进水口应设水处理设备和 Y 形过滤器，以防水垢堵塞换热器；在机组进、出水管路上应装设温度计和压力表，以便于日常运转检查；在机组与水管连接处应配设软管，以减少机组的振动对系统管路的影响。

水系统定压的方法有两种，即设置膨胀水箱和采用气体定压膨胀罐。在有条件时应尽量选用设置膨胀水箱，这种定压方法运行可靠、造价低。对于不能设置膨胀水箱的建筑，可以采用气体定压膨胀罐。这种定压方法的优点是膨胀罐的布置不受位置高度影响，通常放在热泵机组内，但可靠性不如膨胀水箱定压方法。

另外，室内冷凝水宜设独立立管集中排放，水平管道不宜太长且应沿水流方向保持不小于 8‰ 的坡度坡向立管。冷凝水管可采用镀锌钢管或 UPVC 管，采用厚度为 10mm 的阻燃型发泡橡塑材料进行保温。

3. 管路的水力计算

空调水系统压力损失的主要构成部分是：热泵机组压力损失，一般为 60～100kPa（6～10mH$_2$O）；空调末端装置的压力损失，一般在 20～50kPa（2～5mH$_2$O）范围内；管路压力损失，包括摩擦压力损失和局部压力损失；调节阀等管件的压力损失。

对水管网路进行水力计算后，在超过水力平衡要求的支管上加装平衡阀，并且校核水系统所配水泵扬程是否满足要求。空调水系统中最不利环路的上述各项之和即为空调水系统的总压力损失，也即水泵的工作扬程。

不宜全部采用电动二通阀的开启或关闭风机盘管水路的方式来调节室内温度。因为这种方式会破坏整个水系统的水力平衡和热稳定性。用电动三通阀分流通过风机盘管的流量，可以达到调节室内温度的目的，同时也不会破坏整个水系统的水力平衡。干管内水流速不宜高于 1.2m/s，支管内水流速宜定为 0.6m/s 左右。

4.5.5 新风处理

在保证经济运行的同时，引入新风是为了消除人所产生的生物污染和现代建筑中装潢材料、家具用品、通风空调系统本身等造成的污染，使室内空气品质健康、清新。新风量不仅与房间人数成正比，还与人的工作状态及房间用途、功能有关。例如人在客房、卧室中因为停留时间长，所以新风量要求多一些。

对于风管式空调系统，可直接设置一个新风口，把新风引到室内机的回风处。对于冷热水空调系统和多联机（VRV）空调系统，则在该系统外加设独立的新风系统，根据房屋结构合理布置新风管道，配置新风热泵机组。

采用独立的新风系统时，为减轻空调系统末端设备的负担，新风应处理到室内状态点等焓线与90%相对湿度线的相交点上。设计中还必须重视通风的有效性，理想的送排风布局和气流组织有助于提高通风效率，有恰当的排风才能供给足够的新风量。新风管路布置不合理，新风就送不到需要的空间，保证不了良好的室内通风换气效果。发挥新风效应的另一个有效方法是采用个性化送风，提高新鲜空气的利用率，将少量高品质的空气送到每一个人。

新风的质量对于改善室内空气环境相当重要。入室新风空气龄越小，对室外颗粒污染物和微生物有效地过滤，途径污染越少，新风品质就越好。首先，新风采气口的位置选择要合适。必须确保新风采气口周围环境洁净，严格防止与排风系统的气流短路，这样才能吸入新鲜清洁的室外空气。其次，在新风采气口处应设置过滤装置。新风采气口至少应该有灰尘过滤网，有条件的话可设置一台初 – 中效过滤器。最后，要经常清洗新风系统。应对过滤装置、空调系统的换热器、凝结水水盘和风管等定期清洗、消毒或更换，减少新风系统内的灰尘和微生物，保证新风的健康性质量。

4.5.6　设备的布置设计

空气源热泵系统的室内机布置应充分考虑温度分布、气流分布、检修、安全性等方面的因素，并应与建筑物的装修配合得当。室内机与布置场所、建筑构造以及房间内饰之间的关系应在设计图样上清晰地标示出来。

房间有吊顶，平面成矩形时应选用嵌入式双面或四面送风的室内机，当平面空间较大时，可选用暗装风管式室内机，灵活配合室内装修布置送风口。房间无吊顶时，根据其平面形状、大小灵活地采用明装吊式、明装壁式或明装落地式室内机。

室外机一般布置在屋顶、阳台和地面上。室外机组的布置设计时必须达到进风通畅不干扰、排风顺利不回流的要求。室外机布置在屋顶时，屋顶空旷排风顺畅，空气洁净无污染，热量交换效果好，维修管理方便，但要避免众多室外机布置在同一屋顶时进风受干扰。室外机布置在阳台上时进风顺畅，但要避免回流现象。特别是当数台室外机垂直布置在各层阳台时，容易形成下面室外机的排风被上面室外机吸入作为进风的现象，布置设计时要采取一定措施防止这种情况发生。

热泵机组运行时有一定的噪声，机组放置要考虑减振降噪的措施，应避免将其安装在对噪声控制要求较高的建筑物附近。

在施工图设计时，要对安装工程质量和空调综合效果提出详细的验收要求。安装工程质量验收应包括：使用材料和设备的合格证明，工程安装的检查记录，隐蔽部分的验收记录，竣工图的完整性及与设计的符合度，设备试运转和系统调试记录等。空调综合效果的验收包括：对空调系统的温度、相对湿度、新风量、风速、噪声和控制效果等进行综合测定，用测定数据来判定空调系统是否达到设计或用户的要求。

特别是空气源热泵系统的控制效果检验非常重要，这关系到空调系统是否能实现节能运行和满足室内舒适度要求。其内容应包括：设备的起动控制及联锁控制，设备的状态监视及故障保护，室内外参数的控制和测量，执行器的控制等。

思 考 题

1. 谈谈空气作为热泵低位热源的优点与缺点。
2. 空气源热泵机组变工况运行时，分别就制冷、制热模式分析：随着环境温度的降低或上升其制冷量、制热量的变化情况。
3. 空气源热泵机组制热量为什么随环境温度的降低而减少？
4. 为什么空气源热泵在结霜工况下热泵系统性能系数迅速衰减？
5. 怎样解决空气源热泵的供热能力与建筑物耗热量之间矛盾的问题？
6. 何谓空气源热泵系统的平衡点温度？最佳平衡点温度如何考虑或选取？
7. 怎样根据当地最佳平衡点温度，确定空气源热泵机组的容量和辅助热源的容量？

第 5 章
水源热泵系统设计

5.1 水源热泵空调系统的特点和分类

5.1.1 水源热泵系统的特点

1）利用可再生能源，环保效益显著。水源热泵系统从浅层地热资源中吸热或向其排热，是一种利用地球表面浅层水作为冷热源，进行能量利用的热泵空调系统。浅层地热资源的热能来源于太阳，它永不枯竭，是一种可再生能源。所以，当使用水源热泵系统时，其热能资源可持续使用。水源热泵系统的污染物排放，与空气源热泵相比减少40%以上，与电供暖相比减少70%以上。该装置可以建造在居民区，没有燃烧、排烟，也没有废弃物，不需要堆放燃料废物的场所，且不需要远距离输送热量，是真正的环保型空调系统。

2）高效节能，运行费用低。地表浅层水的温度一年四季相对稳定，冬季比环境空气温度高，夏季比环境温度低，是最好的热泵热源和空调冷源。这种温度特性使得水源热泵系统在供热时其制热系数可达3.5～4.5，比空气源热泵空调系统高出40%。据美国环保署（EPA）估计，设计安装良好的水源热泵系统可节约用户30%～40%的运行费用。另外，地下水具有温度恒定的特性，使得热泵机组运行更可靠、稳定，也保证了系统的高效性和经济性。

3）运行安全，设备故障率低。水源热泵系统在运行中无燃烧设备，因此不可能产生二氧化碳、一氧化碳之类的废气，也不存在丙烷气体，因而也不会有发生爆炸的危险，使用安全。燃油、燃气锅炉供暖，其燃烧产物对居住环境污染极重，影响人们的生命健康。水源热泵系统可利用常年温度恒定的地下水源，而且机组安装在室内不暴露在风雨中，从而免遭破坏，延长了寿命。夏季不会向大气排放热量，不会加剧城市的"热岛"效应；冬季不受外界气候影响，运行连续平稳，不存在空气源热泵除霜和供暖不足的问题。

4）一机多用，分户计量。水源热泵系统可供暖、供冷，还可供生活热水，一机多用，无须室外管网，也不需要较高的入户电容量，特别适合低密度建筑物的别墅区使用。每户空调系统费用可单独核算，计费合理方便。对于寒冷的北方地区，由于减少了采用集中供热的热网系统投资，或取消了燃油、燃气锅炉，从别墅小区空调系统和卫生热水设备的总投资上看，水源热泵系统可节省初投资。

5.1.2 水源热泵机组的种类

水源热泵机组是指以水为热源（汇）的可进行制冷、制热的水-空气或水-水两种整体式热泵机组。水源热泵机组在制热时以水为热源，而在制冷时以水为热汇。目前常用的水源热泵机组冷热工况切换的方式分为两类：一是小型的水-空气热泵机组和水-水热泵机组，这类机组通常通过四通换向阀的功能转换工质流向，来实现制冷、制热功能的转换；二是可用于集中供暖、供冷的水 – 水热泵机组，它以地下水、地表水、海水、城市污水为热源，该类机组无四通换向阀，其制冷、制热工况的转换是通过阀门转换水的流向来实现的，蒸发器和冷凝器的功能不切换。

水源热泵机组根据用途的不同，在 ANSI/ARI 320—1993 标准中被分为以下三种：

（1）水源热泵（Water – Source Heat Pump）此种热泵是采用循环流动的水作为热源与热汇，而低品位热能主要取自建筑自身的余热，不足者由外部热源补充。与《水（地）源热泵机组》（GB/T 19409—2013）中水环式水源热泵机组相当。该标准规定名义工况是：制冷时进水温度为 85℉（29.4℃），出水温度为 95℉（35℃）；供热时进水温度为 70℉（21.1℃），水量同制冷工况。

（2）地层水源热泵（Ground Water – Source Heal Pump）　此种水源热泵机组采用水井、湖泊、河流作为热源与热汇，此时，低品位热能取自天然水体。与《水（地）源热泵机组》（GB/T 19409—2013）中地下水式水源热泵相近。该标准规定名义工况是：制冷时进水温度为 70℉（21.1℃），水量由制造厂规定；供暖时进水温度为 50℉（10℃），水量同制冷工况。

（3）地源闭式环路热泵（Ground – Source Closed – Loop Heal Pump）　此种热泵采用闭式循环流体作为热源与热汇，低品位热能取自土壤或地面水。与《水（地）源热泵机组》（GB/T 19409—2013）中地下环路式水源热泵机组相当。该标准规定名义工况是：制冷时进水温度为 77℉（25℃），水量由制造厂规定；供暖时进水温度为 32℉（0℃），水量同制冷工况。

5.1.3　水源热泵系统的分类

1. 地下水源热泵系统

地下水源热泵系统可分为把地下水供给水 – 水热泵机组的中央系统和把地下水供给水 – 空气热泵机组的分散系统。根据机组换热器循环水与地下水的关系，又可分为开式环路地下水热泵系统和闭式环路地下水热泵系统。在开式环路地下水热泵系统中，地下水直接供给水源热泵机组；在闭式环路地下水热泵系统中，使用板式换热器把机组换热器循环水与地下水分开。地下水由配备水泵的水井或井群供给，然后排向地表（湖泊、河流、水池等）或者排入地下（回灌）。大多数家用或商用系统采用间接闭式，以保证系统设备和管路不受地下水矿物质及泥砂的影响。图 5-1 和图 5-2 所示分别为分散开式环路地下水源热泵系统和分散闭式环路地下水源热泵

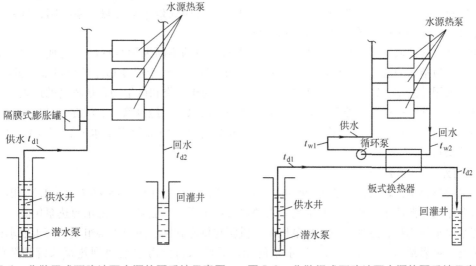

图 5-1　分散开式环路地下水源热泵系统示意图　　图 5-2　分散闭式环路地下水源热泵系统示意图

系统的示意图。图5-3所示为典型的中央闭式环路地下水源热泵系统的示意图。

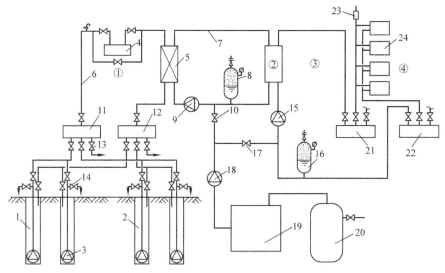

图5-3　中央闭式地下水源热泵系统的示意图

①—地下水换热系统　②—水源热泵机组　③—热媒或冷媒管路系统　④—空调末端系统

1—生产井群　2—回灌井群　3—潜水泵　4—除砂设备　5—板式换热器　6—一次水环路系统　7—二次水环路系统
8—二次水管路定压装置　9—二次水循环泵　10—二次水环路补水阀　11—生产井转换阀门组　12—回水井转换阀门组
13—排污与泄水阀　14—排污与回扬阀门　15—热媒或冷媒循环泵　16—热媒或冷媒管路系统定压装置
17—热媒或冷媒管路系统补水阀门　18—补给水泵　19—补给水箱　20—水处理设备
21—分水缸　22—集水器　23—放气装置　24—风机盘管

2. 地表水源热泵系统

地表水源热泵系统的形式也可分为开式地表水换热系统和闭式地表水换热系统。开式环路系统是将水通过取水口从河流或湖泊中抽出，并经简单污物过滤装置处理，直接送入机组换热器作为机组的热源，从热泵排出的水又排回到河流或湖泊中。闭式环路系统是通过中间换热装置将地表水与机组换热器循环水隔开的系统形式。地表水体是一种很容易采用的能源，所以开式系统的费用是水源热泵系统中最低的。图5-4所示是闭式地表水源热泵系统图，该系统中的水－水换热器把热泵机组循环水与水库水隔离分开。

如果是直接抽取地表水利用，则要根据地表水水质的不同采用合理的水处理方式。地表水的水质指标包括水的浊度、硬度以及藻类和微生物含量等。对于浊度和藻类含量都较低的湖水、水库水可采用砂过滤、Y形过滤器过滤等方式处理。对于藻类和微生物含量较高的地表水需要经过杀藻消毒，并混凝过滤等处理。对于浊度较高的江河水需要经过除砂、沉淀、过滤等处理。直接利用的地表水水质标准需要达到《城市污水再生利用　城市杂用水水质》（GB/T 18920—2002）的要求。

3. 海水源热泵系统

海水的热容量比较大，其值为3996kJ/（m³·℃），而空气只有1.28 kJ/（m³·℃），因而海水非常适合作为热源使用。图5-5所示是海水源热泵系统图。一般来说，海水源热泵供暖、供冷系统由海水取水筑构物、海水泵站、热泵机组、供暖与供冷管网、用户末端组成。海水取水构造物为系统安全可靠地从海中取海水；潜水泵的功能是将取得的海水输送到热泵系统相关的设备（板式换热器或热泵机组）；热泵机组的功能是利用海水作为热源或热汇，制备供暖与空调用的

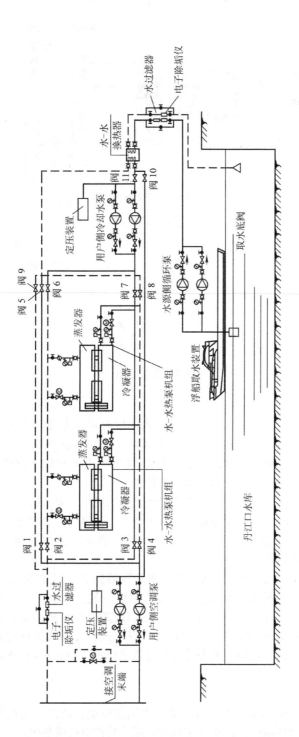

图 5-4　闭式地表水源热泵系统图

热媒或冷媒水；供暖与供冷管网将热媒或冷媒输送到各个热用户，再由用户末端向建筑物内各房间分配冷量与热量，从而创造出健康而舒适的工作与居住环境。

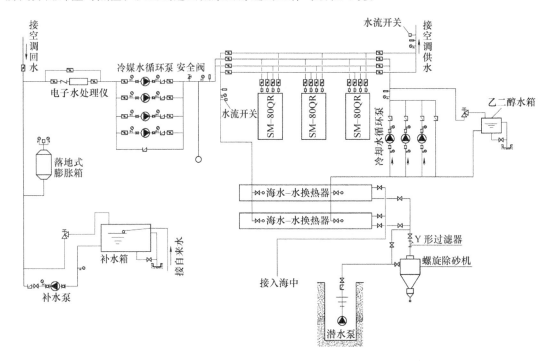

图 5-5　海水源热泵系统图

4. 污水源热泵系统

污水源热泵的形式繁多，根据热泵是否直接从污水中取热量，也分为直接开式和间接闭式两种。所谓的间接闭式污水源热泵是指热泵低位热源环路与污水热量抽取环路之间设有中间换热器，吸取污水中热量的装置。而直接开式污水源热泵是指城市污水可以通过热泵换热器，或热泵的换热器直接设置在污水池中，吸取污水中热量的装置。

间接闭式污水源热泵比直接开式的运行条件要好些，热泵机组一般来说没有堵塞、腐蚀、繁殖微生物的可能性，但是中间水 – 污水换热器应具有防堵塞、防腐蚀、防繁殖微生物等功能。间接闭式污水源热泵系统复杂、设备（换热器、水泵等）多，因此，在供热能力相同的情况下，间接闭式系统的造价要高于直接开式系统。

在同样的污水温度条件下，直接开式污水源热泵的蒸发温度要比间接闭式高 2 ~ 3℃，因此，在供热能力相同的情况下，直接开式污水源热泵要比间接闭式节能 7% 左右。但是要针对污水水质的特点，设计和优化污水源热泵的污水 – 工质换热器的构造，其换热器应具有防堵塞、防腐蚀、防繁殖微生物等功能，通常采用水平管（或板式）淋水式、浸没式换热器或污水干管组合式换热器。由于换热设备的不同，可组合成多种污水源热泵形式，图 5-6 ~ 图 5-8 分别描述了不同污水源热泵系统的工作原理。

5. 水环热泵系统

水环热泵系统是一种由数量众多、形式各异的水源热泵机组，通过一套两管制水环路并联连接的热泵系统。当房间需要供暖时，设在该房间的水源热泵机组按供热模式运行，水源热泵机组从两管制水系统中吸取热量，向房间送热风；当房间需要供冷时，则按制冷模式运行，水源热泵机组向两管制水系统中排放热量，向房间送冷风。当整个系统中有一部分房间需要供冷而另一部分房间需要供暖时，则按制冷模式供冷的水源热泵将向两管制水系统排放热量；而按制热模式供暖的水源热泵机组，从两管制水系统中吸取热量。排热和吸热同时在两管制水系统中发生，从而达到有效利用房间内余热的目的，实现热回收。

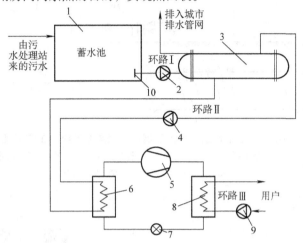

图 5-6　壳管式换热器污水源热泵系统的工作原理

1—蓄水池　2—环路Ⅰ循环泵（污水泵）　3—壳管式换热器　4—环路Ⅱ循环泵　5—压缩机　6—蒸发器（热泵工况）　7—节流阀　8—冷凝器（热泵工况）　9—环路Ⅲ循环泵（热水泵）　10—过滤装置

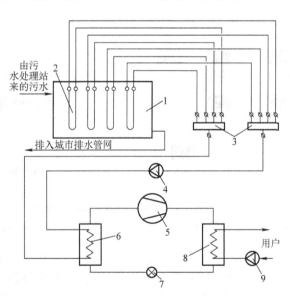

图 5-7　浸没式换热器污水源热泵系统的工作原理

1—蓄水池　2—浸没式换热器　3—集水缸与分水缸　4—环路Ⅱ循环泵　5—压缩机　6—蒸发器（热泵工况）　7—节流阀　8—冷凝器（热泵工况）　9—环路Ⅲ循环泵（热水泵）

在同一座内、外分区的建筑物里，水环热泵系统不同季节的运行方式如图 5-9 所示。图 5-9a 所示为寒冷季节全部供暖。当整个建筑物都需要采暖时，外区或内区的机组都按供热模式运行。这种情况下，每个热泵都将从系统循环水中吸取热量，这些热量由辅助热源补充到系统中去。图 5-9b 所示为外区供热内区供冷。内区机组供冷，因而有热量排向系统循环水中，同一时间如果外区机组供暖，就从系统循环水中吸取热量。内区的热量就成为外区采用的热量。如果内区排出

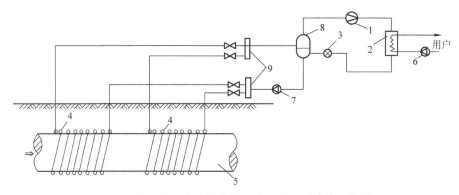

图 5-8 污水干管组合式换热器污水源热泵系统的工作原理

1—压缩机 2—冷凝器（热泵工况） 3—节流阀 4—蒸发器（热泵工况） 5—污水干管 6—循环泵
7—工质泵 8—低压缩环贮液桶 9—调节站

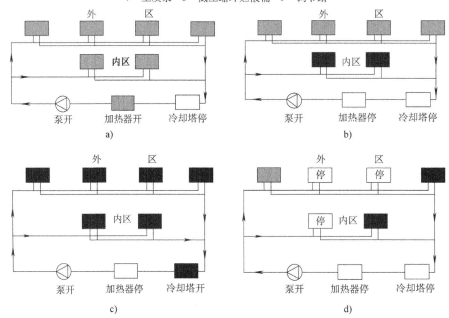

图 5-9 水环热泵系统不同季节的运行方式

a）寒冷季节全部供暖 b）外区供热内区供冷 c）炎热季节全部供冷 d）过渡季节部分开停

热量等于外区采用热量，就既不需开动加热器也不需要开动冷却装置。图 5-9c 所示为炎热季节全部供冷。在炎热季节整个建筑物需要供冷，每个机组将热量排到系统循环水中，这些热量由冷却塔排放出去。图 5-9d 所示为过渡季节部分开停。在过渡季节，当建筑物某些特定区域需供冷而同时另一些区域需供热时，就可以开启部分机组在建筑物内部使能量转移而不需要开动辅助加热器或冷却设备。

5.2 水源热泵空调系统的运行性能

5.2.1 水源热泵机组的变工况性能

水源热泵机组制造厂商提供的机组性能规格一般都是名义工况下的性能参数。在实际使用时，水源热泵机组的运行大多会偏离名义工况。为了说明非名义工况的运行性能，图 5-10 和图 5-11 分别示出了整体式水 – 空气热泵机组、螺杆式水 – 水热泵机组的典型变工况性能曲线。

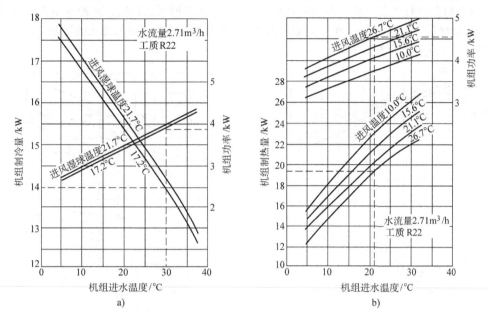

图 5-10　整体式水 – 空气热泵机组的典型变工况性能曲线

a）制冷工况　b）制热工况

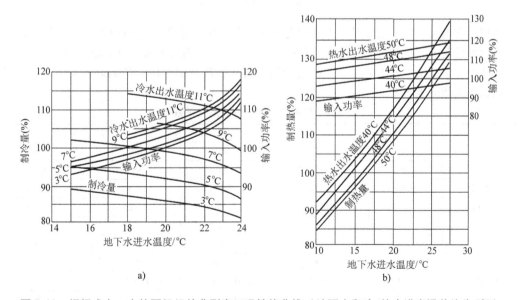

图 5-11　螺杆式水 – 水热泵机组的典型变工况性能曲线（地下水和冷/热水进出温差均为 5℃）

a）制冷工况　b）制热工况

图 5-12 所示为以 R134a 为工质的高温型螺杆式水 – 水热泵机组的典型变工况性能曲线。从图 5-12a 中可以看出，在制冷模式运行时，随着水源水温下降，制冷量上升且输入功率下降；随着水源流量减少，进出冷凝器的冷却水温差增大，制冷量会有所下降且输入功率增加。图 5-12b

表示制热模式运行时的性能变化情况。图 5-12b 中的虚线表示低温热源进出水温差为 5℃时的变工况曲线，实线表示低温热源进出水温差为 8℃时的变工况曲线，进出水温差 5℃时的运行状态要优于 8℃时的运行状态。从图 5-12b 中可以看出，在制热模式运行时，水源水温下降时输入功率下降且制热量会大幅下降；随着水源流量减少，进出蒸发器的低温热源水的温差会增大，输入功率下降且制热量也会有所下降。

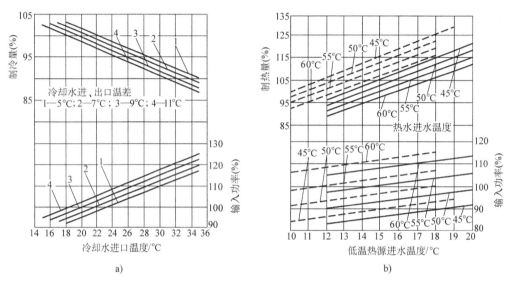

图 5-12　高温型螺杆式水 – 水热泵机组的典型变工况性能曲线
a）制冷工况　b）制热工况

当机组在极端工况下运行时，例如在北方地区使用时，水源一侧有时会出现低于零度的情况。在这种情况下，机组水源一侧必须采用盐水或乙二醇作为防冻液。由于加入防冻液的循环水和普通水在化学性质上发生了变化，机组的制冷量和制热量都要做相应的修正。防冻液对机组性能的修正系数见表 5-1。

表 5-1　防冻液对机组性能的修正系数

项目	甲醇的体积分数（%）				
	10	20	30	40	50
制冷量	0.9980	0.9965	0.9949	0.9932	0.9915
制热量	0.9950	0.9898	0.9846	0.9794	0.9742
水压降	1.023	1.057	1.091	1.122	1.160
项目	乙二醇的体积分数（%）				
	10	20	30	40	50
制冷量	0.9955	0.9912	0.9870	0.9830	0.9790
制热量	0.9925	0.9848	0.9770	0.9690	0.9610
水压降	1.024	1.068	1.124	1.188	1.263
项目	丙醇的体积分数（%）				
	10	20	30	40	50
制冷量	0.9934	0.9869	0.9804	0.9739	0.9681
制热量	0.9863	0.9732	0.9603	0.9477	0.9350
水压降	1.04	1.098	1.174	1.273	1.405

5.2.2　影响水源热泵系统运行性能的因素

水源的水量、水温、水质和供水稳定性是影响水源热泵系统运行效果的重要因素。

1. 水流量

水流量对热泵机组的制冷（热）量有直接影响。从图 5-13 可以看出，制冷工况下当冷凝器中水流量增大时，由于换热系数增大，传热温差减小，冷凝压力降低，制冷量增加。但当水流量增大到某一数值时对换热系数影响不大，冷凝压力基本不变，制冷量趋于恒定。从图 5-14 可以看出，制热工况下当蒸发器内水流量增大时，换热系数同样增大，传热温差减小，蒸发压力上升，制热量增加。

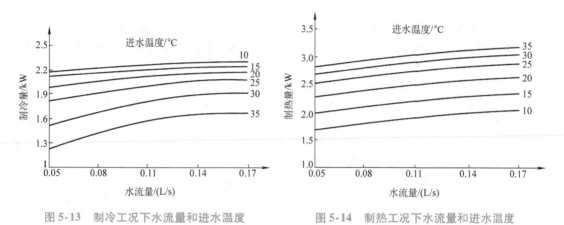

图 5-13　制冷工况下水流量和进水温度
对制冷量的影响

图 5-14　制热工况下水流量和进水温度
对制热量的影响

水流量的大小也会影响水源热泵机组的 COP 值。如图 5-15 所示，在制冷工况下，冷凝器中水流量增加时，冷凝压力下降，使压缩机的压缩比减小，输入功率降低，COP 值增大。但当水流量增大到某一数值时，COP 值增加的梯度趋缓。如图 5-16 所示，在制热工况下，蒸发器内水流量增加时，则 COP 值增加。这是因为蒸发压力增加时，虽然吸入压缩机的蒸气密度增加导致工质的质量流量增加，但压缩比减小又使得单位质量压缩功下降，使得压缩机输入功率增加的幅度较制热量增加的幅度小，所以 COP 值增加。

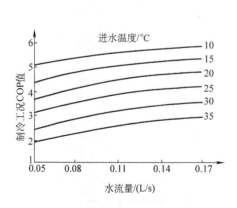
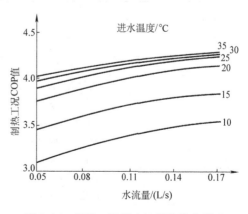

图 5-15　制冷工况下水流量和进水温度
对制冷 COP 值的影响

图 5-16　制热工况下水流量和进水温度
对制热 COP 值的影响

2. 水温

水温是影响水源热泵效率的主要因素。夏季,热泵用地下水作为冷却水,水温越低越好;冬季,地下水作为热泵的低温热源,温度越高越好。但蒸发温度不能过高,否则会使压缩机排气温度过高,压缩机内润滑油可能会炭化。综合考虑以上因素,地下水温度为20℃左右时水源热泵机组的制冷和制热将处于最佳工况点。

水温是水源热泵机组 COP 值的制约因素。在图 5-13、图 5-15 所示的制冷工况下,当冷凝器的进水温度升高时冷凝压力增大,制冷量下降,压缩机的输入功率增大,COP 值下降。在图 5-14、图 5-16 所示的制热工况下,当蒸发器的进水温度升高时蒸发压力增大,制热量增加,但压缩机的输入功率增加较慢,COP 值增大;但当进水温度增高到一定数值后,进水温度对 COP 值的影响不大。

3. 水质

水质直接影响水源热泵机组的使用寿命和制冷(热)效率。对水质的基本要求是:澄清、稳定、不腐蚀、不滋生微生物、不结垢等。水中对水源热泵机组的有害成分有铁、锰、钙、镁、二氧化碳、溶解氧、氯离子、酸碱度等。

(1) 结垢　水中以正盐和碱式盐存在的钙、镁离子易在换热器壁面上析出沉淀,形成水垢,严重影响换热效果,从而影响水源热泵机组的效率。水中的 Fe^{2+} 以胶体形式存在,Fe^{2+} 容易在换热面上凝聚沉淀,促使碳酸钙析出结晶加剧水垢生成。而且 Fe^{2+} 遇到氧气发生氧化反应,生成 Fe^{3+},在碱性条件下转化为呈絮状物的氢氧化铁沉淀而阻塞管道,影响机组正常运行。还有,水中游离二氧化碳的变化,也会影响碳酸盐结垢。

(2) 腐蚀性　溶解氧对金属的腐蚀性随金属而异。对钢铁,溶解氧含量大则腐蚀速率增加。铜在淡水中的腐蚀速率较低,但当水中氧和二氧化碳较高时,铜的腐蚀速率增加。在缺氧的条件下,游离二氧化碳会引起铜和钢的腐蚀。氯离子也会加剧系统管道的局部腐蚀。

(3) 混浊度与含砂量　地下水的混浊度高会在系统中形成沉积,阻塞管道,影响机组的正常运行。地下水的含砂量高对机组、管道和阀门造成磨损,严重影响机组的使用寿命。而且混浊度和含砂量高还会造成地下水回灌时含水层的阻塞,影响地下水的回灌。

(4) 油污　来自设备安装时的油类残余物、泵与风机润滑系统泄漏的油污,会影响换热设备的换热效果,影响缓蚀剂的使用效果,减少机组的使用寿命。

参照国内有关冷却水用水水质标准,结合空调系统的工作特点及地下水的化学特点,对地下水水质的要求见表 5-2。

表 5-2　地下水水质的要求

序号	项目名称	允许值
1	含砂量	< 1/200000
2	混浊度/(mg/L)	≤ 10
3	pH 值	7.0 ~ 9.2
4	Ca^{2+}、Mg^{2+} 总矿度/(mg/L)	< 200
5	Fe^{2+}/(mg/L)	< 0.5
6	Cl^-/(mg/L)	≤ 1000
7	SO_4^{2-}/(mg/L)	≤ 1500
8	硅酸/(mg/L)	≤ 175
9	游离氯/(mg/L)	0.5 ~ 1.0
10	矿化度/(g/L)	< 3
11	油污/(mg/L)	< 5(此值不应超过)

4. 水质稳定性

水质不稳定会对换热器产生快速腐蚀。除可进行各种试验检测水质稳定性外，还可根据水质分析指标通过计算进行判断，水中碳酸钙饱和 pH 值通常以 pH_s 表示，其计算公式为

$$pH_s = (9.3 + N_s + N_T) - (N_H + N_A) \tag{5-1}$$

式中　pH_s——水中碳酸钙饱和 pH 值；

　　　N_s——总溶解固体常数；

　　　N_T——温度常数；

　　　N_H——钙硬度常数；

　　　N_A——总碱度常数。

根据水质分析指标计算得到 pH_s 后，如果系统运行时能测得地下水的实际值 pH_0，水质倾向可采用稳定指数 RSI 来判定，$RSI = 2 pH_s - pH_0$。稳定指数判定标准见表 5-3。

表 5-3　稳定指数判定标准

稳定指数	水质倾向	稳定指数	水质倾向
4.0 ~ 5.0	严重结垢	7.0 ~ 7.5	轻微腐蚀
5.0 ~ 6.0	轻度结垢	7.5 ~ 9.0	严重腐蚀
6.0 ~ 7.0	基本稳定	>9.0	极严重腐蚀

5.3　热源（热汇）水的处理方法与措施

5.3.1　热源（热汇）循环水系统的水处理方法

水源热泵机组的水来源广泛，它可以是冷却塔水，地下深井水，江、河、湖等地表水，也可以是海水、生活污水等。无论水源来源于哪里，其可使用程度总体上可用两大指标来衡量，即水质指标和水温指标。水源水质指标指的是水的浊度、硬度以及藻类和微生物。水温指标指的是水源在冬、夏季的温度值。

受工作环境和条件的影响，水在相关的物理、化学、微生物等因素作用下，水质很容易发生变化。其中细菌和藻类的大量繁殖产生生物黏泥会增加能耗、腐蚀设备。结垢、腐蚀、污物沉积和菌藻繁殖现象，会造成热交换效率降低，管道阻塞，水循环量减小，水泵动力消耗增大，管道和设备损坏，使用寿命缩短及维修费用增加。资料表明：冷凝器温度每上升 1℃，机组的制冷量下降 2%；管道内每附着 0.15mm 污垢层，水泵的耗电量增加 10%。

地表及浅层的水源一般都是生水。为了防止换热设备及水系统管路结垢，防止水系统滋生细菌、藻类，以及防止由于细菌、藻类的尸体在换热壁上形成黑色油性生物黏泥，地表及浅层水需经过水处理后方可送入机组使用。水处理方法主要有：

1）除砂。地表及浅层水要经过水过滤器和除砂设备后再进入机组，目前多用漩流除砂器，也可用预沉淀池。前者初投资较高，后者较低。

2）除铁。我国的地下水的含铁量都超过允许值，故在使用前要进行除铁。采用除铁设备进行除铁，初投资和管理费用增加了，但机组运行效果会好些。

3）化学方法。俗称加药，加入缓蚀阻垢剂等化学试剂。这些化学试剂为高分子聚合物，对管道系统及机组一般没有其他不良影响，但加药的费用会较高。

4）静电处理。利用静电作用使水产生一些自由电子，附着于管壁，防止管壁金属失去电子

而被氧化；同时溶解氧得到活化，具有一定的防腐和杀菌灭藻作用。但对电极要求较高且要定期清洗。

5）磁化处理。磁化水形成的水垢较为疏松，附着力弱，容易冲洗；同时强力的磁场作用，微生物的分子结构会变化失去活性，可以抑制生物污泥的产生。但磁场强度随时间逐步减弱或消失，水处理效果也相应地越来越差。

6）离子交换。利用离子交换剂取代水中的钙镁离子，使水软化达到防垢作用。但离子交换过程没有防腐杀菌灭藻效果，对环境也有一定的影响。

7）高频电子。利用发生器产生的高频电信号，使水面物理结构发生变化，激活了一些自由电子，同时高频磁场使水中的溶解氧成为惰性氧，抑制了铁锈的产生并切断了微生物的氧来源，达到了防腐阻垢、杀菌灭藻的作用。

在实际工程应用中，对水质要进行分析，根据不同的水质选择合适的水处理方法。除了水处理以外，还可以针对不同的水质选择不同的管材，提高管道中的水流速度等方法来阻止结垢、腐蚀和生物污泥三大危害的发生。

5.3.2　热源（热汇）循环水系统的水处理措施

1. 防垢

目前国内外对设备的防垢一般采用投加液体药剂。这类液体防垢剂都是以稳定水中 Ca^{2+}、Mg^{2+} 为防垢手段。药剂投加后在 $1 \sim 4h$ 之内主要起稳定剂作用，这样可以防止管路阻塞。在投药4h后主要起沉淀剂的作用。让运行中除下来的垢和锈、水中的 Ca^{2+}、Mg^{2+} 形成流动性非常好的泥垢，用水力将它们输送到水流最缓慢的区域沉积下来，通过排污口排出水系统。由于水中的结垢物质 Ca^{2+}、Mg^{2+} 和水中的碱度形成泥垢后大量析出，使水系统中的含盐量大幅度下降，Ca^{2+}、Mg^{2+} 浓度降低，极大地减缓了结垢趋势，不会在换热面上结垢和形成二次水垢。

药剂的阻垢率可以按《水处理剂阻垢性能的测定　碳酸钙沉积法》（GB/T 16632—2008）和《水处理药剂阻垢性能测定方法　鼓泡法》（HG/T 2024—2009）来测试。假如测试前水样中有4.00mmol/L 的 Ca^{2+}、Mg^{2+}，测试后水样中仍有4.00mmol/L 的 Ca^{2+}、Mg^{2+}，则此药剂的阻垢率为100%。标准规定水的浓缩倍率≤5倍。

2. 防腐

地表及浅层循环水系统普遍存在防腐问题。在水系统中一般发生的主要是电化学腐蚀。

（1）溶解氧腐蚀　当水系统都是开式系统时，水与大气进行热交换，水中携带大量的空气、灰尘和细菌使得循环水成为富氧水，造成水系统的严重氧腐蚀，也促进了好氧细菌的繁殖。

（2）垢下腐蚀　水系统和换热面上所结的水垢、锈垢和黏泥都会与金属存在电位差，形成腐蚀电池，导致腐蚀发生，这类腐蚀统称为垢下腐蚀。

（3）气泡下腐蚀　循环水中的空气以及在生水中的碱度在换热面上受热分解产生 CO_2 气体，其在水流比较缓慢的地方析出，形成气泡附着在金属上。这样就形成气泡下腐蚀。其化学反应式为

$$Ca(HCO_3)_2 = CaCO_3 + H_2O + CO_2$$

（4）接触腐蚀　由于换热器与水系统的管路材质不同，在接头处产生了接触腐蚀（即电偶腐蚀），这是由于材质不同电位不同而产生的腐蚀电池。

在水中投防腐阻垢剂后可以产生防腐效果，其作用机理如下：

1）给整个系统除垢除锈和除油性黏泥，这就等于除掉了腐蚀电池的阴极，只剩下金属阳极就不能发生电化学腐蚀。也就是说，无垢、无锈、无生物黏泥状态下运行是最好的防腐办法。

2）给金属表面育上致密的无热阻型保护膜，防止金属与外界接触，阻断电子的流动，从根本上防腐。

3）提高水系统的 pH 值。铁的纯化区是当水的 pH 值在 9～13 范围内，铜在水的 pH＞10 时易发生腐蚀。因此，在只有铁和不锈钢的系统中最好控制水的 $pH \geqslant 10$，如系统中含铜就要控制在 $9 \leqslant pH < 10$ 范围内。

3. 防生物黏泥

细菌、藻类以及它们的尸体会产生大量油性黏泥，它们附着在换热器表面上，产生热阻从而降低换热效果，同时也产生黏泥下腐蚀，严重时还会堵塞管路。由于循环水水温一般恰好是细菌和藻类繁殖的最佳温度，如图 5-17 所示；因此，防细菌和藻类是循环水处理的一项主要工作。一般的做法是投杀菌剂和灭藻剂，同时将水的 pH 值升高。从图 5-18 可看出，当水的 pH＜5.5 对抑制细菌繁殖有效，但不利于防止电化学腐蚀；控制水的 pH＞9 不仅对抑制细菌繁殖很有效，还可以防止电化学腐蚀。

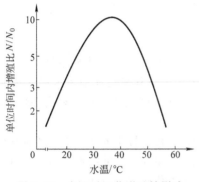

图 5-17　水温对细菌增殖的影响

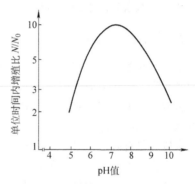

图 5-18　pH 值对细菌增殖的影响

5.4　水源热泵空调系统设计要点

5.4.1　水文地质工程勘查

工程场地的水文地质条件是否可以利用，是应用水源热泵系统的基础。在水源热泵系统设计的初期阶段，应根据建筑物设计供暖、供冷负荷的大小要求，对工程场地状况、水文地质条件、地层温度分布情况等进行调查或勘查，为水源热泵项目的可行性评估和水源热泵工程设计提供依据。根据勘查情况，合理选择地表水、地下水热泵系统。完成工程勘查后，应编写工程勘查报告，为下一步设计水源热泵系统提供依据。

1. 工程场地状况调查的主要内容

1）场地规划面积、形状及坡度。工程场地可利用面积应满足修建地表水抽水构筑物（地表水系统）或修建地下水抽水井和回灌井（地下水系统）或埋设垂直埋管换热器（土壤源热泵系统）的需要。

2）场地内已有建筑物和规划建筑物的占地面积及其分布。

3）场地内树木植被、池塘、排水沟及架空输电线、电信电缆的分布。

4）场地内已有的、计划修建的地下管线和地下构筑物的分布及其埋深。

5）场地内已有水井位置等。

2. 地下水水文地质勘查

选择地下水源热泵系统时，应对工程场区的地下水水文地质条件进行勘查。地下水水文地质勘查应采用物探和钻探的方式进行。勘查内容有：地下水类型，含水层岩性、分布、埋深及厚度，含水层的富水性和渗透性，地下水径流方向、速度和水力坡度，地下水水温及其分布，地下水水位动态变化，地下水水质。

地下水水文地质勘查应进行水文地质试验。试验内容有：抽水试验，回灌试验，抽水和回灌试验时的静水位和动水位，测量井水水温，取水样并化验分析水质，水流方向试验，渗透率、流速试验。

3. 地表水水文勘查

选择地表水源热泵系统时，应对工程场区地表水源的水文状况进行勘查。地表水水文勘查的内容有：地表水源性质、水面用途、深度、面积及其分布，地表水水温、水位动态变化，地表水流速和流量动态变化，地表水水质及其动态变化，引起腐蚀与结垢的主要化学成分，地表水利用现状，地表水取水和回水的适宜地点及路线。

5.4.2 地下水回灌设计

地下水源热泵系统主要利用浅层层间水。如果有足够的地下水量、水质较好，有开采手段，当地法规又允许，则应考虑采用地下水源热泵系统。由于大量开采造成地下水层的减少和对地下结构的影响，有关部门已对地下水的开采做了明确的规定，因此地下水的利用必须十分谨慎，应解决好地下水回灌问题。

地下水资源是有限的。对于开采的地下水应要求回灌，即将抽出的地下水，经地下水水源热泵机组换热后再注入地下。且必须是等量回灌，即抽出的水量应与回灌的水量相等。回灌还可以储能，达到冬季回灌蓄冷为夏季空调用、夏季回灌热为冬季供暖用。

为防止地下水资源受到污染，要严格控制人工回灌水质。回灌水水质要坚守一个准则：回灌水的水质条件要等于甚至高于原地下水的水质条件。另外，要求同层回灌，回灌井处的地质结构要有良好的覆盖层和止水层，防止回灌后各个含水层相互贯通，引起水质污染。

地下水源热泵主要是利用地下的冷（热）量，对地下水水质几乎没有影响，但由于换热设备自身的要求，一般要将地下水处理后进入水源热泵机组。若用物理方法处理地下水，对地下水水质影响不大；若用化学方法处理地下水，则需在回灌前进行水质检测，符合标准后再回灌。水处理不当，会引发二次污染。二次污染对环境的影响不容忽视，在水处理时，要尽量避免使用化学方法。即使使用化学方法，排放物也要经过处理达到排放标准才能排放。例如，闭式系统中常用的防冻液主要由乙二醇和水配兑构成，如果操作管理不当，就会进入自然水体，给环境和空气造成污染，进入人体就容易使人体内酸碱平衡失调，对肾产生破坏。

回灌井同抽水井一样，也是由井管、滤水管、沉砂管组成。但由于回灌井要承受两个方面的水流作用和两重水质的影响，故要注意回灌井过滤网的强度和耐腐蚀能力。

在渗透性好的含水层中，回灌井应布设在采井的上游，可以起直接补给的作用。在渗透性较差的含水层中，回灌井可均匀分布，井距密集些，以达到补给效果。

合理的井间距对地下水源热泵非常重要，间距不能太小，否则会使抽水井与回灌井之间"热短路"。对渗透性较好的松散砂石层，两井间距应在100m左右，且回灌井宜在抽水井的上游；对渗透性较差的黏土层两井间距一般应在50m左右，不宜小于50m。

5.4.3 地表水取水设计

地表水取水设计应考虑环境保护问题、冷热交替问题和冷热平衡问题。取水温差过大会破坏生态环境。水温是影响水生物生长繁殖和分布的重要环境原因，在适宜的温度范围内，生物的生长速度与温度成正比，超过适宜的温度范围时，生物的行为活动以及生长繁殖都将受到抑制，甚至死亡。夏季，取水温差过大，即排水超过35℃时，水中浮游生物的种类和数量会减少，群落的物种多样性也会降低；冬季，取水温差过大会出现较低的温度，不仅影响了水中的生物种类，还会冻坏空调水管。

取水、排水口位置不当，机组运行效率会降低。制冷时，经过换热的水再次排放到水体中，如果取水口和排水口设置位置不当，排出的水还没有经过充分的自然冷却又从取水口进入系统，无疑降低了机组的效率。制热工况亦然。取、排水口的布置原则是上游深层取水，下游浅层排水。在池塘水体中，取水口和排水口之间还要有一定的距离，保证排水再次进入取水口之前温度能最大限度地恢复。最好是用CFD软件进行模拟计算，选择最佳的取水口和排水口。

地表水源热泵闭式系统常采用的换热装置是浸在水中的换热盘管。这些换热盘管如果放置在公共水域中，很容易遭到人为的破坏。如果水域中水流速度过大，也会导致盘管变形或破裂。换热盘管变形会影响换热效果，导致机组出力不足。如果破裂，闭式系统中的防冻液就会泄漏出来，不仅影响系统的正常运行，还会造成环境污染。工程应用中可以在放置盘管的地方设置警示牌，并且把换热盘管放置在流速适当的地方，从而削减水流速度过大带来的负面影响。

以下是设计水源热泵系统还要注意的其他事项：

1）对大型商业或公用建筑开发的项目，需要解决系统水体的排水问题。

2）地表水的表面面积和深度，要求满足供冷设计工况下的放热量和供热设计工况下的吸热量的要求。

3）水源热泵机组选择时的进水温度，在我国供热时从北到南为 -1.1~12.8℃，供冷时从北到南为26.7~35℃。

5.4.4 与热源（热汇）交换的热量计算

与热源（热汇）交换的热量是设计水源热泵系统的重要参数，是由建筑物的冷（热）负荷、水源机组效率和换热温差决定的。

1. 供冷设计工况下循环水最大吸热量计算

循环水最大吸热量发生在与最大建筑冷负荷相对应的时刻，其确定过程如下：

1）确定各种型号水源热泵机组的数量。

2）确定各种型号水源热泵机组的总冷负荷。

3）确定水源热泵机组的制冷性能系数COP。

4）确定水源热泵机组释放到循环水中的热量，即冷负荷乘以（1+1/COP）。

5）所有热泵机组水流量相加，得到所需的总水量。

6）确定其他向循环水释放的热量（正值）或吸收的热量（负值），如加热生活水的热泵释放的热量。

7）确定水泵释放到循环水中热量。

8）将所有热泵机组释放的热量、各种过程释放的热量以及水泵释放的热量相加，就得到供冷设计工况下释放到循环水中的总热量。

2. 供热设计工况下循环水最大放热量计算

循环水最大放热量发生在最大建筑热负荷相对应的时刻，其确定过程如下：

1）确定供热设计工况下的热负荷。

2）所有热泵机组的水流量相加就得到所需要的总流量。

3）确定水源热泵机组的制热性能系数（COP_h）。

4）确定水源热泵机组从循环水中吸收的热量，即热负荷乘以（$1 - 1/COP_h$）。

5）水环路的热损失。这些损失可来自其他散热设备，或其他处理过程的附加热量。

6）确定水泵加到水环路中的热量。

7）热泵机组的吸热量、处理过程的吸热量（或散热设备）、水泵加到水环路中的热量的总和，就是供热设计工况下循环水的总放热量。

5.4.5　水源热泵机组的选择

在水源热泵系统选择、设备选型以及进行水源热泵系统设计之前，必须对建筑物冷负荷、热负荷进行计算。计算时首先应进行空调分区，然后确定每个分区的冷、热负荷，最后计算整栋建筑物的总冷负荷、热负荷。分区负荷用于各分区的水源热泵机组的选型，也可用总负荷选集中式水源热泵机组。总负荷也用于水源热泵系统需要的附属设备的选择。

水源热泵机组的选择应注意以下几个问题：

1）要根据不同的水源选择不同的水源热泵机组。可选择的有地表水源型、地下水源型和地耦管水源型。要考虑机组的工作温度是否与水源的温度相适应。在设计中一定要注意选用能效比高、部分负荷性能良好的水源热泵机组。

2）要根据对水源是直接利用还是间接利用，选择配有合适工质－水换热器的机组。板式换热器换热效率高，但它对水质的要求也很高。对水源水间接利用的系统中可选择用板式工质－水换热器的机型。壳管式换热器的防堵能力较强。对水源水直接利用的系统，可选择用壳管式工质－水换热器的机型。不同的水源对机组换热器的材料要求是不同的。对于含盐浓度高，有腐蚀性物质的水源，选择机组时，其换热器一定要耐腐蚀。

3）进水温度取决于所选择的系统类型。例如，当采用地下水时其额定制冷工况的进水温度为18℃，额定制热工况的进水温度为15℃；当采用地表水时其额定制冷工况的进水温度为25℃，额定制热工况的进水温度为0℃。这些进水温度值可作为初始设计的进水温度值。特别是在冬季，北方地区地表水温度很低，这种温度很低的水进入系统换热后温度进一步降低，甚至结冰。就会出现冰冻堵塞或者胀裂管道的危险，从而影响整个系统的运行。所以热泵机组一般都会设置进水温度保护装置。如果地表水水温随着季节的不同而变化，进水温度过低会使机组频繁保护停机，将严重影响机组寿命。

4）要根据水源热泵机组的实际运行工况和其特性曲线（或性能表）选用水源热泵机组。根据设计负荷选择热泵机组，机组的制冷量不应小于峰值冷负荷的95%，也不应超过峰值冷负荷的125%。机组制热量一般应比设计热负荷大一些。

5.4.6　海水源热泵系统的特殊问题

海洋是一个巨大的可再生能源，非常适合作为水源热泵的热源与热汇。海水源热泵空调系统是地表水源热泵空调系统中的一种。到目前为止，世界范围内利用海水作为热源与热汇的热泵供热、供冷系统已有一些实例正在运行。经几十年的研究，北欧诸国在利用海水作为热源与热汇方面具有丰富的实践经验。在我国推广应用海水源热泵也是可行的，但应注意要了解海水源热泵的一些特殊性问题。

1) 海水温度差异较大。由于巨大海面时刻接收太阳辐射热,并受大洋环流、海域周围具体气候条件的影响,故近海域海水水温会因地因时而异。同时海洋水温也会随着其深度的不同而异。海水源热泵设计中应充分注意这个问题。

2) 海水含盐高。海水中主要含有氯化钠、氧化镁和少量的硫酸钠、硫酸钙,因此海水具有较强的腐蚀性和较高的硬度。与海水接触的钢结构的腐蚀速度比与淡水的高,一般为 0.01 ~ 0.17mm/年,局部可达 0.4 ~ 0.5mm/年。暴露在海洋大气环境中的钢结构腐蚀也比内陆大得多。因此,海水源热泵系统防止海水的腐蚀问题在设计中十分重要。

3) 海洋生物。海洋附着生物十分丰富,有海藻类、细菌、微生物等。它们在适当的条件下大量繁殖,附着在取水构筑物、管道与设备上,常会造成取水构筑物、管道与设备的堵塞,并不易清除,构成对海水源热泵安全可靠运行的极大威胁。

4) 潮汐和波浪。潮汐平均每隔 12h 25min 出现一次高潮,在高潮之后 6h 12min 出现一次低潮。潮汐可引起的水位变化为 2 ~ 3m。海浪则是由于风力引起的。风力大、历时长时,往往会产生巨浪,且具有很大的冲击力和破坏力。海水取水构筑物在设计时,应充分注意潮汐和海浪的影响。

5) 泥砂淤积。海滨地区,潮汐运行往往使泥砂移动和淤积,在泥质海滩地区,这种现象更为明显。因此,取水口应避开泥砂可能淤积的地方,最好设在岩石海岸、海湾或防波堤内。

防止海水腐蚀的主要方法如下:

1) 采用耐腐蚀的材料及设备。如采用铝、黄铜、镍铜、铸铁、钛合金以及非金属材料制作的管道管件、阀件等,专门设计的耐海水腐蚀的循环泵等。

2) 表面涂敷防护。如管内壁涂防腐涂料,采用有内衬防腐材料的管件、阀件等。涂料有环氧树脂漆、环氧沥青涂料、硅酸锌漆等。

3) 采用阴极保护。通常的做法有牺牲阳极保护法和外加电流的阴极保护法。

4) 采用标号较高的抗硫酸盐水泥及制品,或采用混凝土表面涂敷防腐技术。

防治和清除海生生物的主要方法如下:

1) 设置过滤装置。如拦污栅、格栅、筛网等粗过滤和精过滤。

2) 投放药物。如氧化型杀生剂(氯气、二氧化氯、臭氧)和非氧化型杀生剂(十六烷基化吡啶、异氰尿酸酯等)。

3) 电解海水法。电解产生的次氯酸钠可杀死海洋生物幼虫或虫卵。

4) 含毒涂料防护法等。通常以加氯法采用较多,效果较好。

5.4.7 污水源热泵系统的特殊问题

污水源热泵是水源热泵的一种。城市处理后的污水是一种优良的引人注目的低温余热源,是水 - 水热泵或水 - 空气热泵的理想低温热源。

城市污水是由生活污水和工业废水组成的,其成分极其复杂。生活污水是城市居民日常生活中产生的污水,常含有较高的有机物(如淀粉、蛋白质、油质等)、大量柔性纤维状杂物与发丝、柔性漂浮物和微尺度悬浮物等。一般来说,生活污水的水质很差,污水中的大小尺度的悬浮物和溶解化合物等污物的含量可达到 1% 以上。工业废水是各工厂企业生产工艺过程中产生的废水,由于生产企业(如药厂、化工厂、印染厂、啤酒厂等)的不同,其生产过程产生的废水水质也各不相同。一般来说,工业废水中含有金属及无机化合物、油类、有机污染物等成分。同时工业废水的 pH 值偏离 7,具有一定的酸碱度,尤其是污水中的硫化氢易使管道和设备腐蚀生锈。

由于污水相对于清水而言具有一些特殊性，这对污水源热泵空调系统的设计与运行带来一些新的影响。正因为污水的这些特殊问题，在设计中应该重点采取以下几项措施：

1）污水流经管道和设备（换热设备、水泵等）时，在换热表面上易发生积垢、微生物贴附生长形成生物膜、污水中油贴附在换热面上形成油膜，漂浮物和悬浮固形物等堵塞管道和设备的入口。其最终的结果是出现污水的流动阻塞和由于热阻的增加而恶化传热过程。由于设备结垢导致机组耗功增加。冷凝温度升高 1℃，耗电量增加 3.2%。当冷凝器结水垢 1.5mm 时，冷凝温度升高 2.8℃，耗电量增加 9.7%。在设计中一定要选择能效比高的机组。

2）由于污水流动阻塞使换热设备流动阻力不断增大，引起污水量的不断减少，同时传热热阻的不断增大，又引起传热系数的不断减小，其供热量随运行时间的延长而衰减。所以，污水源热泵机组的运行稳定性相对于其他水源热泵差。在系统设计中应考虑稳定性设计环节。

3）由于污水的流动阻塞使污水源热泵的运行管理和维修工作量大，应该预留一定的维护空间。例如，为了改善污水源热泵运行特性，换热面需要进行每日 3~6 次的水力冲洗，污水流动过程中，流量呈周期性变化，周期为一个月，周期末对污水换热器进行高压反冲洗。也就是说每月对换热器进行一次高压反冲洗。

在原生污水源热泵系统中要采取防堵塞的技术措施如下：

1）系统中应设有能自动工作的筛滤器。在污水进入换热器之前，去除污水中的浮游性物质，如污水中的毛发、纸片等纤维质。目前常采用自动筛滤器、转动滚筒式筛滤器等。

2）在系统的换热管中设置自动清洗装置。去除因溶解于污水中的各种污染物而沉积在管道内壁的污垢。目前常用胶球型自动清洗装置、钢刷型自动清洗装置等。

3）设有加热清洁装置。用外部热源制备热水来加热换热管，去除换热管内壁污物，其效果十分有效。

4）宜选用铁质传热器和铝塑传热管。这是因为，铜管对污水中的酸、碱、氨、汞等的抗腐蚀能力相对较弱；采用金属表面喷涂、刷防腐涂料的防腐方法，在工艺上很难做到将涂料均匀地覆盖在换热器内壁上。

5）加强日常运行的维护保养工作是不可忽视的防堵塞、防腐蚀的措施。

5.5 地下水源热泵系统设计

5.5.1 开式环路地下水系统设计

如果当地地下水水量充足，水温和水质满足水源热泵机组的使用要求，并具有较高的稳定水位，且建筑物高度低（降低了井泵压头），可采用开式环路地下水系统。在设计中，应考虑安全余量，以应对某些事件的发生，如水泵保养或出现故障，回灌井可能出现的堵塞等。

图 5-19 所示是开式环路地下水系统中热泵与供回水管的连接。地下水被直接供给并联连接的每一台水源热泵机组。系统定压由井泵和隔膜式膨胀罐来完成。在供水管上设置电磁阀或电动阀，用于控制在供热或供冷工况下向机组提供的水流量。在每个热泵机组换热器的进口应设置球阀，用于调节压力损失，以最终平衡其流量，同时也可以减缓换热器管道结垢。

开式环路地下水源热泵系统的设计步骤如下：

1）完成试验井。根据项目现场的地质水文情况，选择一个及一个以上的试验井，测出试验井的每日出水量和井的水质资料，以及其他水文地质资料。

2）确定所需的地下水总水量。根据供冷和供热工况下水环路的最大散热量和最大吸热量，

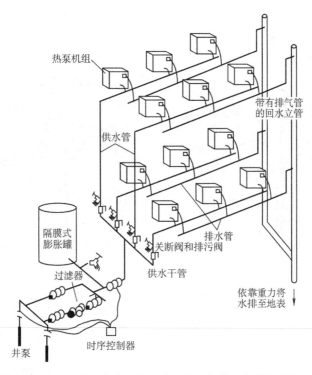

图 5-19　开式环路地下水系统中热泵与供回水管的连接

计算井水流量。在开式环路地下水源热泵系统中，地下水总水量等于所有水源热泵机组的设计流量之和。设计流量取供冷工况水流量与供热工况水流量的较大者。

3）供水井和回灌井设计。图 5-20 和图 5-21 所示为供水井和回灌井的典型结构。采用勘测的实际结果和预期的冷热负荷，确定满足系统峰值流量要求的最佳方案，包括水井的数量、间距和供水井、回灌井的尺寸。如果现有的地下水供给能力能够允许供水井和回灌井的运行过程互换（具备 100% 的备用、恢复、清洁、热力平衡能力），应在系统设计中使这种能力得到实现。

4）确定水井群与热泵机组的连接方式。在地下水井群到热泵供水干管之间设置一过滤器，并设置旁通管，以便拆除和维修过滤器。在开式系统中，热泵供水干管与过滤器之间的供水管上设置一个隔膜式膨胀罐，每根供水管均设置关断阀和排污阀。如图 5-19 所示，每台热泵都与供水管和排水管连接。供水管起始端与供水干管相连，排水管末端与回水立管相连，然后接入排水系统。

5）计算每组供水管和回水管的水流量，选择管材。一般开式地下水系统可选用钢管或 PVC 管，但在对管材有强度要求的地方不应使用 PVC 管。

6）确定潜水泵至膨胀罐的管道尺寸。从潜水泵至膨胀罐的管道尺寸，应根据地下水总水量确定。

7）确定隔膜式膨胀罐出口侧各管段尺寸。按照通过管道的压力损失≤400Pa/m 的条件来确定管径，且当管径 <50mm 时，流速≤1.2m/s，当管径 >50mm 时，流速≤2.4m/s。

8）确定总管尺寸（即供水管的起始端、排水管的末端）。根据管路总流量确定总管管径，然后确定长度。

9）确定回水立管管径。如果回水立管没有排气管，选择适当的管材并根据每个管段流量确定管径。每个管段流量根据前面所述的最大流速或压力损失的限制条件确定。如果回水立管有排气管，则应使用标准的排气管。

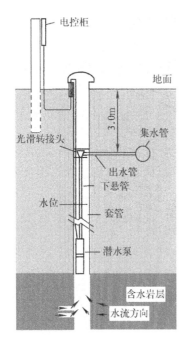

图 5-20　供水井的典型结构

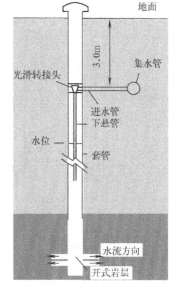

图 5-21　回灌井的典型结构

10）选择需要的管件。根据需要选择堵头、三通管、异径三通、异径管段间的管接头以及弯头，完成开式系统管道的设计。

11）计算开式系统并联管路的压力损失。选择从隔膜式膨胀罐内侧到回水立管（如果有排气），或到排水系统的出口之间（如果无排气）具有最大摩擦阻力的管段（一般是最长的管段）进行计算。

12）计算隔膜式膨胀罐出口侧压头。隔膜式膨胀罐出口侧压头取决于排水系统的设计及是否采用排气管的方案，分为以下三种情况：

① 使用不带排气管的回水立管并向地表排水的方案。该方案中，隔膜式膨胀罐出口侧压力 p_2 由四部分组成：膨胀罐到开式系统供、排水管最高点的垂直距离（图 5-22 中的 H_1）；运行期间回水立管出口的垂直淹没高度（图 5-22 中的 H_2）；上面计算的并联管路最大压力损失；热泵机组中具有的最大换热器压力损失与虹吸作用产生的压头差值。

② 使用带排气管的回水立管并向地表排水的方案（即无虹吸作用）。该方案中，隔膜式膨胀罐出口侧压力，等于从膨胀罐到开式系统供、排水管最高点的垂直距离，膨胀罐到回水立管末端之间并联管路的最大压力损失和热泵机组中具有的最大换热器压力损失这三项的总和。

③ 使用不带排气管的回水立管向回灌井回灌。该方案中，隔膜式膨胀罐出口侧压力，等于从膨胀罐到系统供回水管最高点的垂直距离（图 5-22 中的 H_1），运行期间回水立管在回灌井中的淹没深度，并联管路中从膨胀罐至回灌井中的排水口之间管段的最大摩擦阻力，以及热泵机组中具有的最大换热器压力损失与虹吸作用产生的压头差值这四项的总和。

13）选择膨胀罐。膨胀罐的压力下限等于隔膜式膨胀罐的出口侧压力，其值取决于上面描述的三种设计方案。膨胀罐的最小容积的数值为设计水流量数值的两倍。

14）确定潜水泵与膨胀罐间管道尺寸。依据通过管道的压力损失≤400Pa/m 的条件及相应的

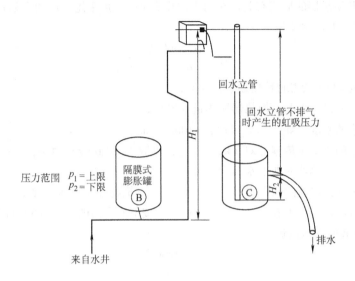

图 5-22 开式环路地下水系统中膨胀罐的出口侧最小压力

井水流量，可选出最小的标准管径，每个供水井管道设计均按此方法进行。

15）选择潜水泵型号。如图 5-23 所示，潜水泵的扬程等于供水井水泵最低抽水水面与膨胀罐的垂直高度（H）、膨胀罐压力上限（p_1）、从潜水泵到隔膜式膨胀罐之间管道压力损失这三项之和。根据井的水流量和水泵的扬程选择一个潜水泵。选择的潜水泵在设计工况下的扬程应比计算值大，并且是在潜水泵的最高效率点附近运行。一般来说，潜水泵的运行通过膨胀罐的压力开关来控制。当开式系统中的水温升至温度上限或降至温度下限时，压力开关分级起动潜水泵。

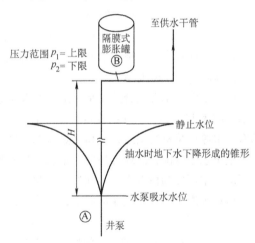

16）确定管道保温层的厚度。开式系统管道要求敷设保温层以避免出现结露现象。管道保温层的厚度应依据以下几个参数选定：选择

图 5-23 开式环路地下水系统中水泵的扬程

的保温层类型、预计的环路最低水温、建筑物内空气温度，以及空气的最大相对湿度、管径。

5.5.2 闭式环路地下水系统设计

当地下水水质不能满足水源热泵机组的使用要求，或者建筑物高度太高，此时可采用闭式环路地下水系统。在闭式环路地下水系统中，由于使用板式换热器，把建筑物内循环水系统和地下水系统分开，因此在设计内容方面不完全与开式环路地下水系统相同。

1. 确定所需的地下水总水量

根据供冷和供暖工况下，水环路的最大放热量和最大吸热量计算井水流量。在冬季和夏季需要的地下水水量，实际上应与系统选择的水源热泵性能、地下水温度、建筑物内循环水温度、冷热水负荷，以及换热器的形式有关。在初步估算流量时，可采用下面两个公式进行计算。

1）在夏季供冷时的水流量

$$q_{V,c} = \frac{3600Q_1}{\rho c_p (t_2 - t_1)}$$ (5-2)

式中　$q_{V,c}$——夏季供冷所需地下水流量（m^3/h）；

　　　Q_1——夏季设计工况下换热器换热量（kW）；

　　　ρ——水的密度（kg/m^3），可取 $\rho = 1000 kg/m^3$；

　　　c_p——水的比定压热容 [$kJ/(kg \cdot ℃)$]，可取 $4.19 kJ/(kg \cdot ℃)$；

　　　t_1——进入换热器的地下水温度（℃）；

　　　t_2——离开换热器的地下水温度（℃），$t_2 =$ 建筑物环路回水温度 t_{w2} – 换热器回水侧逼近温差（一般在 $1 \sim 3℃$ 范围内），t_{w2} 按下面介绍的式（5-5）计算。

2）在冬季供暖时的水流量

$$q_{V,h} = \frac{3600Q_2}{\rho c_p (t_1 - t_2)}$$ (5-3)

式中　$q_{V,h}$——冬季供暖所需地下水流量（m^3/h）；

　　　Q_2——冬季设计工况下换热器换热量（kW）；

　　　t_1——进入换热器的地下水温度（℃）；

　　　t_2——离开换热器的地下水温度（℃），$t_2 =$ 建筑物环路回水温度 t_{w2} + 换热器回水侧逼近温差（一般在 $1 \sim 3℃$ 范围内），t_{w2} 按下面介绍的式（5-6）计算。

计算出的夏、冬季地下水流量，取较大值为所需要的地下水流量。

2. 确定地下水水温

所谓水源的水温应合适，是指适合水源机组运行工况的要求。例如：在制热运行工况时，水源水温应为 $12 \sim 22℃$；在制冷运行工况时，水源水温应为 $18 \sim 30℃$。因此，地下水温度为 $18 \sim 22℃$，水源热泵机组制冷状态和制热状态均处于最佳工况点。

地下水水温随自然地理环境、地质条件及地下深度不同而变化。近地表处为变温带，变温带之下的一定深度为恒温带。不同纬度地区的恒温带深度不同，水温范围为 $10 \sim 22℃$。恒温带以下，地下水温度的变化规律可按下式计算，即

$$T_G = T_m + (H - h)G$$ (5-4)

式中　T_G——在 H 深处地下水温度（℃）；

　　　T_m——所在地区的年平均气温（℃）；

　　　G——地温梯度（℃/m），一般取 $0.02℃/m$ 左右；

　　　H——欲测定地下水水温的深度（m）；

　　　h——所在地区恒温带深度（m）。

表 5-4 示出了我国部分城市地下水温度的概略值。

如果冬季地下水温度较高或夏季地下水温度较低，为了节约地下水资源，可采用地下水侧大温差、小流量的运行方式，也可以采用与回水混合的运行方式，从而尽量满足机组要求的水温。

表 5-4 我国部分城市地下水温度的概略值

城市	地下水温/℃	备注	城市	地下水温/℃	备注
北京	13~14		西安	16~18	70~130m 深处
沈阳	8~12		兰州	11	
哈尔滨	6		宝鸡	16~17.5	
齐齐哈尔	6~7.5	60~110m 深处	银川	11.3	低限值
鞍山	12~13		乌鲁木齐	8	低限值
呼和浩特	8~9	100m 以下	武汉	18~20	
郑州	18	浅层井 60~130m	南昌	20	井深 20~25m
石家庄	16	100m 以下	南宁	17~18	
济南	18		上海	17.8	
青岛	18.4	月平均最高值	成都	18	18~20m 深处
太原	15		贵阳	18	

3. 确定建筑物环路回水温度

在闭式系统中，建筑物环路回水温度即为循环水侧板式换热器的进水温度，可由下面两个公式计算。

1）制冷时

$$t_{w2} = t_{w1} + \frac{3600Q_1}{\rho c_p q_V C_F} \tag{5-5}$$

式中　t_{w2}——循环水侧板式换热器的进水温度（℃）；

　　　t_{w1}——夏季设计工况下热泵的进水温度（℃）；

　　　Q_1——夏季设计工况下换热器换热量（kW）；

　　　C_F——在循环中使用防冻液时的修正系数，$C_F = \dfrac{(密度 \times 比体积)_{防冻液}}{(密度 \times 比体积)_{水}}$；

　　　q_V——设计循环水体积流量（m^3/h）。

2）供暖时

$$t_{w2} = t_{w1} - \frac{3600Q_2}{\rho c_p q_V C_F} \tag{5-6}$$

式中　t_{w2}——循环水侧板式换热器的进水温度（℃）；

　　　t_{w1}——冬季设计工况下热泵的进水温度（℃）；

　　　Q_2——冬季设计工况下换热器换热量（kW）。

4. 板式换热器的选型与计算

（1）板式换热器的选型　根据以上计算出的地下水流量、建筑物内循环水流量、地下水温度、建筑物内循环水温度，以及现场勘测得到的地下水参数和工作压力，选择板式换热器的具体型号。在其设计选型中主要注意以下几点：

1）当水井的矿化度为 350~500mg/L 时，可以采用不锈钢板式换热器。当井水的矿化度大于 500mg/L 时，则应安装耐蚀性强的钛合金板式换热器。

2）当地下水的温度低于 26.7℃，氯化物质量分数在 0.02% 以下时，采用 304 不锈钢板和中性橡胶密封垫的板式换热器，可达到满意的使用寿命；但当氯化物质量分数超过 0.02% 时，则应使用316不锈钢板式换热器。

3）一般板间平均流速为0.2～0.5m/s，单板面积可按流体流过角孔的速度为6m/s左右考虑。估算时，对于水 – 水板式换热器，当板间流速为0.3～0.5m/s时，总传热系数K概略值为3000～7000W/（m²·℃）。应根据板式换热器的工作压力、流体的压力降和传热系数来选择板的波纹形式。

4）为了使板式换热器在系统中高效运行，井水侧和循环水侧的流量和工作参数必须很好地匹配。

（2）板式换热器的设计计算　板式换热器选型设计主要包括两部分内容，即传热计算和压降计算。

1）基本传热方程式。板式换热器的热力计算可以采用对数平均温差校正系数值法或温度效率与传热单元数法。以下只介绍对数平均温差校正系数值法。其计算公式为

$$Q = KA\Delta T \tag{5-7}$$

式中　　Q——换热器热负荷（W）；

　　　　K——总传热系数［W/（m²·K）］；

　　　　A——传热面积（m²）；

　　　　ΔT——对数平均温差（℃）。

$$\Delta T = \frac{f(T_1 - T_4) - (T_2 - T_3)}{\ln[(T_1 - T_4)/(T_2 - T_3)]} \tag{5-8}$$

式中　　T_1——热介质进口温度（℃）；

　　　　T_2——热介质出口温度（℃）；

　　　　T_3——冷介质进口温度（℃）；

　　　　T_4——冷介质出口温度（℃）；

　　　　f——温度校正系数。

流道不同，温度校正系数f是各不相同的。图5-24所示是并流温度校正系数，图5-25所示是串流温度校正系数，混流采用管壳式换热器的温度校正系数。

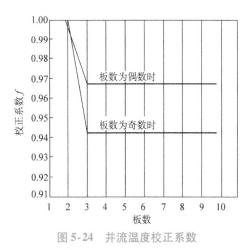

图5-24　并流温度校正系数

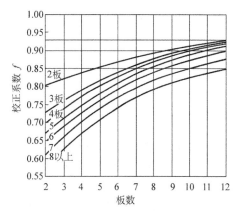

图5-25　串流温度校正系数

换热量Q可根据地下水侧或循环水侧的水流量m_W和进、出口水温来计算。

对于循环水侧（冬季热泵工况）

$$Q = m_{W_1} c_p (t_{W_1} - t_{W_2}) \tag{5-9}$$

对于地下水侧（冬季热泵工况）

$$Q = m_{W_2} c_p (t_1 - t_2) \tag{5-10}$$

式中　m_{W_1}——循环水侧水流量（kg/s）；

m_{W_2}——地下水侧水流量（kg/s）；

c_p——水的比热容 [J/(kg·℃)]；

t_{W_1}——板式换热器循环水出口水温（℃）；

t_{W_2}——板式换热器循环水进口水温（℃）；

t_1——板式换热器地下水进口水温（℃）；

t_2——板式换热器地下水出口水温（℃）。

2）传热系数。在板式换热器冬季热泵工况下，热量从地下水传向循环水的过程中，总传热系数为

$$K = \left(\frac{1}{\alpha_1} + R_{s_1} + \delta/\lambda + R_{s_2} + \frac{1}{\alpha_2} \right)^{-1} \tag{5-11}$$

式中　K——总传热系数 [W/(m²·K)]；

α_1、α_2——板式换热器地下水侧、循环水侧的表面换热系数 [W/(m²·K)]；

λ——板片材料的热导率 [W/(m·K)]；

δ——板片材料的厚度（m）；

R_{s_1}、R_{s_2}——板片地下水侧、循环水侧的污垢层热阻 [(m²·K)/W]。

水的流速与表面换热系数 α 的关系如图 5-26 所示。表 5-5 中列出了几种国产板式换热器的换热准则方程。

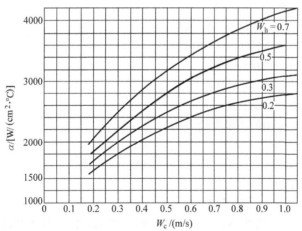

图 5-26　水的流速与表面换热系数 α 的关系

W_c—冷水流速　W_h—冷水流速

表 5-5　几种国产板式换热器的换热准则方程

序号	半片形式	换热准则方程	介质	Re
1	0.1m² 斜波纹板	$Nu = 0.135\, Re^{0.717} Pr^{0.43} (Pr/Pr_w)^{0.25}$	水 – 水	2000 ~ 11000
2	0.1m² 人字形波纹板	$Nu = 0.18\, Re^{0.7} Pr^{0.43} (Pr/Pr_w)^{0.25}$	水 – 水	760 ~ 20000
3	0.2m² 锯齿形波纹板	$Nu = 0.31\, Re^{0.61} Pr^{0.4}$	水 – 水	2850 ~ 14600
4	0.3m² 人字形波纹板	$Nu = 0.053\, Re^{0.84} Pr^{0.4}$	水 – 水	160 ~ 800
5	0.5m² 水平平直波纹板	$Nu = 0.165\, Re^{0.65} Pr^{0.43} (Pr/Pr_w)^{0.25}$	水 – 水	200 ~ 2000

由表 5-5 可看出，板式水 – 水换热器在湍流条件下的平均表面换热系数 α 的关联式为

$$Nu_f = C\, Re_f^n\, Pr_f^m \tag{5-12}$$

如果流体黏度变化很大，则采用 $\left(\dfrac{\mu_f}{\mu_W}\right)^{0.14}$ 作为不均匀物性影响的修正系数，故有

$$Nu_f = C\, Re_f^n\, Pr_f^{1/3} \left(\frac{\mu_f}{\mu_W}\right)^{0.14} \tag{5-13}$$

考虑黏度影响时

$$Nu_f = C\, Re_f^n\, Pr_f^{0.43} \left(\frac{Pr_f}{Pr_W}\right)^{0.25} \tag{5-14}$$

层流时

$$Nu_f = C(C\, Re_f\, Pr_f) \left(\frac{d_e}{L'}\right)^n \left(\frac{\mu_f}{\mu_W}\right)^z \tag{5-15}$$

式中　$Nu_f = \dfrac{\alpha l}{\lambda}$——努塞尔数，定性温度为流体平均温度（℃）；

　　$Re_f = \dfrac{Wd_e}{\nu}$——雷诺数，定性温度为流体平均温度（℃）；

　　$Pr_f = \dfrac{\mu c_p}{\lambda}$——普朗特数，定性温度为流体平均温度（℃）；

　　C，n，z——系数及指数；

　　μ_f——流体平均温度下的动力黏度（Pa·s）；

　　l——特征尺寸，长度（m）；

　　α——表面换热系数 [W/(m²·K)]；

　　λ——热导率 [W/(m·K)]；

　　W——流速（m/s）；

　　d_e——通道当量直径（m）；

　　ν——运动黏度（m²/s）；

　　L'——流体的流动长度（m）。

在计算 Re 数值时，采用的当量直径 d_e 为

$$d_e = \frac{4A_s}{S} \tag{5-16}$$

式中　A_s——通道截面面积（m²）；

　　S——参与传热的润湿周边长（m）。

对于某些特殊结构的板式换热器，板片两侧的通道截面面积并不相同，这时两侧的当量直径应分别计算。

3）污垢热阻。板式换热器污垢热阻见表 5-6。

表 5-6　板式换热器污垢热阻

介质种类	污垢热阻 R_s/(m²·℃/W)	介质种类	污垢热阻 R_s/(m²·℃/W)
软水或蒸馏水	0.86×10^{-5}	润滑油	$(1.7 \sim 4.3) \times 10^{-5}$
低硬度水	1.7×10^{-5}	植物油	$(1.7 \sim 5.2) \times 10^{-5}$
高硬度水	4.3×10^{-5}	有机溶剂	$(0.86 \sim 2.6) \times 10^{-5}$
冷却塔循环水	3.4×10^{-5}	水蒸气	0.86×10^{-5}
海水	4.3×10^{-5}		

4）压力损失。板式换热器的压降 Δp 为

$$\Delta p = b \, Re^d m \rho W^2 \tag{5-17}$$

式中　b——系数，随不同型号的板式换热器而定；

　　　m——流程数；

　　　d——指数，随不同型号的板式换热器而定，d 为负值。

实际设计中可以根据采用的板型，在 $\Delta p - W$ 的关系图上直接查出 Δp。图 5-27 所示为 $0.1\mathrm{m}^2$ 人字形波纹板（水 – 水）$\Delta p - W$。图 5-28 所示为 $0.2\mathrm{m}^2$ 锯齿形波纹板 $\Delta p - W$ 图。图 5-29 所示为 $0.3\mathrm{m}^2$ 人字形波纹板 $\Delta p - W$ 图。图 5-30 所示为摩擦因数 f_0 与 Re 关系图。

5）换热面积。换热器的换热面积为

$$A = \Phi a_1 (N_\mathrm{p} - 2) \tag{5-18}$$

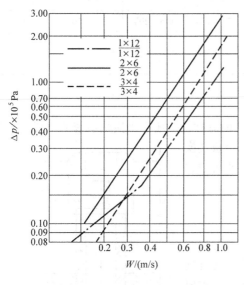

图 5-27　$0.1\mathrm{m}^2$ 人字形波纹板
（水 – 水）$\Delta p - W$ 图

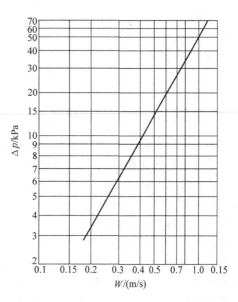

图 5-28　$0.2\mathrm{m}^2$ 锯齿形波纹板
（水 – 水）$\Delta p - W$ 图

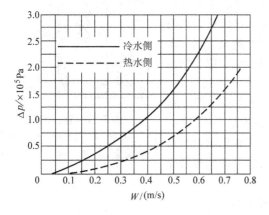

图 5-29　$0.3\mathrm{m}^2$ 人字形波纹板（水—水）$\Delta p - W$ 图

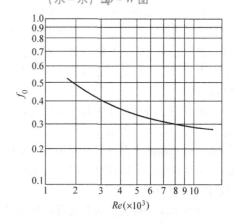

图 5-30　摩擦因数 f_0 与 Re 关系图

式中　N_p——板片总数；

　　　a_1——在垫片内侧参与换热部分的板片投影面积（m²）；

　　　Φ——展开系数，板片展开面积与投影面积之比，$\Phi = t'/t$；

　　　t'——波纹节距展开长度（mm）；

　　　t——波纹节距（mm）。

若导流区域波纹区波纹节距相差较大时，应分别计算导流区与波纹区的换热面积，两者相加。

6）板片。板片厚度应不小于0.5mm，两端应有对称的悬挂定位结构。

板式换热器的单台最大处理量参考值见表5-7。

表5-7　板式换热器的单台最大处理量参考值

单板面积/m²	0.1	0.2	0.3	0.5	0.8	1.0	2.0
角孔直径/mm	40~50	65~90	80~100	125~150	175~200	200~250	~400
单台最大流通能力 /（m³/h）	27~42	71.4~137	108~170	264~381	520~678	678~1060	~2500

5.5.3　热源井的结构与设计要点

热源井是地下水热泵空调系统的抽水井和回灌井的总称，是地下水换热系统的重要组成部分。它的功能是从地下水源中取出合格的地下水并送至板式换热器，或直接送至水源热泵，以供热交换用。然后，水再通过回灌井返回含水层。

1. 热源井的主要形式

热源井的主要形式有管井、大口井、辐射井等。

管井是目前地下水源热泵空调系统中最常见的。管井按含水层的类型划分，有潜水井和承压井；按揭露含水层的程度划分，有完整井和非完整井。管井的构造如图5-31所示，主要由井室、井壁管、过滤器、沉淀管等部分组成。

井径大于1.5m的井称之为大口井。大口井可以作为开采浅层地下水的热源井，其构造如图5-32所示，它具有构造简单、取材容易、施工方便、使用年限长、容积大能兼起调节水量作用等优点；但大口井由于井深度小，它对潜水水位变化适应性差。

辐射井是由集水井与若干呈辐射状铺设的水平集水管（辐射管）组合而成。集水井用来汇集从辐射管来的水，同时又是辐射管施工和抽水设备安装的场所。辐射管是用来集取地下水的，辐射管可以单层铺出也可多层铺设。单层辐射管的辐射井如图5-33所示。

地下水取水构筑物的形式及适用范围见表5-8。

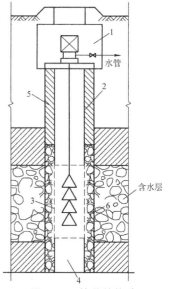

图 5-31　管井的构造

1—井室　2—井管壁　3—过滤器
4—沉淀管　5—黏土封闭　6—规格填砾

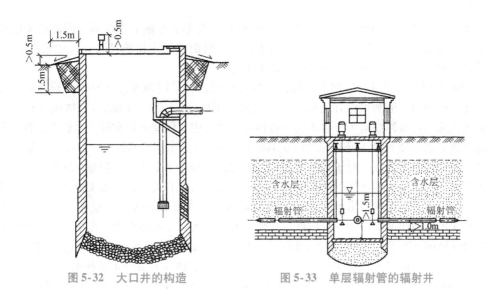

图 5-32　大口井的构造　　　　　　图 5-33　单层辐射管的辐射井

表 5-8　地下水取水构筑物的形式及适用范围

形式	尺寸	深度	适用范围				
			地下水类型	地下水埋深	含水层厚度	水文地质特征	出水量
管井	井径 50 ~ 1000mm，常用 150 ~ 600mm	井深 20 ~ 1000m，常用 300m 以内	潜水、承压水、裂隙水、溶洞水	200m 以内，常用在 70m 以内	大于 5m 或有多层含水层	适用于任何砂、卵石、砾石底层及构造裂缝隙、岩溶裂隙地带	单井出水量 500 ~ 6000m³/d，最大可达到 $(2 ~ 3) \times 10^4$ m³/d
大口井	井径 1.5 ~ 10m，常用 3 ~ 6m	井深 20m 以内，常用 6 ~ 15m	潜水、承压水	一般在 10m 以内	一般为 5 ~ 15m	砂、卵石、砾石底层，渗透系数最好在 20m/d 以上	单井出水量 500 ~ 1×10^4 m³/d，最大为 $(2 ~ 3) \times 10^4$ m³/d
辐射井	集水井直径 4 ~ 6m，辐射管直径 50 ~ 300mm，常用 75 ~ 150mm	集水井井深 3 ~ 12m	潜水、承压水	埋深 12m 以内，辐射管距降水层应大于 1m	一般大于 2m	补给良好的中粗砂、砾石层，但不可含有飘砾	单井出水量 500 ~ 1×10^4 m³/d，最大为 10×10^4 m³/d

2. 地下水的回灌

往往由于水文地质条件的不同，常常影响回灌量的大小。对于砂粒较粗的含水层，由于孔隙较大，相对而言，回灌比较容易。但在细砂含水层中，回灌的速度大大低于抽水速度。表 5-9 列出了国内不同地质条件下的地下水系统设计参数。

表 5-9　不同地质条件下的地下水系统设计参数

含水层类型	灌抽比（%）	井的布置	井的流量/（t/h）
砾石	>80	一抽一灌	200
中粗砂	50 ~ 70	一抽二灌	100
细砂	30 ~ 50	一抽三灌	50

（1）回灌水的水质　对于回灌水的水质，要求好于或等于原地下水水质，回灌后不能引起区域性地下水水质污染。实际上，地下水经过水源热泵机组或板式换热器后，只是交换了热量，水质几乎没有发生变化，回灌一般不会引些地下水污染。

（2）回灌类型、回灌量　根据工程场地的实际情况，可采用地面渗入补给、诱导补给及注入补给。注入式回灌一般利用管井进行，常采用无压（自流）、负压（真空）、加压（正压）回灌井等方法。无压自流回灌适用于含水层渗透性好，且井中有回灌水位和静止水位差。真空负压回灌适用于地下水位埋藏深（静水位埋深在10m以下），且含水层渗透性好。加压回灌适用于地下水位高、透水性差的地层。对于抽灌两用井，为防止井间互相干扰，应控制合理井距。

回灌量大小与水文地质条件、成井工艺、回灌方法等因素有关，其中水文地质条件是影响回灌量的主要因素。一般来说，出水量大的井回灌量也大。在基岩裂隙含水层和岩溶含水层中回灌，一个回灌年度内回灌水位和单位回灌量变化都不会太大。在砾卵石含水层中，单位回灌量一般为单位出水量的80%以上；在粗砂含水层中，回灌量是出水量的50%～70%；在细砂含水层中，单位回灌量是单位出水量的30%～50%。采灌比是确定抽灌井数的主要依据。

（3）真空回灌　真空回灌适用于地下水位埋藏较深，渗透性良好的含水层。在密封性能良好的回灌井中，开泵扬水时井管初管路内充满地下水（图5-34a）。停泵，并且关闭泵出口的控制阀门，此时由于重力作用井管内水迅速下降，在管内的水面与控制阀之间造成真空度（图5-34b）。在这种状态下，开启控制阀门和回灌水管路上的进水阀，靠真空虹吸作用，水就迅速进入井管内，并克服阻力向含水层渗透。

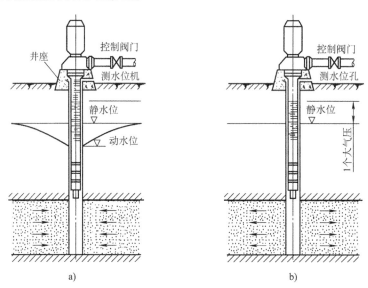

图5-34　真空回灌

（4）重力回灌　重力回灌是依靠自然重力进行的回灌，又称无压自流回灌。此法适用于低水位和渗透性良好的含水层。

（5）压力回灌　压力回灌是通过提高回灌水压力的方法将热泵系统用后的地下水灌回含水层内，适用于高水位和低渗透性的含水层和承压含水层。它的优点是有利于避免回灌的堵塞，也能维持稳定的回灌速率。但它的缺点是回灌时对井的过滤层和含砂层的冲击力强。

（6）单井回灌技术　从原理上讲，单井抽灌是在地下局部形成抽灌的平衡和循环，如图

5-35所示，深井被人为地分隔为上部的回灌区和下部的抽水区两部分。当系统运行时，抽水区的水通过潜水泵提升到井口换热器，与热泵机组进行换热后，通过回水管回到井中。抽水区的水被抽吸时，抽水区局部形成漏斗。回灌的回灌水在水头压力的驱动下，从井的四周往抽水区渗透，因此单井抽灌兼具真空及压力回灌的优点，在此过程中完成回灌水与土壤的热交换。此时回灌水所经过的土壤，就成为一个开放式的换热器。单井抽灌变多井间的小水头差为单井的高水头差，因此，单井抽灌比多井更容易解决水的回灌问题，同时还有占地面积小的优点。在实际应用中，单井回灌技术一般适用于供暖制冷负荷较小的情况。

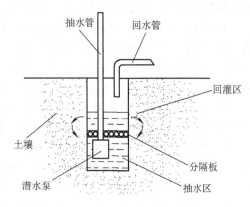

图 5-35　单井抽灌的原理

3. 地下水回灌困难的原因

1）回灌井堵塞。回灌井堵塞机理及处理方法见表5-10。

表 5-10　回灌井堵塞机理及处理方法

堵塞情况	成因	处理方法
悬浮物的堵塞	混浊物被带入含水层，堵塞砂层的孔隙	1. 控制回灌水中悬浮物的含量 2. 运行中采用回扬技术措施
气泡堵塞	空气被带入含水层，空气的来源有： 1. 回灌井水中可能夹带气泡 2. 水中的溶解性气体由于浓度、压力的变化而释放出来 3. 因生化反应而生成的气体	回扬
微生物的生长	回灌水中的微生物在适宜的条件下，在回灌井的周围迅速繁殖形成生物膜，堵塞过滤器孔隙	1. 去除水中的有机物 2. 进行预消毒杀死微生物 3. 水质监测
化学沉淀堵塞	水中的 Fe、Mn、Ca、Mg 离子与空气相接触所产生的化合物沉淀，堵塞滤网和砂层孔隙	1. 回扬 2. 酸化（HCl）处理
黏粒膨胀和扩散	水中的离子和含水层中黏土颗粒上的阳离子发生交换，导致黏性颗粒膨胀与扩散	注入 $CaCl_2$
砂层压密	砂层扰动压密、孔隙度减小、渗透能力降低	打新井

2）腐蚀问题。在地下水的浸泡过程中，水系统钢管和过滤器因受电化学腐蚀，水中铁质增加，堵塞了过滤网或砂层的孔隙，导致灌抽比减小。

3）渗透系数太小。通过理论分析可以知道，无论哪种井，回灌的灌压随着水平渗透系数的减小而增加，并且变化剧烈。这种情况下回灌井会显著增加系统的灌压水头，加大井水循环泵能耗。

4. 防止回灌井堵塞的技术措施

1）回扬。回扬清洗方法是预防和处理回灌井堵塞的有效方法之一。回扬时由于渗透系数的恢复，而使热泵灌压水头得到有效的降低。回扬次数和回扬的时间主要取决于含水层的渗水性大小和井的特征、水质、回灌水量、回灌方法等因素。

对于中、细砂的含水层，压力回灌每天需要回扬 2~3 次，真空回灌每天需要回扬 1 次。回扬时间一般需要 15~30min。在停用期，20~30 天回扬 1 次。对于轻度堵塞的回灌井，可采用连续回扬，直到井的单位开采量和动水位恢复。对于严重堵塞的回灌井，可采用回扬与间歇停泵反冲的处理方法或用回扬与压力灌水相结合的处理方法。

2）辐射井回灌。若在地下水源热泵工程中采用辐射井作为回灌井，对回灌是有利的。因为辐射井的单井出水量要比管井和大口井的单井出水量大。

3）双功能回灌井。抽水井与回灌井定期交换作用，使每口井都轮流工作于取水和回灌两种状态。这相当于是一种双功能的回灌井。采用双功能的回灌井，也是防止回灌堵塞的技术措施之一。

4）管井的过滤管过滤面积加大或采用多井回灌，都有利于减小回灌压力。

5. 水井及管路设计注意事项

1）氧气会与井内存在的铁反应形成铁的氧化物，也能产生气体黏合物，引起井阻塞。为此，热源井设计时，应采取有效措施消除氧气侵入现象。

2）回灌点水位应低于回灌井静水位至少 3m。

3）总的设计取水量应超过预期热泵系统所需最大水量。

4）在系统未运行时，通过使用连通管消除水井间的虹吸作用力。

5）当供水井数量大于一口井时，每口井应安装井源逆止阀。

6）可以使用重锤式逆止阀或稳压阀，使地下水排水管维持较小的正压状态，这样可以防止空气进入管道、降低噪声、防止水锤发生。

7）在每个回灌井的井口，稳压装置的后面安装一个排气阀。排气阀的作用是排出空气，以避免空气被带入回灌区域。

8）供水井越深，打井费用越高。为此，通常井深不宜超过 200m。

5.6　地表水源热泵系统设计

5.6.1　闭式环路地表水热泵系统的设计

当有地表水体（江、河、湖等）可以当作冷热源时，应首先搜集和确定使用地表水所需的资料。水池或湖泊的面积及深度对系统供冷性能的影响，要比对供热性能的影响大。为使系统运行良好，湖水或河水的深度应超过 4.6m。对于浅水池或湖泊（水深为 4.6~6.1m），热负荷应不超过 13W/m²；对于深水湖（水深 >9.2m），热负荷应不超过 69.5W/m²。

设计步骤如下：

1）确定江、河、湖或水池中水体在一年四季不同深度的温度变化规律。由于地表水体的温度变化大，因而对水体在全年各个季节的温度变化和不同深度温度的变化的测定，是设计的一项主要工作。

2）确定地表水换热器的类型及材料。目前地表水换热器一般均采用高密度聚乙烯盘管。把工厂生产的捆卷在现场拆散后，重新捆绑成松散捆卷，然后在底部加上（轮胎、石块等）重物（图 5-36a），再放入水中成为地表水换热器。另外也有采用伸展开盘管形式的（图 5-36b）地表水换热器。

3）选择地表水换热器中的防冻剂种类。在冬季，当水体温度为 5.6~7.2℃ 时，盘管的液体

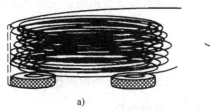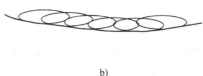

a)　　　　　　　　　　　　　　　　　　b)

图 5-36　地表水换热器盘管
a）松散捆卷盘管　b）伸展开盘管

温度会降到2.8~3.3℃，这样即使在南方的水体中运行，水源热泵的出口温度也有可能接近甚至低于0℃，因此必须采用防冻剂。常用的防冻剂有氯化钙、丙烯乙二醇、甲醛、酒精等。

4）确定地表水换热器盘管的长度。盘管的长度取决于供冷工况时的最大散热量，以及供暖工况时水环路的最大吸热量。设计者可参考图 5-37 ~ 图 5-40，根据接近温度，即盘管出口温度与水体温度之差，确定单位热负荷所需的盘管长度。然后根据供冷工况时的最大散热量，或供暖工况时水环路的最大吸热量，计算出地表水换热器所需盘管的总长度。

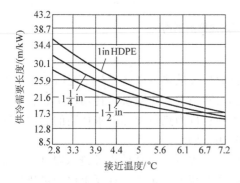

图 5-37　供冷工况伸展开盘管需要长度
（注：1in = 0.024m，后同）

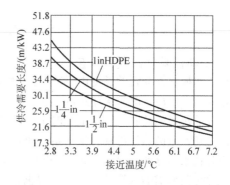

图 5-38　供冷工况松散捆卷盘管需要长度

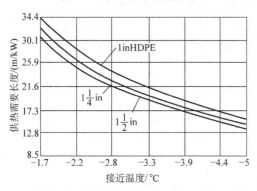

图 5-39　供暖工况伸展开盘管需要长度

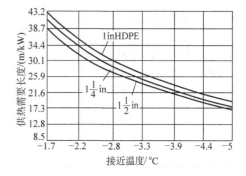

图 5-40　供暖工况松散捆卷盘管需要长度

5）设计盘管的构造和流程。确定盘管环路数量，把盘管分组连接到环路集管上，根据水体布置环路集管。设计原则为：①每个盘管的长度相等且成为一个环路，环路的流量要保证使其内部的工作液处于湍流流动（$Re > 3000$），同时使盘管的压力损失不超过 61kPa。②合理布置各个环路组成的环路集管，使之与现有水体形状相适应，并使环路集管最短。在每个环路集管中，环路的数量应相同，以保证流量平衡和环路集管管径相同。

5.6.2 塑料盘管换热器设计

地表水源热泵系统的换热器，也可以采用形状如图 5-41 所示的塑料盘管换热器。材料为聚乙烯管或聚丁烯管，管径有 3/4in、1in、$1\frac{1}{4}$in、$1\frac{1}{2}$in 几种规格。

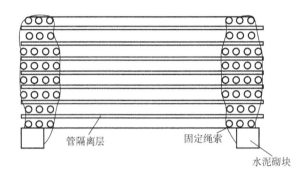

管隔离层   固定绳索   水泥砌块

图 5-41   塑料盘管换热器的剖面

1. 塑料盘管换热器的长度

地表水换热器盘管的长度由供冷工况时水环路的最大散热量或者供热工况时水环路的最大吸热量决定。供冷工况时水环路的最大散热量包括总冷负荷、热泵机组耗功产生的热量和中央泵站释放的热量的总和。供热工况时水环路的最大吸热量为热负荷加上水环路的热损失减去热泵机组耗功产生的热量再减去集中泵站加到水环路中的热量。

设计进水温度通常要高于0℃。设计中可从表 5-11 中选择合适的设计进水温度，以此来确定单位热负荷所需的盘管长度。然后根据地表水换热系统的总负荷，计算出地表水热交换系统所需的盘管的总长度。

表 5-11   不同长度规格地表水换热器盘管的设计进水温度

换热器盘管规格		北方地表水温度/℃		南方地表水温度/℃	
		4.5℃（冬季）	10℃（夏季）	10℃（冬季）	28℃（夏季）
供暖	32m/冷吨	—	—	4	—
	64m/冷吨	0	—	5.5	—
	96m/冷吨	2	—	7	—
供冷	32m/冷吨	—	20	—	37
	64m/冷吨	—	17.5	—	34
	96m/冷吨	—	15	—	31

2. 塑料盘管换热器的结构设计

确定了换热器盘管的总长度后，就可开始设计换热器盘管的构造和流程。设计工作要解决三个问题：使用多长的塑料管组成一个盘管构成一个环路；使用多少组盘管组成一个供水环路，怎样把盘管分组连接到供水环路集管上；以及根据现有水体如何布置环路集管。

表 5-12 提供了环路设计的数据。确定等长盘管数量的方法是：先根据地表水温度状况和换

热器设计进水温度按表 5-12 中取一种规格的盘管，再用换热器盘管的总长度除以单个盘管的长度就得到等长盘管的数量。

表 5-12　塑料盘管换热器环路设计指南

环路集管流量 /(m³/h)	聚乙烯管环路集管尺寸/in	聚丁烯管环路集管尺寸/in	环路数（环路集管）	流量（环路）/(m³/h)	聚乙烯管环路尺寸/in	聚丁烯管环路尺寸/in
1.36	1	1	1	1.36	1	1
			2	0.68	¾	¾
2.05	1	1¼	1	2.05	1	1¼
			2	1.03	¾	1
			3	0.68	¾	¾
2.73	1	1½	2	1.37	1	1¼
			3	0.91	¾	1
			4	0.68	¾	¾
3.41	1¼	3/2	2	1.71	1	1¼
			3	1.14	1	1
			4	0.85	¾	1
			5	0.68	¾	¾
			6	0.57	¾	¾
5.12	2	2	2	2.56	1¼	1½
			3	1.71	1¼	1¼
			4	1.28	1	1¼
			5	1.02	¾	1
			6	0.85	¾	1
			7	0.73	¾	¾
			8	0.64	¾	¾
6.82	2	2	2	3.41	1¼	1½
			3	2.27	1¼	1½
			4	1.71	1¼	1¼
			5	1.36	1	1¼
			6	1.14	¾	1¼
			7	0.97	¾	1
			8	0.85	¾	1
			9	0.76	¾	¾
			10	0.68	¾	¾
			11	0.62	¾	¾
8.53	2	3	2	4.27	1½	1½
			3	2.84	1¼	1½
			4	2.13	1¼	1¼

（续）

环路集管流量 /(m³/h)	聚乙烯管环路集管尺寸/in	聚丁烯管环路集管尺寸/in	环路数（环路集管）	流量（环路） /(m³/h)	聚乙烯管环路尺寸/in	聚丁烯管环路尺寸/in
8.53	2	3	5	1.71	1¼	1¼
			6	1.42	1	1¼
			7	1.22	¾	1¼
			8	1.07	¾	1
			9	0.95	¾	1
			10	0.85	¾	¾
			11	0.76	¾	¾
			12	0.71	¾	¾
			13	0.66	¾	¾
10.23	2	3	3	3.41	1¼	1½
			4	2.56	1¼	1½
			5	2.05	1¼	1¼
			6	1.71	1¼	1¼
			7	1.46	1	1¼
			8	1.28	1	1¼
			9	1.14	¾	1¼
			10	1.02	¾	1
			11	0.93	¾	1
			12	0.85	¾	1
			13	0.79	¾	¾
			14	0.73	¾	¾
			15	0.68	¾	¾
			16	0.64	¾	¾
11.94	2	3	3	3.98	1½	1½
			4	2.99	1¼	1½
			5	2.39	1¼	1½
			6	1.99	1¼	1¼
			7	1.71	1¼	1¼
			8	1.49	1	1¼
			9	1.33	1	1¼
			10	1.19	¾	1¼
			11	1.09	¾	1
			12	1.00	¾	1
			13	0.92	¾	1

（续）

环路集管流量 /(m³/h)	聚乙烯管环路集管尺寸/in	聚丁烯管环路集管尺寸/in	环路数（环路集管）	流量（环路）/(m³/h)	聚乙烯管环路尺寸/in	聚丁烯管环路尺寸/in
11.94	2	3	14	0.85	¾	¾
			15	0.80	¾	¾
			16	0.75	¾	¾
			17	0.70	¾	¾
			18	0.66	¾	¾
			19	0.63	¾	¾
13.64	3	3	3	4.55	1½	1½
			4	3.41	1½	1½
			5	2.73	1¼	1½
			6	2.27	1¼	1½
			7	1.95	1¼	1¼
			8	1.71	1¼	1¼
			9	1.52	1	1¼
			10	1.36	1	1¼
			11	1.24	¾	1¼
			12	1.14	¾	1
			13	1.05	¾	1
			14	0.97	¾	1
			15	0.91	¾	1
			16	0.85	¾	1
			17	0.80	¾	¾
			18	0.76	¾	¾
			19	0.72	¾	¾
			20	0.68	¾	¾
			21	0.65	¾	¾
			22	0.62	¾	¾
15.35	3	3	3	5.07	1½	1½
			4	3.84	1½	1½
			5	3.07	1¼	1½
			6	2.56	1¼	1½
			7	2.19	1¼	1¼
			8	1.92	1¼	1¼
			9	1.71	1¼	1¼
			10	1.54	1	1¼
			11	1.40	1	1¼

（续）

环路集管流量/(m³/h)	聚乙烯管环路集管尺寸/in	聚丁烯管环路集管尺寸/in	环路数(环路集管)	流量(环路)/(m³/h)	聚乙烯管环路尺寸/in	聚丁烯管环路尺寸/in
15.35	3	3	12	1.28	¾	1¼
			13	1.18	¾	1¼
			14	1.10	¾	1
			15	1.02	¾	1
			16	0.96	¾	1
			17	0.90	¾	1
			18	0.85	¾	1
			19	0.81	¾	¾
			20	0.77	¾	¾
			21	0.73	¾	¾
			22	0.70	¾	¾
			23	0.67	¾	¾
			24	0.64	¾	¾
17.06	3	3	4	4.27	1½	1½
			5	3.41	1½	1½
			6	2.84	1¼	1½
			7	2.44	1¼	1½
			8	2.13	1¼	1¼
			9	1.90	1¼	1¼
			10	1.71	1¼	1¼
			11	1.55	1	1¼
			12	1.42	1	1¼
			13	1.31	1	1¼
			14	1.22	1	1¼
			15	1.14	¾	1¼
			16	1.07	¾	1
			17	1.00	¾	1
			18	0.95	¾	1
			19	0.90	¾	1
			20	0.85	¾	1
			21	0.81	¾	¾
			22	0.78	¾	¾
			23	0.74	¾	¾
			24	0.71	¾	¾
			25	0.68	¾	¾
			26	0.66	¾	¾
			27	0.63	¾	¾

盘管分组连接到环路集管上，连接方法如图 5-42 和图 5-43 所示。

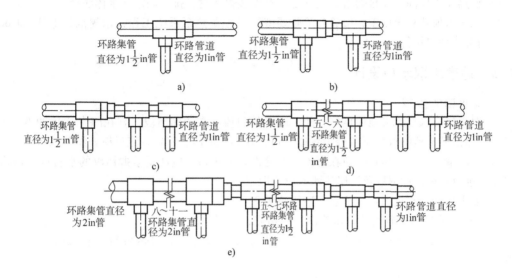

图 5-42 聚丁烯分、集水器设计指南

a) 双回路 b) 三回路 c) 四回路 d) 五~六回路 e) 七~十一回路

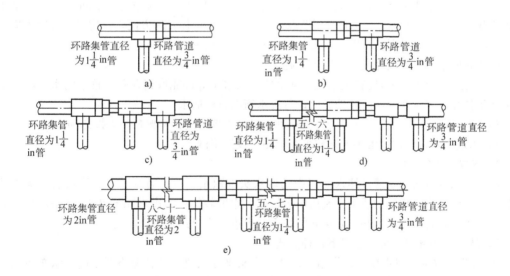

图 5-43 聚乙烯分、集水器设计指南

a) 双回路 b) 三回路 c) 四回路 d) 五~六回路 e) 七~十一回路

3. 塑料盘管换热器的敷设原则

1）供回水环路中宜采用同程的布置方式，并可敷设在彼此平行的地沟内。

2）供回水环路集管的管沟应分开。

3）要注意供水环路系统是否具有良好的水力稳定性。

4）水体的静压不能超过管材的承压范围。

5）换热盘管环路上设排气装置，以保证供、回水环路的顺利排气。

6）地表水的最低水位与换热盘管距离不应小于1.5m。

7）换热盘管应固定在排架上，在管子下部安装衬垫物，排架固定在水体底部。

8）地表水换热系统施工、检验与验收要遵照《地源热泵系统工程技术规范》（GB 50366—2005）的有关规定执行。

5.6.3 地表水取水口设计

1. 取水口的位置

1）取水口应选在地形地质良好、便于施工的河段。在弯曲河段，宜在凹岸"顶冲点"（水流对凹岸冲刷最强烈的点）下游处设置取水口；在顺直河段，宜在主流近岸处设置取水口。

2）一般情况下，应尽量避免在河流交汇处设置取水口。应注重掌握河汊的水特性与河道演变规律，避免在游荡性河段及湖岸浅滩处设置取水口。

3）取水口和取水构筑物应注意下述影响因素：

① 泥砂、水草等杂物会使取水头部淤积堵塞，阻断水流。

② 河流历年的径流资料及其统计分析数据是设计大型地表水热泵站的取水构筑物的重要依据。

③ 注意人为因素对河床稳定性的影响等。

2. 岸边式取水构筑物

所谓岸边式取水构筑物，是指建于湖泊、河流的一岸，直接从岸边取水的构筑物。岸边式取水构筑物的基本形式可分为合建式和分建式。合建式岸边取水构筑物的进水间与泵房合建在一起布置紧凑，占地面积小，水泵吸水管路短，运行安全，维护管理方便。分建式岸边取水构筑物是进水间与泵房分开设置，可以分别进行结构处理，单独施工。

岸边式取水构筑物设计应注意以下问题：

1）岸边取水构筑物应能在洪水位、常水位、枯水位等都能取到含砂量较小的水，所以岸边取水构筑物往往采用在不同高程处分层设置进水窗的方法取水。

2）为了截留水中粗大的漂浮物，须在进水口处设置格栅，格栅要使于拆卸和清洗。

3）为进一步截留水中细小的杂质可在格栅后设置格网。

3. 河床式取水构筑物

河床式取水构筑物是通过伸入江河内的取水头部取水，然后通过进水管将水引入集水井的构筑物。河床式取水构筑物适于主流离岸边较远、岸坡较缓、岸边水深不足或水质较差等场合。河床式取水构筑物根据集水井与泵房间的联系，也可分为合建式与分建式。

1）从取水头部引水可采用以下几种方式：

① 自流管取水。河水在重力作用下，从取水头部流入集水井，经格网后进入水泵吸间。这种引水方法安全可靠，但土方开挖量较大。洪水期底砂及草情严重、河底易发生淤积、河水主流游荡不定等情况下，最好不用自流管引水。

② 虹吸管引水。采用虹吸管引水时，河水从取水头部靠虹吸作用流至集水井。这种引水方式适用于变化幅度较大河床为坚硬的岩石或不稳定的砂土，岸边设有防洪堤等情况时从河中引水。由于虹吸管管路相对较长，容积也大，真空引水水泵起动时间较长。

③ 水泵抽水。河水由伸入河中的水泵吸水管直接取水。这种引水方式，由于没有经过格网，故只适用于河水水质较好，水中漂浮杂质少，不需设格网时的场合。

2）河床式取水构筑物取水头部的形式和构造见表5-13。

表 5-13 固定式取水头部及其适用条件

形式	图 示	特 点	适用条件
管式取水头部（喇叭管取水头部）	a)顺水流式 　　b)水平式	1. 结构简单 2. 造价较低 3. 施工方便 4. 喇叭口上应设置格栅或其他拦截粗大漂浮物的装置 5. 格栅的进水流速一般不应考虑有反冲或清洗设施	1. 顺水流式，一般用于泥砂和漂浮物较多的河流 2. 水平式，一般用于纵坡较小的河段 3. 垂直式（喇叭口向上）：一般用于河床较陡、河水较深处、无冰凌、漂浮物较少，而又有较多推移质的河流 4. 垂直式（喇叭口向下）：一般用于直吸式取水泵房
蘑菇形取水头部		1. 头部高度较大，要求在枯水期仍有一定水深 2. 进水方向为自帽盖底下曲折流入，一般泥砂和漂浮物带入较少 3. 帽盖可做成装配式，便于拆卸检修 4. 施工安装较困难	适用于中小型取水构筑物
鱼形罩及鱼鳞式取水头部	水流方向 水流方向 条缝进水	1. 鱼形罩为圆扎进水；鱼鳞罩为条缝进水 2. 外形圆滑、水流阻力小，防漂浮物、草类效果较好	适用于水泵直接吸水式的中小型取水构筑物
箱式取水头部	格栅	钢筋混凝土箱体可采用预制构件，根据施工条件作为整体浮运，分几部分在水下拼接	适用于水深较浅，含砂量少，以及冬季潜冰较多的河流，且取水量较大时

（续）

形式	图　示	特　点	适用条件
岸边隧洞式喇叭口形取水头部	设计最低水位	1. 倾斜喇叭口形的自流管管口做成与河岸相一致；进水部分采用插板式格栅 2. 根据岸坡基岩情况，自流管可采用隧洞掘进施工，最后再将取水口部分岩石进行爆破通水 3. 可减少水下工作量，施工方便，节省投资	适用于取水量较大，取水河段主流近岸，岸坡较陡，地质条件较好时
桩架式取水头部	走道板　围护网　抛石护岸　钢筋混凝土桩	1. 可用木桩和钢筋混凝土桩，打入河底桩的深度视河床地质和冲刷条件决定 2. 框架周围宜加以围护，防止漂浮物进入 3. 大型取水头部一般水平安装，也可向下弯	适用于河床地质宜打桩和水位变化不大的河流

注：摘自刘自放、张廉均、邰丕红编写的《水资源与取水工程》。

　　3）通过取水口取到的地下水要与系统连接，需要除砂。一般可有三种方式：①通过沉淀池，沉淀以后再与系统连接；②通过螺旋除砂器，除砂后再与系统连接；③通过板式换热器直接与系统连接。通过板式换热器与系统连接是比较可靠的一种方式。

5.7　海水源热泵系统设计

5.7.1　海水源热泵系统的工作原理

　　海水源热泵系统是水源热泵装置的配置形式之一，即利用海水作为热源与热汇，并通过热泵机组，为建筑物提供热量或冷量的系统。海水中所蕴含的热能是典型的可再生能源，因此海水源热泵系统也属于可再生能源的一种利用方式。这种系统把海水作为冷、热源使用，可以部分甚至全部取代传统空调和供暖系统中的制冷机和锅炉。

　　海水源热泵系统的工作原理是夏季机组用作制冷机，海水作为冷却水使用，冷却系统不再需要冷却塔，这样会大大提高机组的 COP 值，据测算冷却水温度每降低 1℃，可以提高机组制冷系数 2%～3%。冬季机组作为热泵运行，提取海水中的热量供给建筑物使用。供暖和供冷使用同一套分配管网系统。系统主要组成部分包括：海水取、排放系统，热泵机组，冷冻（供暖）

水分配管网，以及海水换热器（根据海水是否直接进入热泵确定有无）。

5.7.2　海水源热泵系统设计的基本原则

海水源热泵系统设计时，应遵循以下基本原则：

1）海水循环水流量要求根据计算得到的最大得热量或最大释热量确定。

2）根据具体系统形式的不同，对不同部位进行防腐处理。

3）如果选择带有板式换热器的闭式海水源热泵系统，建筑物的高度就不必考虑。

4）海水源热泵系统管道要求敷设保温层。

5）大型建筑物比小建筑物的投资效益高，因为海水取水设施的投资并没有随容量的增加而线性上升。

5.7.3　海水源热泵系统设计方案

根据使用区域的规模、功能和开发进度，海水源热泵系统主要有以下三种设计方案。

1. 集中式海水源热泵系统

集中式海水源热泵系统，就是将大型海水源热泵机组和设备集中设置于机房内，热泵机组制备的冷（热）水通过管网输送至各用户。这种设计适用于建筑物相对集中的区域。每个泵站可以设多个热泵机组，根据负荷变化情况进行台数调节。

因为并非所有的用户都在同一时刻达到峰值负荷，集中式系统可以减少设备的总装机容量，有利于降低自身的初投资。集中式系统一般采用大型热泵机组，COP 值比小型机组的要高，提高了能量利用效率。该系统不需要冷却塔，这样既节省了许多宝贵的建筑面积，增加了业主的收益，又可以减轻由设备的布置而给结构专业带来的设计负担，降低了结构施工的成本。

2. 多级泵站海水源热泵系统

在规模大、建筑群分散并存在多个功能组团的区域，仅靠设置一两个热泵站进行区域供冷和供暖，机组的运行效率和运行调节都是很难达到最优的。因此系统可以设计成由一个主站和多个子站构成，设计成多级泵站海水源热泵系统。主站的供水水温可以不用太高，10～15℃即可，二级热泵站可以根据末端设备的不同需要灵活运行。采取这种系统运行调节比较方便，热损失小且便于管理。

3. 分散式海水源热泵系统

分散式系统一般应为间接式系统。所有的热泵机组都分散至各用户，室外管网系统只为各用户机组提供所需的循环水，而循环水一般不是海水。与集中式海水源热泵系统相比，该系统的热泵机组分散，容量相对较小，初投资会相应增加，机组的 COP 值也会比集中放置的大型机组略低，并且各用户仍然要有冷热源机房。但该系统中各用户的热泵机组相对独立，增大了用户的灵活性，如各用户可根据自身的特定需要来调节热泵的进出水温度。

5.7.4　海水取水构筑物

（1）引水管渠取水　当海滩比较平缓时，可采用引水管渠取水（图 5-44 和图 5-45）。

（2）岸边式取水　在深水海岸，若地质条件及水质良好，可考虑设置岸边式取水构筑物。岸边式取水泵房如图 5-46 所示。

（3）斗槽式取水　斗槽式取水构筑物如图 5-47 所示。斗槽的作用是防止波浪的影响和使泥砂沉淀。

（4）潮汐式取水　潮汐式取水构筑物如图 5-48 所示。涨潮时，海水自动推开潮门，蓄水池

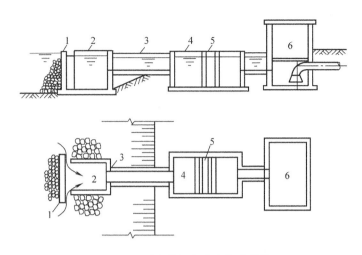

图 5-44 引水管渠取海水的构筑物

1—防浪墙 2—进水斗 3—引水渠 4—沉淀池 5—滤网 6—泵房

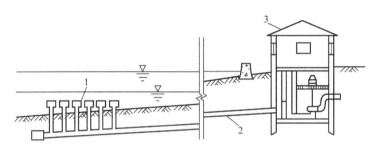

图 5-45 海底引水的取水构筑物

1—立管式进水口 2—自流引水管 3—取水泵房

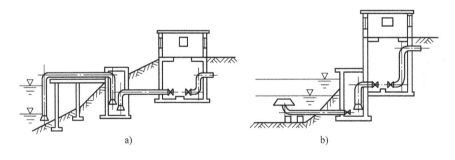

图 5-46 岸边式取水泵房

a）虹吸管分建式泵房 b）自流管合建式泵房

蓄水；退潮时，潮门自动关闭，可使用蓄水池中的蓄水。利用潮汐蓄水，可以节省投资和电耗。

（5）幕墙式取水构筑物 幕墙式取水构筑物如图 5-49 和图 5-50 所示。幕墙式取水构筑物是在海岸线的外侧修建一面幕墙，海水可通过幕墙进入取水口。

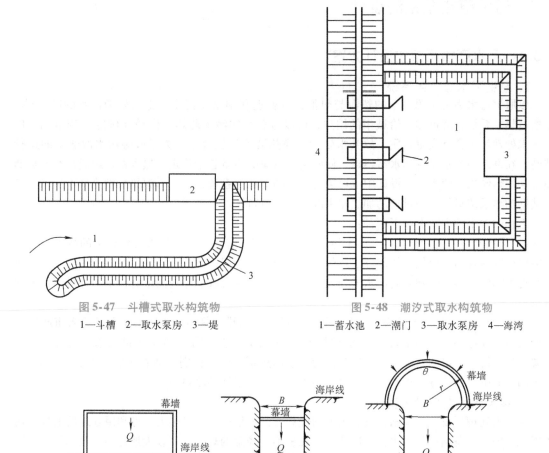

图 5-47　斗槽式取水构筑物

1—斗槽　2—取水泵房　3—堤

图 5-48　潮汐式取水构筑物

1—蓄水池　2—潮门　3—取水泵房　4—海湾

图 5-49　幕墙取水口平面布置

a）槽形垂直幕墙　b）垂直平板式幕墙　c）圆弧形幕墙

r—圆弧形幕墙半径　θ—圆弧形幕墙中心角度　B—幕墙宽度　Q—取水量

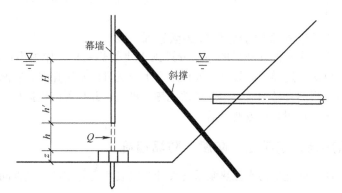

图 5-50　幕墙结构断面示意图

H—表层海水厚度　h'—进水口上端到跃层的距离　h—进水口高度　z—进水口下端到海底的距离

5.8 污水源热泵系统设计

5.8.1 污水源热泵系统设计方案

1. 原生污水源热泵系统

以原生污水为污水源热泵的热源与热汇，可就近利用城市污水，把未处理污水的冷（热）量通过热泵系统，就近输送给城市的用户，可以显著增加污水源热泵供暖（供冷）的范围。但由于未处理污水含有大量杂质，故其水处理和换热装置比较复杂。为了改善污水源热泵的运行特性，在设计中通常设置热水蓄热罐，使向用户供应的热量趋于稳定。热水蓄热罐通常有预热储热罐和加热储热罐两类。在设计中也可考虑设置辅助加热系统，在污水源热泵供热量不足时，投入辅助加热系统运行，通过辅助加热器来改善其运行特性。

工程中常用的方案有以下两种：

1）沿污水主管道设热泵站。由于污水排放主管道具有污水流量较大且较稳定的特点，可在其沿线设置热泵站，以供沿线部分建筑作为冷热源使用。但该方式需要注意在冬季供暖时，防止污水温度降低过多而影响其后污水的处理工艺；否则，从市政总体观点来看，是一种得不偿失的方法。

2）在小区污水处理站器设热泵站。据有关城市污水排放规定，小区污水在排放入市政排水管网之前应经过小区的污水处理器的预处理。污水处理器集中了小区的全部污水，具有稳定的来源，且维持了一定的容量，也很适合作为污水源热泵工作。特别是随着人们对水资源的关注，污水回用的中水系统逐渐得到普遍认可，中水也将会是很好的冷热源。

2. 在污水处理厂设大型热泵站

在污水处理厂设置热泵站，具有很大的优势。污水集中，流量很大，可利用处理后的排放污水或城市中水设备制备的中水作为冷热源。几乎不受降温的影响，将较大地提高热泵的性能，而且换热器的腐蚀结垢等情况也将极大地减少。这时可以将热泵站与区域供冷相结合，发挥其更大的节能效益，这将有助于中小冷热用户减少投资和运行费用。

城市污水处理厂通常远离城市市区，这意味着热源与热汇远离热用户。因此，为了提高系统的经济性，可以在远离城市市区的污水处理厂附近建立大型污水源热泵站。所谓的热泵站是指将大型热泵机组（单机容量在几兆瓦到30MW）集中布置在同一机房内，置换热水通过城市管网向用户供暖的热力站。

3. 在污水处理厂设立泵站的分散式热泵系统

在污水处理厂设立泵站把处理后的污水分送到需要的热用户，作为用户水源热泵的低位热源，向用户供冷或供暖。这样的好处是，处理后污水输送管网不用保温，管网投资低，热量损失少。此外，用户可以根据自己的需要，选择常规热泵机组，并且可以根据自己的需要，开启热泵机组提供冷水或热水，使用起来方便灵活。

5.8.2 污水源热泵系统防堵、防腐、防垢措施

防堵、防腐、防垢问题是污水源热泵系统设计、安装和运行中的关键性问题。常用的解决措施如下：

1）宜选用二级或三级处理后污水或中水作为污水源热泵的热源与热汇。由于二级或三级处理后污水和中水水质较原生污水好，这样，其系统类似于一般的水源热泵系统。

2）宜选用便于清理污物的浸没式换热器。开式系统中的热泵机组可采用浸没式蒸发器，闭式系统中的中间换热器宜采用浸没式污水 – 水换热器。

3）安装设置自动过滤除垢装置。目前工程中常用的有自动筛滤器、转动滚筒式筛滤器、除污并联环、电子水处理仪、过滤框架网、连续过滤除污器、滚筒格栅自清装置等。

4）采用在线除垢技术。对污水走管内的壳管式换热器的在线除垢技术有螺旋线法、螺旋纽带法和螺旋弹簧法，即在换热管内设置螺旋线、螺旋纽带或螺旋弹簧，利用流体流过螺旋元件所传递的动量矩来刮扫内壁污垢，达到在线、连续、自动防垢和除垢的目的。除此之外，还有海绵胶球在线清洗法。

5）应充分考虑污垢热阻对换热性能的影响。在系统设计阶段，计算洁净系数和冗余面积，从而合理加大换热面积。

6）投放杀生剂、缓蚀剂、阻垢剂以及控制污水的 pH 值。系统运行时，向污水中加酸使 pH 值维持在 6.5 ~ 7.5，有利于抑制污垢。

7）考虑污垢形成后的除垢措施。一是物理清洗。最常用的是喷水清洗，即利用具有一定压力的水流对设备污脏表面产生冲刷、气蚀、水楔等作用以清除表面污垢。二是化学清洗，如酸清洗、如碱清洗和杀生剂清洗等。

8）防腐处理。对腐蚀性强的污水，污水中的硫化氢使管道和设备腐蚀生锈，在合理选用防腐管材和涂层外，还应加入缓蚀剂。

5.8.3　城市原生污水源取水设计

城市污水干渠通常是贯通整个市区，如果能直接利用城市污水干渠中的原生污水作为污水源热泵的低温热源，显然靠近热用户会节省输送热量的能耗，从而提高其系统的经济性。但是此时应注意以下几个问题：

1）取水设施中应设置适当的水处理装置。污水干渠取水设施如图 5-51 所示。

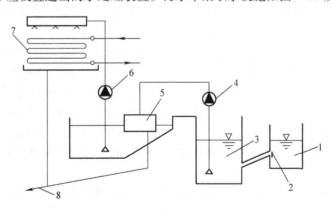

图 5-51　污水干渠取水设施

1—污水干渠　2—过滤网　3—蓄水池　4—污水泵　5—旋转式筛分器
6—已过滤污水泵　7—污水 – 工质换热器　8—回水管和排水管

2）应注意利用城市原生污水余热对后续水处理工艺的影响。若原生污水水温降低过大，将会影响市政曝气站的正常运行。

3）在设计中应充分注意污水的流动阻力。由初步的工程实测数据表明，清水与污水在同样的流速、管径条件下，污水的流动阻力为清水的 2 ~ 4 倍。因此，要适当加大污水泵的扬程，或采取技术措施适当减少污水的流动阻力损失。

4）污水-水换热器换热系数较小。污水-水换热器换热系数为清水的25%~50%。因此，在设计中，所选用的换热器面积应比清水时大得多，或采取技术措施强化其换热过程。

5）原生污水源热泵运行稳定性差。所谓的原生污水源热泵运行稳定性差是指热泵在运行过程中随着运行天数的延续，其供热量在不断衰减的现象。引起这种现象的主要原因有：①流入换热器内的污水量随着热泵运行天数的延续而不断减少；②由于换热器内积垢随着运行天数的延续也会越来越多，这意味着换热热阻的增大，其结果又会使换热器的换热能力下降。为改善污水源热泵的运行特性，在设计中可设置热水蓄热罐，使得向用户供应的热量趋于稳定。在设计中也可考虑设置辅助加热系统，当污水源热泵供热量不足时，通过辅助加热器来改善其运行特性。

5.8.4　污水源热泵中心能源站设计的几个问题

大型污水源热泵中心能源站在规划设计时，要考虑能源站对周围建筑供冷以及供暖功能的高效性和方便性，并使能源站在规划上可以位于区域能源的中心地位上，努力使大型污水源热泵中心能源站的设计和规划可以达到节能、安全以及经济的目的。为此，大型污水源热泵中心能源站的设计要努力做到系统配置优化，实现低温热源的经济合理性要求，并满足用户对能源的需求。

1）污水源热泵中心能源站的安全性设计要点。进行规划设计时，应主要从以下几个方面考虑：

① 要比较不同系统的污水源热泵中心能源站的优点和缺点，并根据设计能源站的具体要求和实际情况，选择合适的系统形式以保障安全。

② 污水源热泵能源站一般处于区域能源的中心位置，因此在设计时要充分考虑外网布置，使负荷中心可以得到分散，另外考虑系统的安全，还应通过间接式的末端连接方式来提高能源站外网的安全。

③ 污水量也是影响能源站安全性非常重要的一个因素，相关的工作人员应该在污水源热泵中心能源站进行设计之前做好相应的调研和预测工作。

2）污水源热泵中心能源站的经济性设计要点。污水源热泵中心能源站属于长期性使用的市政设施，在设计时不应仅考虑当前的周围建筑情况，还应对未来的市场做出正确的预测，并在设计时为未来能源站的拓展留出一定的空间，保证能源站的末端用户可以分不同的阶段顺利接入系统。为此，在系统设计时要考虑分期建设规划的问题，随着未来用户的不断发展以及对能源站要求的逐渐提高，可能需要分期建设厂房或外网，还有可能需要对机组进行分批安装。因此，为避免重复的工作，应在设计规划时考虑能源站未来的发展需求，避免由于不合理的扩建而造成不必要的资金浪费。

3）污水源热泵中心能源站的节能性设计要点。污水源热泵能源站设计时为减少污水在输送过程中造成的能量散失，最好选择建在污水处理场周围，这样可以有效地缩短污水输送的路程。另外，在末端装置的流量设计时，应尽量使风机盘管、地板辐射供暖等末端装置的流量小、温差大，这样也可以达到节能的效果。供冷工况下，要尽量使机组的出水温度降低，从而保证污水源热泵能源站中心系统的输送效率。

4）污水源热泵中心能源站的污水排放要求。污水排放参数特性从一定程度上决定了污水源热泵能源系统的工作效果，因此要合理设定污水排放的水温、水量以及水质要求。应根据自身的实际情况对污水再进行合理的处理，水质达到国家排放标准的A级要求时，方可将处理后的污水排放。

　　5) 污水源热泵中心能源站的热泵机组匹配运行。随着污水源热泵中心能源站周围新建建筑的增多，能源站的末端用户不断增加，对能源站的负荷要求也随之逐步提高。为满足污水源热泵中心能源站对热泵机组的匹配要求，应根据项目的变负荷特性进行热泵机组的配置。通过热泵机组的优化配置，一方面满足了用户对冷热负荷的需求，另一方面可以根据末端负荷的变化调整热泵机组的匹配运行，实现污水源热泵中心能源站的灵活调控。

5.9　水环热泵系统设计

5.9.1　水环热泵系统的分区设计

　　同一幢高层建筑物内平面和竖向房间的负荷差别较大，各房间用途、使用时间和空调设备负荷能力等均不相同。为使热泵空调系统既能保证室内要求参数，又能经济合理，就需要将系统分区。系统分区主要考虑室内设计参数、负荷特性、建筑物高度、房间使用功能以及使用时间等因素。

　　1. 室内设计参数

　　一般将室内温湿度基数、洁净度和噪声等要求相同或相近的房间划为同一个空调区域。例如：旅馆客房和其他公共房间（餐厅、舞厅、健身房等）应考虑划分为不同的空调区域。

　　2. 负荷特性

　　对大型办公楼建筑来说，周边区（距临外玻璃窗5m左右）受室外空气和日射的影响大，冬、夏季空调负荷变化大；内部区由于远离外围护结构，室内负荷主要是人体、照明、设备等的发热，可能全年为冷负荷。因此，可将平面分为外区和内区。外区也可按朝向分区（平面面积大时）。按朝向不同分区的负荷特性见表5-14。

表5-14　按朝向不同分区的负荷特性

外区	东侧	早晨8时冷负荷最大，午后变小
	西侧	早晨冷负荷小，午后4时的负荷达到最大。冬季有西北风时，供暖负荷仅次于北侧
	南侧	夏季的冷负荷并不大，但春、秋季（4月、10月）正午时的冷负荷与夏季东西侧相当
	北侧	冷负荷小，冬季则因无日照、风力强，故供暖负荷比其他区大
内区		供暖负荷小，即使在冬天，除午前的预热负荷之外，仅有照明、人体、设备供冷负荷。其中最上层内部区全天有供暖负荷

　　一个外区应只面对一个朝向（即不同朝向应划分成不同的外区），而内区一般不应有外墙面积。例如：一个矩形建筑物，每层楼至少应分成5个区，即4个外区和1个内区。由于转角处的情况与相邻两个外区并不相同，只能分别由相邻两个外区来共同供给，或者自成一区，由单独的水源热泵机组来供给。

　　3. 建筑物高度

　　在高层建筑中，根据设备、管道、配件等的承受能力，沿建筑物高度方向上划分为低区、中区和高区。

　　4. 房间功能和使用时间

　　按建筑物各房间的用途、功能、性质以及使用时间分区。例如：办公楼建筑可按办公室、会议室、食堂等设置不同的空调区域；旅馆建筑客房是全天使用的，而其他如餐厅、会议室、舞厅等非全天使用，应划为不同的空调区域；医院应把洁净度要求相同的房间划为一个区，按门诊、手术室、病房、办公室分别设置空调区域。

5.9.2 水环热泵系统的水系统设计

1. 水量

每台水源热泵机组都需要有一个最小水量来获得适当的热传递。水量太小将导致机组的性能恶化和不正常跳闸，并有可能损坏设备。噪声和水泵能耗过大，则限制了机组的最大水量。环路水量的经验数据为：3.5kW 热泵机组所需流量在 0.095 ~ 0.19L/s 范围。环路的总水流量应按各区峰值负荷的总和来确定，而不是按建筑物的整体负荷来定。因为不管机组是否运行，供给各机组的水量是恒定的。如果环路设计有变流量控制，则环路水量可按整体负荷来确定，因为变流量控制中的双通阀总会有一部分关闭。

水流量对水源热泵机组性能的影响，可从生产厂的产品样本中看出。现在大多数生产厂家都提供不同水流量和不同进水温度下的水源热泵机组性能数据。一般情况下水流量越大，机组的效率越高。

2. 流速

压力水管的水流速主要考虑水力平衡和噪声两个因素。管内的水速太大，对环路的平衡不利，故总管流速可以取得大一些，而分支管路可以小一点。对于直径为50mm 及以下的管子，最大流速为 1.2m/s。较大的管径，流速可以稍高，但为保证水流安静，环路内的水流速度应保持低于 1.8m/s。水流的最低速度不应小于 0.6m/s，以利于空气排除。管内水流速度的推荐值见表 5-15。

表 5-15　管内水流速度的推荐值

管道种类	水泵出口	水泵入口	主干管	排水管	向上立管	一般管道	冷却水
流速/(m/s)	2.4 ~ 3.6	1.2 ~ 2.1	1.2 ~ 4.5	1.2 ~ 2.1	1 ~ 3	1.5 ~ 3	1 ~ 2.4

3. 水温

环路水温对水源热泵机组的效率和容量都有相当的影响。典型的环路水温控制器将保持水源热泵机组的进水温度范围为 10 ~ 32℃。

思　考　题

1. 谈谈水源热泵低位热源的优点与缺点。
2. 影响水源热泵系统运行能力的主要因素有哪些？分别就水源的水量、水温、水质等方面进行简单分析。
3. 谈谈地下水源热泵空调系统采用的热源井的主要形式及其适用性。
4. 水源热泵系统的设计要领是什么？
5. 闭式环路水源热泵地下水系统所需的井水流量是如何确定的？
6. 对于闭式环路地表水源热泵系统而言，如何确定地表水换热器盘管的长度？
7. 对于闭式环路地表水源热泵系统的设计，塑料盘管换热器的敷设原则是什么？

第6章
土壤源热泵系统设计

6.1 土壤源热泵系统的特点、形式和结构

6.1.1 土壤源热泵系统的特点

土壤源热泵系统以大地作为热源与热汇，将土壤换热器置入地下，实现真正意义的交替蓄能循环。冬季将大地中低位地热能的温度提高对建筑物供暖，同时蓄存冷量，以备夏用；夏季将建筑物中的热量转移到地下对建筑物进行降温，同时蓄存热量，以备冬用。由于地表热能储量大、无污染、可再生，土壤源热泵系统被认为是一种很有潜力同时也是十分现实的绿色暖通空调技术。

土壤源热泵系统主要由土壤换热器系统、水－水热泵机组或水－空气热泵机组、建筑物空调系统三部分组成，分别对应三个不同的环路。第一个环路为土壤换热器环路，第二个环路为热泵机组工质环路，这个环路与普通的制冷循环的原理相同，第三个环路为建筑物室内空调末端环路系统，三个系统间靠水或空气作为换热介质进行冷量或热量的转移。土壤源热泵系统的原理如图6-1所示。

图6-1 土壤源热泵系统的原理

在夏季，与土壤换热器相连的工质换热器为冷凝器，土壤起热汇的作用，工质环路将建筑物冷负荷以及压缩机、水泵等耗功量转化的热量一起通过土壤换热器将热量释放到地下土壤中。在冬季，与土壤换热器相连的工质换热器为蒸发器，土壤起热源的作用，换热器环路中低温的水或防冻剂溶液吸收了土壤中的热量，然后通过工质系统将从地下吸收的热量以及压缩机和水泵等耗功量转化的热量一起释放给室内空气或热水系统，达到加热室内空气的目的。

土壤源热泵系统利用地下土壤作为热泵机组的吸热和排热物体。研究表明：在地下5m以下的土壤温度基本上不随外界环境及季节变化而改变，且约等于当地年平均气温，可以分别在冬夏两季保持热泵机组较高的蒸发温度和较低的冷凝温度。因此，土壤是一种比空气更理想的热泵热（冷）源。土壤源热泵系统性能稳定，效率较高，其优点如下：

1）地下土壤温度全年波动较小且数值相对稳定，冬季比外界环境空气温度高，夏季比环境温度低，土壤的这种温度特性使得土壤源热泵的季节性能系数具有恒温热源热泵的特性，比传统空调系统运行效率要高40%～60%，节能效果明显。

2）土壤具有良好的蓄热性能，冬、夏季从土壤中取出的能量可分别在夏、冬季得到自然补

偿，从而实现了冬、夏能量的互补性。

3）当室外气温处于极端状态时，用户对冷量或热量的需求一般也处于高峰期，由于土壤温度相对地面空气温度的延迟和衰减效应，因此和空气源热泵系统相比，土壤源热泵系统可以维持较低的冷凝温度和较高的蒸发温度，从而在耗电量相同的条件下，可以稳定提供夏季的供冷量或冬季的供热量。

4）土壤换热器无须除霜，没有融霜除霜的能耗损失。

5）土壤换热器在地下静态吸、放热，减小了土壤源热泵系统对地面空气的热、噪声污染。

6）运行费用低。据美国国家环保署 EPA 估计，设计安装良好的土壤源热泵系统，可以节约用户 30% ~40% 的供暖制冷空调的运行费用。

但从目前国内外的研究及实际使用情况来看，土壤源热泵也存在一些缺点，主要表现在如下几个方面：

1）土壤的热导率小而使土壤换热器的单位管长放热量仅为 20 ~40W/m，一般取热量为 25W/m左右。因此，当换热量较大时，土壤换热器的占地面积较大。

2）土壤换热器的换热性能受土壤的热物性参数的影响较大。

3）初投资较高，仅土壤换热器的投资就占系统投资的 20% ~30%。

尽管土壤源热泵系统存在以上不足，但专家们都普遍认为，土壤源热泵系统将是最有前途的节能装置和系统，是国际空调和制冷行业的前沿课题之一，也是地热能利用的重要形式。

6.1.2　土壤源热泵系统的形式与结构

目前，土壤源热泵系统依据制冷剂管路与土壤换热方式的不同有两种类型：一种是间接式土壤源热泵系统，另一种是直接式土壤源热泵系统。前者将土壤换热器埋入地下，利用循环介质与大地土壤进行热量的排放和吸收，工质管路和大地不直接进行热交换，工质相变过程在热泵机组的蒸发器和冷凝器中完成。后者不需中间传热介质，工质管路直接与土壤进行热交换。目前空调工程中常用的是间接式土壤源热泵系统，而根据换热器布置形式的不同，土壤换热器可分为水平埋管换热器与垂直埋管换热器两大类，分别对应于水平埋管土壤源热泵系统和垂直埋管土壤源热泵系统，如图6-2和图6-3所示。

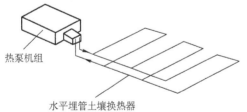

图6-2　水平埋管土壤源热泵系统

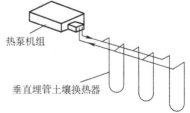

图6-3　垂直埋管土壤源热泵系统

水平埋管方式的优点是在浅层软土地区造价较低，但传热性能受外界季节气候一定程度的影响，而且占地面积较大。当可利用地表面积较大、地表层不是坚硬的岩石时，宜采用水平埋管土壤换热器。按照埋设方式可分为单层埋管和多层埋管两种类型；按照管型的不同可分为直管和螺旋管两种。图6-4所示为几种常见的水平埋管土壤换热器形式，图6-5所示为几种曲线状的水平埋管土壤换热器形式。

垂直埋管土壤换热器是在若干垂直钻井中设置地下埋管的土壤换热器。由于垂直埋管土壤换热器具有占地少、工作性能稳定等优点，已成为工程应用中的主导形式。在没有合适的室外用地时，垂直埋管土壤换热器还可以利用建筑物的混凝土基桩埋设，即将 U 形管捆扎在基桩的钢

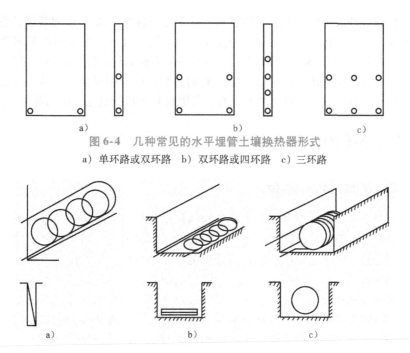

图 6-4 几种常见的水平埋管土壤换热器形式

a）单环路或双环路 b）双环路或四环路 c）三环路

图 6-5 几种曲线状的水平埋管土壤换热器形式

a）扁平曲线状（垂直） b）扁平曲线状（水平） c）螺旋状

筋网架上，然后浇灌混凝土，使 U 形管固定在基桩内。

垂直埋管土壤换热器的结构有多种，根据在垂直钻井中布置的埋管形式的不同，垂直埋管土壤换热器又可分为 U 形管土壤换热器与套管式土壤换热器，如图 6-6 所示。套管式土壤换热器在造价和施工难度方面都有一些弱点，在实际工程中较少采用。垂直 U 形管土壤换热器采用在钻井中插入 U 形管的方法，一个钻井中可设置一组或两组 U 形管。然后用回填材料把钻井填实，以尽量减小钻井中的热阻，同时防止地下水受到污染。钻井的深度一般为 30 ~ 180m。对于一个独立的民居，可能钻一个钻井就足够承担供热或制冷负荷了，但对于住宅楼和公共建筑，则需要有若干个钻井组成的一群地埋管。钻井之间的配置应考虑可利用的土地面积，两个钻井之间的距离可为 4 ~ 6m，管间距离过小会因各管间的热干扰而影响换热器的效能。考虑我国人多地少的实际情况，在大多数情况下垂直埋管方式是常见的选择。

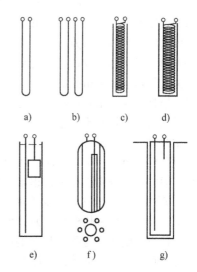

图 6-6 垂直埋管土壤换热器形式

a）单 U 形管 b）双 U 形管 c）小直径螺旋盘管
d）大直径螺旋盘管 e）立柱状 f）蜘蛛状 g）套管式

尽管单 U 形埋管的钻井内热阻比双 U 形埋管大 30% 以上，但实测与计算结果均表明，双 U 形埋管比单 U 形埋管仅可提高 15% ~ 20% 的换热能力。这是因为钻井内热阻仅是埋管传热总热阻的一部分，而钻井外的土壤热阻，对两者而言几乎是一样的。双 U 形埋管管材用量大，安装较复杂，运行中水泵的功耗也相应增加，因此在一般地质条件下，多采用单 U 形埋管。但对于较坚硬的岩石层，选用双 U 形埋管比较合适，钻井外岩石层的导热能力较强，埋设双 U 形埋管，可有效地减少钻井内热阻，使单位长度 U 形埋管的热交换能力明显提高，从经济技术上分析都是合理且可行的。当地埋管可埋设空间不足时，采用双 U 形埋管也是解决问题的方法之一。

6.2 土壤换热器的传热分析

6.2.1 土壤换热器传热分析模型

对于土壤源热泵系统设计而言，土壤换热器的传热分析主要是为了保证在土壤源热泵整个生命周期中循环介质的温度都在设定的范围之内，设计者根据这一目标选择土壤换热器的布置形式并确定埋管的总长度。土壤换热器传热分析的另一个目的，是在给定土壤换热器布置形式和长度以及负荷的情况下，计算循环介质温度随时间的变化，并进而确定系统的性能系数和能耗，以便对系统进行能耗分析。土壤换热器设计是否合理决定着土壤源热泵系统的经济性和运行的可靠性。建立较为准确的地下传热模型是合理地设计土壤换热器的前提。设置在不同场合的土壤换热器将涉及不同的地质结构，包括各地层的材质、含水量和地下水的运动等，这些因素均会影响换热器的传热性能。此外，土壤换热器负荷的间歇性及全年吸放热负荷的不平衡等因素，也对其传热性能有重要影响。由于地下传热的复杂性，土壤换热器热量传递过程的研究一直是土壤源热泵系统的技术难点，同时也是研究的核心和应用的基础。

关于土壤换热器的传热问题分析求解，迄今为止国际上还没有普遍公认的唯一方法。现有的传热模型大体上可分为两大类，第一类是以热阻概念为基础的半经验性的解析方法建立模型，第二类是以离散化数值计算为基础的数值求解方法建立模型。

第一类模型通常都是以钻井壁为界将土壤换热器传热区域分为两个区域。在钻井外部，由于埋管的深度都远远大于钻井的直径，因而埋管通常被看成是一个线热源或线热汇，这就是无限长线热源模型；或将钻井近似为一无限长的圆柱，在孔壁处有一恒定热流，钻井周围土壤同样被近似为无限大的传热介质，这就是无限长圆柱模型。根据无限长线热源模型或无限长圆柱模型即可对钻井外的传热进行分析。而在钻井内部，包括回填材料，管壁和管内循环介质，与钻井外的传热过程相比较，由于其几何尺度和热容量要小得多，而且温度变化较为缓慢，因此在运行数小时后，通常可以按稳态传热过程来考虑其热阻。由于 U 形管的两根支管并不同轴，工程上采用的一种方法是将 U 形管的两支管简化为一个当量的单管，进而把钻井内部的导热简化为一维导热，即早期的一维传热模型。另一种方法是将钻井内的两根 U 形管分别看作是具有不同热流，钻井内稳态温度场即为两个热流的叠加，即二维传热模型。这类半经验方法的概念简单明了，容易为工程技术人员接受，因此在工程中得到了一定的应用。其缺点是各热阻项的计算做了大量简化假定，模型过于简单，能够考虑的因素有限，特别是难以考虑 U 形管两支管间的热干扰、换热负荷随时间的变化、全年中冷热负荷的转换和不平衡等较复杂的因素。

第二类模型是以离散化数值计算为基础的传热模型，多采用有限元、有限差分法或有限体积法求解地下的温度响应并进行传热分析。随着计算机技术的进步，数值计算方法以其适应性强的特点已成为传热分析的基本手段，也已成为土壤换热器理论研究的重要工具。但是由于土壤换热器传热问题涉及的空间范围大、几何配置复杂、负荷随时间变化、时间跨度长达十年以上，因此若用这种分析方法按三维非稳态求解实际工程问题将耗费大量的计算机时间，在当前的计算条件下直接求解工程问题几乎是不可能的。这种方法在目前还只适合于在一定的简化条件下进行研究工作中的参数分析，而不太适合于做大型的多钻井的土壤换热器的传热模拟，更不适合用作工程设计和优化。

6.2.2　土壤换热器传热过程分析

一般来说，土壤换热器与周围土壤中的传热过程实际上是一个通过多层介质的传热过程，从管内流体到周围土壤依次为：地埋管内对流换热过程、地埋管管壁的导热过程、地埋管外壁面与回填物之间的传热过程、回填物内部的导热过程、回填物与孔壁的传热过程、土壤的导热过程。可以看出，传热过程是一个受地下水渗流特性、土壤热物性、埋管几何结构及地埋管换热负荷变化等诸多因素影响的复杂过程。

土壤源热泵系统的初投资、节能高效等又与土壤换热器热量传递能力密切相关，因而分析地埋管的换热特性至关重要，可以使土壤换热器设计更加精确、运行更加优化，从而极大地降低土壤源热泵系统的初投资和运行费用。

土壤是一个饱和的或部分饱和的含水多孔介质体系。从热力学的角度考虑，对于非饱和区土壤，土壤中热量的传递必然引起土壤中水分的迁移，同时水分的迁移又伴随热量的传递。因此，非饱和土壤中的传热过程是一个在温度梯度和湿度梯度共同作用下，热量传递和水分迁移相互耦合的复杂热力传递过程。对于地下水位线以下的埋管区域，土壤换热器周围的土壤已处于饱和状态，此时土壤热湿迁移耦合作用的影响已很弱，而地下水横向渗流的强弱成为对土壤传热的主要影响因素。有地下水渗流存在时饱和土壤的传热途径主要有固体骨架中的热传导、孔隙中地下水的热传导以及地下水渗流产生的水平对流换热。无地下水渗流的饱和土壤的传热途径则主要是前两者，不涉及地下水渗流产生的水平对流换热问题。

土壤热源热泵系统无论冬季或夏季工况运行，是以土壤作为热源或热汇，利用土壤换热器进行热量交换的，换热器与周围土壤之间的换热极大地影响整个系统的性能。同时土壤换热器在土壤中的吸热或放热过程都将改变土壤的初始温度场，埋管周围的土壤温度不仅随土壤空间延伸而变化，而且随时间的延续而变化。因此，土壤换热器在土壤中的传热过程是典型的非稳态传热过程。

6.2.3　土壤换热器传热计算方法

1. 土壤换热器传热解析法分析

由于土壤热量传递过程属复杂的多孔介质传热传质，影响因素非常复杂，很难用简单的公式加以描述，因此在实际工程中对土壤换热器传热分析常采用以半经验公式为主的解析法。

在这一类方法中，以国际地源热泵协会（IGSHPA）和美国供热制冷与空调工程师协会（ASHRAE）曾共同推荐的 IGSHPA 模型方法影响最大，我国 2005 年制定的《地源热泵系统工程技术规范》（GB 50366—2005）中土壤换热器的计算方法参考了此种方法。该方法是北美确定地下土壤换热器尺寸的标准方法，是以 Kelvin 线热源理论为基础的解析法。它是以年最冷月和最热月负荷作为确定土壤换热器尺寸的依据，使用能量分析的温频法计算季节性能系数和能耗。该能量分析只适用于民用建筑。该模型考虑了多根钻井之间的热干扰及地表面的影响。该模型没有考虑热泵机组的间歇运行工况，没有考虑灌浆材料的热影响，没有考虑管内的对流换热热阻。不能直接计算出热泵机组的进液温度，而是使用迭代程序得到近似的其他月平均进液温度。

垂直埋管土壤换热器计算的基础是单个钻井的传热分析。在多个钻井的情况下，可在单孔的基础上运用叠加原理加以扩展。计算土壤换热器所需的长度时按以下步骤进行：

(1) 根据地埋管平面布置计算土壤传热热阻　土壤换热器传热分析前必须事先确定埋设地埋管的群井平面布置形式，根据选定的平面布置计算土壤换热器在土壤中的传热热阻。

定义单个钻井土壤换热器的土壤传热热阻为

$$R_s(X) = \frac{I(X_{r0})}{2\pi k_s} \tag{6-1}$$

式中　$X_{r0} = \dfrac{r_0}{2\sqrt{a\tau}}$, $I(X_{r0}) = \displaystyle\int_{X_{r0}}^{\infty} \dfrac{1}{\eta}e^{-\eta^2}\mathrm{d}\eta$ 为指数积分；

r_0——土壤换热器埋管外半径（m）；

a——土壤热扩散系数（m^2/s）；

k_s——土壤热导率 [W/（m·℃）]；

τ——运行时间。

指数积分 $I(X)$ 可使用下列公式近似计算：

当 $0 < X \leq 1$ 时

$$I(X) = 0.5(-\ln X^2 - 0.57721566 + 0.99999193X^2 - 0.249910055X^4 \\ + 0.05519968X^6 - 0.00975004X^8 + 0.00107857X^{10})$$

当 $X \geq 1$ 时

$$I(X) = \frac{1}{2X^2 e^{X^2}}\frac{A}{B}$$

$$A = X^8 + 8.573328X^6 + 18.059017X^4 + 8.637609X^2 + 0.2677737$$

$$B = X^8 + 9.5733223X^6 + 25.632956X^4 + 21.099653X^2 + 3.9684969$$

定义多个钻井土壤换热器的土壤传热热阻为

$$R_s = \frac{1}{2\pi k_s}\left[I(X_{r_0}) + \sum_{i=2}^{N} I(X_{SD_i})\right] \tag{6-2}$$

式中　$\dfrac{I(X_{r_0})}{2\pi k_s}$——半径为 r_0 单管土壤换热器周围的土壤热阻；

$\dfrac{I(X_{SD_i})}{2\pi k_s}$——与所考虑的换热器距离为 SD_i 的换热器对该换热器热干扰引起的附加土壤热阻。

(2) 土壤换热器管壁热阻　U形管土壤换热器的管壁导热热阻为

$$R_p = \frac{1}{2\pi k_p}\ln\left(\frac{d_e}{d_e - (d_o - d_i)}\right) \tag{6-3}$$

式中　d_o——管外径（mm）；

d_i——管内径（mm）；

d_e——当量管的外径（mm）；

k_p——管壁的热导率 [W/（m·℃）]。

对于U形管土壤换热器，当量管的外径可表示为

$$d_e = \sqrt{n}\,d_o \tag{6-4}$$

式中　n——钻井内土壤换热器的支管数目，对于单U形管，$n=2$，对于双U形管，$n=4$。

(3) 确定热泵主机的最高进液温度、最低进液温度以及供冷、供暖运行份额　建议热泵冬季供暖最低进液温度要高出当地最冷室外气温 $-1.1 \sim 4.4℃$，夏季制冷最大进液温度以 37.8℃作为初始近似值。根据最高和最低进液温度选择热泵机组，从而确定机组的供暖（冷）能力

CAP$_H$（CAP$_C$）及供暖（冷）性能系数 COP$_H$（COP$_C$）。

供热运行份额和制冷运行份额分别由式（6-5）和式（6-6）确定，即

$$F_H = \frac{最冷月中的运行小时数}{24 \times 该月天数} \tag{6-5}$$

$$F_C = \frac{最热月中的运行小时数}{24 \times 该月天数} \tag{6-6}$$

（4）确定土壤换热器长度　根据前面得到的数据，分别计算满足供热和供冷所需的土壤换热器长度为

$$L_H = \frac{2CAP_H(R_p + R_s F_H)}{T_M - T_{min}}\left(\frac{COP_H - 1}{COP_H}\right) \tag{6-7}$$

$$L_C = \frac{2CAP_C(R_p + R_s F_C)}{T_{max} - T_M}\left(\frac{COP_C + 1}{COP_C}\right) \tag{6-8}$$

式中　L_H、L_C——供暖、制冷工况下土壤换热器的计算长度（m）；

CAP$_H$、CAP$_C$——热泵机组处于最低和最高进液温度下的供热、制冷能力；

COP$_H$、COP$_C$——处于最低和最高进液温度下的供热、制冷性能系数；

T_{min}、T_{max}——供暖工况下的最小进液温度、制冷工况下的最大进液温度（℃）；

T_M——土壤未受热扰动时的平均温度（℃）。

为同时满足供暖、供冷的空调负荷需求，应采用两种工况下土壤换热器长度的较大者作为设计值。

（5）逐月能耗分析　根据公式，使用 BIN 法进行逐月能耗分析。该方法需要根据最冷、最热月计算的埋管长度来估计其他月的流体平均温度，其估算步骤如下：

1）对每个月假定一个 T_{min} 或 T_{max}，从而得到相应的热泵主机供热（冷）能力及性能系数。

2）将假定的 T_{min} 或 T_{max} 代入 BIN 法，计算每月热泵运行份额。

3）由公式计算每月 $T_M - T_{min}$ 或 $T_{max} - T_M$。

4）将假定的 T_{min} 或 T_{max} 与计算值进行比较，若假设值与计算值差的绝对值大于 0.1℃，则对 T_{min} 或 T_{max} 重新假设，重复步骤1）~3）直到得到合适的流体平均温度值。

其他较常用的半经验解析计算方法有 NWWA 模型法、Kavanaugh 模型法。前者也是以 Kelvin 线热源理论为基础，建立了线热源到周围土壤随时间变化的温度分布传热模型，是一种线热源解析计算法；后者是以改进的柱热源理论为基础，建立了土壤换热器（柱热源）到周围土壤随时间变化的温度分布传热模型，是一种柱热源解析计算法。

2. 土壤换热器的数值解法分析

半经验公式由于具有一定程度的简化，因此所获得的计算结果精度不高。随着计算机技术的发展，自 20 世纪 80 年代以来，采用数值计算方法研究土壤换热器传热过程成为重要手段，但这些研究的目的不尽相同，建立的数学模型的复杂程度不同，采用的离散化和计算的方法也各不相同。其中较早而又影响较大的研究应是 Mei 等人采用有限差分法求解了描述土壤和管内流体中的温度分布。采用的垂直埋管换热器模型考虑了地表和埋管的有限长度的影响、地层在深度方向的分层及含水量的变化、土壤中可能发生的冻融现象等复杂的因素。换热器内管流体和环腔内流体采用二维瞬态传热模型（径向和轴向），管壁及土壤的导热采用一维瞬态传热模型（径向），采用有限差分的显示格式（时间步长不变，轴向节点间距不变，径向节点间距变化）进行求解。假设通过管壁的热流向土壤呈辐射状导热，沿深度方向没有热传递。该模型的假设条件：①埋管内同一界面处流体是均匀的，温度、速度是相同的；②流体、埋管、土壤的热物性保持不

变，即与温度和压力变化无关；③忽略辐射传热；④沿轴线整个换热过程呈辐射状对称分布。该模型忽略了埋管和土壤的接触热阻，考虑了热泵机组的间歇运行，没有考虑灌浆材料的热影响，假设内管和环腔内的对流换热系数相同，均采用内管的对流换热系数。该模型研究的是单根埋管的换热，没有考虑多根埋管的热干扰。对于 U 形管的土壤换热器则采用"当量管"的方法简化为轴对称的问题，因而回避了需要讨论在横截面中周向传热而计算三维传热问题的困难。

此后，Muraya 等人采用瞬时二维有限元的方法来研究 U 形管两支管间的热短路现象。Rott-mayer Beckman 和 Mitchell 模型采用显式有限差分方法建立了 U 形管土壤换热器的数值模型，用极坐标下的二维有限差分公式计算每 10in 深的钻井垂直断面的潜热交换量。有关土壤换热器传热分析的数值计算方法文献很多。

实际上，土壤换热器传热计算解析法和数值方法并不是绝对独立的，在一些问题上求得解析解存在困难的时候也可采用数值求解，而数值计算过程中为简便起见也可利用解析的结论分析传热问题，如 Hellstrom 为垂直地下热储存器建立了一个模型。所谓地下热储存器就是为了季节性热能储存而密集埋于地下的换热器。这个模型通过三部分的空间叠加来反映远程大地温度在一个时间段的变化。这三部分是：①孔群热储体与周围大地热传导而产生的所谓的"全局"温差；②直接来自热储存容积附近的"局部"温差；③来自"局部"稳定通量部分的温差。对于任何时间的大地温度，都可以通过先将热传递轮廓图按照各自时间不同的热脉冲进行解析，然后再把相应的时间响应进行叠加。这个模型对"局部"和"全局"的问题使用了数值解法，而对空间叠加则应用了来自恒通量的分析解。这个数值模型对"全局"问题采用了在轴坐标上进行二维隐式有限差分的方案；而对于"局部"解，则通过采用一维径向划分网格的方法将储存区域划分成几个子区。由于钻井区的几何布置被认为是密集布置，因此 Hellstrom 模型并不符合土壤源热泵系统的长期运行情况。

6.2.4 土壤换热器传热的主要影响因素

土壤源热泵系统是向土壤或把土壤作为热源或热汇来传输热量的。影响这个传热过程的主要因素有三个：一是土壤换热器结构，二是土壤的传热性能，三是土壤换热器热负荷。对于给定的热负荷和冷负荷，换热器的长度或面积主要取决于土壤的传热性能。要增强换热器传热的方法与传统的换热器基本相同，即可提高传热温差，增加传热面积，减少传热热阻。其中传热温差的改变要受到地层温度、循环介质温度及热泵参数的限制，而传热面积的增加需要付出初投资增加的代价。因此这里主要分析土壤物性、回填材料物性以及换热负荷特性对传热的影响以解决如何减少换热器换热热阻的问题。

1. 土壤物性对传热的影响

土壤的热物性对于土壤换热器的传热性能有很大影响，它是设计土壤换热器的基础数据。要确定土壤的物性十分不易，而准确把握土壤换热器运行时的传热性能更难，这是因为影响地下传热性能的因素很多。地下传热性能随着每年的不同时间、降水量、地层深度的变化而变化。土壤源热泵系统的运行使周围土壤中水分减少而干燥，或从地下吸热量和向地下释热量不平衡等因素，也都将改变土壤换热器的传热性能。对于换热器，其整个传热过程是一个复杂的、非稳态的传热过程，因而分析其传热影响因素至关重要。

（1）土壤的热物性 土壤的热导率和热扩散率，对土壤源热泵系统的设计影响很大。土壤的热导率表示通过土壤的热传导能力。热扩散率是衡量土壤传递和存储热量能力的尺度。土壤的含水量对于这两个热物性参数有很大的影响。当土壤换热器向土壤传热（夏季制冷工况）时，换热器周围的土壤被干燥，即土壤中的水分扩散减少。这种水分的减少将使土壤的热导率减小。

埋管壁温的升高,将会使更多的水分从土壤中散失。表现出这种特性的土壤被认为是热不稳定的,并且将大大降低土壤的传热性能。

对于丰水地区或冷负荷较少的北方地区,热不稳定性不是一个大问题。较高的地下水位或较小的冷负荷使地下水含量的降低不明显。但是在干燥温暖的气候条件下,如我国西北地区,在设计过程中应考虑热不稳定性对土壤换热器的影响。

(2)土壤的温度特性　对当地土壤温度的精确表述是非常重要的,因为土壤和循环介质之间的温差是热传递的动力。常温带的地温接近全年的地上空气年平均温度,工程上在垂直埋管深度方向上通常取一个平均地层温度,以便简化计算。

土壤换热器在运行过程中,换热器周围土壤的温度场将发生变化,随着地温变化程度的增加和区域的扩大,相邻换热器之间的换热将受到影响。把这种因地温变化而引起的换热阻力的增加与换热量的减弱,称为温变热阻。如果在一年中冬季从地下抽取的热量与夏季向地下注入的热量不平衡,多余的热量(或冷量)就会在地下积累,引起地下年平均温度的变化。温变热阻将增大,土壤换热器效能将降低。模拟计算结果表明:在相同的设计条件下,设计埋管总长度随着冷热负荷比的增大和土壤换热器设计时限的延长而增加。即冷热负荷的不平衡对土壤换热器的设计容量有很大影响。以 10 年设计时限为例,冷热负荷比为 2:1 时的土壤换热器设计容量是冷热负荷比为 1:1 时的 1.5 倍。当然这里未考虑其他因素,如地下水渗流的影响。换热器间距适当增加,可有效地减少温变热阻。

(3)地下水的渗流　地下水的渗流对通过土壤进行的热交换有着显著的影响。此时不仅土壤通过热传导换热,而且还通过地下水的渗流形成对流换热。这将大大增强土壤换热器的热交换能力。如果地下水流动活跃,每年都可以把负荷不平衡导致的那部分多余的热量中的大部分带走,使得大地温度的变化减缓,那么负荷不平衡的影响将大大减弱。垂直埋管的深度通常达 30 ~ 180m,实际上在其穿透的地层中或多或少地都存在着地下水的渗流。尤其是在沿海地区或地下水丰富的地区,甚至有地下水的流动。

地下水的渗流或流动有利于土壤换热器的传热,有利于减弱或消除由于土壤换热器吸放热不平衡而引起的热量累积效应,因此能够减少土壤换热器的设计长度。研究结果表明:在地下水渗流速度为 10 ~ 6m/s 时,换热能力比无渗流时增大了约 30%。显然渗流速度越大,温度场则可越快地达到稳定,而且稳定时土壤换热器进出口流体温差较大。

2. 回填材料对土壤换热器传热的影响

(1)回填材料对传热过程的影响　回填是土壤换热器施工过程中的重要环节,即在钻井完毕、下完 U 形管后,向钻井中注入回填材料。它介于换热器的埋管与钻井壁之间,是土壤与 U 形管之间交换热量的桥梁,用来增强埋管和周围土壤的换热。同时防止地面水通过钻井向地下渗透,以保护地下水不受地表污染物的污染,并防止各个蓄水层之间的交叉污染。有效的回填材料可以防止土壤冻结、收缩、板结等因素对土壤换热器传热效果造成影响。具有良好物理特性的回填土可以强化 U 形管与地层之间的导热过程,提高地下土壤换热器的传热能力,进而减小地下土壤换热器的设计尺寸和降低初投资成本。

(2)钻井回填材料的特性　回填材料的主要特性包括回填材料的热导率、是否各向同性及其稳定性、抗渗性、强度、热压变形、与埋管以及钻井壁的结合程度、经济性、耐久性以及对环境是否无污染等。其中,回填材料的热导率又受回填材料的组成、温度、湿度、压力、密度等因素的影响。对于给定类型的回填材料,一般随温度、压力的变化不太大,而湿度、密度的变化通常会引起回填材料热导率发生较大变化。回填材料是将地层中的热量传递给 U 形管直至管中的循环流体,或者将 U 形管里循环流体中的热量传递给地层的必经之路。它是一个热传递介质,首先要求其具有良好的传热性能，其次回填材料还要具有良好的强度、抗渗性和膨胀性等。

在描述回填材料的参数中，热导率 k_b 最为关键，也是决定热泵系统效率高低的主要因素。已有的研究表明，回填材料的热导率 k_b 与 t（温度）、ρ（密度）、e（孔隙比）、S_r（饱和度）和 ω（含水率）有函数关系，可表示为

$$k_b = f(t, \rho, \omega, e, S_r) \tag{6-9}$$

常温下，回填材料的组成确定以后，饱和度 S_r 和空隙比 e 也就随之确定了，而在常温下，温度 t 对热导率的影响并不大，对回填料的热导率起决定作用的是回填材料的密度 ρ 和含水率 ω 两个变量，则式（6-9）可简化为

$$k_b = f(\rho, \omega) \tag{6-10}$$

若将回填材料作为能量传递介质来考虑，则其属于一个能量系统，它把自己的能量传给 U 形管以及热循环介质。在这个能量的转化过程中，水分起到了能量的暂时存储与转换作用。所以回填材料中含水率的大小对土壤换热器换热效果有较大的影响。土壤源热泵系统中，理论计算及试验研究表明，回填材料的热导率 k_b 是决定土壤换热器换热效果和土壤源热泵系统效率的重要因素之一。

（3）常用的回填材料　回填材料的选择以及正确的回填施工对于保证换热器的性能有重要的意义。通常可以采用与地层相近的材料作为回填材料，一般选择膨润土、水泥以及砂作为基本材料，以适当的混合比例，可达到较好的性能。为防止钻井回填后在井壁处形成过大的接触热阻，在回填材料中应添加膨润土。膨润土能吸收 8~15 倍于本体积的水量，吸水后体积膨胀，增大为原体积的几倍到十几倍，膨润土还有蓄热性能。回填材料中加入膨润土后，能够很好地与周围土壤接触，减少了增加接触热阻的可能性，并且膨润土能保持大量的水分，增加传质换热，能够强化换热效果。国外有些学者对于可流动回填料做了研究，结果表明，回填料选用可流动介质可以增强换热效果。由于膨润土具有很强的吸水膨胀性，若回填材料中的含水量超过了基料水解所需的含水量，回填材料将会失水而产生一些空隙，降低热导率，所以不适合单独用作回填材料。回填材料中使用大颗粒的骨料，如硅砂等，是提高其热导率的一个有效的办法。一方面加入骨料可以降低回填材料失水后的收缩、开裂，但另一方面也必须考虑加入骨料后回填材料的可泵性。在回填料中加入适当比例的砂可以使回填材料的热导率呈现线性增长，理论上认为通过在回填料中加入砂可以达到所要求的回填料热导率，但加砂量的多少同样受可泵性的影响。

目前应用的回填材料还有砂土混合物、水泥灰浆、火山灰黏土、钻井岩浆、铁屑砂混合物等。Allan 与 Kavanaugh 在 1999 年分别采用细硅石、矾土、铁屑、金刚砂与斑脱土混合作为回填料进行研究，结果表明热导率可提高至 1.7~3.29W/(m·℃)，与采用砂浆混凝土作为回填料相比，钻井深度可减少 7%~22%。另外，使用水泥砂浆作为回填材料，能够防止井洞塌陷，并且不会造成不同地层地下水相互串流，不会影响地下水水脉。但有可能会造成水泥凝固后与周边土壤接触不好，在水泥砂浆凝结后与周围土壤间会有空隙存在，不仅增大了接触热阻，并且空隙内可能会有空气存在，成为隔热层，恶化换热效果。

超强吸水树脂是一种吸水能力特别强的高分子材料，吸水量为自身质量的几十至几百倍，甚至上千倍。如 Sumika 凝胶 S50 的吸水倍率为 50~700g/g，低温（90℃以下）时吸水倍率基本不随温度变化，保水能力也非常高，吸水后无论加多大压力也不会脱水，但会随时间慢慢释放水分，且具有良好的蓄热、蓄冷能力。

按照一定比例在原土中混入超强吸水树脂作为回填材料，在注入少量水的情况下，能够很好地改善土壤体的非饱和性，增大土壤体的热导率，提高土壤体的热恢复性能，明显增大单位管长的换热量。这种方法适合于干旱、土壤体非饱和以及地下水位比较低的地区，特别有利于螺旋

盘管的应用，可以极大地降低土壤源热泵系统的初投资，值得推广和应用。

目前国内对回填材料的研究还不够完善，虽然《地源热泵系统工程技术规范》（GB 50366—2005）中也明确指出：灌浆回填材料宜采用膨润土和细砂（或水泥）的混合浆或专用回填材料；当换热器设在密实或坚硬的土壤体中时，宜采用水泥基料灌浆回填；回填材料及其配比应符合设计要求。但这方面国内的文献还很少，《地源热泵系统工程技术规范》（GB 50366—2005）中也没有提供推荐的回填材料配方。

3. 换热负荷对土壤换热器传热的影响

（1）土壤换热器的换热负荷特性　　土壤源热泵系统设计与运行是为了调节室内温、湿度，因此热泵机组不可避免地受到室内负荷情形的影响。而土壤源热泵系统是利用置入土壤中的土壤换热器向大地排热或从大地取热来达到对空调房间进行降温或加热的，如果室内负荷发生变化，机组运行相应与之变化，热泵的低位热源的使用状态也随之变化，即土壤换热器的换热状态也是随之动态变化的，这种动态变化表明土壤换热器的换热性能与其承担的换热负荷有极大的关联。考虑作为土壤源热泵系统换热的中间媒介，土壤换热器的换热性能极大地影响整个系统的运行性能。这种关联不仅仅表现在土壤换热器的设计，更重要的是土壤换热器是否能长期正常运行，保障在不同的空调负荷特征下土壤源热泵系统能够高效、节能运行。因此，地埋管冷热负荷的特征分析是土壤源热泵系统土壤换热器设计以及性能分析的前提，事关实际工程中土壤源热泵方案的可行性，从这点来说，土壤换热器换热负荷特征的分析是常规空调系统设计中没有的内容。

由于土壤换热器的换热负荷直接取决于土壤源热泵系统空调负荷的特性，其换热负荷特征表现为多种多样。根据土壤源热泵系统的实际运行工况，针对其可行性和运行性能的变化，主要采用以下三个参数来描述土壤换热器的换热负荷特征：换热负荷的强度特性、换热负荷的时间特性以及换热负荷的累积特性。换热负荷的强度特性重点在于突出短时间内土壤换热器的传热性能问题，换热负荷时间特性的目的是为分析一个时间周期内土壤换热器的效率服务的，换热负荷的累积特性主要是着眼于土壤换热器从周围土壤取热和排热的平衡型问题。

（2）换热负荷特性对传热的影响　　土壤换热器的换热负荷强度特性、时间特性、累积特性之间既有联系又有区别。换热负荷强度特性主要表征某一时刻或某一短时间内换热负荷量的大小，而换热负荷累积特性是一定时间段内瞬时的换热负荷的总和，是换热负荷强度特性和时间特性共同作用的结果，但无法反映该时间段内换热负荷的强度特性。对于不同的土壤源热泵工程，即使某段时间内土壤换热器累积排热量和取热量相同，换热负荷的强度特性却可能表现不一致。正因为如此，设计与分析土壤换热器换热随换热负荷变化趋势须考虑三者的综合影响。

在土壤源热泵系统设计中，较普遍的工程设计方法是根据典型时刻的冬季或夏季换热负荷来设计土壤换热器的容量。这种换热负荷的瞬时强度特性值所取定的依据不同将会导致设计容量相差较大。如果换热负荷按瞬时较大值来取，土壤换热器设计容量加大，初投资也随着上升，没有考虑换热负荷的时间特性进行优化处理，从而阻碍了土壤源热泵技术的应用和推广。如果换热负荷按瞬时较小值来取，土壤换热器设计容量较小，虽然初投资也随着不高，但是由于没有考虑换热负荷的累积特性，土壤换热器换热效果随着时间的推移越来越差，导致土壤源热泵系统性能不高，从而也阻碍了土壤源热泵技术的应用和推广。众所周知，土壤换热器设计最主要的目标是应当保证在土壤换热器生命周期中管内流体的温度保持在既定要求范围内及满足与空调负荷相对应的排热（取热）量，并根据这一目标选择土壤换热器的布置形式和埋管长度。如果土壤换热器设计只是依据满足换热负荷的所有时刻强度特性来考虑，这样不够全面，一般会导致土壤换热器尺寸过大，增加系统的初投资。因而，有必要对换热负荷的强度特性、换热负荷的时间特性和换热负荷的累积特性综合考虑来分析土壤换热器的传热，优化设计土壤源热泵系统，使得土壤源热泵系统既能满足室内舒适性的要求又能减少初投资。

6.3   土壤换热器设计计算

6.3.1   土壤换热器的计算特点

较之于常规的空调系统，土壤源热泵系统增加了一个土壤换热器，即地下埋管环路。采用土壤源热泵系统的建筑物，其内部末端系统在设计上与常规空调系统没有大的差别。因此，土壤源热泵技术的应用，其关键和难点也就在于对土壤换热器进行合理的设计、施工与安装，使其与热泵主机、空调末端系统及建筑物负荷能合理匹配。

与一般的换热器一样，土壤换热器的传热计算也有两种类型，即设计计算和校核计算。设计计算的目的是根据热交换的负荷和循环介质进出口温度的要求，确定所需要的土壤换热器的形式，求出换热器的面积（或埋管长度）及其结构（布置形式）参数。校核计算的目的则是根据现有的换热器结构参数和面积，校核它是否能满足预定的换热要求，一般是校核循环介质的出口温度和换热量。

土壤源热泵系统中采用的土壤换热器，与工程中通常遇到的换热器不同，它不是两种流体之间的换热，而是埋管中的流体与土壤间的换热。这种换热涉及的因素很多，既有时间上的长短不同，空间上区域变化很大，又有换热器形式多种多样、地层结构及其热物性千差万别，还有换热器的负荷随时间变化、多组管道之间的相互影响、土壤冻融的影响、地下水渗流的影响等，是典型非稳态的过程。因此，土壤换热器的传热计算与传统换热器相比也有着显著的不同。

首先，土壤换热器的传热系数和传热温差（循环介质的平均温度与其周围土壤温度的差）是随时间和空间而变化的；其次，换热器的结构布置和换热负荷对热交换能力有明显影响；再次，在换热量一定时，循环介质进出口温度的设定，对土壤换热器面积、热泵机组的性能系数及换热能力有很大影响。另外，土壤换热器的设计参数也会影响热泵机组的性能。如夏季制冷时，设定的循环介质出口温度高，传热温差增大，单位埋管的换热量增加，则所需换热器的数量减少，与此同时热泵机组的性能系数将降低。从经济角度来说，初投资节省了，但运行费用增加了。由此可见，土壤换热器的设计与系统优化比一般的换热器要复杂得多。

6.3.2   土壤换热器的设计步骤

设计计算土壤换热器的管长是土壤源热泵系统设计所特有的内容。其设计要点为：首先，收集和确定一组设计所需的初始数据，包括当地的气象数据和土壤的性质以及传热特性、选用的热泵的特性、建筑供热和供冷的负荷、选用的管材等数据；接着，根据能量分析温频法计算空调系统的冷热负荷；然后，根据最冷的一月份和最热的七月份计算土壤换热器所需的长度。土壤源热泵系统的土壤换热器设计步骤如下：

1）确定建筑物的供热、制冷和热水供应（如果选用的话）的负荷，并根据所选择的空调系统的特点确定热泵系统的形式和容量。可根据有关计算负荷方法采用相关的软件，如度日法、温频法等确定建筑物的月负荷。

2）确定土壤换热器的布置形式。主要包括水平埋管、垂直埋管闭式循环以及串联、并联的管路连接形式。选择水平或垂直系统的根据是可利用的土地、当地土壤的水文地质条件和挖掘费用等。如果有大量的土地而且没有坚硬的岩石，可以考虑经济的水平式系统。考虑我国人多地少的实际情况，在大多数情况下垂直埋管方式是唯一的选择。采用垂直埋管的土壤换热器时，每个钻井中可设置一组或两组 U 形管。

3）如果设计工况中热泵主机蒸发器出口的流体温度低于 0℃，应选用适当的防冻液作为循环介质。

4）选择换热器管材。目前主要采用的是高密度聚乙烯（HDPE），管径（内径）通常采用 20 ~ 40mm，管径的选择应根据热泵本身要求以及选用的串联或并联的形式确定。管道内最小流量不宜低于表 6-1 中的数值。即一方面应保证管中流体的流速应足够大，以在管中产生湍流以利于传热；另一方面，该流速又不应过大，以使循环泵的功耗保持在合理范围内。

表 6-1　换热器的管道内最小流量　　　　　　　　（单位：m^3/h）

名义管径		水	20% 氯化钙	20% 丙烯乙二醇	20% 甲醇
3/4in	DN20	0.25	0.52	0.77	0.54
1in	DN25	0.295	0.66	1.0	0.70
5/4in	DN32	0.39	0.82	1.25	0.89
3/2in	DN40	0.43	0.93	1.43	1.0
2in	DN50	0.54	1.18	1.79	1.25

5）合理设计分、集水器。分、集水器是从热泵到并联环路的土壤换热器的流体供应和回流的管路。为使各支管间的水力平衡，应采用并联同程对称布置。为有利于系统排除空气，在水平供、回水干管应各设置一个自动排气阀。

6）根据所选择的土壤换热器的类型及布置形式，计算土壤换热器的管长。

7）水平埋管的管间距应大于 1.5m，多层管顶部一定要在冻土层以下 0.4m，与规划红线、地基、排水管沟、化粪池等的距离应大于 1.5m，与海滩、别墅和污水区域的最小距离为 3m。

8）垂直埋管的管间距应大于 3.5m，与规划红线、地基、排水管沟、供电站等的距离应大于 3.0m，与非公用井的最小距离为 6.0m，与腐化桶的最小距离为 15m，与公用井、化粪池、海滩、别墅和污水区域的最小距离为 30m。

6.3.3　土壤换热器的换热负荷计算

1. 设计负荷、能量负荷与换热负荷

首先确定建筑物的供暖、制冷和热水供应（如果选用的话）的设计负荷，并确定热泵主机的形式和容量。《工业建筑供暖通风与空气调节设计规范》（GB 50019—2015）和《公共建筑节能设计标准》（GB 50189—2015）中均规定了施工图设计阶段，必须进行热负荷和逐项逐时的冷负荷计算。设计负荷是用来确定系统设备（如热泵机组）的大小和型号，以及设计空气分布系统（送风口、回风口和风管系统），同时它又是能量负荷和土壤换热器负荷计算的基础。设计负荷的计算必须以当地设计日的标准设计工况为依据。

能量负荷用来预测在某一规定时间内（如一个月、一个季度或一年）系统运行所需的能量，其计算方法与设计负荷计算相同。不同之处是以实际运行工况和相关气象参数取代设计负荷中的设计工况参数。

土壤换热器的换热负荷是土壤换热器释放到地下的热量（供冷方式）或从地下吸收的热量（供热方式）。换热器系统设计应进行全年动态负荷计算，最小计算周期应为一年。当土壤换热器的冷热负荷不平衡时，计算周期应更长些，如几年或十几年。在计算周期内，土壤源热泵系统总释热量宜与总吸热量基本平衡。换热器换热量应满足土壤源热泵系统实际最大吸热量或释热

量的要求。

2. 最大释（吸）热量

土壤源热泵系统实际最大释热量发生在与建筑最大冷负荷相对应的时刻，包括各空调分区内水－水热泵机组释放到循环水中的热量（空调负荷和机组压缩机耗功）、循环水在输送过程中得到的热量、水泵耗散到循环水中的功量。将上述三项热量相加就可得到供冷工况下释放到循环水的总热量，即

最大释热量 = ∑［空调分区冷负荷 × （1 + 1/EER）］ + ∑输送过程得热量 + ∑水泵耗散功量

土壤源热泵系统实际最大吸热量发生在与建筑最大热负荷相对应的时刻，包括各空调分区内热泵机组从循环水中的吸热量（空调热负荷，并扣除机组压缩机耗功）、循环水在输送过程失去的热量并扣除水泵释放到循环水中的耗散功量。将上述前两项热量相加并扣除第三项就可得到供热工况下循环水的总吸热量，即

最大吸热量 = ∑［空调分区热负荷 × （1 - 1/COP）］ + ∑输送过程失热量 - ∑水泵耗散功量

最大吸热量和最大释热量相差不大的工程，应分别计算供热与供冷工况下换热器的长度，取其大者，确定换热器的容量。当两者相差较大时，宜通过技术经济比较，采用辅助散热（增加冷却塔）或辅助供热的方式来解决。一方面经济性较好，另一方面可避免因吸热与释热不平衡引起土壤体温度的逐年降低或升高。全年冷、热负荷平衡失调，将导致换热器区域土壤体温度持续升高或降低，从而影响换热器的换热性能，降低系统的运行效率。因此，土壤换热器换热系统设计应考虑全年冷热负荷的平衡问题。

6.3.4 土壤热物性测试

1. 热物性测试方法

在土壤源热泵系统的应用中，诸如热导率、比热容等土壤热物性是土壤换热器设计时的基础参数。如果土壤热物性参数不准确，要么设计的土壤换热器容量不满足负荷需求导致空调效果差，要么容量过大增加初投资。Kavanaugh 的研究表明，地下土壤的热导率发生 10% 的偏差，设计的地下土壤换热器长度偏差为 4.5% ~ 5.8%。因此地源热泵设计前需要进行土壤热物性测试，以获取比较准确的设计参数。

土壤是由不同深度的岩土层组成的。不同岩土层的组成成分有很大差别，而且其含水量也是一直在变化的。因此，土壤热物性并没有一个确切的固定值，经测试计算的只是在土壤换热器深度范围内土壤热导率的一个有效值。一般来说，要确定土壤热物性要以试验测试数据结合传热模型进行，常用的测量土壤热物性参数的方法主要有以下四种。

1) 土壤类型辨别法，也是确定土壤物性参数的传统方法，根据钻井时取出的土壤样本确定类型，查阅有关手册确定每层土壤的物性参数，通过加权平均求得地下土壤的平均热物性参数。

2) 稳态测试法，即从钻井取得土壤试样进行直接测量，可较准确地测得其热物性，但采集后的试样与在地下时的实际情况相比已发生变化，包括结构、水分含量等差别较大，试样不能反映相当深度地下土壤的总体状况。

3) 探针法，限于探针尺寸仅能够测量浅表的土壤物性。

4) 现场测试法，是通过测量土壤换热器流体的进出口温度的变化，结合传热模型推导出土壤热物性参数，能够较真实地反映换热器的传热情况，具有较高的可信度，满足工程实际需求。

前三者热物性测试法数值波动范围较大，仅能够获得热导率，在钻井内操作不便，不太适于土壤换热器的精确设计。况且不同地层地质条件下的热导率可相差数倍，不同的回填材料、埋设方式等对换热都有影响，因此一般多采用在现场直接测量才能正确得到地下土壤热物性参数。

即现场测试法，是目前公认的最有效的测试方法。

2. 现场测试法数据分析模型与方法

现场测试法是根据热响应测试法获取温度、热流等试验数据，通过传热模型进行反向推算得到岩土热物性参数。测试常用的传热模型有线热源和柱热源模型，结合斜率法和参数估计法，即可确定土壤热物性参数。

（1）线热源法 线热源模型将土壤换热器的传热看作在初始温度为 T_{ff} 土壤中有一恒定线热源的一维非稳态导热问题，其温度解析式可表示为

$$T(r,\tau) - T_{ff} = \frac{Q}{4\pi\lambda L} \int_{r^2/(4\alpha\tau)}^{\infty} \frac{e^{-s}}{s} ds \tag{6-11}$$

式中 $T(r,\tau)$——τ 时刻半径 r 处的土壤温度（℃）；

$\int_{r^2/(4\alpha\tau)}^{\infty} \frac{e^{-s}}{s} ds$——指数积分函数；

Q——换热器换热量（kW）；

α——土壤热扩散率（m²/s）；

L——钻井深度（m）；

λ——土壤热导率 [W/(m·℃)]。

当 $\alpha\tau/r^2 \geq 5$ 时，式（6-11）可简化为

$$T(r,\tau) - T_{ff} = \frac{Q}{4\pi\lambda L}\left(\ln\tau + \ln\frac{4\alpha}{r^2} - \gamma\right) \tag{6-12}$$

式中 γ——欧拉常数，$\gamma = 0.5772$。

假设土壤换热器内流体与钻井壁间单位深度热阻为 R_0，则进出口流体平均温度 T_f 和钻井壁温 T_w 的关系式为

$$T_f - T_w = \frac{Q}{L}R_0 \tag{6-13}$$

令 $r = r_b$（钻井半径），则土壤换热器内流体平均温度 T_f 可表示为

$$T_f = \frac{Q}{4\pi\lambda L}\ln\tau + \frac{Q}{L}\left[\frac{1}{4\pi\lambda}\left(\ln\frac{4\alpha}{r_b^2} - \gamma\right) + R_0\right] + T_{ff} \tag{6-14}$$

由式（6-14）可知，进出口流体平均温度与时间对数成正比例关系，通过测试所获得的换热量 Q 及不同时刻埋管流体平均温度 T_f 值，在温度 - 时间对数坐标轴上利用最小二乘法拟合出式（6-14），从而可得直线的斜率 $k = Q/(4\pi\lambda L)$，进而能计算出土壤的热导率 λ。

利用指数积分函数，土壤换热器内流体平均温度 T_f 也可表示为

$$T_f = T_{ff} + \frac{Q}{L}\left[R_0 + \frac{1}{4\pi\lambda}Ei\left(\frac{r_b^2\rho_s c_s}{4\lambda\tau}\right)\right] \tag{6-15}$$

式中 $Ei(x) = \int_x^{\infty} \frac{e^{-s}}{s} ds$——指数积分函数；

$\rho_s c_s$——土壤容积比热容 [J/(m³·℃)]。

式（6-15）中包含三个未知参数，钻孔内热阻 R_0、土壤热导率 λ 和容积比热容 $\rho_s c_s$。结合测试数据和参数估计法可求得上述三个未知参数。通过不断调整传热模型中周围岩土的热导率、容积比热容和钻孔内热阻的数值，寻找到由模型计算出的进出口流体平均温度与计算得到的流体平均温度值之间的误差最小值，此时对应的各物性参数值即为最终的岩土热物性参数优化值。其优化目标函数为

$$f = \sum_{i=1}^{N} \left(T_{\text{cal},i} - T_{\text{exp},i} \right)^2 \tag{6-16}$$

式中　$T_{\text{cal},i}$——第 i 时刻由选定的传热模型计算出的埋管流体平均温度（℃）；

　　　$T_{\text{exp},i}$——第 i 时刻现场测试得到的埋管中流体平均温度（℃）；

　　　N——试验测试的数据组数。

（2）柱热源法　柱热源模型把土壤换热器看作一个具有一定半径的理想圆柱体，以恒定的热流量向周围无限大、常物性的土壤散发热量。其钻井壁温 T_{w} 与土壤无穷远处温度 T_{ff} 的关系式为

$$T_{\text{w}} - T_{\text{ff}} = \frac{Q}{\lambda L} G(Fo,p) \tag{6-17}$$

式中　$Fo = \alpha\tau/r_{\text{b}}^2$——傅里叶数；

　　　$G(Fo,p)$——理论积分解 G 函数；

　　　p——计算温度处的半径与钻井半径之比。

令 $p = 1$，结合式（6-13），换热器内流体的平均温度可表示为

$$T_{\text{f}} = T_{\text{ff}} + \frac{Q}{L}\left[\frac{G(Fo,1)}{\lambda} + R_0 \right] \tag{6-18}$$

$$G(Fo,1) = 10^{0.89129 + 0.36081\,\lg(Fo) - 0.05508\,\lg^2 Fo + 3.59617\times10^{-3}\lg^3 Fo} \tag{6-19}$$

式（6-18）中同样包含钻孔内热阻 R_0、土壤热导率 λ 和容积比热容 $\rho_s c_s$ 三个未知参数，利用热响应试验测试数据，结合式（6-17）进行参数估计可求得上述三个未知参数。

3. 土壤热响应试验

土壤热响应试验法是在工程现场搭建敷设有竖直换热器的测试孔，通过 U 形管对测试孔施加恒定的热流，测量加热功率、U 形管内循环流体进出口温度、循环流体流量等参数，如图 6-7 所示。循环流体进出口温度的变化情况是土壤对热响应的结果。试验过程中，通过数据采集系统，以一定的时间间隔记录 U 形管进出口流体温度、流量和加热功率等试验数据。

（1）总体要求　在进行土壤热响应试验之前，应对测试现场进行实地的勘查，根据地质条件的复杂程度，确定测试井的数量和测试方案。土壤源热泵系统的应用建筑面积大于或等于 10000m² 时，测试井的数量不应少于 2 个；建筑面积大于或等于 5000m² 时，测试井不宜少于 1 个；建筑面积大于或等于 3000m² 时，可设置测试井 1 个。对 2 个及以上测试孔的测试，其测试结果应取算术平均值。土壤换热器分布较分散，或场区地质条件差异性大时，应分别测试。成井方案不同时，宜进行分别测试。电源稳定（配稳压设备），测试孔施工单位须有资质，连接管外露部分须保温（保温层厚度≥10mm），其他须遵守国家地方有关规范和规定。

（2）测试仪表　仪表应通过法定计量部门检定，有效期一年。在输入电压稳定的情况下，加热功率的测量误差不应大于 ±1%。流量的测量误差不应大于 ±1%。温度的测量误差不应大于 ±0.2℃。

（3）土壤热响应试验步骤　测试井的深度应与实际的用井相一致，其测试过程应遵循下列步骤：

1）制作测试井，布置温度传感器，间隔不宜大于 10m。完井后应放置 48h 以上，如水泥基料为回填材料时，干燥过程会放热，宜放置 10 天以上。

2）平整测试孔周边场地，提供水电接驳点，电压应保持恒定。

3）测试岩土初始温度，取各测点实测温度的算术平均值。

4）测试仪器与测试井的管道连接，连接应减少弯头、变径，连接管外露部分应保温。

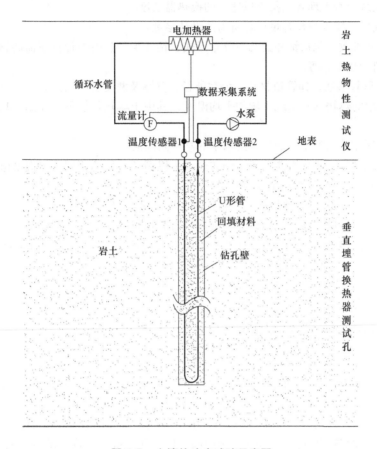

图 6-7 土壤热响应试验示意图

5）水电等外部设备连接完毕，应对测试设备本身以及外部设备的连接再次进行检查。

6）起动电加热、水泵等试验设备，加热功率保持恒定，换热器内流速不低于 0.2m/s，出水温度高于岩土初始温度 5℃且维持时间不少于 12h。待设备运转稳定后开始读取记录试验数据，间隔时间不应大于 10min。

7）岩土热响应试验过程中，应做好对试验设备的保护工作。

8）提取试验数据，借助传热模型分析计算得出岩土的综合热物性参数。

9）热响应试验完成后，对测试井应做好防护工作。

6.3.5 土壤换热器容量计算

土壤换热器容量计算的基本任务，一是在给定土壤换热器和热泵的参数以及运行条件的情况下，确定土壤换热器循环介质的进出口温度，以保证系统能在合理工况下工作；二是根据用户确定的循环介质工作温度的上下限确定土壤换热器的长度。

根据所选择的土壤换热器的类型及布置形式，设计计算换热器的管长。迄今为止，土壤换热器长度计算尚未有统一的规范，可根据具体情况和条件选用前面已较详细地介绍的设计计算方法；也可根据现场实测土壤体及回填料的热物性参数，采用专用软件计算土壤换热器的容量。在换热器设计计算时，环路集管作为安全裕量一般不包括在换热器长度内。但对于水平埋管量较多的垂直埋管系统，水平埋管应折算成适量的换热器长度。

首先，应确定土壤换热器容量计算所需的设计参数：

1）确定钻井参数，包括钻井的几何分布形式、钻井半径、模拟计算所需的钻井深度、钻井间距及回填材料的热导率等。

2）确定U形管参数，如管道材料、公称外径、壁厚及两支管的间距。

3）确定土壤的热物性和当地土壤的平均温度，其中土壤热物性最好使用在现场实测的平均热物性值。

4）确定循环介质的类型，如纯水或选定的某一防冻液。

5）热泵性能参数或热泵性能曲线，例如热泵主机循环介质的不同入口温度值所对应的不同的制热量（或制冷量）及压缩机的功率。

然后，根据已知的设计参数按如下步骤计算土壤换热器的长度：

1）初步设计土壤换热器，包括设计土壤换热器的几何尺寸及布置方案。

2）计算钻井内热阻，根据初步设计的土壤换热器几何参数、物性参数等进行计算。

3）计算运行周期内孔壁的平均温度和极值温度。

4）计算循环介质的进出口温度、极值温度或平均温度。

5）调整设计参数，使循环介质进出口温度满足设计要求。

6.3.6 土壤换热器系统水力计算

1. 连接形式的选取

土壤换热器各钻井之间既可采用串联方式，也可采用并联方式，如图6-8所示。在串联系统中只有一个流体通道，而在并联系统中流体在管路中可有两个或更多的流道。串联系统主要的优点是具有单一流体通道和同一型号的管道，由于串联系统管路管径大，因此对于单位长度埋管来说，串联系统的热交换能力比并联系统的高。但串联系统也有许多缺点：采用大管径管路，管内体积大，需较多的防冻液；管道成本及其安装费高于并联系统的；管道不能太长，否则阻力损失太大以及可靠性降低。

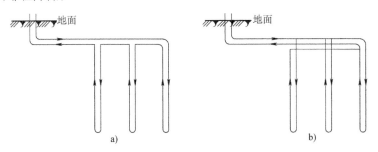

图6-8 换热器循环管路连接方式

a）串联方式 b）并联方式

并联管路垂直式换热器与串联管路垂直式的相比，U形管管径可以更小，从而可以降低管路费用和防冻液费用。较小的管路更容易制作安装，也可减少人工费用。U形管管径的减小使钻井的直径也相应变小，钻井费用也相应降低。

并联管路换热器中，同一环路集管连接的所有钻井的换热量基本相同。而串联管路换热器中，各个钻井传热温差不一样，使得每个钻井的换热量不同。采用并联管路还是串联管路取决于系统大小、埋管深浅及安装成本高低等因素。目前工程上的应用以并联系统为主。需要指出的是，对于并联管路，在设计和制造过程中必须特别注意，应确保管内水流速度较高以排走空气。此外，并联管道每个管路长度应尽量一致（偏差宜控制在10%以内），以使每个环路都有相同的流量。为确保各并联的 U 形埋管进、出口压力基本相同，可使用较大管径的管道作为水平集箱连管，以提高地下土壤换热器循环管路的水力稳定性。

2. 水平集管连接形式的选取

水平集管是连接分、集水器的环路，而后者是循环介质从热泵到土壤换热器各并联环路之间循环流动的重要调节控制装置，其连接支管路的形式也存在串、并联两种，如图6-9所示。设计时应注意土壤换热器各并联环路间的水力平衡及有利于系统排除空气。与分、集水器相连接的各并联环路的多少，取决于垂直 U 形埋管与水平连接管路的连接方法、连接管件和系统的大小。

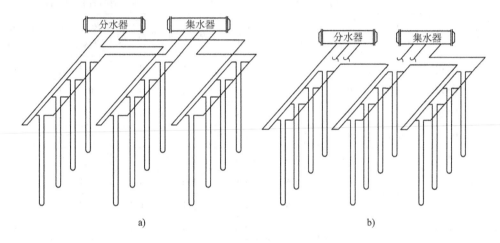

图 6-9　水平集管连接方式

a）串联方式　b）并联方式

3. 管路水力计算

循环介质不同，其摩擦阻力也不同，水力计算应按选用的循环介质的水力特性进行计算。国内已有的塑料管比摩阻均是针对水而言的，对添加防冻剂的水溶液，目前尚无相应数据。土壤换热器水力（压力损失）计算可参照以下方法进行：

1）确定流量 $G(\mathrm{m^3/h})$、公称直径和流体特性。

2）根据公称直径，确定管子的内径 d_j（m）。

3）根据管道内径计算管子的断面面积 $A(\mathrm{m^2})$。其计算公式为

$$A = \frac{\pi}{4}d_j{}^2$$

4）计算流速 v（m/s）：

$$v = \frac{G}{3600A}$$

5）计算管内流体的雷诺数（Re），Re 应该大于 2300 以确保湍流。其计算公式为

$$Re = \frac{\rho v d_j}{\mu}$$

6）计算单位管长的摩擦阻力 p_d（Pa/m）：

$$p_d = 0.158\rho^{0.75}\mu^{0.25}d_j^{1.25}v^{1.75}$$

$$p_y = p_d L$$

式中 p_y——计算管段的沿程阻力损失（Pa）；

　　　L——计算管段的长度（m）。

7）计算管段的局部阻力 p_j（Pa）：

$$p_j = p_d L_j$$

式中 L_j——计算管段中局部阻力的当量长度（m）。

管件的当量长度可按表6-2计算。

表6-2　管件的当量长度

名义管径		弯头的当量长度/m				T形三通的当量长度/m			
		90°标准型	90°长半径型	45°标准型	180°标准型	旁流三通	直流三通	直流三通后缩小1/4	直流三通后缩小1/2
3/8in	DN10	0.4	0.3	0.2	0.7	0.8	0.3	0.4	0.4
1/2in	DN12	0.5	0.3	0.2	0.8	0.9	0.3	0.4	0.5
3/4in	DN20	0.6	0.4	0.3	1.0	1.2	0.4	0.6	0.6
1in	DN25	0.8	0.5	0.4	1.3	1.5	0.5	0.7	0.8
5/4in	DN32	1.0	0.7	0.5	1.7	2.1	0.7	0.9	1.0
3/2in	DN40	1.2	0.8	0.6	1.9	2.4	0.8	1.1	1.2
2in	DN50	1.5	1.0	0.8	2.5	3.1	1.0	1.4	1.5
5/2in	DN63	1.8	1.3	1.0	3.1	3.7	1.3	1.7	1.8
3in	DN75	2.3	1.5	1.2	3.7	4.6	1.5	2.1	2.3
7/2in	DN90	2.7	1.8	1.4	4.6	5.5	1.8	2.4	2.7
4in	DN110	3.1	2.0	1.6	5.2	6.4	2.0	2.7	3.1
5in	DN125	4.0	2.5	2.0	6.4	7.6	2.5	3.7	4.0
6in	DN160	4.9	3.1	2.4	7.6	9.2	3.1	4.3	4.9
8in	DN200	6.1	4.0	3.1	10.1	12.2	4.0	5.5	6.1

8）计算管段的总阻力 p_z（Pa）：

$$p_z = p_y + p_j$$

4. 循环泵的选取

根据水力计算的结果，合理确定循环水泵的流量和扬程，并确保水泵的工作点在高效区。同时，应选择与防冻液兼容的水泵类型。根据许多工程的实际情况，换热器系统循环水泵的扬程一般不超过32m。扬程过高时，应加大水平连接管管径，减小比摩阻。管径引起的投资增加不多，而水泵的电耗是长期的。为了减少能耗，节省运行费用，可采用循环水泵台数控制或变流量调节方式。

当系统较大，且各环路负荷特性相差较大，或压力损失相差悬殊（差额大于50kPa）时，也可考虑采用二次泵方式。二次水泵的流量与扬程可以根据不同负荷特性的环路分别配置，对于阻力较小的环路可以降低二次泵的扬程，做到"量体裁衣"，避免无谓的能量浪费。

5. 其他辅助设备

塑料管的摩擦阻力系数比钢管小得多，同时土壤换热器通常离机房较近，因此管路的沿程损失较小。为防止 U 形管底部堵塞，在土壤换热器供水管始端和热泵机组入口应各设置一个除污器。其产生的阻力随运行时间的延长会增加，因此应经常清通除污器。同时为冲洗 U 形管底部有可能出现的沉淀杂物，可考虑设置大流量的水泵和补水、排水设施，定期进行反冲洗。

6.4　复合式土壤源热泵系统设计

6.4.1　复合式土壤源热泵系统

由于土壤的传热能力有限，换热器周围土壤存在热量堆积，温度发生变化，不利于换热器的持续换热。在部分建筑气候区空调冷热负荷存在较大的差异，土壤热状态逐步失去平衡，将会加剧区域土壤温度持续升高或降低。因此，土壤换热器系统设计应考虑全年冷热负荷的影响。最大吸热量和最大释热量相差较大时，宜通过技术经济比较，采用辅助散热（如增加冷却塔）或辅助供热的方式来解决，一方面经济性较好，另一方面可避免因吸热与释热不平衡引起土壤温度的降低或升高。设置了辅助热源或冷却源的土壤源热泵系统，通常称为复合式土壤源热泵系统，如图 6-10 所示。

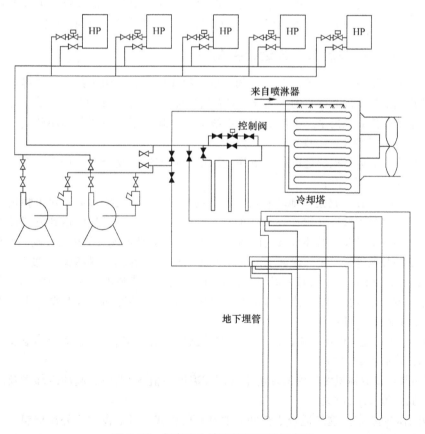

图 6-10　复合式土壤源热泵系统示意图

6.4.2 辅助冷热源设计

由于热泵主机的供冷供热运行是通过机组换热器循环水与土壤换热器循环水流道切换来实现的，辅助冷热源系统的设计应满足相应的需求。复合式土壤源热泵系统的设计，还要考虑辅助冷却源（或热源）与土壤换热器系统的结合问题。为了运行调节方便，设计的冷热源系统应能实现串联运行、并联运行及独立运行等各种模式。

当换热器的累计释热负荷远大于吸热负荷，采用冷却塔等辅助散热设备的复合式土壤源热泵空调系统，能够有效地解决地下冷热负荷不平衡的问题，不仅技术上可靠，而且经济上合理。在确定冷却塔的设计容量时，应掌握两个原则：一是以能够满足土壤换热器全年的冷热负荷基本平衡为前提，用冷却塔负担多余的冷却负荷，即冷却塔的散热容量应能满足多余冷却负荷的需要；二是将冷却负荷分为两部分，一部分为变化缓慢的空调房间围护结构的基本负荷，另一部分为空调房间人体、照明及辐射等变化较大的内外热源的峰值负荷。由土壤换热器来承担基本负荷，辅助冷却塔来承担峰值负荷。因为变化缓慢，基本恒定的冷、热负荷更适合换热器在土壤中的传热特点。当考虑采用冷却塔与土壤换热器交替冷却的运行模式时，冷却塔的容量可按空调设计冷负荷确定，可为复合式土壤源热泵系统运行模式的选择及合理安排冷却塔的运行时段提供便利条件。

对于辅助加热设备的容量确定，应经过较为详细的计算与分析后确定。由于使用土壤源热泵空调大多是为了解决供热热源的问题，再增设的辅助热源常常是初投资较大或者是运行费用较高的类型，因此对辅助加热设备的容量及运行模式应根据具体情况慎重确定。

6.4.3 复合式土壤源热泵系统运行控制

土壤源热泵系统由于增加了一个关键的、复杂的浅层地能利用子系统，使得运行节能成为整个建设使用周期当中极为重要的一部分，只有通过合理的运行控制才能将设计、施工、运行中赋予系统的节能性能展现出来。土壤源热泵系统运行控制的原则是"花最小的代价，实时跟踪空调冷（热）负荷的变化，实现室内舒适性。"

目前，较常见的运行控制是以冷却塔作为辅助散热装置的复合式土壤源热泵系统，冷却塔的运行控制方案有以下三类：

（1）设定温度控制 这是以地埋管运行为主的模式。根据气象参数及建筑物负荷的具体需要，事先设定好热泵主机进（出）口流体的最高温度，当在运行过程中达到或超过此设定极限温度值时，起动冷却塔及其循环水泵进行辅助散热。如果起动地埋管的运行，则一般根据岩土体温度监控系统的数据进行设定，保证了土壤源热泵系统运行的高效，避免转换过于频繁。

（2）设定温差控制 这是以冷却塔运行为主的模式。对热泵进（出）口流体温度与周围环境空气湿球温度之差进行控制，当其差值超过设定值时，起动冷却塔及其循环水泵进行辅助散热。有以下两种控制条件：

1）当热泵进口流体温度与周围环境空气湿球温度差值 $> \Delta T_1$ 时，起动冷却塔及冷却水循环水泵，直到其差值 $< \Delta T_2$ 时关闭。

2）当热泵出口流体温度与周围环境空气湿球温度差值 $> \Delta T_1$ 时，起动冷却塔及冷却水循环水泵，直到其差值 $< \Delta T_2$ 时关闭。

（3）开启时间控制 这是适合于夜间需要开启的模式。考虑夜间室外湿球温度比较低，冷却塔的散热效果明显好于白天，通过在夜间开启冷却塔运行数小时的方式将多余的热量散至空气中。为了避免水环路温度过高，采用设定热泵主机最高进（出）口流体温度的方法作为补充。

由于土壤换热器敷设是依据可利用的地表面积和形状进行的，多采用二级集、分水器管路系统，从而形成了换热器的分区。当建筑物负荷处在部分工况下，所需要的换热器取热量或排热量仅是某一分区或数个分区就可以满足。为使得各分区换热器的换热效果均衡，需要对整体区域进行分区运行控制，有以下两种方式：

（1）累计运行时间控制　根据换热器运行时间的累计值，在预测负荷的情况下，选取运行累计时间最少的并取排热能力满足要求的分区或数个分区运行。

（2）岩土温度控制　在换热器周围设置土壤温度传感器，一般在分区最不利位置安装，在预测负荷的情况下，选取监测温度最低的并取排热能力满足要求的分区或数个分区运行。

6.5　土壤换热器管材与循环介质

6.5.1　土壤换热器管材

土壤源热泵系统换热器管材的选择，对初装费、维护费用、水泵扬程和热泵的性能等都有影响。因此，管道的尺寸与长度规格应能很好地满足于各种工况。由于土壤换热器管道系统的渗漏可能会污染地下水质与环境，因此管道材料的可靠性对土壤换热器也非常重要。一般来讲，一旦将换热器埋入地下后，基本上不可能进行维修或更换，因此土壤换热器应采用化学稳定性好、耐腐蚀、热导率大、流动阻力小的塑料管材及管件。管件与管材应为相同材料，以便于连接。宜采用聚乙烯（PE80 或 PE100）管或聚丁烯（PB）管，不宜采用聚氯乙烯（PVC）管。聚氯乙烯（PVC）管低廉的价格使其常用在建筑物内部的管道系统中，但承受热膨胀和土壤移位的压力的能力弱，所以不推荐在地下换热器中使用管。

6.5.2　管材规格和压力级别

选择土壤换热器管材的另一个需要考虑的因素是建筑物高度对管材承压能力的要求。如果土壤换热器埋管和建筑物内管路间没有用换热器隔开，则垂直埋管的埋设深度将受到限制。换句话说，使用该系统的建筑物将被限制在一定的高度内，若超过这个高度，系统静压将可能超过地下换热器埋管的最大额定承压能力。如考虑地下水的静压对换热器系统静压的抵消作用，垂直埋管土壤换热器可以在更高的建筑物中使用。工程上应进行相应计算，以验证系统最下端管道的静压是否在管路最大额定承压范围内。若其静压超过土壤换热器的承压能力时，可设中间换热器将土壤换热器与建筑物内系统分开。

换热器的质量应符合国家现行标准中的各项规定。我国国家标准给出了土壤换热器管道外径尺寸标准和管道的压力级别。聚乙烯管应符合《给水用聚乙烯（PE）管道系统　第 2 部分：管材》（GB/T 13663.2—2018）的要求。聚丁烯管应符合《冷热水用聚丁烯（PB）管道系统　第 2 部分：管材》（GB/T 19473.2—2004）的要求。管材的公称压力及使用温度应满足设计要求。管材的公称压力不应小于 1.0MPa。在计算管道的压力时，必须考虑静水压头和管道的增压。静水头压力是土壤换热器建筑物内环路水系统的最高点和地下环路内的最低点之间的压力差。

换热器外径及壁厚可按表 6-3 和表 6-4 的规定选用。相同材料管材的管径越大，其管壁越厚。通常用外径与壁厚之比作为一个标准的尺寸比率（SDR）来说明管道的壁厚或压力的级别，即 SDR = 外径/壁厚。因此，SDR 越小，表示管道越结实，承压能力越高。

表6-3 聚乙烯（PE）管外径及公称壁厚　　　　　　　　（单位：mm）

公称外径	平均外径		公称壁厚/材料等级		
	最小	最大	公称压力/MPa		
			1.0	1.25	1.6
20	20.0	20.3	$2.3^{+0.5}_{0}$/PE63		
25	25.0	25.3	$2.3^{+0.5}_{0}$/PE63	$2.3^{+0.5}_{0}$/PE80	
32	32.0	32.3	$2.9^{+0.5}_{0}$/PE63	$3.0^{+0.5}_{0}$/PE80	$3.0^{+0.5}_{0}$/PE100
40	40.0	40.4	$3.7^{+0.6}_{0}$/PE63	$3.7^{+0.6}_{0}$/PE80	$3.7^{+0.6}_{0}$/PE100
50	50.0	50.5	$4.6^{+0.7}_{0}$/PE63	$4.6^{+0.7}_{0}$/PE80	$4.6^{+0.7}_{0}$/PE100
63	63.0	63.6	$4.7^{+0.8}_{0}$/PE80	$4.7^{+0.8}_{0}$/PE100	$5.8^{+0.9}_{0}$/PE100
75	75.0	75.7	$4.5^{+0.7}_{0}$/PE100	$5.6^{+0.9}_{0}$/PE100	$6.8^{+1.1}_{0}$/PE100
90	90.0	90.9	$5.4^{+0.9}_{0}$/PE100	$6.7^{+1.1}_{0}$/PE100	$8.2^{+1.3}_{0}$/PE100
110	110.0	111.0	$6.6^{+1.1}_{0}$/PE100	$8.1^{+1.3}_{0}$/PE100	$10.0^{+1.5}_{0}$/PE100
125	125.0	126.2	$7.4^{+1.2}_{0}$/PE100	$9.2^{+1.4}_{0}$/PE100	$11.4^{+1.8}_{0}$/PE100
140	140.0	141.3	$8.3^{+1.3}_{0}$/PE100	$10.3^{+1.6}_{0}$/PE100	$12.7^{+2.0}_{0}$/PE100
160	160.0	161.5	$9.5^{+1.5}_{0}$/PE100	$11.8^{+1.8}_{0}$/PE100	$14.6^{+2.2}_{0}$/PE100

注：表中数值引自《给水用聚乙烯（PE）管道系统　第2部分：管材》（GB/T 13663.2—2018）。

表6-4 聚丁烯（PB）管材规格尺寸　　　　　　　　（单位：mm）

公称外径	平均外径		公称壁厚
	最小	最大	
20	20.0	20.3	$1.9^{+0.3}_{0}$
25	25.0	25.3	$2.3^{+0.4}_{0}$
32	32.0	32.3	$2.9^{+0.4}_{0}$
40	40.0	40.4	$3.7^{+0.5}_{0}$
50	49.9	50.5	$4.6^{+0.6}_{0}$
63	63.0	63.6	$5.8^{+0.7}_{0}$
75	75.0	75.7	$6.8^{+0.8}_{0}$
90	90.0	90.9	$8.2^{+1.0}_{0}$
110	110.0	111.0	$10.0^{+1.1}_{0}$
125	125.0	126.2	$11.4^{+1.3}_{0}$
140	140.0	141.3	$12.7^{+1.4}_{0}$
160	160.0	161.5	$14.6^{+1.6}_{0}$

注：表中数值引自《冷热水用聚乙烯（PB）管道系统　第2部分：管材》（GB/T 19473.2—2004），管材使用条件级别为4级，设计压力为1.0MPa。

6.5.3　土壤换热器循环介质

土壤换热器循环介质应以水为首选，也可选用符合下列要求的其他介质：

1）安全，腐蚀性弱，与换热器管材无化学反应。

2）较低的凝固点。

3）良好的传热特性，较低的摩擦阻力。

4）易于购买、运输和储藏。

循环介质的安全性包括毒性、易燃性及腐蚀性，良好的传热特性和较低的摩擦阻力是指循环介质具有较大的热导率和较低的黏度。可采用的其他循环介质有氯化钠溶液、氯化钙溶液、乙二醇溶液、丙醇溶液、丙二醇溶液、甲醇溶液、乙醇溶液、醋酸钾溶液及碳酸钾溶液。

在循环介质（水）有可能冻结的场合，循环介质应添加防冻液，应在充注阀处注明防冻液的类型、浓度及有效期。为了防止出现结冰现象，添加防冻液后的循环介质的凝固点宜比设计最低运行水温低 3~5℃。

换热器系统的金属部件应与防冻液兼容。这些金属部件包括循环泵及其法兰、金属管道、传感部件等与防冻液接触的所有金属部件。

选择防冻液时，应同时考虑防冻液对管道、管件的腐蚀性，防冻液的安全性、经济性及其对换热的影响。这些影响因素包括：凝固点、周围环境的影响、费用和可用性、热传导、压降特性以及与土壤源热泵系统中所用材料的相容性。表 6-5 给出了不同防冻液特性的比较。

表 6-5　不同防冻液特性的比较

防冻液	传热能力（%）[①]	水泵功率（%）[①]	腐蚀性	有无毒性	环境影响程度
氯化钙	120	140	不能用于不锈钢、铝、低碳钢、锌或锌焊接管等	粉尘刺激皮肤、眼睛，污染地下水而不能饮用	影响地下水质
乙醇	80	110	必须使用防腐剂将其腐蚀性降到最小程度	蒸气会烧痛喉咙和眼睛，过多的摄取会引起疾病，长期会加剧对肝脏的损害	不详
乙烯基乙二醇	90	125	须采用防腐剂保护低碳钢、铸铁、铝和焊接材料	刺激皮肤、眼睛，少量摄入毒性不大，但过多或长期的暴露则可能有危害	与 CO_2 和 H_2O 结合会引起分解，产生不稳定的有机酸
甲醇	100	100	须采用杀虫剂来防止污染	若不慎吸入、与皮肤接触，毒性很大，长期暴露有危害	可分解成 CO_2 和 H_2O，产生不稳定的有机酸
醋酸钾	85	115	须采用防腐剂来保护铝和碳钢	对眼睛或皮肤有刺激作用，相对无毒	同甲醇
碳酸钾	110	130	对低碳钢、铜须采用防腐剂，对锌、锡或青铜则不须保护	具有腐蚀性，在处理时可能产生一定危害，人员应避免长期接触	形成碳酸盐沉淀物，对环境无污染
丙烯基乙二醇	70	135	须采用防腐剂来保护铸铁、焊料和铝	一般认为无毒	同乙烯基乙二醇
氯化钠	110	120	对低碳钢、铜和铝无须采用防腐剂	粉尘刺激皮肤、眼睛，污染地下水而不能饮用	有不利影响

① 以甲醇为对照物（甲醇为100）。

应当指出的是，由于防冻液的密度、黏度、比热容和热导率等物性参数与纯水都有一定的差异，这将影响循环介质在冷凝器（制冷工况）和蒸发器（制热工况）内的换热效果，从而影响整个热泵机组的性能。当选用氯化钠、氯化钙等盐类或者乙二醇作为防冻液时，循环介质对流换热系数均随着防冻液浓度的增大而减小。并且随着防冻液浓度的增大，循环水泵耗功率以及防冻剂的费用都要相应提高。因此，在满足防冻温度要求的前提下，应尽量采用较低浓度的防冻液。一般来说防冻液浓度的选取应保证防冻液的凝固点温度比循环介质的最低温度低8℃，最少也要低3℃。

6.6　土壤换热器的施工

6.6.1　施工前的准备工作

1. 现场勘查

现场勘查是设计环节的第一步。在决定使用土壤源热泵系统之前，应对现场情况、地质资料进行准确翔实的勘查与调研。这些资料是系统设计的基础。

现场地质状况是现场勘查的主要内容之一。地质状况将决定使用何种钻井、挖掘设备和安装成本的高低。一般应基于测试井的勘测情况或当地地质状况对施工现场的适应性做出评估，包括松散土层在自然状态和在负载后的密度，含水土层在负载后的状况，岩石层岩床的结构，以及其他特点等。同时应对影响施工的因素和施工周边的条件进行调研与勘查，主要内容包括：

1）土地面积大小和形状。
2）已有的和计划建的建筑或构筑物。
3）是否有树木和高架设施，如高压电线等。
4）自然或人造地表水源的等级和范围。
5）交通道路及其周边附属建筑及地下服务设施。
6）现场已敷设的地下管线布置和废弃系统状况。
7）钻井挖掘所需的电源、水源情况。
8）其他可能用于系统安装的设备预留位置等。

2. 场地规划

（1）提出施工设计方案　细致的场地规划，有助于选用合适的材料和设备，确定合理的施工组织方案，为顺利完成土壤换热器的安装奠定基础。规划过程中应当考虑以下几方面的内容：

1）挖沟深度。应考虑气候、地质结构、人工挖沟还是机械挖沟的因素。
2）挖沟长度。应考虑可利用的地表面积、冷热负荷、沟中埋设管道的数量、地质结构以及土壤含水量的因素。
3）垂直钻井的深度及数量。应考虑可利用的地表面积、障碍物、冷热负荷以及土壤和岩石类型的因素。
4）采用单U形埋管还是双U形埋管。应考虑钻井难易程度、可用埋管地下空间大小以及U形管材的价格等因素。
5）沟的结构。应考虑地上地下障碍物、地表坡度、沟转向半径限制、回填和复原要求的因素，必须保证找出所有以前埋设的管线并做出标识。

（2）确定地下设施　现场规划的另一个主要任务就是对施工区域内地下所埋的公用事业管道系统进行描述说明。应当注意以下两个方面：

1）应通过有关部门准确确定出电力、电话、煤气、给水排水等市政工程所有埋设管线的位置。施工中若切断或挖断其他管线，将导致增加安装费用，延长施工周期。
2）应标示出土壤换热器的位置，以备将来再次挖掘，该位置应当根据现场的两个永久目标进行定位。

（3）征求业主意见　对施工过程中有可能涉及业主自身利益的问题，应充分征询业主的意见后，再做决定。应注意以下几方面：

1）应避开的区域。树木、灌木、花园等应当避开的地方要做出标识。

2）可以进出重型设备的位置。应当注意车道的负荷限制。轮胎较大的轻型机械对公路和院子的负载较小。

3）承包商不易标识或可能不了解的地下管线系统的位置。

3. 水文地质调查

对于准备安装土壤源热泵系统现场的水文地质调查，主要应注意以下几方面的问题：

1）应了解在施工现场进行钻井、挖掘时应遵守的规章条例，允许的水流量和用电量以及附属建筑物等其他约束因素。

2）查阅曾经发表的地质以及水文报告和可以利用的地图。

3）检查所有的勘测井测试记录和其他已有的施工现场周围地质水文记录，对总的地下条件进行评估，包括地下状况、地下水位、可能遇到的含水层和相邻井之间潜在的干扰等。

4）地下状况的调查方法应与采用的系统形式相匹配。对于垂直 U 形埋管土壤换热器，如果需要勘测后再确定采用哪种形式，那么选择勘测井的调查方法较为合适。因为它可以满足任何一种系统形式的需要，即使这些勘测井最终对于土壤源热泵系统本身没有用，但它可以用作钻井以及施工期间的水源。

4. 测试井与监测井

（1）测试井　测试井能够提供设计和安装垂直埋管土壤换热器所需的土壤热物性及其结构的基础数据。一般采用与待埋设 U 形管钻井相同结构的钻井作为测试井。测试井测试完毕后可用作后期施工中的 U 形埋管钻井，也可作为竣工后的监测井使用。当测试井到达地下水的深度时，它所采集的地下水样不但能够反映最初的地下水质量，而且能够长时间地测量地层温度、地下水位及水的质量。

用于建筑面积小于 3000m² 建筑物的垂直埋管土壤换热器，可使用一个测试井。对于大型建筑则应采用两个或两个以上的测试井。测试井的深度应比 U 形埋管深 5m。

通过测试井采集不同深度的土石样品，对其进行热物性测试与分析，为换热器设计提供基础数据。钻探测试井，探明施工现场土壤的构造，为合理选用钻井设备，估算钻井费用和钻井时间提供第一手资料。同时可根据测试井的钻探结果，对换热器深度和单、双 U 形埋管的选择提出建议。对于不再使用的测试井，应及时从底部到顶部进行灌浆封井，以免污染地下水。

在换热器安装前，施工现场常常不具备钻井条件，如缺水少电等，尤其是无现成的钻井设备。因此工程上常常根据已掌握的地质资料，对换热器系统进行初步设计。然后在首批换热器安装完毕后，对其中一个或几个 U 形管换热器进行实际测试。最后根据钻井现状和测试结果对换热器方案及初步设计进行必要的修正。

（2）监测井　监测井通常用来搜集地下数据，包括土壤温度、地下水深度以及地下水水质等。长期监测这些数据，便于观察换热器土壤源热泵系统长期运行对地层温度、地下水质等的影响，有利于评价换热器的设计与安装效果，及时总结经验与教训。有时也可选择部分有代表性的 U 形埋管安装传感测头，兼作监测井。

6.6.2　土壤换热器管道连接

土壤换热器如有接头应采用相同材料或工程塑料制造的管件熔接，不应采用金属管件，地下检查井内等可维护处除外。所有地下换热器管道接头的连接方法应使用电熔或热熔连接，而不得使用机械连接。管道连接方法的选择取决于管道性能的要求以及现场施工人员所掌握的技术。

1. 电熔连接

所谓电熔连接，就是将电熔管件套在管材、管件上，预埋在电熔管件内表面的电阻丝通电发热，产生的热能加热、熔化电熔管件的内表面和与之承插的管件外表面，使之融为一体。公称直径小于 63mm 的管材推荐采用电熔连接。该方法经济可靠，其接口在承拉和承压时都比管材本身具有更高的强度。

管道的电熔连接的技术要点：

1）连接前应将管道端部修剪平整、清洗整洁，然后将两个需要连接的管道端部插入电熔套管，对齐平直后嵌固。

2）应根据电熔套管大小及电熔焊机的性能，选定通电时间和冷却时间。通电使电熔套管达到熔点并使两管道连接在一起。经过必要的冷却时间形成一体后，方可进行下一道工序。

2. 热熔连接

热熔连接是将待接聚乙烯管段界面，利用加热板加热熔融后相互对接融合，经冷却固定而连接在一起的方法。通常采用热熔对焊机来加热管端，使其熔化，迅速将其贴合，保持有一定的压力，经冷却达到熔接的目的。

（1）热熔连接的方法 主要有以下两种：

1）承插热熔连接方式。两个需要连接的管道端部分别与承接套管两端部加热熔接。每个接头应进行两次热熔过程。该方法是地埋管系统常用的连接方法。

2）对接方式。用一加热板把两管端部表面加热到塑性状态，然后把两管端部对碰在一起形成接头。根据接出分支管管路的需要，对接方式也可用于马鞍形凹表面与管道侧壁凸壁面之间的连接，即侧壁对接方式。应用该连接方式的管径应不少于 80mm。

（2）管道的热熔连接技术要点

1）热熔连接方式包括对接和承插两种，应根据塑料管材质等级、密度及管道产品的使用说明等因素，选用适当的热熔连接方式。

2）连接前应将管道端部修剪平整、清洗整洁，对齐平直后再加热。

3）应根据连接管径的大小及热熔焊机的性能，确定加热时间和冷却时间。加热使管道两端达到熔点后对接（或承插），并使管道连接点嵌固在一起。经过必要的冷却时间形成一体后，方可进行下一道工序。

6.6.3　水平埋管土壤换热器埋管安装

1. 埋管安装要点

1）按设计平面图开挖地沟。

2）按所提供的换热器配置在地沟中安装塑料管道。

3）应按工业标准和实际情况完成全部连接缝的熔焊。

4）循环管道和循环集水管的试压应在回填之前进行。

5）应将熔接的供、回水管线连接到循环集管上，并一起安装在机房内。

6）在回填之前进行管线的试压。

7）在所有埋管地点的上方做出标志，标明管线的定位带。

2. 管道安装步骤

管道安装可伴随挖沟同步进行。挖沟可使用挖掘机或人工挖沟。如采用全面敷设水平埋管的方式设置土壤换热器，也可使用推土机等施工机械，挖掘埋管场地。

管道安装的主要步骤：首先清理干净沟中的石块，然后沟底铺设一定厚度的细土或砂子，用以支撑和覆盖保护管道。检查沟边的管道是否有切断、扭结等外伤，管道连接完成并试压后，再仔细地放入沟内。为保证回填均匀且回填料与管道紧密接触，回填应在管道两侧同步进行，同一沟槽中有双排或多排管道时，管道之间的回填压实应与管道和槽壁之间的回填压实对称进行。若土壤是黏土且气候非常干燥时，宜在管道周围填充细砂，以便管道与细砂的紧密接触，或者在管道上方埋设地下滴水管，以确保管道与周围土层的良好换热条件。

6.6.4　垂直式 U 形管土壤换热器施工

1. 放线、钻井

将土壤换热器设计图样上钻井的排列、位置逐一落实到施工现场。井的直径大小以能够较容易地插入所设计的 U 形管及灌浆管为准。为确保 U 形管顺利安全地插入井底，井径要适当，必要时井壁应固化。

在钻井过程中，根据地下土壤地质情况、地下管线敷设情况及现场土壤层热物性的测试结果，适当调整钻井的深度、个数及位置，以满足设计要求，降低钻井、下管及封井的难度，减少对已有地下工程的影响。当第一个井钻成后，应及时对钻井深度方向上土壤层的热物性进行测定，以便对土壤换热器的设计做适当修正。

2. U 形管现场连接组装、试压与清洗

U 形管应以在现场连接组装、切割为宜，以满足有可能出现的设计变更，尤其是钻井深度变化的需要。下管前应对 U 形管进行试压、冲洗。然后将 U 形管两个端口密封，以防杂物进入。冬季施工时，应将试压后 U 形管内的水及时放掉，以免冻裂换热器管道。

3. 下管与二次试压

下管前，应将 U 形管的两个支管固定分开，以免下管后两个支管贴靠在一起，导致两支管间热量的回流。一种方法是利用专用的弹簧将两支管分开，同时使其与灌浆管牵连在一起，在灌浆管自下而上抽出时，弹簧将两个支管弹离分开。另一种方法是先用塑料管卡或塑料短管等支撑物将两支管撑开，然后将支撑物绑缚在支管上。U 形管端部应设防护装置，以防止在下管过程中的损伤。一般情况下由于钻井内充满泥浆，浮力较大，因此 U 形管内应充满水，增加自重，抵消一部分下管过程中的浮力。

钻井完成后，为防止可能出现钻井局部堵塞或塌陷导致下管困难应立即下管。下管是将三根 PE 管一起插入孔中，直至井底。下管方法有人工下管和机械下管两种。当钻井较浅或泥浆密度较小时，宜采用人工下管；反之，可采用机械下管。下管完成后，做第二次水压试验。确认 U 形管无渗漏后，方可回填。

4. 回填封井与土壤热物性测定

回填封井是将回填材料自下而上灌入钻井中，如图 6-11 所示。合适的回填材料能够加强土壤和土壤换热器之间的热交换

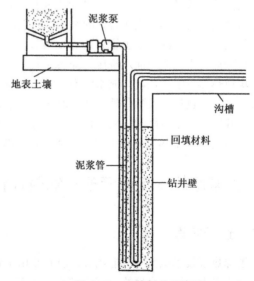

图 6-11　回填封井示意图

能力，防止各含水层之间水的掺混以及污染物从地面向下渗漏。主要的回填方法是利用泥浆泵通过灌浆管将回填材料灌入井中。回灌时，根据灌浆的快慢将灌浆管分段抽出，使回填材料自下而上注入封井，确保钻井回灌密实、无空腔。根据钻井现场的地质情况和选用的回填材料特性，在确保能够回填密实无空腔的条件下，有时也可采用人工的方法回填封井。

回填材料的选择取决于换热器现场的地质条件，热导能力应不少于埋设换热器处的土壤层导热能力，宜用专门的回填材料。

回填结束一段时间后，可利用土壤热物性测试仪现场对U形管土壤换热器传热性能进行测定，并根据测定结果对原有设计进行必要的修正。

5. 水平集管连接

水平集管连接的方式有两种：一种是沿钻井的一侧或两排钻井的中间铺设供水和回水集管；另一种是将供水和回水集管引至埋设地下U形管区域的中央位置。为防止未来其他管线敷设对集管连接管的影响或破坏，水平管埋设深度应大一些，在分、集水器的最高端或最低端宜设置排气装置或除污排水装置，并设检查井。管道沟回填时，应分层用木夯夯实。

6.6.5　土壤换热器的检验与水压试验

1. 土壤换热器的检验

土壤换热器的检验要点如下：

1）管材、管件等材料应符合国家现行标准的规定。

2）全部垂直U形埋管的位置和深度以及换热器的长度应符合设计要求。

3）对灌浆材料及其配比应符合设计要求。灌浆材料回填到钻井内的检验应与安装换热器同步进行。

4）循环管路、循环集管和管线的试压应按要求进行，以保证没有泄漏。

5）如果有必要，需监督不同管线的水力平衡情况。

6）防冻液和化学防腐剂的特性及浓度应符合设计要求。

7）循环水流量及进出水温差均应符合设计要求。

2. 土壤换热器的水压试验

土壤换热器管道的水压试验，是为了间接证明施工完成后的管道系统密闭的程度，但聚乙烯管道与金属管道不同，金属管线的水压试验期间，除非有漏失，其压力能保持恒定。而聚乙烯管线即使是密封严密的，由于管材的徐变特性和对温度的敏感性，也会导致试验压力随着时间的延续而降低，因此应全面理解压力降的含义。

土壤换热器管道试压前应充水浸泡，时间不应小于12h，彻底排净管道内空气，并进行水密性检查，检查管道接口及配件处，如有泄漏应采取相应措施进行排除。水压试验宜采用手动泵缓慢升压，升压过程中应随时观察与检查，不得有渗漏。不得以气压试验代替水压试验，具体的操作过程可参阅《地源热泵系统工程技术规范》（GB 50336—2005）。

6.7　土壤源热泵运行管理与能效评价

6.7.1　运行管理

土壤源热泵技术虽具有节能优势，但并非用了就一定能够达到节能效果，即使勘查、设计和施工均到达要求，没有合理的运行管理也达不到节能目标。只有根据土壤源热泵系统的实际运行情况，在人员技术水平、运行管理制度、节能控制策略等方面逐步加强，才能充分发挥土壤源热泵技术的高效环保优势。

1. 提高运行管理人员技术水平

拥有专业技术的管理人员是保障土壤源热泵系统处于高效运行的关键点。多数管理人员缺乏相应的技术理论水平，特别是无法理解地下浅层地能在运行过程中的变化特点，只能进行简单的操作，诸如主机起停、阀门开关等，最终导致即使设计良好的系统配置也不能发挥出应有的高效优势。因而，需要注重对运行管理人员的技术培训，提高人员的技术水平，同时加强在技术方面的考核，引导深化管理人员对土壤源热泵技术的认知和掌握。

2. 制订运行策略

在保证舒适度的前提下，依据空调负荷情况和资源现状，选取最优的运行策略，从而在整体上使土壤源热泵的能效比达到最高，实现对土壤源热泵系统的动态管理与控制。以传输系统、冷热源需求、末端设备负荷的平衡匹配使土壤源热泵整体能效得到提升，诸如土壤源热泵系统的高效运行、热泵机组群控的节能运行、水泵组的节能运行、新风机组或空调机组的节能、全年室外新风的充分利用、分区分块间歇运行等策略。

3. 监测浅层地能资源状态

浅层地能资源是土壤源热泵系统利用的"源"，掌握其实际过程的变化情况是土壤源热泵系统运行的前提。要保持浅层地能的可持续利用，应该及时监测使用情况，获取实时信息为运行策略的选取提供温度、流量等预警性基础数据，防止盲目无序过度利用地能资源造成可利用资源枯竭、运行能效下降甚至失效。

4. 实施运行管理规程

应严格执行土壤源热泵系统的节能运行管理制度，掌握各类节能设备和产品的节能维护保养规程。实时对土壤源热泵设备和系统能效状况进行评价，以判断设备和系统运行所处的状态，及时发现问题和解决问题。获取土壤源热泵系统的运行中能耗统计，用于对比分析，优化运行策略和方案，为实质性节能和节省运行费用提供参照，建立相应的节能激励制度，促进土壤源热泵系统的节能运行。

6.7.2　能效评价

土壤源热泵系统的使用效果受设计、施工和运行管理的影响较大，其整体性能是否达到设计相关标准需要进行综合评价和判定。

1. 系统能效比

对于供冷和供热工况，应在相应的季节分别进行测试和能效评价，一般采用系统能效比进行评价。在土壤源热泵系统运行过程中，需要监测的参数主要包括系统热源侧流量、系统用户侧流量、系统热源侧进出口水温、系统用户侧进出口水温、机组消耗的电量、水泵消耗的电量。

土壤源热泵系统能效比应根据监测数据按下列公式计算：

$$EER_c = \frac{Q_c}{\sum N_i + \sum N_j} \tag{6-20}$$

$$EER_h = \frac{Q_h}{\sum N_i + \sum N_j} \tag{6-21}$$

式中　EER_c——热泵系统的制冷能效比；

　　　EER_h——热泵系统的制热能效比；

Q_c——系统测试期间的总制冷量（kW·h）；

Q_h——系统测试期间的总制热量（kW·h）；

ΣN_i——系统测试期间，所有热泵机组消耗的电量（kW·h）；

ΣN_j——系统测试期间，所有水泵消耗的电量（kW·h）。

土壤源热泵系统总制冷（热）量按下列公式计算：

$$Q = \sum_{i}^{n} q_i \Delta T_i \tag{6-22}$$

$$q_i = \frac{V_i \rho_i c_i \Delta t_i}{3600} \tag{6-23}$$

式中　q_i——热泵系统的第i时段制冷/热量（kW）；

ΔT_i——第i时段持续的时间（h）；

n——热泵系统测试期间采集数据组数；

V_i——系统第i时段用户侧的平均流量（m³/h）；

Δt_i——系统第i时段用户侧的进出口水温差（℃）；

ρ_i——第i时段冷（热）媒介质的平均密度（kg/m³）；

c_i——第i时段冷（热）媒介质平均的比定压热容 [kJ/(kg·℃)]。

2. 性能评价与判定

土壤源热泵系统首先要在项目形式检查内容与设计文件一致的基础上，对性能参数是否符合设计文件的技术指标要求进行判定。若系统制热性能系数、制冷能效比的监测值不低于表6-6中的数值且形式审查合格，则可判定为合格。当其中一项或以上不合格，判定为不合格。

表6-6　土壤源热泵系统制冷能效比、制热能效比限值

项目	系统制冷能效比	系统制热能效比
限值	≥3.0	≥2.6

当土壤源热泵系统性能判定为合格后，根据供冷、供热实际需求分别进行分级判定，见表6-7。判定级别分为3级，1级最高。

表6-7　土壤源热泵系统性能级别划分

级别	1级	2级	3级
制热性能系数	$EER_c \geq 3.5$	$3.5 > EER_c \geq 3.0$	$3.0 > EER_c \geq 2.6$
制冷能效比	$EER_h \geq 3.9$	$4.0 > EER_h \geq 3.4$	$3.6 > EER_h \geq 3.0$

思　考　题

1. 谈谈土壤作为热泵低位热源的优点与缺点。

2. 影响土壤换热器传热的主要因素有哪些？

3. 地埋管换热器对管道材料的性质有哪些方面的要求？常用的管材有哪几种？

4. 对于垂直埋管的土壤源热泵而言，U形管的连接是采用串联好还是并联好？工程上常采用的是哪一种连接方式？

5. 如何确定土壤换热器的管道长度？

6. 土壤热泵空调系统常用的埋管方式有哪几种？简述它们的施工安装要点。

7. 什么是土壤换热器的换热负荷？当换热器的冷热负荷不平衡的时候，换热负荷的计算周期最短不能够少于几年？

第 7 章

热泵空调系统工程实例

7.1 空气源热泵系统的工程实例

7.1.1 武汉图书馆空气源热泵空调系统设计

1. 工程概况

武汉图书馆（图 7-1）是武汉市"九五"时期的重要文化建设项目之一。整个建筑呈弧形合抱之势，造型采用对称退台式，高低错落、体量丰富、和谐统一，颇具"书卷气"，与不远处的另一圆形文化建筑——武汉杂技厅遥相呼应。地下一层，有地下汽车库、木工房（人防）与设备用房等。地上 14 层，1～5 层裙房中设有外借书库、各类阅览室、自学室、视听室等，6～10 层为书库，11～13 层为办公室，14 层为设备用房。建筑总高 51.6m，总建筑面积 32975m²，设计藏书 350 万册。该项目 1997 年底完成施工图设计，1999 年完成局部施工图修改设计，2000 年 10 月竣工验收，同年 12 月底正式对外开放。

图 7-1 武汉图书馆外景

2. 设计参数

（1）室内设计参数 空调房间设计参数见表 7-1。

表 7-1 空调房间设计参数

房间名称	夏季		冬季		新风量 /（m³/h）	噪声 /dB（A）
	温度/℃	湿度（%）	温度/℃	湿度（%）		
一般书库	28	65	—	40	50	40
古籍书库	23	55	18	45	50	40
计算机中心	25	55	20	30	50	50
阅览室	26	60	18	30	30	40
办公室、会议室	25	60	18	30	50	40

（2）空调冷热负荷 本项目夏季空调计算总冷负荷为 3344kW，单位建筑面积的冷负荷是 101W/m²；冬季空调计算总热负荷为 2733kW，单位建筑面积的热负荷是 83W/m²。

3. 空调冷热源

空调冷热源采用活塞式风冷热泵冷热水机组4台,共有两种机型4台,均安装于主楼大屋面上。3台较大的机型单机制冷量为973.2kW,制热量为1056.8kW;1台较小的机型单机制冷量为747kW,制热量为812.3kW。空调循环水泵放在14层空调水泵房内,与空调系统的主机安装在同一标高层面上。风冷热泵冷热水机组平面布置如图7-2所示。建筑物空调系统的主要冷热源设备参数及安装位置见表7-2。

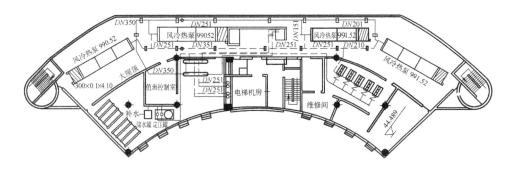

图7-2　风冷热泵冷热水机组平面布置

表7-2　主要冷热源设备参数及安装位置

序号	设备名称	主要参数	数量/台	安装位置
1	风冷热泵冷热水机组 990. S2 U14	$Q_冷 = 973.2kW$、$Q_热 = 1056.8kW$、蒸发器承压 1.0MPa、工质 R22、输入功率 279.2kW	3	大屋面上
2	风冷热泵冷热水机组 770. S2 U12	$Q_冷 = 747kW$、$Q_热 = 812.3kW$、蒸发器承压 1.0MPa、工质 R22、输入功率 218.9kW	1	大屋面上
3	冷冻水泵	流量220m³/h、扬程38m、承压1.0MPa、功率$P = 37kW$	4	14层
4	恒温恒湿机组 HF - 52	$Q_冷 = 52kW$、$Q_热 = 28kW$、$P = 37kW$、风量12000m³/h、最大加湿量8kg/h	1	6层
5	恒温恒湿机组 HF - 38	$Q_冷 = 38kW$、$Q_热 = 24kW$、$P = 33kW$、风量9000m³/h、最大加湿量8kg/h	2	5、6层
6	密闭式定压罐	1400L、最大流量12m³/h、$P = 3kW$、1~0.1MPa	1	5、6层

4. 空调系统

(1) 空调水系统　空调水系统分为三个环路:左裙房、右裙房和主楼(4~13层)。空调供回水立管为双管同程式。因裙房面积较大,裙房部分的各层支管为异程式。系统采用落地式定压罐定压,设定压力为0.2MPa。

(2) 空调风系统　馆内共设全空气空调系统44个,单个系统风量从8000~40000m³/h不等,有17台风量为20000m³/h的组合式空调机组和22台风量为8000~10000m³/h的柜(吊)式空调机组。所有空调机组的出风管与进风管处都设消声静压箱,单箱消声量为8~10dB(A)。

1) 报告厅。三层有可容纳400人的报告厅一个,设30000m³/h的组合式空调机组与

10000m³/h 柜式空调机组各一台，气流组织为上送上回。池座与主台设有 6.5m 射程、ϕ400mm 的旋流送风口 16 个，楼座送风口与所有回风口采用同口径的圆形散流器共计 27 个。

2）圆厅（跑马廊）。馆内正中设有直径为 30m 的圆厅，占据 1~4 层的层高，外边沿高 14.4m，尖顶高达 22.5m，上部为圆锥形玻璃屋面。圆厅 2 层及 3 层的外周宽 4.5m 的环形带为跑马廊。圆厅及与其相连的 330m² 的展厅和 185m² 的咖啡厅里设 40000m³/h 的组合式空调机组及 21000m³/h 的柜式空调机组各一台、6000m³/h 的吊装式空调机组共 4 台。送风口为方形散流器，沿跑马廊布置。

3）阅览室。各阅览室设有 AF-20 组合式空调机组。回风为风管集中回风。1~3 层新风通过机房开窗直接取自室外，4 层及 5 层的新风通过垂直竖井取自裙楼屋面。送风采用 300mm × 300mm 的方形散流器。送回风均经消声静压箱处理。

4）5 层办公室。采用新风加风机盘管系统，新风机组为柜式空调机组，落地安装于空调机房内。风机盘管为卧式暗装高静压型。

5）11~13 层办公室。位于基本书库楼上的这 3 层办公室采用全空气系统，侧送侧回气流组织。每层设 10000m³/h 的柜式空调机组两台，集中安装于空调机房内，主送回风管安装于走廊内。

5. 恒温恒湿系统

（1）古籍书库　5 层及 6 层各有古籍书库一个，面积分别为 210m² 和 398m²。5 层设恒温恒湿机组 HF-38 一台，冷量 38kW、热量 24kW、风量 9000m³/h、最大加湿量 8kg/h。6 层设恒温恒湿机组 HF-52 一台，冷量 52kW、热量 28kW、风量 12000m³/h、最大加湿量 8kg/h。各古籍书库同时分设全空气空调系统作为备用系统。

（2）计算机中心　主楼 200m² 计算机中心设恒温恒湿机组 HF-38 一台，同时设 AF-20 组合式空调机组一台，负担计算机中心及与其相连的计算机房、检索中心的空调负荷。

6. 通风及防排烟系统

（1）地下设备用房送、排风（烟）系统　对地下水泵房、高低压配电房共设一套机械进风系统和排风（烟）系统，平时排风与火灾时排烟兼用，排烟风机为高温轴流风机。平时排风口为带 70℃ 防火阀的防火风口，排烟口按防烟分区设常闭多叶排烟口，火灾时由消防控制中心打开相应防烟分区的排烟口，并开启排烟风机与送风机。

（2）地下人防送、排风（烟）系统　地下层另设平战结合的人防工事，平时作为木工房与库房，战时藏人，按 400 人设计。清洁式通风量为 2000m³/h（排风 1600m³/h），滤毒式通风量为 1000m³/h（排风 800m³/h）。平时设机械进、排风（烟）系统，排风与排烟的控制转换与地下设备用房相同。

（3）内走道排烟系统　主楼内走道设机械排烟系统，每层设 500mm × 500mm 的多叶排烟口一个，排烟风机采用单速高温轴流风机 HTF-I7#，安装于 14 层设备房内。

（4）圆厅排烟（风）系统　对裙房直径为 30m 的圆厅设机械排烟系统，设高温双速轴流风机 HTF-II8#4 台，高速作为火灾时排烟之用，低速作为平时过渡季节的通风换气之用，通过台数切换来控制通风排气量，风机入口处设消声器。

（5）楼梯间及前室加压送风系统　主楼防烟楼梯间及合用前室设加压送风系统，楼梯间隔层设自垂百叶，合用前室每层设多叶送风口，送风管均为钢板风管。送风机为混流风机，楼梯间为 SWF – I#8（$P=4\text{kW}$），合用前室为 SWF – I#7（$P=3\text{kW}$）。

7. 自动控制系统

全馆空调自控采用西门子 S600 顶峰系统，采用 Insight 基本工作站软件包。工作站能图形化显示监测和控制楼宇环境、计划和修改机械设备的工作、做出不同系统条件下的运行报告、搜集和分析趋势数据。

8. 设计经验

（1）书籍防水及隔声　图书馆是书籍收藏与学习研究两大主要功能集于一体的公共建筑，对藏书的防水与学习的背景噪声要求相对严格。本馆空调系统设计时，对所有书库及阅览室均采用全空气系统，空调机房上下层对齐布置，利于凝结水的集中排放。各房间空调系统尽量分开细化，最大的系统风量为 $20000\text{m}^3/\text{h}$，负担面积不超过 800m^2。送回风均设消声静压箱，机械通风系统均安装消声器，控制空调通风主风管内的空气流速不超过 9m/s，主控送回风支管的空气流速不超过 3m/s。采用以上措施达到了隔声降噪的目的。

（2）补水、充水及排水　空调水系统采用落地式定压罐定压，系统正常运行时，通过定压罐所配给水泵能完全满足补水要求。但当系统初次充水或排污后大量补水时，通过定压罐补水太慢，同时又费电力。故在系统顶部另设一口径稍大的自来水补水管，能直接为系统自流充水，至水压不足后关断阀门，再用定压罐的给水泵来充水。

空调水立管均起自屋面，裙房立管终止于 1 层吊顶，主楼立管终止于 4 层楼面，立管末端设计了 $DN20$ 的放水阀。水系统要求定期排污，由于 $DN20$ 的放水管排污太慢，同时所有立管均悬于空中，排污不能直接排至地下室集水井，设计上另考虑了需临时接软管引至就近机房地漏或在空调机房内排放的操作空间。

（3）风口与装饰配合　报告厅采用了旋流风口与圆形散流器。虽然两种风口尺寸相当，但外形差异很大，对吊顶的整体性有一定影响。送回风口的选择不仅要满足本专业的要求，同时要方便装饰施工。否则，施工完成后可能会发生散流器与装饰板不协调之处。

（设计人：中信建筑设计研究总院有限公司　雷建平　王云如）

7.1.2　武汉正信大厦空气源热泵空调系统设计

1. 工程概况

武汉正信大厦（图 7-3）位于汉口江汉路与郧阳街的交叉口。该建筑外立面简洁明快、挺拔雄伟、现代感强、丰富了城市景观。地上 27 层，地下 2 层，建筑总高度 95.9m，总建筑面积 26270m^2。该项目 1993 年 5 月完成初次施工图设计，1995 年 8 月及 1996 年 7 月进行了两次施工图的修改设计，空调主机及室内管道与空调末端设备于 1997 年安装完毕，1999 年底其裙房及局部标准层开始投入正式使用。

2. 设计参数

（1）室内设计参数　空调房间设计参数见表 7-3。

（2）空调冷热负荷　本项目夏季空调计算总冷负荷为 3610kW，单位建筑面积的冷负荷是 137W/m^2；冬季空调计算总热负荷为 2840kW，单位建筑面积的热负荷是 108W/m^2。

图 7-3　武汉正信大厦外景

表 7-3　空调房间设计参数

房间名称	夏 季		冬 季		新风量 /（m³/h）	噪声 /dB（A）
	温度/℃	湿度（%）	温度/℃	湿度（%）		
办公室	24	55	22	40	30	50
大户室	25	60	20	40	50	45
中户室及散户大厅	25	65	20	40	30	55

3. 空调冷热源

空调冷热源采用活塞式风冷热泵冷热水机组，共有两种机型 6 台，均安装于主楼 5 层屋面上。5 台较大的机型单机制冷量为 683kW，制热量为 624kW；1 台较小的机型单机制冷量为 382kW，制热量为 458kW。空调循环水泵设置在 5 层水泵房内。为解决风冷热泵机组冬季供热量不足，保证低温下热泵机组的正常起动，冬季另设 5 台电辅助加热器，单台加热量为 60kW。风冷热泵机房的平面布置如图 7-4 所示。空调冷热源的主要设备见表 7-4。

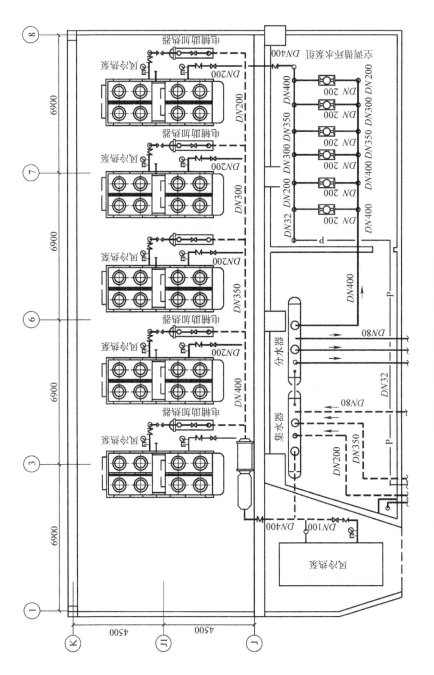

图 7-4 风冷热泵机房的平面布置

表 7-4　冷热源系统主要设备表

序号	设备名称	主 要 参 数	数量/台	安装位置
1	风冷热泵冷热水机组 AWHC－200	$Q_{冷}$＝683kW、$Q_{热}$＝624kW、蒸发器承压 1.0MPa、工质 R22、输入功率 237kW	5	5 层屋面上
2	风冷热泵冷热水机组 FTA－UP－110	$Q_{冷}$＝382kW、$Q_{热}$＝458kW、蒸发器承压 1.0MPa、工质 R22、输入功率 120kW	1	5 层屋面上
3	电辅助加热器	功率 P＝60kW	5	
4	空调循环水泵 立式 ISG150－315	流量 140～200m³/h、扬程 34～32m、承压 1.6MPa、P＝30kW	6	

4. 空调系统

（1）空调水系统　根据使用功能和控制的需要，空调水系统均采用双管同程式，分三个环路：标准层的新风回路，1～4 层裙房及主楼回路，以及 5 层回路。采用单级泵，分、集水器之间设压差控制器，膨胀水箱设在顶层设备层内。

（2）空调风系统

1）1 层大堂。1 层大堂占用两层高度的空间，空调面积为 428m²，吊顶后净高度为 6.9m，采用全空气系统。设 39F－560 机组一台，送风量 20000m³/h，冷量 145kW，热量 128kW，机外余压 400Pa。送风口采用条缝形射流风口，回风口为线性散流器，配合大堂装饰布置于吊顶上。

2）散户大厅。2 层散户大厅空调面积为 403m²，设吊装式空调机组 5 台。其中 4 台单机风量为 6000m³/h，直接吊装在大厅的吊顶内；1 台风量为 8000m³/h 的机组为新风机组，吊装于走廊尽端，直接通过百叶外窗对外取新风。

3）大户室及主楼办公室。大户室及主楼办公室采用新风加风机盘管系统。风管盘管为卧式暗装高静压型，吊于空调房间的梁间板下。新风机组为卧式风柜，配高压水喷雾加湿器，落地安装于专用空调机房内。新风通过送风管分配，送入风机盘管的回风箱内。

5. 通风及防排烟系统

（1）地下 2 层机械送、排烟（风）系统　地下 2 层为各水电专业的设备用房，按 1 个防火分区、2 个防烟分区设计送排烟（风）系统，设排烟系统 2 个，送风系统 1 个。送排风机均为高温轴流风机，其中排烟风机为双速风机，低速作为平时排风之用。平时与火灾时送排风（烟）口共用。

（2）地下 1 层机械送、排烟（风）系统　地下 1 层为汽车库，按 1 个防火（防烟）分区设计送排烟（风）系统，设排烟系统 2 个，送风系统 1 个。送排风机均为高温双速轴流风机，低速作为平时送排风之用。

（3）主楼办公室排风　主楼办公室每层设 2 个机械排风系统，共计 44 个，风机为斜流风机。

（4）加压送风系统　主楼楼梯间及其合用前室分设加压送风，共计 4 个系统，风机采用 T4－72No10C。楼梯间加压送风口为常开多叶送风口，前室为常闭带电信号多叶送风口。

6. 设计经验

（1）设备与管道安装　由于空调管道与设备尺寸较大，往往被作为核定建筑层高的重要依据，精心布置空调系统尤为重要。本项目主楼标准层层高为 3.4m，梁高为 0.6m，要求办公室吊顶后标高为 2.7m，走廊标高为 2.4m。设计中将室内所有风机盘管及风管安装于梁间板下，并将新风干管与空调水管平行安装于走廊内，新风支管与供回水支管均采用管顶面开口接入干管，各水平支管也在梁间敷设。空调管道剖面详图如图 7-5 所示。

从实际运行情况来看，风机盘管高于水管安装并无明显的排气要求，仅在充水调试阶段有

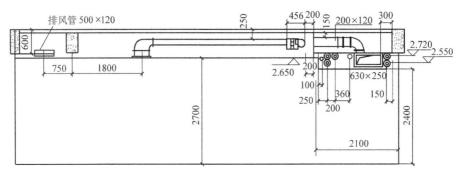

图 7-5　空调管道剖面详图

少量盘管进行了排气阀的操作。

（2）高大空间气流组织　因 1 层大堂无法设下部回风口，采用了上送上回的气流组织，送风口为射程达 7m 的射流风口，回风口为线型散流器。如果将送风口也"统一美观"成为线型散流器，冬季大堂温度梯度会较大，大堂下部会有冷感。

（3）大户室的负荷较大　大户室每间空调面积为 13m²，设计按每间一人一机（计算机），配 42CP－003 型风机盘管一台。股市行情火爆时，每间大户室内多达四人四机，夏季室内温度高达 29℃，后将大户室内风机盘管改为 42CP－004 型方才解决问题。

（4）吊装式空调机组的噪声　散户大厅吊装有 4 台 6000m³/h 的空调机组，每台接截面为 630mm × 400 mm 的风管。由于天花板采用多孔性板材吊顶，当厅内无人时，空调机组成为主要噪声源。经对回风口进行局部隔声处理后，效果稍好。国家标准对空调机组的噪声标准是以风量 ≤5000m³/h 为界，风量超过 5000m³/h 的机组噪声标准要高 8dB（A）。当使用大风量吊装式空调机组时，其送回风都应做消声处理。

（设计人：中信建筑设计研究总院有限公司　雷建平　王云如）

7.1.3　武汉楚源大厦空气源热泵空调系统设计

1. 工程概况

武汉楚源大厦（图 7-6）位于武昌八一路南侧，西边东湖近在咫尺，视野开阔，具有良好的景观效果。由地上 12 层主楼和 4 层裙房及 6 层附楼以及地下 1 层组成。地下 1 层为车库及设备用房，地上 4~12 层为客房，总建筑面积 11400m²，空调主机布置在屋顶。该项目 2000 年 4 月完成设计，2003 年 8 月竣工使用。

2. 设计参数

（1）室内设计参数　室内设计参数见表 7-5。

图 7-6　楚源大厦外景

表 7-5　室内设计参数

房间名称	夏季		冬季		新风量/	噪声
	温度/℃	相对湿度（%）	温度/℃	相对湿度（%）	[m³/（h·人）]	/dB（A）
大　　堂	27	60	18	40	20	45
餐　　厅	24	60	20	40	25	45

（续）

房间名称	夏季		冬季		新风量/	噪声
	温度/℃	相对湿度（%）	温度/℃	相对湿度（%）	[m³/（h·人）]	/dB（A）
多功能厅	25	60	20	40	20	45
会议室	25	60	21	40	25	45
舞厅	25	60	20	40	25	45
办公室	25	60	21	40	30	40
客房	25	60	22	40	40	40

（2）空调总负荷 夏季空调设计计算冷负荷为1543kW，冬季空调设计计算热负荷为943kW，卫生热水负荷为1000kW，单位面积空调冷负荷为135W/m²，单位面积热负荷为83W/m²。

3. 空调冷热源

夏季空调冷源、冬季空调热源以及生活热水均由设置在12层屋顶上的风冷热泵冷热水机组提供。机组型号为SXF240RH，共4台，该机组采用热回收装置充分利用空调冷凝热作为生活热水热源，因此具有节能、环保等优点。其工作原理分别如图7-7和图7-8所示。

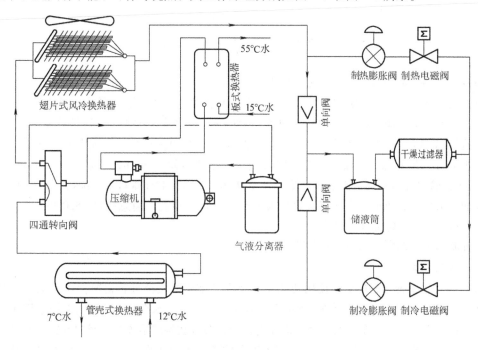

图7-7 热泵机组制冷的工作原理

机组采用两级冷却。在夏季按制冷运行时，第一级冷却为主导冷却制出生活热水，第二级冷却为辅助冷却，靠风冷换热器在风扇强制交换下将部分冷凝热排至室外大气中。在冬季机组转化为热泵模式运行，第一级冷却制出生活热水，第二级冷却制出空调热水，风冷换热器与室外空气进行热交换，作为生活热水及空调供热的热量来源。本机组适用室外气温常年不低于5℃的地区，可实现夏季制冷、冬季供热、全年供生活热水，一机三用。为了解决室外气温低于5℃情况

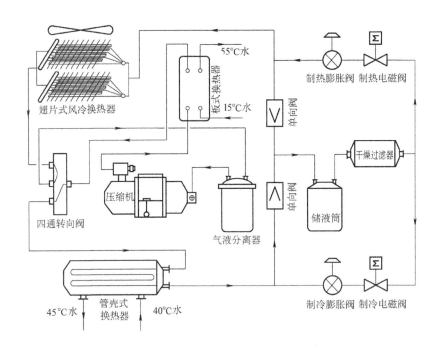

图 7-8　热泵机组制热的工作原理

下结霜带来供热不足的问题，机组配有电辅助加热装置。

机组主要技术参数：额定制冷量（夏季）540kW，额定热回收量（夏季）430kW，额定制热量（冬季）583kW，额定压缩机功率（夏季）180kW、（冬季）173kW。冷冻水温度 7～12℃，冷冻水流量 92.8m³/h，冷冻水阻力 42kPa。生活热水温度 50～55℃，生活热水流量 14.8 m³/h，生活热水阻力 30kPa。采暖水温度 40～45℃，采暖水流量 102.3 m³/h，采暖水阻力 44kPa。冷冻水/采暖水接管口径 DN125，生活热水接管口径 DN80。3 台半封闭螺杆式压缩机，热泵工质 R22，辅助电加热 120kW，轴流风扇功率×数量为 1.5kW×12，轴流风扇总风量 252000m³/h，机组外形尺寸 7500mm×2150mm×2320mm。

空气源热泵空调系统如图 7-9 所示。

4. 空调系统

(1) 空调水系统　根据房间使用功能差异及围护结构的负荷分布情况，空调水系统分为两个回路，1～4 层为一个空调水系统，5～12 层客房为一个空调水系统。空调水系统采用闭式机械循环双管式，立管布置在东、西两个管道井内，干管布置在各层吊顶内。竖向环路与水平环路均为同程布置，系统定压补水通过设在 12 层屋顶上的膨胀水箱实现。在各系统总回水管及每层环路的回水管上设有平衡阀，可以测量水流量和调节水力平衡，保证流量按设计要求进行分配。

(2) 空调风系统　1～4 层大堂、餐厅、舞厅、会议室为低速全空气送风系统，采用方形散流器风口下送风和条缝形风口侧回风方式。每层设独立的新风系统。5～12 层客房采用风机盘管加新风系统，新风管布置在走道吊顶内，通过新风口将新风送入各房间。

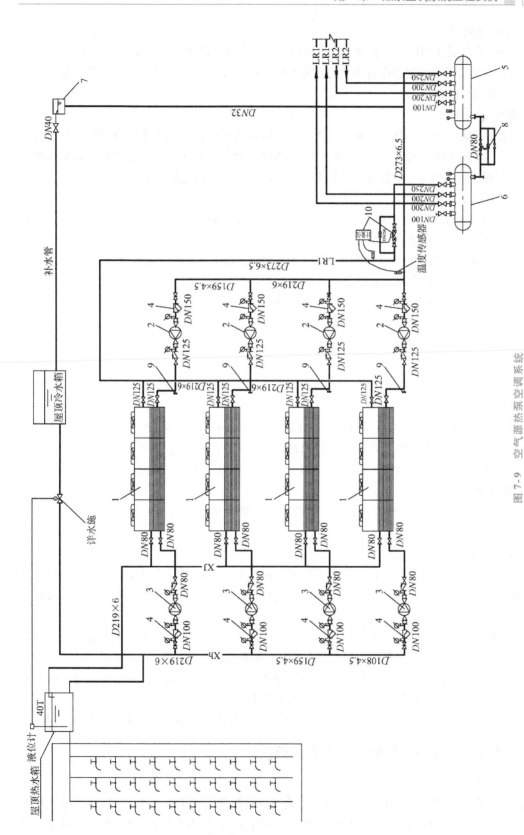

图 7-9 空气源热泵空调系统

1—风冷热泵冷热水机组 2—空调水循环泵 3—生活热水循环泵 4—过滤器
5—集水器 6—分水器 7—膨胀水箱 8—压差控制器 9—离子棒 10—热计量装置

5. 机械通风系统

柴油发电机和设备用房均设有独立的机械送、排风系统，设备均采用低噪声的柜式通风机。1~4层各公共用房及卫生间都设有独立的排风系统，5~12层客房卫生间设有排气扇，排风汇总后由排风竖井高空排放。

6. 防排烟系统

合用前室和防烟楼梯间均设置加压送风系统。防烟楼梯间隔两层设有常开百叶风口，合用前室每层设有常闭多叶送风口。地下车库、发电机房、设备用房均设有机械排烟和机械送风系统。2~4层餐厅、多功能厅设有机械排烟系统。排烟口为常闭板式排烟口。

7. 空调自控

1）风冷热泵台数控制。根据空调供回水温度、流量和供回水温差，自动计算建筑物空调实际负荷并自动调整运行台数。

2）分、集水器间设冷冻水压差控制。分、集水器之间设置压差旁通控制，根据冷冻水供、回水压差，自动调节系统旁通阀开度，从而使供水、回水实现旁通，以保证所要求的压差。

3）联锁控制。根据设定的程序自动实现空调水系统的联锁控制。启动程序是，开冷冻水蝶阀→开冷冻水泵→开空气源热泵机组。关闭程序则相反。

4）保护控制。冷冻水泵起动后，水流开关检测水流状态，如遇故障则自动停泵停机并发出报警信号。

5）风机盘管采用温度控制器控制。风机盘管供、回水管之间设电动二通阀，可根据室内温度控制水路的回流比例。

6）空调柜和新风机组的控制。由比例积分温度控制器和装在回风管内的温度传感器及电动调节阀组成。根据回风温度调节空调柜和新风机组进、回水之间的电动阀开度，以保证室温要求。具有显示空调柜风机和新风机组的起/停状态、过滤器压差报警、防冻保护、新风阀与风机联锁及故障报警功能。

7）防排烟系统及机械正压送风系统。空调风系统防火阀等均由消防控制中心统一控制和管理。

8. 设计总结

空调水系统各层环路的回水管上装有平衡阀。由于平衡阀能测量出各支路的水流量以及其具有优秀的调节性能，经使用证明水力平衡度更具科学性和可操作性，能真正做到按照设计要求进行流量的分配。

如果在每台风机盘管和空调柜的供水管的入口处装 Y 形过滤器，会使得风机盘管过滤器数量多维护管理工作量大，易引起过滤器连接不紧发生漏水现象。本工程吸取以前的教训，只在每个楼层供水主管道上设过滤器，风机盘管前不设过滤器以减少维修量。在进行管路冲洗时采用供、回水干管间加装的旁通管，不让冲洗水流通过风机盘管。

（设计人：中国轻工业武汉设计院　徐朝凤 刘政斌）

7.1.4　武汉××花园空气源热泵空调系统设计

1. 工程概况

武汉××花园（图7-10）位于汉口沿江大道与芦沟桥路的交汇处，由1、2、3号楼连接而成。地下1层，为汽车库和设备用房；地上28~30层，1~2层为汽车库，3~30层为住宅。共有单层住宅户型 13 种共 286 户，复式住宅户型 9 种共 13 户。标准层层高为 3m，建筑总高度 91.8m，总建筑面积为 73000m²。该项目 2004 年 12 月竣工投入使用。

2. 设计参数

空调室外设计参数按武汉地区气象参数选取，空调房间设计参数见表 7-6。

3. 空调冷热源

住宅各户同时使用系数取 0.7，每户设小型空气源热泵机组一台（部分复式住宅采用两台），室外主机安装于各户的设备阳台上（厨房生活阳台）。考虑用户运行时的节能需要，设计中均采用双压缩机系列热泵机组。热泵机组内置管道离心泵，额定流量下机外扬程为 17 ~ 20m。各户热泵主机配置容量见表 7-7。

图 7-10　武汉××花园夜景

表 7-6　空调房间设计参数

房间名称	夏 季		冬 季		新风量	噪声
	温度/℃	湿度（%）	温度/℃	湿度（%）	/（m³/h）	/dB（A）
客厅、餐厅	25	—	18	—	—	45
卧室、起居室、书房	26	—	18	—	—	40

表 7-7　客户热泵主机配置容量

厅室空调面积/m²	主机型号	名义制冷量/kW	名义制热量/kW	总户数	台数小计	备 注
68	YMAC015HE	12.5	14	22	22	
88 ~ 128	YMAC018HE	16.3	18.4	176	176	
191 ~ 209	YMAC018HE	16.3	18.4	8	16	每户两台
134	YMAC023HE	19.5	22.5	66	66	
259	YMAC023HE	19.5	22.5	1	2	每户两台
145 ~ 153	YMAC030HE	23	26	26	26	
小计				299	308	

4. 空调系统

（1）空调水系统　空调供回水管路系统为异程式，管材采用 PPR 冷热水管，用 20mm 厚橡塑类材料保温。管道穿梁敷设，土建施工阶段共在梁和剪力墙上预埋钢套管 6500 余个，最大套管直径为 89mm。水系统最远端的 2 ~ 4 个风机盘管的回水支管上安装电动三通阀，并在其旁通支路上安装一截止阀，其余回水支管上安装电动两通阀。系统采用机组内置的定压罐定压，并设"双止回阀"，除在机组出水管上安装一止回阀外，在机组补水管上另装一止回阀，防止空调水对自来水系统的污染。凝结水管道采用 PPR 冷水管，管道在梁下沿墙边敷设。由于 PPR 管材的热导率为 0.24W/（m·K），凝结水管道达不到防结露的要求，故采用 8mm 厚的橡塑管材保温。武汉××花园空调平面如图 7-11 ~ 图 7-13 所示。

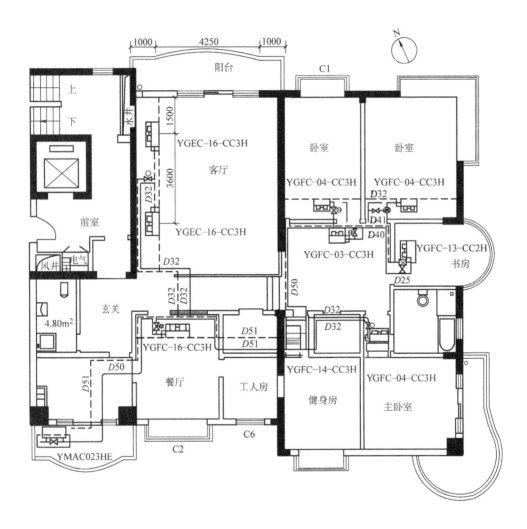

图 7-11 武汉××花园 A1 型空调平面

（2）热稳定性设计 因空调系统较小，且采用异程式设计，故水系统的水容量偏小。为避免供水温度出现大的波动，防止压缩机的频繁起停，设计中在供水管上设 125L 的闭式储能水箱一个，使水系统的热稳定性时间由不到 50s 达到 180s。表 7-8 为模拟空调系统制冷运行时的供回水温度波动情况。

（3）空调风系统 室内风机盘管多为卧式暗装型，侧送底回，部分复式楼的客厅采用顶送底回。考虑高层建筑门窗的空气渗透，以及每户内厨房与卫生间（数量均不少于两个）内的排风措施和新风管对住宅装修标高的限制，未设置独立新风系统。

图 7-12　武汉××花园 E5 型下层空调平面

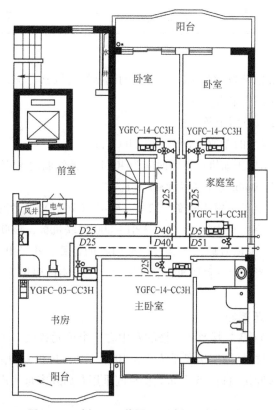

图 7-13　武汉××花园 E5 型上层空调平面

表 7-8   模拟空调系统制冷运行时的供回水温度波动情况

负荷率	储水箱容积/L	ΔT/℃	双压缩机供回水温度曲线	单压缩机供回水温度曲线
50%	—	0.1		
		1	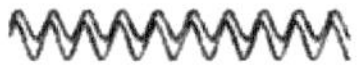	
		2	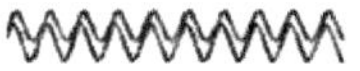	
	125	0.1		
		1		
		2		
80%	—	0.1		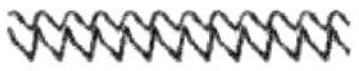
		1		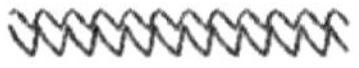
		2	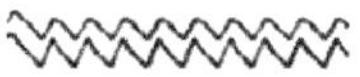	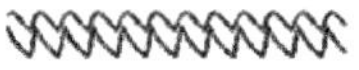
	125	0.1	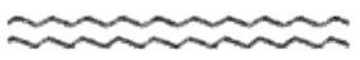	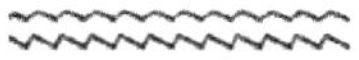
		1	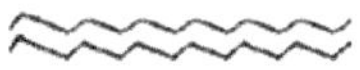	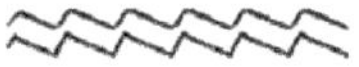
		2	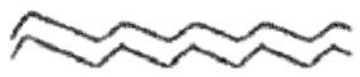	

5. 自动控制

（1）除霜控制　除霜按蒸发效果的下降及辅助判据综合因素考虑，这种判据常用于大型中央空调机组上，现引用于户式中央空调。

融霜开始应同时满足以下两个条件：

1）外气温度与蒸发温度的差值为8℃（4~20℃可调）。

2）上次除霜结束开始后压缩机运行的时间为40min（外气温度>5℃时）或上次除霜结束开始后压缩机运行的时间为30min（外气温度≤5℃）。

融霜结束条件：冷凝温度（翅片温度）12℃（6~30℃可调）或者融霜时间5min。

（2）联机控制系统　在每户内设1~2块3PH-800型联机板，该联机板可从8个风机盘管的电动阀上获取220V的电源信号输入，通过"或门"的计算，并经由两芯屏蔽线与主机相连，控制空调主机的起停。即当任何一台风机盘管起动时，主机能自动起动，而当所有风机盘管均停止时，主机能自动停机。

6. 机械通风与防排烟系统

（1）加压送风系统　1、3号楼及2号楼的左中右三个单元各设一个合用前室和一个防烟前室，共计10个前室，分设机械加压送风系统共为10个。加压风机采用离心风机箱，放在各主楼屋面上，各前室设常闭多叶送风口，5个防烟楼梯间采用开启外窗自然排烟。

（2）地下汽车库通风排烟系统 地下汽车库设机械排风系统2个，排风系统兼作火灾时的排烟系统，采用高温离心风机箱，吊装于风机房内。平时上部排风口兼作火灾时排烟口，下部排风支管上的70℃防火阀在火灾时关闭。

（3）地下设备用房的送排风系统 地下变配电房、水泵房分设机械送排风系统，共设排风系统2个、送风系统2个，风机均采用离心风机。

7. 设计体会

住宅采用"水"系统时，凝结水的排放相当重要，应充分利用公共空间设计排水立管，并增加排放点。凝结水大部分自排入户内的厨房和卫生间内，对于降板型卫生间，由于降板高度达450mm，限制了凝结水干管的高度，应预先处理。

设计储能水箱能有效地解决供回水温度大幅波动的问题，但储能水箱一方面增加了工程造价，另一方面减缓了制冷系统的"启动速度"，增加了主机定压罐的容积，同时安装 $D400mm \times 1000mm$ 的水箱也较为困难，给建筑立面造成一定的影响。如果采用变速（频）压缩机就能够更好地解决水温波动问题。

梁上预埋套管规格应一致。钢套管预埋位置要满足结构专业的基本技术要求，由于施工的误差可能较大，应避免将套管埋入建筑隔墙内。错层处管道标高要特殊处理，必要时要求土建预埋非水平钢套管。

（设计人：中信建筑设计研究总院有限公司 雷建平）

7.2 水源热泵系统的工程实例

7.2.1 武汉×××花园水源热泵空调系统设计

1. 工程概况

武汉×××花园（图7-14）位于汉口香港路中段，占地约 11334m²，东西方向长约 140m，南北方向长约 100m，由3幢13层的小高层建筑物和1幢原有的临街8层住宅楼围合而成。3幢13层的小高层建筑高度40m，其中1号楼1单元1~7层为办公用房，办公用房建筑面积 2856m²，其余的都是住宅，可住 188 户。该项目 1998 年开始设计，2000 年开始动工兴建，2002 年11月竣工投入使用。

图 7-14 武汉×××花园外景

2. 设计参数

空调室外设计参数按武汉地区气象参数选取，空调室内设计计算参数见表7-9。根据室内、外设计参数，计算出室内空调负荷：1号楼（综合楼）空调冷负荷 1164.6kW，热负荷 931.7kW；2号住宅楼空调冷负荷 1058.4kW，热负荷 846.8kW；3号住宅楼空调冷负荷 1464kW，热负荷 1171.5kW。总冷负荷为 3687kW，热负荷为 2950kW。

表 7-9　空调室内设计计算参数

序号	房间用途	夏　季		冬　季	
		温度/℃	相对湿度（%）	温度/℃	相对湿度（%）
1	办公	26	60	20	40
2	客厅	26	65	18	40
3	餐厅	26	65	18	40
4	卧室	26	65	20	40

3. 空调冷热源

（1）场地水文地质条件和主要含水层参数　该场地位于长江一级堆积阶地中部，地势平坦，地面标高 20.5m，根据场地岩土工程勘查报告和试验井水文地质报告可知，赋存丰富的地下承压水，开发利用条件极好，具备使用水源热泵的条件。

场地地层为第四系全新系统冲积层，为一元结构。自上而下分布为：杂填土，深度 0 ~ 1.6m；淤泥质黏土，深度 1.6 ~ 14.0m；淤泥质粉砂，深度 14.0 ~ 17.0m；粉细砂，深度 17.0 ~ 35.0m，属弱透水层，层厚 18m；细砂，深度 35.0 ~ 40.0m，主要含水层，层厚 5m；含砾中粗砂，深度 40.0 ~ 43.0m，砾径为 0.5 ~ 1.0cm，主要含水层，层厚 3m；砂砾石，深度 43.0 ~ 46.0m，以砾石为主，砾径为 1.0 ~ 5.0cm，最大达 12cm，磨圆度好，主要含水层，层厚 3m；含砾黏土岩，深度 46.0 ~ 47.0m，砾石大小混杂，以石英岩、石英砂岩为主，次为火燧石、硅质岩，为隔水层。因此，场地含水层总厚度为 29m，其中主要含水层厚度为 11m，分布在中下部。

通过试验井测得地下静止水位标高为 17.8m（从井口标高 21.0m 算起埋深 3.2m），含水层顶板标高 3.5m。因此，地下水的类型为承压水，承压水头高度为 14.3m。抽水试验为单井抽水，当用 QJ-5/24 型深井潜水泵抽出水量 1200m³/d 时，5min 后地下水位基本稳定于标高 14.7m 处，水位下降值 3.1m，水位稳定时间 24h。经过计算，水文地质参数为：渗透系数 K 值为 14.55m/d，影响半径 R 值为 118.33m。

地下水实测水温为 18.5℃。经水质分析，地下水属重碳酸钙型水，pH 值为 7.2，总矿化度 980.75mg/L，总硬度 535.12mg/L，属中等矿化极硬水。总铁（Fe）的质量浓度为 16mg/L，其中 Fe^{2+} 的质量浓度为 15.8mg/L，Mn 的质量浓度为 0.44mg/L，Cl^- 的质量浓度为 84.72mg/L。

（2）抽水井和回灌井设计　抽水井、回灌井的设计必须根据场地环境条件进行，必须在保证水源热泵空调系统长期稳定使用地下水的前提下，不致造成地下地质灾害的出现。经过计算，地下水开采量必须达到满足高峰空调负荷的 3000m³/d。根据此用水量和试验井抽水试验数据，抽水井设计为三口，每口井水量 1000m³/d，三口井呈三角形布置，间距 80 ~ 120m；回灌井设计为五口，每口井回灌水量 600m³/d，总回灌水量 3000m³/d，五口井呈梅花形布置，井间距不小于 40m（图 7-15）。当三口抽水井与五口回灌井同时工作时，即抽取的地下水经水源热泵机组利用后全部回灌入五口回灌井时，用专用程序计算并绘制出抽水井和回灌井同时工作状态下的水位等值线图。计算结果显示，场地东侧地下水水位基本没有变化（变化小于 0.5m），场地南侧地下水水位有不到 1.0m 的下降；大部分场地的地面沉降均小于 0.5cm，只有场地南侧地面沉降有 1.0cm。大部分场地（包括原有 8 层住宅楼）的不均匀沉降小于 0.2‰，不会产生不良地质现象或影响建筑物的正常使用。设计方案得到了专门机构的确认和通过。

抽水井的结构为：井孔深度 47.0m，孔径 500mm。井管为直径 273mm、壁厚 8.0mm 的无缝钢管，管与管采用对口焊接，下置深度 47.0m。自上而下 0 ~ 23.0m 为实管，23.0 ~ 46.0m 为过滤管，46.0 ~ 47.0m 为沉淀管。井管与井孔均必须同轴，井管下入井孔时必须用找中器，管底必

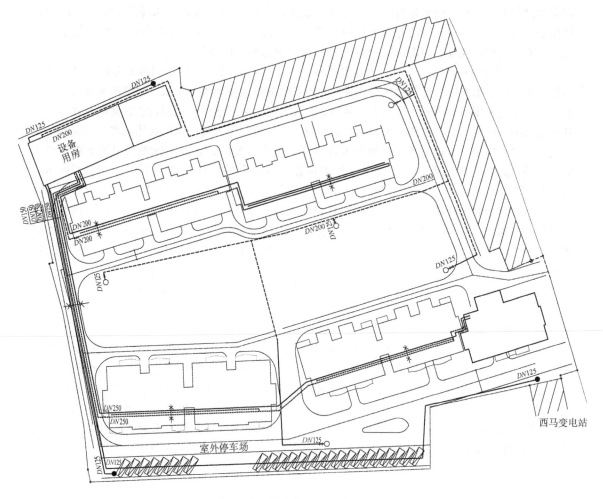

图 7-15 抽水井、回灌井布置图

须用钢板焊死。井孔与井管间从下而上回填标准砾砂（粒径 2～3mm）至深度 18.0m 处，再用干黏土球填至地面。采用包网填砾过滤器，过滤管在深度 23.0m 处与实管连接，过滤管表面由梅花形孔眼排列而成，过滤管表面必须均匀地焊接纵向垫筋 17 根，垫筋外面用 3 层 60 目尼龙网扎牢（取水时要求地下水含砂量小于二十万分之一）。抽水井施工完毕后必须洗井直至水清砂净方可用水泵进行抽水。每口井均必须经过抽水试验和试运行才可正式投入使用。

　　回灌井的结构为：井孔深度 47.0m，孔径 500mm。井管为直径 273mm、壁厚 8.0mm 的无缝钢管，管与管间采用对口焊接，下置深度 47.0m。井管从孔口算起 0～34.0m 为实管，34.0～6.0m 为回灌过滤管，46.0～47.0 为沉淀管，沉淀管底部用钢板焊死。井管与井孔间从下而上，回填标准砾砂（粒径 2～5mm）到深度 21.0m 处，两用干黏土球填至深度 10.0m 处，最后用水下浇注法将水灰比为 0.45 的纯水泥浆浇注至孔口。采用缠丝包网填砾过滤管，过滤管在深度 34.0m 处与实管连接。过滤管的孔眼排列，孔径数量和孔隙率与抽水井的过滤管相同。过滤管表面焊接纵向垫筋的直径、材料、数量也与抽水井的过滤管相同。回灌井施工完毕后必须立即洗井，直至水清砂净，接着进行回灌水试验和试运行，并收集相应资料，方可投入使用。

　　为保证随时掌握地下水的使用和变化情况，还应该设置专门的水位观测井或利用抽水井与回灌井进行水位观测。抽水井与回灌井的科学设计和合理分布直接影响水源热泵空调系统的长期稳定运行，必须有资质的专业水文地质部门进行设计，凿井施工也必须严格按《供水管井设计、施工及验收规范》（CJJ 10—1986）执行，以确保成井的质量。

（3）水源热泵机组选用　地下水在夏季和冬季的实际需要量，与空调系统选择的水源热泵机组性能、地下水温度、建筑物内循环温度和冷热负荷以及换热器的形式、水泵能耗等有密切关系。实际工程使用结果表明，当地下水使用温差较大时，地下水的使用量较小，其配套井水泵的功率也较小。因此，在实际选用水源热泵机组时，应尽可能加大地下水的使用温差，减少地下水用量，这对减少地下水量的开采和保护水资源都是极为重要的，合理高效地利用地下水资源才能产生最好的节能环保效益。经过多方技术论证，设计中最后选用意大利某公司生产的 BE/SRHH/D2702 型水/水螺杆热泵机组 3 台。因地下水氯离子含量偏高（84.72mg/L），为防止水源热泵机组被腐蚀和泥砂堵塞，地下水抽取后先进入板式换热器。设计中选用的板式换热器为瑞典某公司的 M15-EFG8 型板式换热器。板式换热器采用小温差（对数温差≤2K）设计，制冷时地下水进、出口温度分别为 18℃、32℃，进出机组温度分别为 20℃、34℃；制热时，地下水进、出口温度分别为 18℃、10℃，进出机组温度分别为 16℃、8℃。每台机组地下水冬、夏季的使用量均为 80m³/h。采用板式换热器间接换热，水源热泵机组的能效比约降低 5%，但能保护机组稳定正常运行，提高机组的使用寿命。

4. 水系统形式

水源热泵系统水环路的设计与常规冷水机组水系统的设计略有差异。用户侧及地下水侧空调循环水泵与水源热泵机组均采用先并联后串联的方式，循环水泵既可与热泵机组实现"一对一"供水，又可互相调节互为备用。对于水源热泵机组来说，其实现夏冬季节制冷供暖的转换是通过水路系统阀门的转换来进行的，夏季用户侧通过蒸发器回路供应冷冻水，冬季用户侧则通过冷凝器回路供应供暖热水。因此夏冬季节水环路转换阀最好采用调节灵活、性能可靠的电动阀，采用普通蝶阀时也一定要用关断灵活、密闭性好的阀门。图 7-16 所示为水源热泵机组的接管原理。

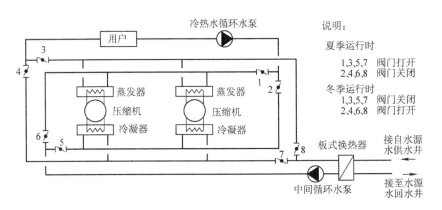

图 7-16　水源热泵机组的接管原理

地下水抽水泵可采用深井潜水泵，潜水泵下放深度应在动水位之下 5m 处，安装要平稳，泵体要居中。依据井管内径、流量和扬程要求，根据生产厂家提供的样本选配合适的水泵，再根据所需电功率选择电动机及配套电缆。潜水泵的扬程应包括井内动水位至机房地面高度、管道及板式换热器阻力、水泵管道阻力及回灌余压。地下水回灌管道设计应根据各回灌井的距离进行阻力平衡计算，以保证各回灌井流量的均衡。

空调室外水环路和室内立管均采用机械密闭同程式系统，每个户型由上至下均设有空调供回水管井，下供上回，户内空调水管路为异程式。每户供水管上设有分户计量装置，回水管上设有流量平衡阀。户内空调末端设备均为卧式暗装风机盘管，根据装修布置情况顶送顶回或侧送底回。风机盘管及户内连接水管的布置均根据户型设置情况尽量利用走道、进门过道、卫生间或厨房等对房间使用功能影响较小的位置，做到隐蔽、美观并与室内装修融为一体。空调室内供回水管保温采用难燃橡塑管套，室外空调供回水水管采用聚氨酯现场发泡保温直埋管，并做五层防水防腐保护层和玻璃钢护壳，穿越马路的直埋管增设钢套管，并保证埋设深度在 1m 以上。

5. 机组自控及减振

意大利某公司水源热泵机组采用 CVM300 微处理器，可实现自动调节温度、调节流量、故障报警、记录及自诊断功能，可进行联网监控实现无人值守。多机控制系统除具备单机自动化配置及功能外，还能显示多机组运行情况，根据回水温度由计算机自动判断空调系统是部分机组运行还是全部机组运行。机组根据负荷侧回水温度进行逻辑计算，控制机组的运行状态及起停机，每台机组采用无级能量调节实现机组的高效节能运行。机组还具备控制多台压缩机均衡运行的功能，能控制调整每台压缩机的运行时间，确保压缩机长期高效运行。

水源热泵机组压缩机的下面设置弹簧减振器，减振效率在 85% 以上，即振动传递率小于0.15，降低了机组的振动及系统的振动，从而降低了机组的运行噪声。空调水泵、机组进出口均采用橡胶接头软性连接，机房内的空调水管均采用减振支吊架，避免因机组、水泵及管径系统的振动而产生噪声。

6. 设计总结

×××花园水源热泵系统经过调试和一个完整的空调制冷供暖季运行检验，使用效果良好，达到了预期的设计目的。对空调用电的运行记录进行分析，6 月份日均用电量为 4970kW，按小区建筑面积 40856m² 计算，每平方米建筑面积空调耗电 0.122kW/d，电费支出 0.064 元/d。7 月份因连续高温日均用电量略有上升，达到 6342kW，每平方米建筑面积空调耗电 0.155kW/d，电费支出 0.082 元/d。以户均面积 200m² 计，一户日均空调电费支出为 12.8 元，月支出为 384 元，相当于一台 2 匹空调的费用支出。可以看出其运行费用是很低的，既低于常规冷水机组中央空调系统，更低于户式中央空调系统。进一步的分析可知，水源热泵空调系统运行费用之所以如此低廉，除水源热泵机组比常规冷水机组空调系统能源利用效率高的因素以外，中央空调系统在大面积居住小区中使用比户式空调具有更大的负荷调节性。居住小区面积越大其用户空调的同时使用率就越低，其负荷的参差性就越大，机组满负荷运行的时间就越短，其优越性和节能性就越显著。按以上 6、7 月份的运行数据折算，6 月份的机组每天满负荷运行时间为 5.24h，7 月份的每天满负荷运行时间也仅为 6.68h，远低于户式空调和分体式空调器的满负荷运行时间。

×××花园水源热泵系统设计时，风机盘管采用了电动二通阀的变流量系统，热泵机组供回水总管上设压差旁通控制。因住宅小区空调同时使用率较低，这样的设计其节能效果应是非常显著的，遗憾的是在后期施工中为控制整个投资成本，未安装电动二通阀的节能控制系统，否则此系统的节能效果应更优于现在的实际运行情况。另外，从实际运行情况来看，空调水泵的能耗占到系统总能耗的 32% 以上。因为住宅的同时使用率较低，空调负荷的变动性较大，通过空调水泵的联控和变频改造以适应空调负荷的变化，可以进一步降低空调水泵的运行费用，其节能效果也将是较为可观的。

（设计人：中信建筑设计研究总院有限公司　陈焰华）

7.2.2　武汉塔子湖全民健身大楼水源热泵空调系统设计

1. 工程概况

武汉塔子湖全民健身大楼（图7-17）位于江岸区金桥大道旁，是第六届全国城市运动会的重点建设项目，会后成为武汉全民健身活动中心。该大楼总建筑面积43959.3m²，项目总投资6.3亿元。建筑物为矩形与弧的组合体，外姿雄健而靓丽，整体上形成优美流畅、凸凹彰显的视角冲击效果。建筑高度23.50m，局部地下1层，地上框架4层。主要设置有多功能厅、羽毛球馆、体育时尚店、健身馆、桑拿房、电子竞技、体育书市、休闲吧、网球场、乒乓球馆、游泳池等。

图7-17　武汉塔子湖全民健身大楼外景

2. 热源井勘查及设计

（1）场地水文地质条件　该场地位于长江一级冲积阶地末端，地势平坦，地面标高20.5m。根据场地岩土工程勘查报告和水文地质勘查报告，地下水类型包括上层滞水和孔隙承压水。上层滞水无利用价值。孔隙承压水与区域承压水体联系密切，水量丰富，开发利用条件极好，具备使用地下水源热泵空调系统的条件。

场地地层为第四系全新统冲积层，为二元结构。自上而下分布为：杂填土，深度0～1.5m；黏土，深度1.5～5.6m；淤泥质黏土，深度5.6～22.0m；粉细砂，深度22.0～29.0m，属弱透水层，层厚7m；含砾中粗砂，深度29.0～33.0m，砾径一般为0.5～1.0cm，主要含水层，层厚4m；卵砾石，深度33.0～41.3m，砾径一般为1.0～5.0cm，最大达10cm，磨圆度好，主要含水层，层厚8m；强风化泥岩，深度41.3～42.3m，为隔水层。因此，场地含水层总厚度为19m，其中主要含水层厚度为12m，分布在中下部。

通过单井抽水试验测得地下静水位埋深为2.87m，抽水量1416m³/d时水位降深值9.88m，水位稳定时间24h。经过计算，水文地质参数为：渗透系数K值为11.83m/d，影响半径R值为309.31m。抽水、回灌试验结果表明，自然回灌时单井回灌量可达50m³/h。

地下水实测水温为18.5℃，属重碳酸钙型水，pH值为7.2，总矿化度980.75mg/L，总硬度535.12mg/L，属中等矿化极硬水。总铁（Fe）的质量浓度为16mg/L，其中Fe^{2+}的质量浓度为15.8mg/L，Mn的质量浓度为0.44mg/L，Cl^-的质量浓度为84.72mg/L。

（2）热源井设计　经过设计计算，地下水开采量必须达到满足高峰空调负荷的350m³/h。根据用水量和抽水、回灌试验数据，抽水井设计为四口，间距60～80m；回灌井设计为七口，每口井回灌量 50m³/h，总回灌水量 350m³/h，抽水、回灌井最小井间距均大于 50m。当四口抽水井与七口回灌井同时工作时，即抽取的地下水经水源热泵机组利用后全部回灌入七口回灌井时，经模拟计算并绘制出抽水井和回灌井同时工作状态下水位等值线图，结果显示地面沉降均小于 0.5cm，不会产生不良地质现象影响建筑物的正常使用。

3. 冷热源设计

（1）蓄冷、蓄热设计　经计算建筑物的夏季空调逐项、逐时冷负荷综合最大值为 5400kW，冬季空调热负荷为 3100kW。在大楼地下 1 层的机房内设 1350kW 高温型水源热泵机组（55℃/60℃）、1350kW 中温型水源热泵机组（50℃/55℃）、1350kW 中温型水源热泵机组（40℃/45℃）各一台。利用消防水池（650m³）和蓄冷（热）水池（1000m³）进行蓄冷、蓄热。在夜间电力低谷时段利用两台机组串联蓄冷或蓄热供白天电力高峰时段使用，实现移峰填谷节省运行电费的目的。夏季水源热泵机组最低出水温度要求为 3℃，蓄冷运行温度为 4℃/12℃，蓄冷量为 15490kW·h，负荷侧供回水温度为 8℃/13℃；冬季水源热泵机组蓄热运行温度为 60℃/45℃，蓄热量为 17445kW·h，负荷侧供回水温度为 52℃/42℃。

水源热泵机组蓄冷蓄热原理流程如图 7-18 所示（见书后插页）。

（2）制冷模式运行

1）充冷：夜间电力低谷时段开启两台水源热泵机组串联运行，制备 4℃ 的冷冻水向蓄冷槽充冷。充冷过程中，低温的冷冻水自贮槽冷端经底部均流布水板注入槽内，同时贮槽上部高温的回水由热端→充冷泵→制冷机组→冷端。贮槽内冷冻水与回水的交界面不断上升，达到均流布水装置时贮槽便告充满。机组在向蓄冷槽充冷的同时，也可同时为建筑物供冷。

2）放冷：

① 水源热泵机组单独供冷——水源热泵机组按原有方式运行。

② 蓄冷水池单独供冷——正常空调季节白天供冷时停开水源热泵机组，将蓄冷槽蓄存的冷量放出即可完成大楼空调系统供冷功能。

③ 水源热泵机组与蓄冷水池联合供冷——在气温炎热时的空调尖峰负荷时段，白天供冷时由以上两者同时向空调末端提供冷量完成，即制冷主机提供部分冷量，蓄冷槽也提供部分冷量。

（3）供热模式运行

1）蓄热：夜间低谷电力时段开启两台水源热泵机组串联运行，制备 60℃ 热水对蓄热水池蓄热。蓄热过程中，高温的热水自贮槽热端经顶部均流布水板注入槽内，同时贮槽下部低温的回水由冷端→充热泵→水源热泵→热端。贮槽内热水与回水的交界面不断下降，达到下均流布水装置时贮槽便告充满。水源热泵机组在向蓄热槽蓄热的同时，也可同时为建筑物供热。

2）放热：

① 水源热泵机组单独供热——水源热泵机组按原有方式运行。

② 蓄热水池单独供热——正常空调季节白天供热时，停开水源热泵机组将蓄热槽蓄存的热量放出即可完成大楼空调系统供热功能。

③ 水源热泵机组与蓄热水池联合供热——在气温较低的供热尖峰负荷时段，白天供热时由以上两者同时向空调末端提供热量，即水源热泵机组提供部分热量，蓄热槽也提供部分热量。

（4）蓄冷、蓄热运行策略

1）蓄冷运行策略。先根据健身大楼的实际运行情况得到空调逐时冷负荷分布图，再根据武汉市水蓄冷空调分时电价政策制订出设计日的水蓄冷空调的运行策略。空调逐时冷负荷分布见表 7-10，供冷负荷 100% 设计日运行策略如图 7-19 所示。

表 7-10　空调逐时冷负荷分布

时　间	冷负荷/kW	时　间	冷负荷/kW	时　间	冷负荷/kW
0：00—1：00	0	8：00—9：00	0	16：00—17：00	4157
1：00—2：00	0	9：00—10：00	2806	17：00—18：00	3995
2：00—3：00	0	10：00—11：00	3615	18：00—19：00	4319
3：00—4：00	0	11：00—12：00	3886	19：00—20：00	5398
4：00—5：00	0	12：00—13：00	4319	20：00—21：00	4428
5：00—6：00	0	13：00—14：00	4589	21：00—22：00	2159
6：00—7：00	0	14：00—15：00	4966	22：00—23：00	1080
7：00—8：00	0	15：00—16：00	4589	23：00—24：00	1080

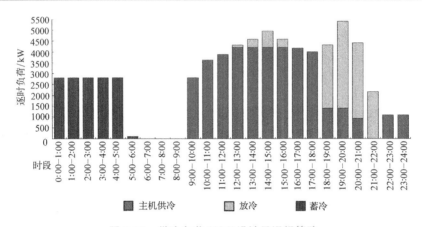

图 7-19　供冷负荷 100% 设计日运行策略

　　供冷负荷 100% 设计日，采用两台主机夜间串联蓄冷约 5h（蓄满），在优先保证供冷要求的前提下，可以消除部分电力高峰时段用电，冷量不足部分开启一台冷水机组补充。其他设计日可以根据实际情况设计运行策略，消除全部或部分的白天机组负荷。水蓄冷系统，每年可以减少 38.34 万 kW·h 的高峰用电，减少 12.51 万 kW·h 的平段用电，增加 51.07 万 kW·h 的低谷用电。全民健身大楼水源热泵机房预计每年夏季供冷耗电约 129.86 万 kW·h，水蓄冷空调比常规空调每年夏季供冷可节省运行费用约 30.77 万元。随着峰谷电价差的不断拉大，其经济效益将更加明显。

　　2）蓄热运行策略。先根据健身大楼的实际运行情况得到空调逐时热负荷分布图，再根据武汉市采暖蓄热分时电价政策制订出设计日的蓄热空调的运行策略。空调逐时冷负荷分布见表 7-11，供热负荷 100% 设计日运行策略如图 7-20 所示。

表 7-11　空调逐时热负荷分布

时　间	热负荷/kW	时　间	热负荷/kW	时　间	热负荷/kW
0：00—1：00	0	8：00—9：00	0	16：00—17：00	1643
1：00—2：00	0	9：00—10：00	2480	17：00—18：00	1829
2：00—3：00	0	10：00—11：00	2356	18：00—19：00	2356
3：00—4：00	0	11：00—12：00	2294	19：00—20：00	3100
4：00—5：00	0	12：00—13：00	2170	20：00—21：00	2635
5：00—6：00	0	13：00—14：00	2046	21：00—22：00	1736
6：00—7：00	0	14：00—15：00	1612	22：00—23：00	930
7：00—8：00	0	15：00—16：00	1488	23：00—24：00	930

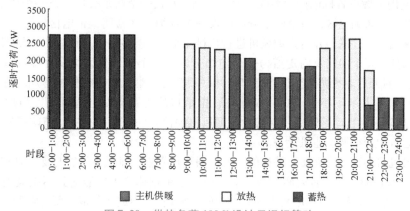

图 7-20　供热负荷 100% 设计日运行策略

供热负荷 100% 设计日，采用两台制热量为 1360kW 的高温型机组夜间串联蓄热约 6h（蓄满），可以消除全部电力高峰时段及部分电力平峰时段负荷。其他设计日均可实现消除高峰时段负荷，并根据采暖负荷情况可以削除全部或部分平峰时段负荷。采暖蓄热系统，每年可以减少 26.82 万 kW·h 的高峰用电，减少 21.49 万 kW·h 的平段用电，增加 49.65 万 kW·h 的低谷用电。健身大楼水源热泵机房部分预计每年冬季供热耗电量约 70.91 万 kW·h，蓄热系统比常规空调每年冬季供热可节省运行费用约 25.86 万元。

4. 空调系统设计

空调水系统为一次泵变水量双管制机械循环系统。连接空调机的水平管路采用异程式，每层水平管路供水管上设 Y 形过滤器，回水管上设流量平衡阀，供、回水管上均设温度计和压力表。水源热泵机房供回水管上设压差旁通控制器，放冷水泵及两台空调末端循环水泵采用智能化节电控制装置。可以根据空调末端负荷变化对循环水泵进行智能化变频调节，既满足冬夏季水路系统的不同管路输送特性要求，又可以根据空调末端负荷变化充分地降低水泵的运行能耗。同时对设备负载变化高效地实施监控和调节，使水泵电动机始终运行在输出力矩最佳、耗能最经济的状态下。

风机盘管由室温控制器加风机三速开关和动态平衡电动调节阀组成。风机盘管、新风机组回水管上设置动态平衡电动调节阀，通过风机盘管送风温度传感器的信号来实现风机盘管供水量的调节。空调水系统采用高位膨胀水箱定压，膨胀水箱设在屋面上，地下水循环系统膨胀水箱吊设在地下室顶板上。

大厅、餐厅、多功能厅等大空间房间采用吊顶式或柜式空调机低速送风系统，休闲吧、更衣室等小房间采用风机盘管加新风系统。1 层连接大厅、2 层连廊采用电动球形喷口侧送风，喷口冬、夏季可以根据需要调节不同的送风角度，以保证此区域冬夏季分层空调的效果。3 层 VIP 厅、空间高大的运动场地和体育书市采用电动球形喷口顶送风。其余房间采用方形直片式散流器下送风。

游泳馆采用防结露保温透光屋顶和隔墙保温的措施，冬季采用外窗贴附送热风的方式并加大排风量，以解决屋顶、墙体、外窗结露的问题。

5. 通风及防排烟系统设计

地下设备机房设置有机械排风、送风系统。地上所有设置空调的区域均设置有机械排风系统，卫生间和淋浴间设吊顶式排风系统，换气次数为 10 次/h。排风至竖向排风道或室外，排风道顶部设防雨百叶风口。

1、2层室内通廊设置机械排烟系统。大厅左侧通廊设一个防烟分区,设一个排烟百叶风口。大厅右侧分设三个防烟分区,每个防烟分区内设一个排烟口(常闭,带电信号),火灾时开启着火防烟分区排烟口,并联锁开启排烟风机进行机械排烟。1层多功能厅设置机械排烟系统,防烟分区按隔墙划分。每个房间及内走道为一个防烟分区,每个防烟分区均设置排烟口(常闭,带电信号),火灾时开启着火防烟分区排烟口,并联锁开启排烟风机进行机械排烟。排烟量按最大防烟分区面积每平方米不小于120m³/h计算,排烟口均可手动及远程开启。当烟气温度超过280℃时,排烟防火阀自动熔断关闭并联动排烟风机关停。一旦发生火灾,消防控制中心能够立即停止所有运行中的空调、通风设备。

所有进出机房和穿过防火墙、楼板的空调、通风风管上,排风主风管与支风管相接处的支风管上均设有70℃自动熔断的防火调节阀。空调风管采用整体防火性能达到不燃级别的组合式氯氧镁GM-II风管,风管最小热阻为1.0m·K/W,排烟管采用镀锌钢板,所有空调、通风设备进出口软接均采用高温防火软接。空调水管保温采用难燃B1级闭孔橡塑管壳。

(设计人:中信建筑设计研究总院有限公司 陈焰华)

7.2.3 湖北大学图书馆水源热泵空调系统设计

1. 工程概况

湖北大学图书馆(图7-21)藏书250万册,建筑总面积42050m²,建筑高度49.5m,裙楼高度19.5m,地下1层,地上12层。地下室用作汽车库、冷冻机房、水泵房、变配电房等,车库部分兼作人防地下室。主楼1层为馆内业务用房及密集书库,6层为行政及计算中心,其余均为藏阅合一的阅览室,裙楼为学术报告厅及大小会议室。该项目2002年12月完成施工图设计,2004年7月投入使用。

图7-21 湖北大学图书馆全貌

2. 空调室内外设计计算参数

空调室外设计参数为规范规定的武汉市气象参数。室内设计参数见表7-12。

表7-12 空调室内设计参数

房间名称	干球温度/℃		相对湿度(%)		风速/(m/s)		新风量/[m³/(h·人)]	噪声/dB(A)
	冬季	夏季	冬季	夏季	冬季	夏季		
阅览室	20	26	40	65	<0.2	<0.3	15	40
学术报告厅	20	24	40	65	<0.2	<0.3	15	45
古籍书库	20±2	24±2	45	60	—	—	5	50
办公室、业务用房	20	26	40	65	<0.2	<0.3	30	50
计算中心	18	25	45	60	<0.2	<0.3	5	50
大厅、中庭	18	27	30	70	<0.2	<0.3		50

3. 空调冷热负荷

夏季设计冷负荷为3850kW,单位建筑面积冷指标为92W/m²;冬季设计热负荷为3100kW,单位建筑面积热指标为74W/m²。

4. 空调冷热源

湖北大学所处长江南岸一级阶地,拥有相当丰富的地下水资源。该地下水类型为典型承压水类型,底板为碎屑类基岩和半胶结卵砾石层,顶板为黏土及粉质黏土,厚度在30m左右,含水层总厚度为 19.5m，是储水良好的承压含水层。经过单口试验井抽水试验，其出水量为 121.96m³/h，出水温度为 18℃。该工程冷热源采用地下水源热泵系统。冷热源机房平面如图 7-22 所示。

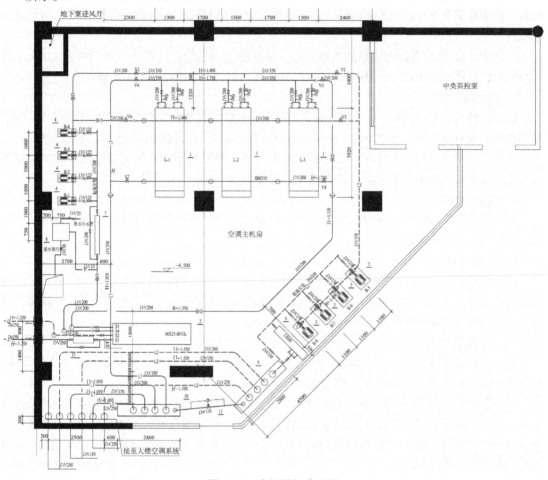

图7-22 冷热源机房平面

水源热泵主机选用三台意大利某公司生产的螺杆型 BE/SRHH-3602/B 水源热泵机组，夏季供回水温度为 7~12℃，冬季供回水温度为 50~45℃，单台制冷量为 1295kW，单台制热量为 1483kW。夏季地下水供回水温差为 14℃，冬季地下水供回水温差为 10℃。由于地下水中的 Cl^- 和 SO_4^{2-} 的总含量为 59.9mg/L，为保护主机换热器，采用对数平均传热温差为 1.5℃的板式换热器进行二次换热。

水井布置采用三口抽水井、六口回灌井。在有限的场地内，尽量拉大抽水井的间距。在部分负荷状态下，为充分利用地下水资源，应尽可能用足地下水温差减少抽水量，深井泵采用变频调速装置。

5. 空调风系统

2 层空调风管平面如图 7-23 所示（见书后插页）。阅览室及会议室等均采用单风道低速送风系统，办公室采用风机盘管或吊顶式空调机组加新风系统。新风管尺寸按过渡季节的最大新风量选取，过渡季节将新风阀开至最大。空调使用季节，新风阀开至最小。空调风系统原则上根据防火分区来划分，中庭的排烟系统在平时兼作系统排风换气，并可根据需要决定开启台数。

6. 空调水系统

空调水从地下室机房分为东区、西区及中区三路进入主楼，东区另分出一支路接裙楼会议厅及展厅。热泵机组的地下水侧采用定水量，负荷侧采用变水量，集、分水器间采用压差旁通调节阀。每层水平分支管的回水侧均设流量平衡阀。水源热泵机组水回路的冬夏转换采用电动二位蝶阀开关。

计算中心及 12 楼古籍书库根据需要采用了单独的空调系统。计算中心采用两台 LD32 水冷电热柜机，古籍书库采用一台 HJ71 洁净式恒温恒湿机组，冷却塔均位于主楼屋面。

7. 防排烟设计

该工程楼高未超过 50m，靠外墙具备自然排烟条件的楼梯和前室均采用自然排烟方式，核心筒的楼梯及前室采用加压送风方式。中庭设机械排烟，平时可通过调整排风机的台数通风换气。地下车库排烟量及平时排风量按车库容积 6 次/h 设计，平时利用诱导风机消除汽车尾气。地下设备用房通风按容积 8 次/h 设计，排烟量按最大防烟分区 $120\text{m}^3/\text{h}$ 设计。

8. 人防通风设计

本工程设两个人防单元，按二等人员掩蔽所设计，设抗爆、防毒进排风口部，设清洁、滤毒、隔绝式三种通风方式。

9. 消声及隔振

图书馆建筑对噪声控制要求严格。所有与运动部件相连处均采用柔性连接，吊顶式空调机采用减振吊架，落地式空调机采用减振基础，空调机的出风及回风均设消声器，空调机房做消声处理，空调机房门采用密闭隔声防火门。

10. 中央监控系统

该工程机房部分的中央监控系统采用 DDC（直接数字控制）系统，可扩展到整个空调系统，并可接入楼宇自控系统。该系统控制要点如下：

1）系统程序启停及联锁。机组起动前，冬夏季工况确认，对应冬夏转换电动蝶阀开关状态确认，空调水对应的电动蝶阀打开，同时空调水泵、板式换热器侧泵、深井泵起动。经水流开关确认管路系统水流正常后，起动水源热泵机组。停机时，水源热泵机组首先停机。在延迟一定时间后，停水泵并关水阀。

2）系统程序可以人工干预。任何一套系统均可由时间程序、中央控制中心键盘操作及现场手动操作进行启停。水源热泵机组及各水泵均采用自动编码群控方式，可使各设备运行时间基本相同。

3）板式换热器出水温度控制。由板式换热器二次水出水温度来控制深井水的出水量，即调整深井泵的电流频率及台数，以保证二次水出水温度的恒定。在冬季时，另设定二次水进水管温度的低限值。

4）台数控制。通过温度传感器及流量传感器分别测出负荷的实际供回水温差及水流量，计算出实际耗冷（热）量，自动决定设备运行台数。任何一套系统的自动启停均设时间延迟，防止系统频繁启动。可通过压差旁通阀和水泵工作特性去调节负荷的空调水流量。

5）显示状态、报警及记录。水源热泵机组、水泵状态显示，故障报警，水源热泵机组起停及运行记录。耗冷（热）量记录（瞬时值及累计值）。空调水供回水温度、压差及流量显示。深井水供回水、板式换热器侧供回水温度显示及供回水温度夏季高温（冬季低温回水）报警。各控制阀的阀位显示。设备运行小时数记录及显示。

（设计人：中信建筑设计研究总院有限公司 王疆）

7.2.4　连云港职业技术学院水源热泵空调系统设计

1. 工程概述

连云港职业技术学院在校生规模为 15000 人，在连云港市花果山科教园区兴建新校区，如图 7-24 所示。新校区净用地面积 70.2hm²，总建筑面积 49.95 万 m²，其中一期总建筑面积 32.31 万 m²，建筑密度 16.67%，容积率 0.71，绿地率 40.18%。利用校区临近东盐河的地理优势，采用河水水源热泵集中空调系统，并将其建设为连云港地区可再生能源规模化应用示范项目，建筑节能达到 50% 以上、季节性供热系数达到 2.5 以上、季节性供冷系数达到 3.5 以上。该项目 2007 年完成施工图设计，2008 年底建成。

图 7-24　新校园鸟瞰图

2. 空调冷热负荷

新校区一期分为教学行政区、宿舍生活区、教学实验区及图书馆四大功能区，各功能区空调冷热负荷见表 7-13。校区各幢建筑集中空调系统的冷热源由设于图书馆地下室内的中心冷热源站提供，根据校区各功能分区交替使用的情况，同时考虑学校在最冷及最热月份为寒暑假时期，并结合二期建设预留发展的需要，空调冷热源系统设计总制冷量为 12000kW，总制热量为 11200kW。

表 7-13　各功能区空调冷热负荷

功能区	单体名称	建筑面积/m²	冷负荷/kW	热负荷/kW
教学行政区	教学主楼东楼	27378	3970	2053
	教学主楼西楼	28712	4225	2145
	行政楼	10370	1203	850
	综合楼	8418	995	715
	会堂及学生活动中心	7185	1200	970
	教工食堂	3137	540	280
	教工单身公寓	4761	450	440
	分区小计	89961	12583	7453
宿舍生活区	学生宿舍 1、2、3 号楼	25693	2312	1670
	学生宿舍 4、5、6 号楼	25693	2312	1670
	学生宿舍 7、8 号楼	16667	1500	1083
	学生宿舍 9、10 号楼	14927	1343	970

（续）

功能区	单体名称	建筑面积/m²	冷负荷/kW	热负荷/kW
宿舍生活区	学生宿舍10、11号楼	14927	1343	970
	东学生食堂	7672	1350	706
	西学生食堂	7672	1350	706
	分区小计	113251	11510	7775
教学实验区	普通实验室	21531	2300	1800
	科技楼南楼	27459	1850	1480
	科技楼北楼	27459	1850	1480
	科技楼厂房	4738	117	62
	体育馆	7099	1285	1028
	分区小计	88286	7402	5850
图书馆		24711	3450	2640
校区总计		316209	34945	23718

3. 水文地质条件

连云港市地处北半球的中纬度地区，属于暖温带与北亚热带的过渡地带，1月平均气温 −0.1～0.8℃，7、8月平均气温26.1～26.6℃。东盐河是市区防洪工程的一条重要排水河道，全长15.6km，平均宽度约60m，承担新海主城区及云台山区47.6km²的防洪排涝任务，同时又具有大浦河流域与排淡河流域涝水互调功能。

连云港市地表水资源主要由大气降水补给。全市平均年降水量为900.9mm，主要集中在7、8、9三个月。年最大降雨量1380.7mm，最小降雨量520.7mm。日最大降雨量264.4mm，最大连续暴雨量244.2mm。最冷月1月下旬至2月上旬平均水温约6℃，最热月7月平均水温约26℃，常年水深为2.0～2.5m。根据相关水质报告，河水水质指标中除悬浮物外，其他指标均能满足热泵机组的运行要求。

4. 冷热源系统

依据水文地质资料及相关设备供应商提出的技术要求，该工程的河水源热泵系统采用直接式。河水经水处理后直接进入热泵机组的冷凝器或蒸发器，其主要优点是没有温度梯度的损失，但要求冷凝器或蒸发器有较强的防污、防腐能力，并要增设水处理设备和清洗设备。冷热源站房设在位于校区中央位置的图书馆地下室内。河水源热泵系统原理如图7-25所示。

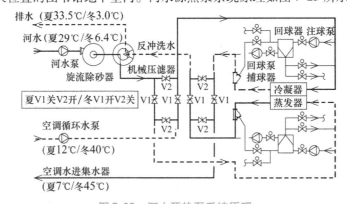

图7-25　河水源热泵系统原理

采用××公司生产的螺杆式水源热泵机组共4台，单台制冷量为3006kW（冷凝器29℃/

33.5℃，蒸发器 12℃/7℃，EER 为 5.96），制热量 2852kW（蒸发器 6.4℃/3℃、冷凝器 40℃/45℃，COP 为 4.25）。空调循环水泵共 4 台，单泵流量为 620m³/h，扬程为 60m，配用电动机功率为 160kW。河水取水泵共 5 台（其中一台备用），单泵流量为 760m³/h，扬程为 32m，配用电动机功率为 110kW。所有水泵均配变频控制器。

5. 取、退水系统

取用河水总量为 2700m³/h。夏季设计取水温度为 29℃，退水温度为 33.5℃，冬季设计取水温度为 6.4℃，退水温度为 3℃。取水头部采用箱式取水口，设在距东盐河南岸 15m 处，采用钢筋混凝土预制，其净长为 5.3m，净宽为 2m，净深为 4.2m，在面向河心的一侧设长 5m、高 0.5m、间隙为 50mm 的粗格栅，取水管道采用 DN1000 的钢筋混凝土管，采用顶管法施工，管道坡度为 0.002。河水取水头部示意图如图 7-26 所示。

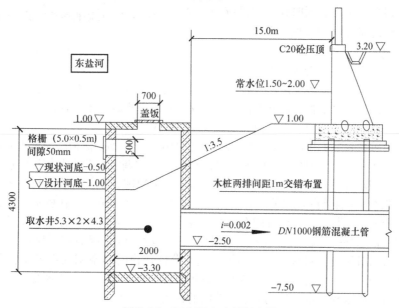

图 7-26　河水取水头部示意图

在取水管道沿线同时各设两口工作井和两口接收井。1 号工作井净尺寸为 5.0m×3.5m×8.05m（深），内设 1.5m×2.0m、间隙为 20mm 的平板格栅，同时设有两个 1.25m×2m、滤网网眼为 5mm×5mm 的平板滤网，此井的进水管上设 DN1000 的双向闸门。2 号接收井内径为 3m，深 8.19m。3 号工作井内径为 5.5m，深 8.38m。4 号接收井净尺寸为 6m×7m×8.78m（深），作为机房河水取水井使用。所有井底均设 1m 深的沉淀层。取水管线总长 503m。校园中心设有总汇水面积约 32700m² 的景观水体，河水经热泵机组换热后排入景观水体，再经 480m 长的明渠在取水口下游 150m 处排回东盐河。

6. 水处理系统

采用三级物理方法过滤清洗河水：旋流除砂器、自动再生机械压滤器和胶球式自动清洗器。

自动再生机械压滤器的工作原理如图 7-27 所示。河水进入自动再生压滤器的过滤腔体原水区①，水体中的短纤维等杂物被滤网拦截，过滤后的清洁水从过滤区②送出；经换热器换热后的河水从反冲洗区③对过滤器的滤网进行在线自动反冲洗，反冲洗后的水流经反冲洗区④通过管道排出。其特点是无须人工清洗过滤器，可以连续过滤、自清洗，能有效地除去水中的毛发、短纤维等悬浮物，对于粒径大于 100μm 悬浮物的去除率可达 95%。本工程采用 4 台压滤器并联运行，单台处理水量 800m³/h，水压降为 4mH₂O，每台配置一台 3kW 的电动机作为驱动滤网旋转的动力。

为防止藻类及微生物生长对热泵机组换热器传热能力的影响，河水处理的第三级配置了胶球式自动清洗器。胶球由注球泵为动力注入换热器的铜管并对其内壁进行擦洗，在换热器的出水端由捕球器收集返到回球器内，如此反复循环。胶球的直径依据相应换热器所采用的铜管规格来确定。胶球的选用还应考虑循环水的密度、含砂量、杂质等因素。本工程4台热泵机组共配置4套胶球式自动清洗器，每两台机组的蒸发器或冷凝器共用一套清洗器，胶球的注入采用水泵为动力，捕球器采用T形，同时作为水系统的一个三通使用，每套清洗器均设PLC控制器。

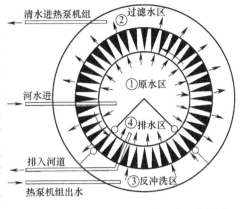

图7-27　自动再生机械压滤器的工作原理

7. 室外管网

空调水系统采用一次泵变流量系统，分为四个水循环环路，教学行政区、宿舍生活区、教学实验区、图书馆各一个环路。水系统采用两管制异程式设计，在每栋楼引入水干管上设静态流量平衡阀、Y形过滤器、压力表、温度计和蝶阀，回水干管上设蝶阀、动态压差控制阀、压力表、温度计、蝶阀。

室外空调供回水干管采用整体式直埋保温管，保温层为聚氨酯，保护层为聚乙烯管壳。离机房最远的教工单身公寓的室外空调供回水干管总长约2040m，空调水管设计比摩阻不超过120Pa/m。

室外空调供回水管最大规格为 DN500，最小规格为 DN100，室外管线总长约9920m，总水容积为870m³。校区内包含外网在内的所有水系统的总水容积约1180m³，在机房内设落地式定压罐作为空调水系统的定压装置，定压罐的有效调节容积为3m³。空调系统的补水采用软化水，系统因超压而产生的泄水均排入软化水箱内。根据校区分时段分区空调的使用模式，在空调供回水管之间设自力式自身压差控制阀，避免系统在夏季分区切换时非空调区系统膨胀发生事故。另外，当分区使用空调时，切断非空调区域的空调供水管，让空调系统内的水在一个大管网内自由膨胀，减少系统的补水和泄水，达到节水、节电的目的。

8. 其他

依据可再生能源应用示范项目检测及验收的要求，在空调水系统上设能量表，采用超声波流量计，流量范围为1500~4000m³/h。在河水取水总管上设无纸记录仪，实时记录取用河水的温度。水源热泵机组、空调循环水泵及河水取水泵均设独立的用电计量装置。

本项目河水取水量较大，河水经换热后先排入校园中心区的景观水体后再排回河内，很好地解决了人工水景的水源问题，对水体的自然热扩散也相当有利。但如此大量的与自然环境水温不一致的河水的引入对校区气象环境的影响还有待系统运行的实践来检验。

（设计人：中信建筑设计研究总院有限公司　雷建平　陈焰华）

7.3　土壤源热泵系统的工程实例

7.3.1　湖北省图书馆新馆土壤源热泵系统设计

1. 工程概况

湖北省图书馆新馆位于武昌区沙湖公正路，总建筑面积为100523m²，其中地上8层79699m²，地下2层20824m²，建筑高度41.4m，设阅览座席6279个，设计藏书1000万册。

图 7-28 湖北省图书馆新馆外景

2. 冷热源系统概述

该馆夏季空调设计峰值冷负荷 8050kW，冬季空调设计峰值热负荷为 4600kW（软件模拟峰值为 5200kW）。集中空调冷热源采用土壤源热泵与冰蓄冷系统相结合的方式，在地下一层机房内设 4 台三工况螺杆式热泵机组和 1 台带全热回收功能的螺杆式高温型热泵机组，热泵机组各工况的性能参数见表 7-14。

表 7-14　热泵机组各工况的性能参数

设备名称	工况	制冷制热量 /kW	蒸发器水温度 /℃	冷凝器水温度 /℃	输入功率 /kW	COP
三工况螺杆式 热泵机组 （蒸发器侧 25% 乙二醇）	制冷	1443.3	6/11	32.5/37	265.9	5.43
	制冰	919.4	-2.6/-6	32.5/37	253.9	3.62
	制热 1	1626.2	10/6	40/45	319.4	5.09
	制热 2	1459.8	7/3	40/45	322.9	4.52
螺杆式高温型 热泵机组 （全热回收）	制冷	367.9	7/12	32.5/37.5	67.6	5.44
	制热	395.9	10/6	40/45	79.9	4.95
	全热回收	361	10/6	50/55	101.6	3.55

3. 土壤热物性测试

依据《地源热泵系统工程技术规范》（GB 50366—2005）的要求，应进行工程场地状况调查，并应对浅层地热能资源进行勘查。该工程在设计前按规范进行了土壤热物性测试，共钻了三口测试井，钻孔回填下部为原浆加水泥砂浆，上部为水泥砂浆加 10% 膨润土。测得土壤的平均温度为 20℃，三个钻孔的岩土层硬度等级及可钻性见表 7-15。

表 7-15　岩土层硬度等级及可钻性

地层代号	岩土名称	岩土级别	SK1 岩土层/m	SK2 岩土层/m	SK3 岩土层/m	可钻性/(m/h)
1	杂填土	Ⅱ	6.7	4.5	6.4	1.2~4.5
3	粉质黏土	Ⅰ	2.3	4.0	1.8	7
4	粉细砂	Ⅰ	4.1		3.6	6
5	粉质黏土、黏土	Ⅰ	9.9	10.8	11.8	6.5

（续）

地层代号	岩土名称	岩土级别	SK1 岩土层/m	SK2 岩土层/m	SK3 岩土层/m	可钻性/(m/h)
6	卵石	Ⅶ	3.4		2.3	0.45
8.1	强风化粉砂质泥岩	Ⅳ	2.1		1.4	1.3
8.2	中风化粉砂质泥岩	Ⅳ	17.2	24.5	17.9	1.15
8.3	微风化粉砂质泥岩	Ⅴ	49.3	51.2	50.8	1
	总井深/m		95	96	96	
	估算成井时间/h		78	76	77	

2008 年 7 月 6 日—18 日，由华中科技大学环境科学与工程学院完成该项目的岩土热物性测试报告。测试井的主要参数和"热物性测试报告"建议的参考换热量数据见表 7-16 及表 7-17。

表 7-16 测试井参数

测试井编号	孔径/mm	孔深（有效埋管深度）/m	埋管形式	平均热导率/[W/(m·K)]
SK1	150	95（90）	双 U 形，$DN25 \times 2.3$	2.15
SK2	130	95（90）	单 U 形，$DN32 \times 3$	2.04
SK3	130	96（90）	单 U 形，$DN32 \times 3$	2.1

表 7-17 测试井参考换热量

测试井编号	夏 季						冬 季					
	流量/(m³/h)	流速/(m/s)	进口水温/℃	出口水温/℃	进出口温差/℃	单位井深换热量/(W/m)	流量/(m³/h)	流速/(m/s)	进口水温/℃	出口水温/℃	进出口温差/℃	单位井深换热量/(W/m)
SK1	1.05	0.43	36.2	32.4	3.8	54	1.12	0.48	8.6	11.6	3	45.1
SK2	1.04	0.54	36.9	33.8	3.1	42.6	1.1	0.57	7.9	10.7	2.8	38.1
SK3	1.07	0.55	37	33.8	3.2	45	1.04	0.54	9.7	12.8	3.1	40.5

4. 地埋管换热器埋管长度计算

该项目依据《地源热泵系统工程技术规范》（GB 50366—2005）中的附录 B 进行计算，并采用专业软件模拟验证。土壤换热器的热阻由水与 U 形管内壁的对流热阻、U 形管管壁热阻、回填材料的热阻、短期脉冲负荷附加热阻和地层热阻构成。其中前四项热阻为"基本热阻"，在一定的钻孔参数及确定的运行时间下设为定值，而地层热阻要考虑钻孔之间的相互干扰的因素，与埋管矩阵（钻孔规模）及地源热泵系统的动态运行负荷及计算时间有关。依据 GB 50366—2005 及参照国外地层热阻计算模型，埋管长度的计算时间采用"最冷热"或"最热月"。经计算的基本热阻、地层热阻及钻孔总热阻及相应的计算埋管长度见表 7-18 及表 7-19。

表 7-18 基本热阻（平均水温：冬季 9℃/夏季 37℃）

热阻名称	水与 U 形管内壁的对流热阻（R_f）	U 形管管壁热阻（R_{pe}）	回填材料的热阻（R_b）	短期脉冲负荷附加热阻（R_{sp}）
热阻值/(m·℃/W)	0.0074	0.0366	0.0833	0.0964

表7-19　地层热阻、总热阻及计算埋管长度

| 工况 | 计算时间 | 埋管矩阵（边长/m）×（边长/m） | 孔壁至无穷远处的热阻(地层热阻) | | | 运行份额（F_c/F_h） | 总热阻/(m·℃/W) | 单位孔深换热量/(W/m) | 埋管长度/m |
			单孔热阻/(m·℃/W)	多孔叠加热阻/(m·℃/W)	地层热阻(R_s)/(m·℃/W)				
制热	最冷月	5×5	0.2465	0.0511	0.2975	0.1957	0.263	41.8	92967
		15×15	0.2465	0.0575	0.304	0.1957	0.264	41.6	93411
	采暖季	5×5	0.2932	0.1976	0.4908	0.169	0.2903	37.9	102610
		15×15	0.2932	0.2916	0.5848	0.169	0.3062	35.9	108220
制冷	最热月	5×5	0.2465	0.0511	0.2975	0.4205	0.3082	55.2	125010
		15×15	0.2465	0.0575	0.304	0.4205	0.3109	54.7	126100
	制冷季	5×5	0.2932	0.1976	0.4908	0.3214	0.3504	48.5	142110
		15×15	0.2932	0.2916	0.5848	0.3214	0.3806	44.7	154360

注：单井流量为1m³/h；管内流速为0.42m/s。

综合考虑热泵机组在实际运行中的情况及循环水泵发热等有利因素，该项目地埋管系统采用了在部分工程桩内埋管与室外钻孔地埋管相结合的方式，依据冬季工况来确定埋管长度。

工程桩内埋管冬季设计总吸热量按198kW考虑。工程桩为泥浆护壁钻孔灌注桩，桩径为800mm，有效桩长约为19m。在可利用承台的桩内（桩顶标高为-5.4m）分设W形埋管，两个相邻的W形桩埋管串联形成一个双W形环路，共在208根桩内埋管形成104个环路。

确定地埋管换热器最终冬季设计的总吸热量为3680kW，室外钻孔的总数为848孔。垂直埋管群井布置在室外绿化地带及道路下，孔井中为双U形管，采用规格为DN25的HDPE管材，设计的有效深度为106m，钻孔总深为89888m。共耗用DN25管材359km、DN32管材131km。

5. 地埋管换热器的布置及连接

垂直钻孔埋管的间距为5m×5m，钻孔直径为150mm。管群分布于场地的四周，共分东、南、西、北4个埋管区，其中东区238孔、南区212孔、西区182孔、北区216孔。在室外钻孔埋区选择在14个井孔里埋设70个温度探测器，在桩埋管区选择在3根桩内设6个温度探测器，实时监测土壤温度变化，以便采取优化运行策略和必要的措施保证土壤热平衡。

地埋管环路两端分别与相对应的供、回水环路的分、集水器相连接，并采用同程式布置。根据场地情况，埋管区共分为68个分、集水环路，各二级分水器的进水总管上设静态流量平衡阀，保证各环路的流量的水力平衡效果。

地埋管水平集管设计采用单井对单井的连接模式，以最大限度地减少地下埋管的接头数量，当一井损坏后只会导致本井不能使用。而另一种"共用水平集管串联"的模式，虽然减少了水平集管的长度（管径增大，大口径PE管单位长度平均价格约为DN32管材的4~8倍），但增加了地下埋管系统的接头，增加了无数焊接点，且焊接点施工完毕后均埋在地下，不可能进行检修，作为地下隐蔽工程的地埋管系统的可靠性急剧降低，同时当一井损坏后，会导致十几乃至几十口井（视一个环路所并联钻孔数而异）不能使用。

图7-29所示为15口井采用"单井对单井"连接时的示意图。焊点总数为75个，其中45个为由同一简单施工工序完成的隐蔽工程，另30个在检查井内。

当15口井采用"多井串联"的方式连接时，其示意图如图7-30所示。焊点总数最少为89个（因可能会设必要的变径管），其中87个为隐蔽工程，另2个在检查井内。同时因主管上的三通均为"T形三通"，支管与干管连接时其抗变形及防破坏能力差。

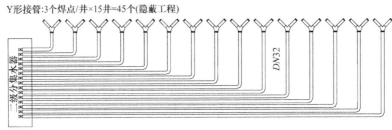

Y形接管:3个焊点/井×15井=45个(隐蔽工程)

DN32

阀件: 2个焊点/井×15井=31个(检查井内)

图7-29　单井对单井连接方式示意图

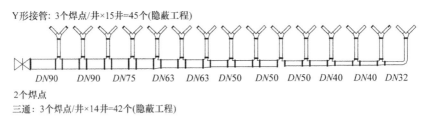

Y形接管: 3个焊点/井×15井=45个(隐蔽工程)

DN90　DN90　DN75　DN63　DN63　DN50　DN50　DN50　DN40　DN40　DN32

2个焊点
三通:3个焊点/井×14井=42个(隐蔽工程)

图7-30　多井串联连接方式示意图

　　因此采用单井对单井的连接方式不仅减少了总焊接点的数量,且大大减少了隐蔽工程的焊接点,并实现了对各井的独立控制。同时这种连接方式虽然增加了水平 PE 管的长度,但并没有增加 HDPE 管材的造价,且水平 PE 管材的造价约占地埋管工程总造价的 5% 左右。两种连接方式的系统理论可靠性见表 7-20。

表7-20　两种连接方式的系统理论可靠性

连接方式　　　　　　系统可靠性	单个焊点可靠性为99%时	单个焊点可靠性为99.9%时
单井对单井	40.5%(所有井可用)~94.1%(单井可用)	91.4%(所有井可用)~99.4%(单井可用)
多井串联	17.4%(所有井可用)	84%(所有井可用)

6. 热平衡计算分析

　　采用软件对空调全年逐时负荷进行模拟计算,全年总冷负荷为5269975kW·h(6月1日—9月30日),总热负荷为1979747kW·h(12月1日—3月15日),其不平衡现象比较明显。夏季采用闭式冷却塔作为辅助冷却设备。采用冰盘管蓄冷及冷却塔散热优先的控制模式,对夏季制冷系统运行进行了逐时模拟运行分析,系统的分项散热量明细见表7-21。

表7-21　制冷系统的分项散热量明细　　　　　　　　(单位:10^4kW·h)

夏季总冷负荷	冰盘管年总冷负荷	夜间冷却塔年总散热量	夜间地埋管年总散热量	白天主机年总负荷	白天冷却塔年总散热量	白天地埋管年总散热量	地埋管系统年总散热量
527	300	283	100	227	211	59	159

　　模拟结果表明,空调系统在夏季通过地埋管系统向大地的总散热量为159万 kW·h,冬季空调系统从土壤中总吸取的热量为158.4万 kW·h,其不平衡率在10%以内,可以保证全年大地土壤的热平衡。模拟计算中设定的冷却塔的散热能力为3550kW,考虑冷却塔的容量要与制冷机组的台数相匹配,最终冷却塔的总设计冷却能力为4100kW,能完全满足两台热泵机组制冷的需要。

　　　　　　　　　　　　　(设计人:中信建筑设计研究总院有限公司 雷建平 陈焰华 张再鹏)

7.3.2　武汉华中智谷园区土壤源热泵空调系统设计

1. 工程概况

华中智谷园区（图 7-31）位于武汉经济技术开发区，是以数字出版产业为主体，集企业总部办公、孵化、研发、交易、展示、生活服务等多功能为一体的数字文化产业园区。一期工程共 15 栋建筑物，分别为 B3、B4、C3、C4、C5、C6、C7、C8、C9、D3、D4、D5、E4、E5、F10 号楼，总建筑面积 112644m²，地上 3～16 层，建筑物高度从 12.6～63.6m 不等，主要为管理及研发办公用房。15 栋建筑物下面有 A、B 两个相连的地下室，作为设备用房及车库。经多方案经济技术比较，结合工程现场的具体情况，空调冷热源由三种形式组合而成，即垂直埋管土壤源热泵系统 + 热源塔热泵系统 + 冷却塔离心式冷水机组系统。

图 7-31　华中智谷园区（一期）建筑物鸟瞰图

2. 空调冷热源设计

各栋建筑物的空调冷热负荷如图 7-32 所示。总冷负荷为 10320.9kW（单位面积冷负荷为 92W/m²），总热负荷为 6746kW（单位面积热负荷为 60W/m²）。

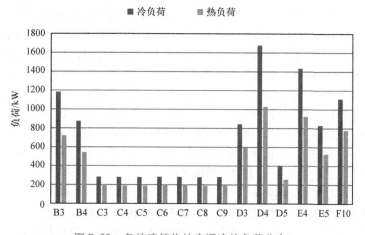

图 7-32　各栋建筑物的空调冷热负荷分布

空调系统冷热源设计时地下室结构主体已经完工，加上办公楼节能环保、绿色低碳要求较高，采用土壤源热泵系统作为冷热源。由于已经完工的地下室结构限制了地埋管敷设面积，采用热源塔热泵系统补充，两套系统的总装机容量由冬季总供热量确定。两套热泵系统夏季制冷量不足部分，再由离心式冷水机组配置冷却塔来提供。机房设置在北面地下室的左下角处，有 2 台螺杆式地源热泵机组（对应地埋管）、3 台热源塔热泵机组（对应热源塔）、2 台变频离心式冷水机组（对应冷却塔）。机组的各项性能参数见表 7-22。

表 7-22 机组的各项性能参数

设备名称	工况	制冷制热量 /kW	蒸发器水温度 /℃	冷凝器水温度 /℃	输入功率 /kW	COP
螺杆式 地源热泵	制冷	1367.7	6/12	32/37	262.4	5.20
	制热	1631.9	11/7	40/45	321.0	5.08
热源塔 热泵机组	制冷	1600	6/12	32/37	321	5.00
	制热	1015	-8/-12	40/45	378	2.69
离心式冷水机组	制冷	1758.4	6/12	32/37	327	5.35

空调水采用一次泵变流量系统，共分为 3 个环路，分别接至 15 栋建筑物内，每栋楼入户接管上设能量表、过滤器、温度计、压力表、调节阀等。空调水循环系统和地下埋管换热器系统均采用落地式定压罐定压及软化水补水。空调末端部分采用风机盘管 + 新风系统方式，办公室可根据室内空调负荷和人员变化调节运行，满足室内舒适性要求。

机房设备由集成能源管理系统进行控制。根据空调冷冻水系统供回水温度、温差和流量的变化，通过系统自带的模糊优化算法确定冷冻水系统的优化运行参数，可以节省冷冻水的运输能耗。根据所采集的实时数据和自适应知识库，计算出系统最佳转换效率对应的冷却水流量，动态调节冷却水的流量来逼近最佳冷却水流量值，保证冷热源系统随时处于最佳效率状态下运行。利用基于热泵机组效率特性的机组群控技术，选择一种最佳的主机运行台数组合，以达到冷热源系统的最高效率。

3. 地埋管换热器设计

图 7-33 所示为地埋管总平面布置。受限于地下室结构主体完工，地下埋管仅能在地下室挡土墙以外、用地红线范围以内的绿化带或道路下进行敷设钻孔。现场测试的双 U 形垂直埋管传热数据是，夏季排热能力 60W/m，冬季取热能力 45W/m。地埋管换热器总吸热量为 2635kW，总放热量为 3515kW。设计总钻孔数为 556 孔，其中 262 口钻井设计有效深度为 100m，294 口钻井设计有效深度为 110m。钻孔间距不小于 4.5m×4.5m，钻孔直径为 150mm。埋管材料采用高密度聚乙烯管（HDPE100）DN25，双 U 形管底部采用定制沉箱连接。为确保地下换热器的可靠性，每个垂直钻孔的供回水管均直接接至二级分、集水器，共设有 15 个二级分、集水器。各二级分、集水器供回水管上均设有调节阀、温度计及压力表，分、集水器供回水管汇总后接入热泵机房。

考虑地埋管在土壤中吸热与排热，会造成冷热失衡使土壤温度波动，在地下埋管部分典型区选择 4 个钻孔中埋设 20 个铂电阻温度探测器，配土壤温度巡检记录仪一套，实时监测岩土体温度变化，以便采取必要措施保证土壤总体热平衡。

4. 热源塔和冷却塔系统设计

热源塔热泵系统用来补充地埋管土壤源热泵系统的供热量不足，如图 7-34 所示。热源塔是通过向水中添加一定浓度的抗冻剂，来降低水溶液的冰点温度，使得热泵系统冬季制热能从冷空气中吸收热量来实现的。热源塔中循环水溶液除了与空气进行显热交换外，还通过凝结在空气中的水分获取大量的冷凝潜热。因此，对于冬季空气中湿度较大的地区，利用热源塔供热是十

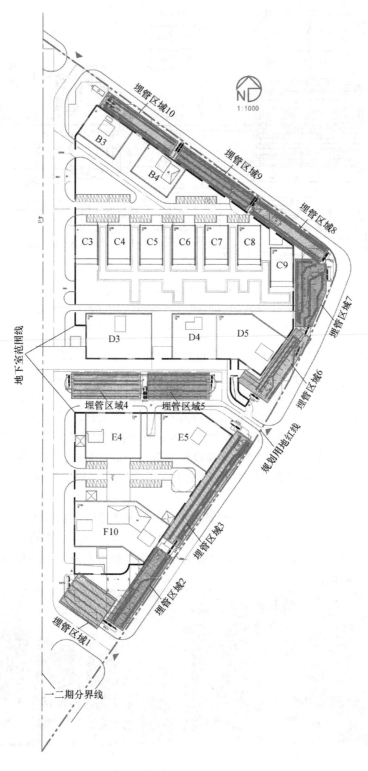

图 7-33　地埋管总平面布置

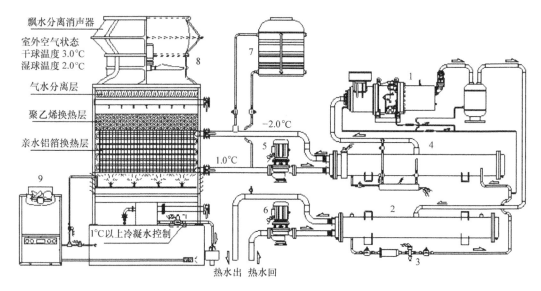

图 7-34　热源塔热泵系统流程
1—压缩机　2—冷凝器　3—膨胀阀　4—蒸发器　5—热源泵　6—负荷泵
7—膨胀罐　8—闭式热源塔　9—溶液浓缩装置

分有利的。武汉地区冬季空气湿度大，采用热源塔热泵系统进行冬季供暖尤为可行。相对于风冷热泵机组而言，热源塔热泵机组冬季的蒸发温度升高使得效率提高许多且不存在除霜问题。

保持热源塔循环水溶液所需的浓度是冬季热泵机组正常工作的关键所在。为此，在室外热源塔回水总管上安装一套具有自动保护功能的溶液浓度监测装置，当溶液浓度低于设定的安全范围时对系统进行停机维护。并且配套有加药设备、加药泵、溶液浓缩装置以及稀溶液池、浓溶液池等。考虑添加防冻剂的水溶液对管道和设备会造成一定的腐蚀侵害，热源塔主体采用玻璃钢制作，对应热泵机组的换热器采用铜镍合金制作，管道采用二次镀锌防腐钢管，紧固件、阀门采用防腐材质。

冷却塔冷水机组系统用来补充夏季土壤源热泵系统和热源塔热泵系统供冷量的不足。离心式冷水机组配置的冷却塔（5 台处理水量 $200m^3/h$ 的方形横流超低噪冷却塔）与热源塔热泵机组配置的热源塔（6 台标准工况夏季喷淋水量 $260m^3/h$，冬季喷淋水量 $180m^3/h$ 的开式热源塔）均设置在 D3 号楼的屋面上（图 7-35）。

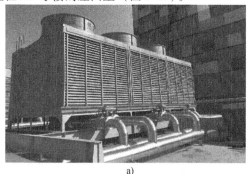

a)　　　　　　　　　　　　　　　　　b)

图 7-35　热源塔和冷却塔安装实景图
a) 热源塔　b) 冷却塔

5. 运行性能分析

通过全年能耗模拟分析，得到供冷期（6 月 1 日—10 月 15 日）和供热期（11 月 15 日—3 月 15 日）在不同负荷率下小时分布数和能耗的数据，详见表 7-23 和表 7-24。夏季土壤源热泵系统承担的累积空调冷负荷为 190.7 万 kW·h，冬季土壤源热泵系统承担的累积空调热负荷为 269.6 万 kW·h。考虑土壤源热泵系统的性能系数，在夏季通过地埋管系统向大地的总散热量为 159 万 kW·h，冬季从土壤中总吸取的热量为 158.4 万 kW·h，其不平衡率在 10% 以内，可以保证全年大地土壤的热平衡。

表 7-23　全年累计冷负荷小时数及系统负担份额统计

负荷率	10%	20%	30%	40%	50%	60%	70%	80%	90%	90%
小时数/h	≤217	≤66	≤82	≤110	≤162	≤191	≤140	≤153	≤119	≥130
项目全年累计冷负荷/(万 kW·h)	≤3.1	≤10.4	≤20.9	≤40.5	≤76.5	≤108.6	≤94.3	≤119.2	≤104.7	≥133.3
土壤源热泵负荷/(万 kW·h)	≤3.1	≤10.4	≤16.7	≤24.3	≤36.7	≤43.4	≤32.3	≤35.8	≤27.9	≥32.0
冷水机组+热源塔热泵负荷/(万 kW·h)	0	0	≤4.2	≤16.2	≤39.8	≤65.2	≤62.0	≤83.4	≤76.8	≥101.3

表 7-24　全年累计热负荷小时数及系统负担份额统计

负荷率	10%	20%	30%	40%	50%	60%	70%	80%	90%	90%
小时数/h	≤224	≤97	≤155	≤147	≤121	≤112	≤107	≤82	≤70	≥95
项目全年累计热负荷/(万 kW·h)	≤3.5	≤9.8	≤26.2	≤34.8	≤36.7	≤41.5	≤46.6	≤41.5	≤40.1	≥66
土壤源热泵负荷/(万 kW·h)	≤3.5	≤9.8	≤26.2	≤34.8	≤32.3	≤30.4	≤29.3	≤22.8	≤19.6	≥29.0
热源塔热泵负荷/(万 kW·h)	0	0	0	0	≤4.4	≤11.1	≤17.3	≤18.7	≤20.5	≥37.0

（设计人：中信建筑设计研究总院有限公司　雷建平　胡磊　於仲义　陈焰华）

7.3.3　神农架某接待中心土壤源热泵空调系统设计

1. 工程概况

神农架某接待中心（图 7-36）是一高档次的接待场所，由 4 栋建筑组成，总用地面积为 3.34 万 m²，总建筑面积为 5259m²，位于神农架木鱼镇酒壶坪海拔 1930～1995m 的山谷之上，地形地貌复杂，气候湿润。整个建筑群背山临水，曲溪小径环绕，各建筑物在体量、尺度上与山体协调，在形态上也延续了原有环境的机理，使建筑与自然环境和谐共生。

建筑的生态环境和能源供应状况（仅有电力供应）给集中空调系统的设计选择带来了相应的制约和要求，经多方案比较和研究，最后确定采用水平埋管的土壤源热泵空调系统。土壤源热泵空调系统采用全热回收型机组，在给建筑物供冷、供热的同时还可供应生活热水，是典型的可再生能源利用项目。该项目 2006 年 6 月施工完毕，投入使用后达到了设计要求，取得了较理想的使用效果，为类似自然生态环境建筑的集中空调设计和水平埋管土壤源热泵空调系统的应用积累了宝贵的实践经验。

2. 设计参数

（1）室外设计参数　空调室外计算干球温度：夏季 35℃，冬季 -7℃；夏季空调室外计算湿

图 7-36   接待中心主楼效果图

球温度 28.2℃；冬季空调室外计算相对湿度（最冷月月平均相对湿度）76%；通风室外计算干球温度：夏季 32℃，冬季 −5℃。

（2）室内设计参数   室内设计参数见表 7-25。

表 7-25   室内设计参数

房间名称	夏 季		冬 季		新风量 /[（m³/h·人）]	噪声/dB(A)
	温度/℃	相对湿度(%)	温度/℃	相对湿度(%)		
客房	25	<65	20	>35	30	<45
会议	25	<65	20	>35	25	<50
餐厅	26	<65	20	>35	30	<50
大厅	26	<65	20	>35	20	<50

（3）空调冷热负荷   采用 DEST 和 Medpha 软件模拟计算。夏季空调逐时冷负荷综合最大值 380kW，单位面积冷负荷 72W/m²。冬季空调热负荷 410kW，单位面积热负荷 78W/m²。

3. 地下换热器设计

据工程地质勘测报告，本工程场地由上往下依次为：耕植土，层厚 0.3 ~ 0.6m，可塑；含碎石的粉质黏土，层厚 1.1 ~ 2.1m；角砾，层厚 4.6 ~ 14.2m，由松散到稍密；强风化变质粉砂岩，层厚 0.1 ~ 0.6m，岩体大部分破坏；中风化变质粉砂岩，层厚 4.3 ~ 8.4m，岩体部分破坏。场地未发现地下水。

地下换热器夏季排热量为 500kW，冬季吸热量为 360kW。根据地质勘测报告和类似工程相关资料并结合本工程场地利用情况，原设计采用垂直埋管的方式。施工钻孔过程中发现本场地 10 ~ 20m 深度范围为松散的飘石分布区，钻进过程中钻杆遇到飘石就无法下钻。经研究协商后决定改垂直埋管为水平埋管的方式。场地左侧原为一冲积山沟，填平后改建为网球场，场地填平前先敷设水平埋管。场地右侧地势较平缓，多为杂树，水平埋管敷设后作为绿化草坪。水平埋管总长度为 16000m，埋管管沟间距左侧为 1.5m，右侧为 1.8m。水平埋管沟槽分布根据场地情况进行布置。左侧为三层双环路布置，管沟宽度为 0.65m、深度为 2.8m；右侧为三层三环路布置，管沟宽度为 1.25m、深度为 3.5m。左侧地埋管环路布置如图 7-37 所示。

水平地埋管采用 HDPE100 高密度聚乙烯管材，管径为 DN32。水平地埋管共分五个分、集水环路，左侧四个环路为三层双回路布置，右侧一个环路为三层三回路布置。每个回路管长 150m，

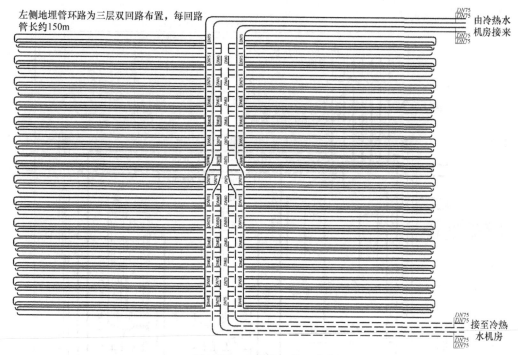

左侧地埋管环路为三层双回路布置，每回路管长约150m

由冷热水机房接来

接至冷热水机房

图 7-37　左侧地埋管环路布置

均为同程式布置。地埋管环路两端分别与供、回水环路集管相连接，机房布置在距两侧埋管区域均较近的中间位置。各环路在机房内均设置有压差流量平衡阀和调节阀，以保证各分支环路的流量平衡和调节。

为防止冬季管路冻结，在传热介质水中加入浓度为 9% 的乙二醇作为防冻剂。添加防冻剂后的传热介质的冰点比设计最低使用水温低 3~5℃，同时考虑防冻剂对管道、管件的腐蚀性以及防冻剂的安全性、经济性及其对换热的影响。当地冻土层深度为 0.6m，最上层埋管覆盖层为 1.8~2.0m，多层水平地埋管布置时，各层埋管间隔均不小于 0.6m，水平埋管间隔也不小于 0.6m。

4. 空调系统设计

该工程选用两台螺杆式水 – 水热泵机组 PSRHH0501R（一台为全热回收型机组），单台制冷量为 189kW，制热量为 208kW。夏季供冷时，利用热泵机组冷凝热量回收可以得到生活热水；冬季供暖时，利用热泵机组同时供应空调和生活热水。冬季生活热水供应不足时，采用部分电辅助加热措施。水 – 水热泵机组夏季供给空调系统 7℃/12℃冷冻水，冬季供给空调系统 45℃/40℃热水。空调水循环泵、热泵水循环泵均采用两台，与水 – 水热泵机组一一对应。循环水泵均配置智能型变频控制装置，既能适应水 – 水热泵机组冬夏季水路转换的需要，又能充分降低能源消耗。空调循环水系统均配置有电子水处理器，以保持水路系统的输送能力。地源热泵机房平面布置如图 7-38 所示。

水 – 水热泵机组由计算机控制器根据室内空调负荷变化自动调节运行。冬季供应热水时可根据空调用热水需要量及生活用热水需要量进行自动调节。空调水循环系统及地下水平埋管换热器系统均采用膨胀水箱定压及补水。水管保温采用难燃 B1 级闭孔橡塑材料。

空调末端设备采用风机盘管和全热新风交换及热回收装置，风机盘管均设有控制室内温度的电动两通调节阀，可根据室内的设定温度进行恒温自动控制。空调水系统供回水总管间设有压差旁通阀，根据系统空调负荷变化情况可实现节能经济运行。全热新风交换及热回收装置可

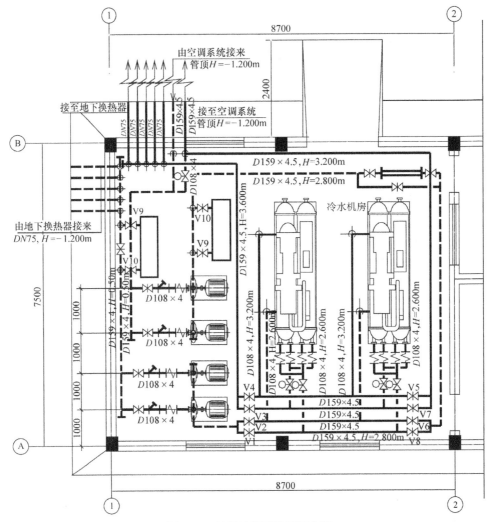

图 7-38 地源热泵机房平面布置

有效排除室内污浊空气，并利用排风的能量预冷（热）送入室内的新鲜空气，既能满足室内人员的空气品质要求，又能充分节约能源消耗。空调风管采用镀锌钢板，风管柔性短管及消声材料均采用不燃材料制作，保温采用难燃 B1 级闭孔橡塑材料，厚度 20mm。

5. 地下换热器施工

在水平埋管换热器施工前，特别要将石块及杂物清除干净。水平埋管敷设时均必须进行固定，敷设完毕后要按设计要求进行回填。水平埋管换热器回填土应细小、松散、均匀且不含石块及土块，结合本工程场地的地质条件，回填料主要为细砂。回填压实过程应均匀，回填土应与管道接触紧密，且不得损伤管道。对回填过程的检验应与安装水平埋管换热器同步进行。埋入土壤中的管中间均不得有机械接口及金属接头。管及管件均应符合设计要求，且应具有质量检验报告和生产厂的合格证。所有埋地管道均采用热熔或电熔连接。水平埋管换热器安装时，应防止块石等重物撞击管身。管道不应有折断、扭结等问题，转弯处应光滑，且应采取固定措施。埋管换热器安装完成后，为保护埋管不受损伤，在埋管区域做出了定位标志。

埋管换热器安装过程中应严格按规范要求进行水压试验，因 PE 管伸缩性较大，进行水压试验时一定要根据压力下降情况缓慢补压，直到压力稳定后才读取相关试压数据。安装前后应对管道进行冲洗，充注防冻液前，应进行排气。在机房分、集水器均设有自动充液及泄漏报警装置和检测仪表。

6. 使用效果及节能分析

冬季最终地源侧的出水温度稳定在 7 ~ 9℃，没有化霜及极端气温下供热效果不理想的问题，热泵机组的能效比达到 3.2 以上。与燃气锅炉供热相比，不燃烧化石原料，节能环保、无污染物排放，可再生能源利用率在 60% 左右。夏季热泵机组冷却水进、出水温度分别为 28.6℃/33.5℃，与常规冷水机组冷却水进、出水温度 32℃、37℃ 相比，在满负荷运行时机组耗能约减少 10%，在 70% 负荷运行时机组耗能约减少 22%，在 50% 负荷运行时机组耗能减少 40%。

（设计人：中信建筑设计研究总院有限公司　陈焰华）

7.3.4 武汉鑫龙湾小区土壤源热泵空调系统设计

1. 工程概况

鑫龙湾小区位于武汉市东湖新技术开发区，其中别墅 413 套建筑面积为 66850m²，会所建筑面积为 927m²，幼儿园建筑面积为 1161m²，总建筑面积为 68938m²。其效果图如图 7-39 所示。土壤源热泵空调系统的应用范围为别墅区以及配套的幼儿园、会所。别墅区空调系统采用分户的小型带全热回收功能的热泵机组，室外埋管采用分区共用的形式，形成几个独立的"地源水环热泵"系统。这种土壤源热泵共用埋管系统的工程造价较低，又能满足实际需求，运行效果及节能经济性均很好。该项目 2010 年完成全部施工图设计，2014 年投入使用。

图 7-39　鑫龙湾小区效果图

2. 空调负荷及户内同时使用系数

为确定每套别墅热泵机组的装机容量，对"90 南"这一户型用两种方式进行空调负荷的逐时计算。第一种方式计算了全户 1 ~ 3 层三个楼层同时使用空调时的冷热负荷，第二种方式计算了户内第 1 层和第 3 层两个楼层同时使用空调时的冷热负荷（按这种方式确定的装机容量可满足户内任意两个楼层同时使用空调的要求），负荷计算结果详见表 7-26。

表 7-26　"90 南户型"空调冷热负荷计算值

户型名称	建筑面积/m²	1 层 +2 层 +3 层负荷/kW		1 层 +3 层负荷/kW	
		冷负荷	热负荷	冷负荷	热负荷
90 南（端）	140	12.6	9.9	9.2	7
90 南	140	10.4	7.9	6.8	5.5
同时使用系数				$\dfrac{9.2+6.8}{12.6+10.4}=69.6\%$	$\dfrac{7+5.5}{9.9+7.9}=70.2\%$

端头户型单位建筑面积冷负荷为 65.7W/m²，热负荷为 50W/m²；中间户型单位建筑面积冷

负荷为 48.6W/m²，热负荷为 39.3W/m²。每户热泵主机的容量按同时开启任意两个楼层的空调来确定。

3. 户间同时使用系数

参照上海地区住宅空调使用调查数据及理论分析研究相关文献，户间同时使用系数见表 7-27。依据本项目的布局及分区情况，确定设计室外埋管时，户间同时使用系数在 0.7~0.75 之间取值。

表 7-27 户间同时使用系数

系数＼户数	10	20	30	40	50	60	70	80	90
调查值	0.9	0.75	0.73	0.75	0.68	0.70	0.70	0.69	0.67
理论计算值	0.9	0.8	0.77	0.75	0.74	0.73	0.71	0.71	0.7

系数＼户数	100	110	120	130	140	150	160	170	180 及以上
调查值	0.68	0.66	0.66	0.65	0.64	0.63	0.63	0.62	—
理论计算值	0.7	0.69	0.69	0.68	0.68	0.67	0.67	0.66	0.66

4. 埋管形式及参数的选取

双 U 形埋管与单 U 形相比其计算换热量的增加值不到 15%，而单 U 形埋管更有利于夏季排热的扩散，比较符合住宅冷热负荷特性。该项目容积率相对较低，有足够的室外埋管场地，而且不在地下室、建筑物、景观水体下设埋管，因此决定采用单 U 形埋管。现场单 U 形埋管的物性测试报告主要数据见表 7-28 和表 7-29。

表 7-28 1 号井地埋管换热能力

制冷模式	埋设深度/m	换热指标/(W/m)	单井换热量/W
	60	62.5	3750
制热模式	埋设深度/m	换热指标/(W/m)	单井换热量/W
	60	43.2	2592

表 7-29 2 号井地埋管换热能力

制冷模式	埋设深度/m	换热指标/(W/m)	单井换热量/W
	80	65.8	5264
制热模式	埋设深度/m	换热指标/(W/m)	单井换热量/W
	80	48.0	3840

由表 7-28 和表 7-29 可见，1 号井单位井深的换热量与 2 号井的单位井深换热量基本相当，单位井深排热量（夏季）约为单位井深取热量的 1.4 倍。

本项目室外埋管场地充裕，设计时尽量将钻孔群布置成长方形，钻孔深为 80m，埋管的单位井深换热量按 1、2 号井的平均值选取：排热量（夏季）按 64W 计算，取热量（冬季）按 45.5W 计算。由于每户热泵机机组均带有全热回收功能，能有效解决武汉地区因冷热负荷不平衡而造成的土壤热失衡问题。

5. 埋管分区研究

以一期工程中北靠庙山中路、东临 26 层高楼房的两个组团为方案比选对象，第一组团由

B32 ~ B37 六栋建筑构成,共 39 套别墅;第二组团由 B24 ~ B31 八栋建筑构成,共 40 套别墅。

方案一为两个组团合用一个地埋管系统,户间同时使用系数取为 0.71,能满足两个组团的 79 户同时开启各自某一层的空调,其中 36 户可同时开启另一层的空调。

方案二为各组团分设地埋管系统,户间同时使用系数取为 0.75,相当于第一组团的 39 户同时开启各自某一层的空调,其中 19 户可同时开启另一层的空调;第二组团的 40 户同时开启各自某一层的空调,其中 20 户可同时开启另一层的空调。

表 7-30 为不同埋管方案的技术经济分析对比。

表 7-30 不同埋管方案的技术经济分析对比

项目	方案一	方案二
方案类别	两组团合用埋管	分组团分用埋管
设计总钻孔数	115	122
室外工程造价/万元	222	226
外网循环水泵总功耗/kW	30	22
平均每户水泵功耗/kW	0.380	0.278
平均每户每月水泵耗电量/(kW·h)	$0.380 \times 16 \times 30 = 182$	$0.278 \times 16 \times 30 = 133$
平均每户每月水泵电费/元	96.5	70.5
平均每户每年（6个月）水泵电费/元	579	423
主要优点	1. 用户使用有较大的灵活性,在部分负荷时,用户户内机组的耗电较为节省 2. 两个组团的埋管系统共用,互为备用	1. 平均每户公摊的水泵费用较低 2. 水系统较小,系统平衡容易
主要缺点	水系统相对较大,系统的平衡及调试工作量大	埋管系统不能共用,使用灵活性稍差

根据上面的方案对比表明,采用较大的埋管分区时增量投资有限,更有利于提高埋管系统的复用率,该工程的埋管分区按如下原则确定:

1) 分区有利于管网布置,并使水系统的输送半径不超过 100m。

2) 分区尽可能大,但每个分区不宜超过 100 户。

3) 分区不跨越一、二期分期建设线。

4) 分区的设置还应有利于将循环水泵设在既有的公共地下室内,便于管理与维护,并节省设备用房的投资。

5) 分区不跨越景观水体,避免过度交叉作业对管网的破坏。

6) 会所、幼儿园按两者中负荷大者作为埋管依据,划分在同一个分区内。

按照以上原则,本项目埋管最终确定为六个分区,如图 7-40 所示。除第一、二分区外,其他四个分区的循环水泵均可就近设在公用地下室内,且可将水泵房设在各区的中心位置。第一、二分区的循环水泵房则采用在某户地下室外贴邻的方式建设。埋管按夏季冷负荷确定,典型分区地埋管系统详细参数见表 7-31 ~ 表 7-32。

6. 土壤热平衡及全热回收

因该项目不能设置辅助冷却设备,附近没有江、河、湖等天然水体作为冷却水来使用,小区内的景观水体的面积与深度都不能满足作为冷却散热的水体要求,故本项目设计的埋管长度按夏季工况确定。

为保证地下土壤的热平衡,确保空调系统长年有效运行,通过设全热回收型热泵机组提供卫生热水来维持土壤温度在正常波动范围内。全热回收型热泵机组在夏季能免费提供卫生热水,在其他季节卫生热水的电耗是电热水器的 1/3 ~ 1/4,节能减排的效果明显,并有利于提高本别墅产品的品质。

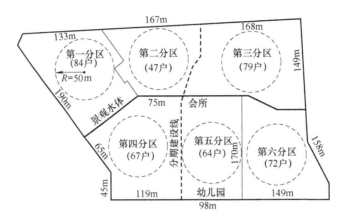

图 7-40 埋管分区示意图

表 7-31 埋管分区综合一览表

分区号	幢数	别墅套数	面积/m²	冷负荷/kW	热负荷/kW	户间同时使用系数	COP	排热量/kW	单位井深换热量/(W/m)	井深/m	钻孔数	总井深/m
一	20	84	13250	828.43	598.37	0.71	4.15	730	64.5	80	141	11280
二	12	47	7830	503.24	354.33	0.75	4.15	468	64.5	80	91	7280
三	14	79	12260	708.58	514.85	0.71	4.15	624	64.5	80	121	9680
四	19	67	11470	800.84	525.52	0.72	4.15	716	64.5	80	139	11120
五（别墅）	11	64	10460	622.43	411.02	0.72	4.15	556	64.5	80	108	8640
五（会所）	1	1	927	157.59	111.24	1	4.15	196	64.5	80	38	3040
五（幼儿园）	1	1	1161	150.93	127.71							
六	12	72	11580	681.65	458.03	0.71	4.15	601	64.5	80	116	9280
总计	90	415	68938	4453.7	3101.1			3890			754	60320

表 7-32 第一分区负荷计算详表

分区号	楼栋号	幢数	户型名称	单户建筑面积/m²	别墅套数	单个别墅1、3层负荷/kW 冷负荷（部分）	单个别墅1、3层负荷/kW 热负荷（部分）	负荷小计/kW 冷负荷（部分）	负荷小计/kW 热负荷（部分）	面积小计/m²
第一分区（二期工程）	C-21~C-24	4	220北（端）	220	8	18.8	11.6	150.4	92.8	1760
	C-28~C-31	4	190南（端）	190	8	16.2	10	129.6	80	1520
	C-36~C-38	3	120北（端）	170	6	11.4	9.2	68.4	55.2	1020
			120北	170	9	9.1	5.6	81.9	50.4	1530
	C-39~-C41	6	90南（端）	140	12	8.371	6.967	100.45	83.604	1680
	C-45~C-47		90南	140	24	7.07	5.559	169.68	133.42	3360
	C-42~C-44	3	90北（端）	140	6	8.371	6.967	50.226	41.802	840
			90北	140	11	7.07	5.559	77.77	61.149	1540
小计		20			84			828.43	598.37	13250

7. 经济性分析

通过对一个典型分区的投资情况进行详细计算，确定室外管网及室内末端系统单位面积的投资数据，对该项目热泵系统的全部投资情况进行核算，计算结果见表7-33～表7-35。

表7-33　室外系统投资估算表

分区号	幢数	别墅套数	面积/m²	钻孔数	总井深/m	埋管工程价格小计/万元	管网工程价格小计/万元
一	20	84	13250	140	11200	190.4	70.2
二	12	47	7830	90	7200	122.4	41.5
三	14	79	12260	120	9600	163.2	65.0
四	19	67	11470	138	11040	187.7	60.8
五（别墅）	12	65	10460	107	8560	145.5	55.5
五（会所）	1	1	927	38	3040	51.7	4.9
五（幼儿园）	1	1	1161	0	0	0.0	6.2
六（别墅）	12	72	11580	116	9280	157.8	61.4
总计	91	416	68938	749	59920	1019	365
室外系统总价/万元						1384	
室外系统单位建筑面积单价/(元/m²)						200.8	

表7-34　室内系统投资估算表

序号	户型名称	户数	单户面积/m²	冷负荷/kW	热负荷/kW	主机型号（别墅：全热回收）	主机价格（含负荷侧泵、联机控制系统）/万元	单户热水系统价格（含循环水泵）/万元	单户末端及安装工程/万元	单户总价/万元	同类户型总价/万元
1	90 南（端）	40	140	9.198	7	VKC012	3.5	0.4	1.12	5.02	200.8
2	90 南	93	140	6.804	5.502	VKC009	3.28	0.4	0.98	4.66	433.38
3	90 北（端）	10	140	9.198	7	VKC012	3.5	0.4	1.12	5.02	50.2
4	90 北	21	140	6.804	5.502	VKC009	3.28	0.4	0.98	4.66	97.86
5	120 北（端）	42	170	11.169	8.5	VKC016	3.71	0.4	1.36	5.47	229.74
6	120 北	76	170	8.262	6.681	VKC012	3.5	0.4	1.19	5.09	386.84
7	120 南（端）	30	170	11.169	8.5	VKC016	3.71	0.4	1.36	5.47	164.1
8	120 南	48	170	8.262	6.681	VKC012	3.5	0.4	1.19	5.09	244.32
9	190 南（端）	12	190	12.483	9.5	VKC025	4.66	0.5	1.52	6.68	80.16
10	190 北（端）	14	190	12.483	9.5	VKC025	4.66	0.5	1.33	6.49	90.86
11	220 南（端）	12	220	14.454	11	VKC025	4.66	0.6	1.76	7.02	84.24
12	220 北（端）	12	220	14.454	11	VKC025	4.66	0.6	1.54	6.8	81.6
13	240 类独	2	240	15.768	12	VKC025	4.66	0.6	1.92	7.18	14.36
14	280 独	1	280	18.396	14	VKC030	5.126	0.6	1.96	7.886	7.886
15	会所	1	927	157.59	111.24	VKC060X3	12		9.73	21.73	21.73
16	幼儿园	1	1161	150.93	127.71	VKC060X3	12		12.19	24.19	24.19
17	室内系统总造价（万元）										2212
18	其中：主机										1521
19	末端及安装										517
20	热水系统										173

表 7-35 工程造价一览表

户型	总户数	总建筑面积/m²	室外埋管系统		室内系统		项目总体指标	
			总价/万元	单位建筑面积单价/(元/m²)	总价/万元	单位建筑面积单价/(元/m²)	工程总价/万元	综合单价/(元/m²)
别墅+会所+幼儿园	416	68938	1384	200.8	2212	320.9	3596	521.7
别墅	414	66850	1321	197.7	2166	324.1	3488	521.7
					1497	224.0		主机
					495	74.1		末端及安装
					173	25.9		热水系统
会所及幼儿园	2	2088	63	300.5	46	219.9	109	520.5

8. 设计体会

应用土壤源热泵系统最重要的原则是因地制宜，在设计上要兼顾项目所在地的气候特点、水文地质条件、使用性质、使用要求及技术经济性，为不同的项目量身订制一套最优化的系统方案。这样才能最大限度地发挥土壤源热泵系统的优势，真正做到为社会节能减排和减少实际运行费用，达到社会效益和经济效益的和谐统一。

（设计人：中信建筑设计研究总院有限公司 雷建平 陈焰华 於仲义 胡磊）

7.3.5 中铁大桥局总部大楼土壤源热泵空调系统设计

1. 工程概况

中铁大桥局总部大楼（图7-41）位于武汉市汉阳四新片区，总建筑面积95120m²，其中地上21层建筑面积70000m²，地下2层建筑面积25120m²，建筑高度88.2m，1~3层为裙房，4~21层为塔楼，旁边配套一座体育馆。地下层为车库和设备用房，地上1层为餐厅和展示厅，2层为中庭、展厅和多功能大会议厅，3层为会议室，4层为图书馆和监控室，5层为档案室，6~21层为办公室（包含少数会议室）。

图 7-41 中铁大桥局总部大楼外景图

2. 空调系统设计

总部大楼夏季空调设计峰值冷负荷6375kW，冬季空调设计峰值热负荷为3599kW。空调设计峰值负荷计算见表7-36。

表 7-36 空调设计峰值负荷计算

负荷类型	空调区冷负荷/kW	总冷负荷系数/[W/(m²·℃)]	昼夜温差/℃	单位面积附加系数/(W/m²)	建筑面积/m²	附加负荷/kW	水泵功耗/kW	末端及其他负荷/kW	总负荷/kW	单位面积指标/(W/m²)
冷负荷	5548	2.84	2.4	6.82	70000	477	175	175	6375	91.07
热负荷	3599								3599	51.41

空调冷热源采用土壤源热泵和离心式冷水机组组合，按照冬季热负荷配置土壤源热泵系统，夏季不足的冷负荷由离心式冷水机组 + 冷却塔进行补充。在写字楼地下 2 层东北角处冷热源机房设有 1 台单机制冷量为 3135kW 的离心式冷水机组、3 台单机制冷量 1116kW/制热量 1316kW 的螺杆式热泵机组。离心式冷水机组对应 3 台单台处理水量 300m³/h 的方形横流超低噪声冷却塔，冷却塔设置在写字楼北面的绿化带中。热泵机组配置地下埋管换热系统，敷设在地下室下面土壤中。

空调水系统为一次泵变流量系统，夏季空调供回水温度分别为 7℃、12℃，冬季空调供回水温度分别为 45℃、40℃。地埋管水系统设一组泵，按一次泵变流量系统设计，对应热泵机组。冷却塔水系统配置一组泵，对应离心式冷水机组。末端采用风机盘管 + 新风系统，以满足室内热舒适性需求。

3. 场地热物性测试

工程场地地质勘查表明，上部为一般黏土层，中下部为积厚层状老黏土层，底部为风化程度不同的志留系泥岩，不具备赋存裂隙水体条件，覆盖层中也未见赋存地下水体的砂、砾、卵石层埋藏分布。共钻 2 口测试井（K1 号、K2 号），埋设双 U 形 HDPE 管，回填材料和工艺符合《地源热泵系统工程技术规范》（GB 50366—2005）的要求。

根据岩土热响应试验过程中连续记录的功率、流量、进出水温度数据，以及岩土初始平均温度、成孔条件等相关参数值，运用规范所述模型，可计算出土壤综合热导率、容积比热容等热物性参数，见表 7-37。

表 7-37　测试参数及岩土热物性计算值

测试井	有效埋管深度/m	循环流量/(m³/h)	埋管平均进水温度/℃	埋管平均出水温度/℃	平均加热功率/W	土壤综合热导率/[W/(m·K)]	土壤容积比热容/[J/(m³·K)]	土壤初始平均温度/℃
K1	65	1.25	28.52	26.12	2928	1.99	2091532	19.0
K2	100	1.45	30.46	27.5	4702	2.02	2123089	19.2

在测得土壤综合热导率、容积比热容等热物性参数和土壤初始温度的基础上，结合回填材料、钻井直径、埋管类型（单/双 U 形）、埋管间距、运行份额、运行工况下地埋管中传热介质设计平均温度、运行时间等条件，用《地源热泵系统工程技术规范》（GB 50366—2005）中提供的方法计算得出测试条件下单位孔深换热量，作为设计指标参考，见表 7-38。

表 7-38　钻孔单位延米（孔深）换热量

测试井	钻孔单位延米（孔深）换热量	制冷（制热）运行份额							地埋管中传热介质设计温度/℃
		0.25	0.33	0.5	0.625	0.75	0.917	1	
K1	夏季排热量/(W/m)	58.68	51.19	41.72	37.04	33.49	29.86	28.38	34.5
	冬季取热量/(W/m)	51.36	45.12	37.20	33.26	30.25	27.16	25.89	6
K2	夏季排热量/(W/m)	58.55	51.10	41.68	37.02	33.48	29.86	28.38	34.5
	冬季取热量/(W/m)	52.70	46.33	38.22	34.18	31.10	27.93	26.63	6

4. 埋管换热器设计

土壤换热器设计按冬季最大吸热量 3380kW 设计，采用工程桩内埋管及垂直钻孔埋管相结合的方式，水为循环介质。

垂直埋管群布置在总部大楼、配套体育馆地下室结构板下土壤中和绿化带下土壤中，双 U 形管，设计有效深度为 90m，钻孔间距为 5m×5m，钻孔直径为 150mm。依据土壤热物性测试结果，单位井深冬季吸热量按 45W/m 设计（夏季排热量按 60W/m 设计），总钻孔数为 710 孔，在总部大楼地下室北区 116 孔、写字楼地下室南区 144 孔、体育馆地下室 252 孔、绿化带下 198 孔。

工程桩为泥浆护壁钻孔灌注桩，桩径为 800mm。写字楼有效桩长约为 40m（可埋管长度 38.5m），西侧的体育馆有效桩长约为 30m（可埋管长度 28.5m）。在可利用的桩内设双 U 形管，每两根桩内的双 U 形管串联为一个独立的环路，共 549 根桩（281 个环路）。工程桩埋管冬季单位桩长设计吸热量为 65W/m，夏季排热量为 90W/m。工程桩埋管冬季总吸热量为 1241kW。

项目各分区垂直钻孔埋管和桩内埋管换热量见表 7-39。

表 7-39 垂直钻孔埋管和桩内埋管换热量

区域	铺设位置	埋管形式	孔数	孔深 /m	单位孔深取热量 /（W/m）	单位孔深散热量 /（W/m）	取热量 /kW	散热量 /kW
1	总部大楼底部桩基	桩埋 W 形	345	38.5	65	90	863	1195
2	体育馆底部桩基	桩埋 W 形	204	28.5	65	90	378	523
3	总部大楼地下室北区	地埋双 U 形	116	67	45	60	350	466
4	总部大楼地下室南区	地埋双 U 形	144	67	45	60	434	579
5	体育馆地下室	地埋双 U 形	252	67	45	60	760	1013
6	室外绿化带	地埋双 U 形	198	67	45	60	597	796
合计		桩549/地710					3382	4573

为了保证各区地埋管换热器之间的水力平衡，地埋管二级分、集水器侧采用同程式系统设计，二级分、集水器位置分别位于大楼和配套体育馆两侧，如图 7-42 所示。

通过调整换热器连接二级分、集水器之间的水平埋管管径，尽量使各环路之间的水力不平衡率控制在可调范围内（小于 15%）。以 A1 和 C2 检查井对应的埋管区为例，钻孔内垂直埋管管径为 DN25，连接垂直埋管的水平埋管供、回水管径在 DN32 和 DN40 之间调整，最短路和最长环路阻力见表 7-40 和表 7-41。可以看出，各环路之间的不平衡率基本控制在 ±15% 范围内，对于少数超过 15% 的环路，将其连接在不同的二级分、集水器上，通过调整设置于二级分、集水器与一级分、集水水平连管上的静态平衡阀来达到水力平衡。

考虑地埋管敷设场地土质较松软，大型机械夯实垫层土壤的操作空间狭小，二级分、集水器检查井采用预制水泥管或装配式混凝土检查井。针对梅雨季节检查井施工容易发生浮升或是沉降的问题，可在检查井底部增设 500mm 厚的钢渣混凝土配重。

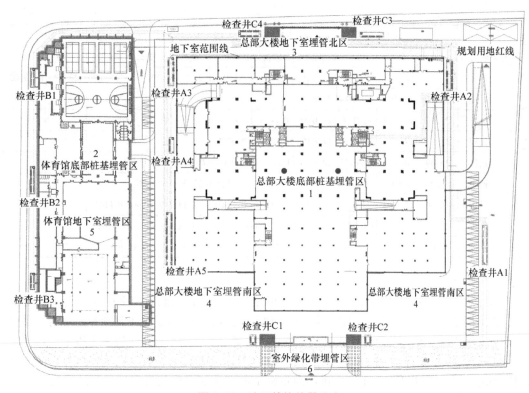

图 7-42 地埋管换热器分布

表 7-40 A1 检查井对应埋管区各环路不平衡率核算

环路阻力/kPa			A1 – 1		A1 – 2		A1 – 3		A1 – 4	
			最短	最长	最短	最长	最短	最长	最短	最长
			26. 99	33. 36	29. 82	34. 11	29. 21	30. 94	29. 73	32. 51
A1 – 1	最短	26. 99	0. 00%							
	最长	33. 36	23. 59%	0. 00%						
A1 – 2	最短	29. 82	10. 50%	– 10. 59%	0. 00%					
	最长	34. 11	26. 38%	2. 25%	14. 37%	0. 00%				
A1 – 3	最短	29. 21	8. 22%	– 12. 44%	– 2. 06%	– 14. 37%	0. 00%			
	最长	30. 94	14. 64%	– 7. 24%	3. 75%	– 9. 29%	5. 93%	0. 00%		
A1 – 4	最短	29. 73	10. 16%	– 10. 86%	– 0. 30%	– 12. 83%	1. 80%	– 3. 91%	0. 00%	
	最长	32. 51	20. 44%	– 2. 55%	9. 00%	– 4. 70%	11. 29%	5. 06%	9. 33%	0. 00%

表 7-41 C2 检查井对应埋管区各环路不平衡率核算

环路阻力/kPa			C2 – 1		C2 – 2		C2 – 3		C2 – 4		C2 – 5	
			最短	最长	最短	最长	最短	最长	最短	最长	最短	最长
			27. 12	31. 87	28. 81	31. 99	31. 99	35. 39	29. 27	31. 46	29. 69	33. 02
C2 – 1	最短	27. 12	0. 00%									
	最长	31. 87	17. 48%	0. 00%								

（续）

环路阻力/kPa			C2-1 最短	C2-1 最长	C2-2 最短	C2-2 最长	C2-3 最短	C2-3 最长	C2-4 最短	C2-4 最长	C2-5 最短	C2-5 最长
			27.12	31.87	28.81	31.99	31.99	35.39	29.27	31.46	29.69	33.02
C2-2	最短	28.81	6.20%	-9.60%	0.00%							
	最长	31.99	17.93%	0.38%	11.04%	0.00%						
C2-3	最短	31.99	17.93%	0.38%	11.04%	0.00%	0.00%					
	最长	35.39	30.48%	11.07%	22.86%	10.65%	10.65%	0.00%				
C2-4	最短	29.27	7.89%	-8.16%	1.59%	-8.51%	-8.51%	-17.31%	0.00%			
	最长	31.46	15.99%	-1.27%	9.21%	-1.64%	-1.64%	-11.11%	7.50%	0.00%		
C2-5	最短	29.69	9.47%	-6.82%	3.07%	-7.17%	-7.17%	-16.11%	1.46%	-5.62%	0.00%	
	最长	33.02	21.74%	3.63%	14.63%	3.23%	3.23%	-6.70%	12.83%	4.96%	11.21%	0.00%

5. 设计体会

土壤源热泵系统的设计和施工是一项复杂的系统工程，地质状况的多样性、交叉施工的复杂性、施工场地的局限性、施工时段气候的不可测性等都会对工程造成不可预料的影响。根据中铁大桥局总部大楼土壤源热泵系统设计的工程实践经验，在工程设计中可以参考以下三点建议。

1）地源热泵系统在设计阶段应充分考虑施工工序、交叉施工对系统设计的影响。对于埋管面积狭小的区域，土建结构和埋管换热器同步施工所产生的矛盾尤为突出，在设计之初就应提出相应的解决方案，避免后期系统埋管形式变更。

2）可以通过调整二级分、集水器的管径，实现各环路之间的水力平衡。埋管二级分、集水器侧环路在无法采用同程式时，可以通过调整换热器支环路连接的二级分、集水器之间的水平埋管管径，使各环路之间的水力不平衡率控制在要求范围内。

3）采用预制检查井有利于工程施工。当场地空间狭小时，地源热泵二级分、集水器检查井宜设计成预制水泥管或装配式混凝土检查井，不仅可以加快后期施工进度，而且有利于降低现场施工难度。

（设计人：中信建筑设计研究总院有限公司 雷建平 胡先芳 於仲义 周敏锐 陈焰华）

第 8 章
热泵在其他领域的应用

8.1 热泵在物料干燥中的应用

8.1.1 热泵干燥的原理

热泵干燥由热泵和干燥两大系统组成。热泵由压缩机、蒸发器、冷凝器和膨胀阀等组成一个闭路循环系统。热泵系统内的工质在蒸发器中吸收来自干燥过程循环空气中的热量后由液体汽化为蒸气,经压缩机吸入压缩后送到冷凝器中,在高压下热泵工质冷凝液化,液化后的热泵工质经膨胀阀再次回到蒸发器内循环工作。干燥由风机、经过物料的通道、热泵的进风口、热泵的出风口等形成一个空气流动循环系统。空气中的大部分水蒸气在蒸发器中被冷凝下来直接排掉,从而达到除湿干燥的目的,冷凝器中放出的冷凝热加热来自蒸发器降温去湿的低温干空气,把低温干空气加热到要求的温度后作为干燥介质循环使用。典型的热泵干燥系统如图 8-1 所示。

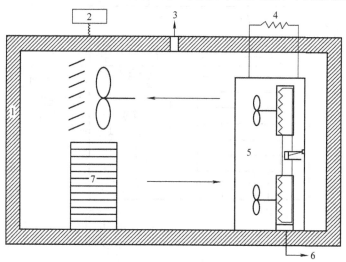

图 8-1 典型的热泵干燥系统

1—干燥箱体 2—湿度调节单元 3—排气孔 4—外置冷凝器 5—热泵除湿单元 6—冷凝水 7—物料

热泵式热风循环干燥箱的节能原理由热泵循环特性决定。根据能量守恒原理,热泵中工质在冷凝器中释放的热量 Q_h 等于工质从湿空气中吸收的热量 Q_e 和压缩机电功率消耗 P 之和,即 $Q_h = Q_e + P$。热能损失仅为箱体的散热损失。据测试,热泵式干燥系统每脱 1kg 水只需电能 0.6kW·h 左右,比普通电热干燥节能 75% 以上。热泵干燥与真空干燥及热风干燥的各项性能对比见表 8-1。

表8-1 热泵干燥与真空干燥及热风干燥的各项性能对比

干燥方式	热风干燥	真空干燥	热泵干燥
SMER（单位能耗除湿量）/[kg$_水$/(kW·h)]	0.12~1.28	0.72~1.2	1.0~4.0
干燥效率（%）	35~40	≤70	95
干燥温度范围/℃	40~90	30~60	10~65
干燥湿度范围（%）	变化	低	10~65
一次性投资	低	高	中
运行费用	高	很高	低

8.1.2 热泵干燥的应用

1. 木材的干燥

木材干燥是较早成功应用热泵干燥技术的领域之一。虽然用热泵技术干燥木材较常规干燥方法耗时多，但显著的节能效果和较高的木材利用率使热泵干燥成为木材干燥加工的主要手段之一，特别适用于那些商业价值高、干燥难度大的"难干木材"。

图8-2所示为用空气－空气热泵机组干燥木材的原理。风机5将木材干燥室的部分空气强制通过热泵的蒸发器2和冷凝器3。在蒸发器中空气水分被除下，而在冷凝器中除下水分的空气又被加热，这些干燥的热风再送回木材干燥室中。到达稳定状态时，室内的温度在40~45℃。在木材干燥室中设有循环风机6，使室内空气加速循环。

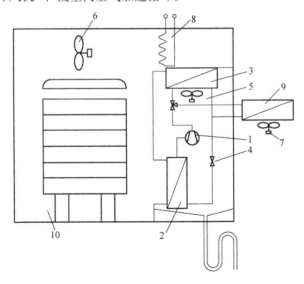

图8-2 用空气－空气热泵干燥木材的原理

1—压缩机 2—蒸发器 3—冷凝器 4—膨胀阀 5、6、7—风机 8—电加热器 9—室外冷凝器 10—木材干燥室

干燥过程分为三个阶段。第一阶段去除木材表面水分，这时用较高温度的空气，并加速空气循环，可使表面水分快速蒸发，因此设有电加热器8补充加热。第二阶段木材内部水分向表面扩散，这时不能高温快速干燥，否则会使木材开裂，电加热器8停止工作。第三阶段木材表面层状态与周围空气的湿度接近平衡状态，木材水分的蒸发速度取决于木材内部水分向外的扩散速度，而扩散速度取决于木材内部的温度，因此为了经济运行应降低空气的温度和流动速度。室外冷

凝器 9 可以将部分室内的热量排到周围空气中去，从而可调节循环空气的温度。

2. 茶叶的干燥

采用热泵干燥技术烘干茶叶，可以节约 32% 的能源；同时可以控制最佳的温度状态，防止茶叶过度干燥，可溶性鞣酸的损失可减少 11% ~ 13%，提高茶叶质量。

图 8-3 所示为高温热泵烘干茶叶的原理。热泵机组采用高温工质 R142b，蒸发温度为 25℃，冷凝温度为 95℃。在冷凝器 9 中将水由 82℃ 加热到 90℃。这些热水用于加热空气，使空气温度由 35℃ 提高到 85℃。然后热空气再由电加热器 2 补充加热到 105℃。高温的热空气由风机送到茶叶干燥室 4 内，烘干茶叶。由茶叶干燥室出来的 55℃ 湿空气在空气冷却器 6 中冷却去湿，温度降到 35℃，再循环使用。空气冷却器中通以 30℃ 的冷水，吸收空气的热量后升温到 35℃，然后又回到蒸发器 7 中被冷却。

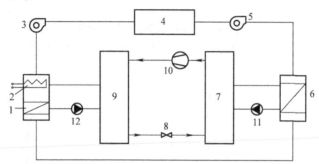

图 8-3　高温热泵烘干茶叶的原理
1—空气加热器　2—电加热器　3—风机　4—茶叶干燥室　5—回风机　6—空气冷却器
7—蒸发器　8—膨胀阀　9—冷凝器　10—压缩机　11、12—水泵

3. 种子的干燥

热泵干燥技术比较适合于种子的干燥，能够保证种子的干燥品质，提高干燥温度，减小干燥空气相对湿度，降低初含水率，缩短干燥时间。在干燥空气流速较低的情况下，对干燥速率影响很小。种子的发芽率和健芽率受干燥温度影响很大，例如，白菜种子的干燥温度不宜超过 40℃。在条件允许的情况下，热泵干燥可采用双干燥室和较低温度进行间歇干燥，从而提高种子的干燥质量。

热泵种子干燥系统的流程如图 8-4 所示。它主要由三股物质流组成：干燥室内自上而下的种子流；热泵系统中流过蒸发器、压缩机、冷凝器和膨胀阀等内部的热泵工质流；横穿干燥室以及热泵蒸发器和冷凝器外表而形成闭式循环的空气流。这股空气流将待干燥的种子流与热泵工质流相互联系起来，成为它们的中间媒介，传递热量和水分。

4. 粮食的干燥

热泵干燥粮食的原理如图 8-5 所示。仓底面积为 1.3m², 热泵的输入功率为 570W，循环风机功率为 380W。系统运行时，循环空气先在蒸发器中冷却去湿，再在冷凝器中加热后送入仓内，空气的流动方向是从下而上。为降低送入仓内空气的温度，系统中设有空气冷却器。风量为 800 ~ 1000m³/h。空气温度为 43℃ 时，除水率为 3.6kg/(kW·h)；空气温度为 54℃ 时，除水率为 3.7kg/(kW·h)。通过同等规模的现场试验表明，电热式干燥粮食的除水率约为 1.1kg/(kW·h)，而热泵干燥粮食的除水率约为 1.8kg/(kW·h)，后者比前者能量消耗约少 40%。

在地热或太阳能资源丰富的地区，因地制宜地把大地作为热汇，或者太阳能吸收式制冷，来代替空气冷却机或空调机组能取得较好的效果。以地下水源制冷为例，其原理如图 8-6 所示。该

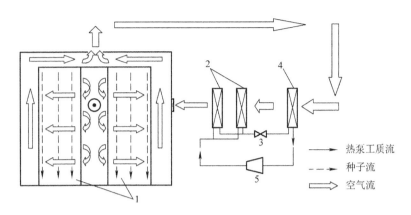

图 8-4 热泵种子干燥系统的流程

1—干燥室 2—冷凝器 3—膨胀阀 4—蒸发器 5—压缩机

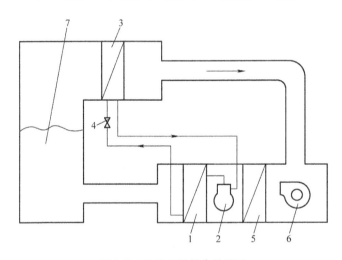

图 8-5 热泵干燥粮食的原理

1—冷凝器 2—压缩机 3—蒸发器 4—膨胀阀 5—空气冷却器 6—风机 7—被干燥粮食

系统有三个子系统组成：地下水系统、制冷系统和送风系统。水泵从抽水井将水抽出送入冷凝器吸收工质的热量，水升温后从回灌井返回地下；工质经冷凝器放热后，通过膨胀阀进入蒸发器吸收空气的热量；离心风机将过滤后的外界常温空气送入蒸发器，空气被冷却至7℃左右。常温空气在冷却过程中，相对湿度随温度的下降而增大，蒸发器后的空气相对湿度可高达95％。为防止仓内粮食增湿或结露，通过空气加热装置10对经蒸发器的湿冷空气适度加热，使空气相对湿度在合理的范围。然后，再通过送风管道和空气分配器将这种干冷空气通入粮堆，自下而上地穿过粮堆，从而降低储粮温度，控制粮堆湿度，实现低温储粮的目的。

综合技术经济分析表明，三种主要的机械制冷降温系统初投资由高到低的排序为：水源制冷、空气冷却机、空调机组制冷。运行费用是空气冷却机稍高，水源制冷机组系统与空调机组系统相当。

5. 农副产品的干燥

农副产品种类繁多，需求量大，生产的季节性强，品质及档次差异很大。传统的干燥方式是日晒或者热风干燥。采用后者能耗大，且产品质量较差，而用热泵就能取得较好的效果。有研究

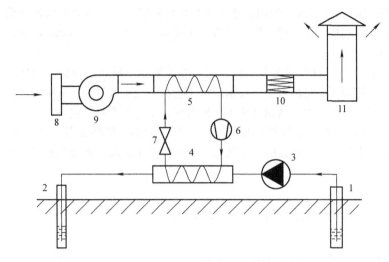

图 8-6 地下水源制冷低温储粮系统的原理

1—抽水井 2—回灌井 3—水泵 4—冷凝器 5—蒸发器 6—压缩机
7—膨胀阀 8—空气过滤器 9—离心风机 10—空气加热装置 11—粮仓

机构曾经对水果、水产、明胶、蔬菜等 20 多类产品进行热泵干燥研究，干燥的产品品质优良、节约能源、无污染，具有较好的经济效益。

利用内循环式热泵干燥机对甘蓝进行干燥，结果表明脱水甘蓝的复水性较好，对辣椒干燥，其维生素 C 的保存率也比传统热风干燥的高。

虫草子实体、中药饮片之类物品不宜高温干燥，用摊晒的方法晒不均匀，干燥时间长，而且多次收集，易破坏个体形态，降低产品质量。用热泵干燥虫草子实体、鹿茸、北芪等中药材质量好，效益高。

鱼类的特点是水分含量（质量分数）高（一般为 80% 左右），蛋白质和各种营养成分含量丰富，但在常温下干燥，细菌滋生快，容易失去原有风味甚至变质。用热泵干燥，干燥温度先选择在 20℃ 以下，待含水量降到 40% 时，再适当提高温度，这样干燥后的鱼类产品，颜色鲜亮如初，味道鲜美。

把热泵干燥技术应用于农副产品的干燥越来越得到人们的关注。对农副产品等热敏感性物料采取冷冻干燥的成本太高，而采用热泵干燥时参数易于控制，能在 -20~60℃ 范围内调节，可以得到与冷冻干燥品质相近的产品。采用热泵干燥食品物料的应用研究结果见表 8-2。

表 8-2 采用热泵干燥食品物料的应用研究结果

干燥食品	研究结果
蘑菇、水果、海黄瓜、牡蛎	产品品质得到提高
香蕉	适合于热泵干燥而且运行费用低
谷物	找出在保证稻谷的食品品质前提下最佳的热泵干燥条件
蔬菜（蔬菜脱水）	节能 90%、节时，产品质量好
海产品（鱼类）	热泵干燥能够很好地保持产品的多孔性、复水性、韧性、质地和颜色

相对于高温蒸汽干燥而言，热泵干燥还存在着一些不足之处：

1) 干燥温度低。蒸汽干燥温度可达 100℃，而热泵干燥目前的水平只能做到 75℃。

2）干燥规模小。由于目前干燥用压缩式热泵装置规模不大，而蒸汽锅炉规模可以很大，故在干燥规模方面无法相比。如木材干燥，用蒸汽干燥最大干燥房可达300m³以上，而热泵干燥目前最大只有100m³。

3）干燥周期长。蒸汽干燥速度快，而热泵干燥周期相对较长。为保证产品品质，一般采用较低的干燥温度，低温干燥是热泵干燥技术应用于食品、化工及制药工业中明显的优势。但过低的干燥温度降低了干燥的速度，从而延长了干燥时间，干燥的产量会受到影响。

4）维护要求较高。热泵干燥机的压缩机、工质过滤器、换热器等装置均要求定期进行维护、检修，以保证干燥机处于优良的工作状态。若工质发生泄漏时要及时补充，否则热泵循环系统将不能工作。

8.2 热泵在工业和民用项目中的应用

8.2.1 热泵在工业余热回收中的应用意义

我国的工业能耗中约有一半的热量是通过冷却水排放到大气中的，既浪费大量的热能，又造成热污染。工业余热回收是解决这个问题的主要途径。例如，对应1000MW火电汽轮机组，循环冷却水量为35~45m³/s，温升（即超过环境水域的温度）为8~10℃，所对应的热量为$1.2~1.7×10^{11}$kJ/d。按年运行7000h计，年均$3.8~4.6×10^{13}$kJ/a，折合标准煤约$1.5×10^{6}$t/a。但是，电厂循环冷却水余热温度在50℃以下，属于低品位热能，直接利用范围狭窄。因此，为提高低品位热能利用率，借助已相当成熟的热泵技术，能够把废弃的低温余热充分利用。东北某炼油化工公司春、秋、冬季存在很大的低温热缺口，当采用蒸汽补热方案时年花费高达8000多万元，但采用吸收式热泵机组吸收全厂热阱低温（工艺用热和采暖伴热）补热和蒸汽辅助补热联合方案后，不仅节省了大量花费，而且使蒸汽能级利用更加合理，还减少了动力系统用能，在制取的热量中，利用的废热占41%。由此可见，热泵的这些独特优势将为企业产生越来越多的经济效益。投入技术和资金开展工业余热利用的研究、试验和建立示范工程是值得的。

工业余热热泵与地表水热泵或地下水热泵原理类似，不同的是它采用企业产生的需冷却排放的热量（余热）为热源。这种热源水温高，流量稳定，是热泵的理想低温热源。需要注意的是应与企业的正常生产排放容量匹配，同时要处理水中的腐蚀性离子。

热泵在工业余热回收中的应用已在许多其他工艺过程中实施，包括：制糖厂中低压水蒸气的利用，造纸厂废热的回收，焊机废热的回收，电镀工艺中的热回收，啤酒厂巴氏灭菌装置的热回收，塑料工厂中的热回收等。热泵系统在冶金企业中的应用已有许多成功案例，民用建筑中的热泵机组也随处可见。

8.2.2 热泵在冶金企业中的应用实例

某焦化厂为方便输送冷凝煤气，需将温度90℃以上的煤气强制冷却到25~35℃。这样，由冷却煤气产生的热水温度可以达到90℃，流量为50m³/h，如果直接排放，既浪费能源又污染环境。另外，为了回收煤气中的氨和控制饱和气水平衡，煤气在这段工艺又需经过预热器加热到60℃以上。应用第二类升温型吸收式热泵机组可以从冷却产生的余热水中回收部分热量，产生的低压蒸汽可供煤气预热器用作加热煤气。所需要的冷却水由冷却塔循环提供。其工艺流程如图8-7所示。

若使用单级吸收式热泵机组，如取性能系数（COP）为0.48，冷却水设计进口温度为20℃，设

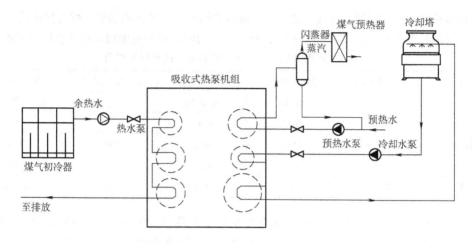

图 8-7 焦化厂热泵应用的工艺流程

计处理热水量 50t/h，产汽量 875kg/h，全年可运行 5500h。若选用双级吸收式热泵机组，如取性能系数（COP）为 0.32，冷却水设计进口温度为 32℃，全年运转时间可达 8000h。由此可见，运用吸收式热泵回收余热，不但减少了能源浪费，还获得了大量的可利用蒸汽，具有良好的经济效益。

8.2.3 热泵在民用项目中的应用实例

空气源热泵热水机组是一种高效、环保、安全的节能产品。目前，以空气源热泵为热源的集中热水供应系统得到了广泛应用，它具有以下优点：

1）安全可靠。利用空气源热泵制备热水，避免了电热水器、燃气热水器使用中存在的易触电、易燃、易爆、易中毒等安全问题，是较为安全可靠的加热设备。

2）高效省电。空气源热泵的制热性能系数可达 4.0，其用电量仅是传统的电热水器的 1/4，可节省大量电能。

3）使用寿命长。空气源热泵的使用寿命长达 10 年以上，且维护费用较低。

4）可全天候使用。空气源热泵可全天使用，弥补了一般太阳能热水器受天气影响不能保证随时供应热水的缺陷。

5）环保无污染。空气源热泵与传统煤油、天然气等加热制取热水方式相比，无任何燃烧污染排放物。

典型的空气源热泵为热源的集中热水供应系统原理如图 8-8 所示。

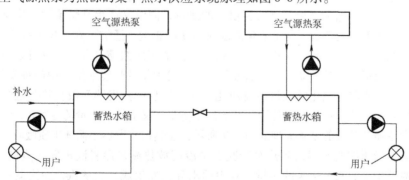

图 8-8 空气源热泵为热源的集中热水供应系统原理

在相同条件下，分别利用空气源热泵、燃煤热水锅炉、燃油热水锅炉、燃气热水锅炉及电热水锅炉，以每天将10t温度15℃的水加热至55℃，它们所消耗的电能或燃料及费用参见表8-3。

表8-3　不同热源制备热水消耗的电能或燃料及费用

加热方法	空气源热泵	燃煤热水锅炉	燃油热水锅炉	燃气热水锅炉	电热水锅炉
能源类型/单位	电/(kW·h)	煤/kg	柴油/kg	天然气/m³	电/(kW·h)
热效率	3.50	0.65	0.87	0.87	0.94
年能源消耗量	48823	42998	16828	19101	181787
能源单价/元	0.76	0.9	6.5	2.8	0.76
年能源费用/元	37105	38698	109382	53483	138158

厦门某中学高中部新建4栋5~6层的学生宿舍楼，共约450间宿舍，可容纳学生2700人，采用集中热水供应系统。考虑该校学生全部为寄宿制且用水时间较集中，采用定时供水方式，每天定时供水1h。厦门冬季最低气温为2℃，且最低气温出现在学校寒假期间。综合考虑，该工程采用空气源热泵制备热水。考虑空气源热泵的外形尺寸及价格，每栋宿舍楼选用制热能力为70kW、额定热水体积流量为1.5m³/h的空气源热泵2台，配置2台容积为12m³的蓄热水箱。

南通某大学新校区建有学生公寓1、2号楼，其中1号楼设计入住学生1808人，2号楼设计入住学生为1436人。经过调研和评估，采用空气源热泵热水机组为1、2号公寓提供洗浴用水。为进一步节省电费，空气源热泵系统全部使用低谷电对冷水进行加热，低谷电时间段为00:00—08:00。空气源热泵在全年工况下保证每天在低谷时间段内将1、2号楼四只水箱内共计86t的冷水加热至55℃，且每天的工作时间总计不超过8h。机组运行平稳，高效节能，而且无任何污染。

8.3　热泵在制药及化工中的应用

8.3.1　热泵在蒸发浓缩和蒸馏中的应用

在制药及化工企业中，洗涤、杀菌、蒸发浓缩或蒸馏、干燥、冷藏等是生产中的基本环节，其中干燥、蒸发浓缩和蒸馏环节消耗很大一部分热量，同时又排出很多废热。热泵技术可以利用废热作为低位热源为一些生产过程（如干燥、蒸发浓缩和蒸馏等）提供高品位的热量，具有节能、安全、绿色、环境友好等特点，近年来开始广泛应用于制药、化工等工业领域。

液态产品的蒸发浓缩和蒸馏环节需要很多的热量，同时又产生高焓值的二次蒸汽。液态产品浓缩一般采用多效蒸发装置，为了避免高温对品质的影响，还需要在减压下操作，能耗较大。利用热泵可以取代多效蒸发装置应用于许多液态产品加工的浓缩过程，不仅可以节约能源，减少加工费用，还能提高产品的品质。蒸馏过程不仅需要大量的热能使溶液中的挥发性组分汽化，还需要大量的冷凝水将已汽化的蒸汽冷凝液化，这一过程中蒸发热和液化热是近似相等的，利用热泵可以巧妙地完成热量的交换使用，既节约了能量，又节约了大量的冷凝水。

热泵蒸发浓缩和蒸馏的基本原理如图8-9所示，在热泵蒸发器中循环工质吸收二次蒸汽中的所蕴含的热能，经压缩机升温后到热泵冷凝器中冷凝放热满足原料液蒸发或蒸馏过程的需要。原料液在冷凝器中吸收来自热泵的热量，其中的水分蒸发生成二次蒸汽，二次蒸汽进入蒸发器为热泵循环提供热能，同时放热形成凝结水排出，达到浓缩和蒸馏的目的。

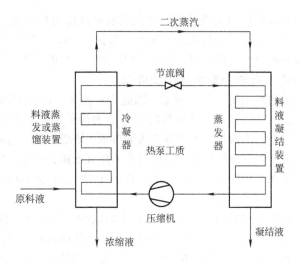

图 8-9　热泵蒸发浓缩和蒸馏的基本原理

8.3.2　热泵蒸发浓缩和蒸馏的工程实例

1. 板蓝根的热泵蒸发浓缩

板蓝根生产过程中需要减压浓缩。传统的蒸发浓缩工艺的蒸汽消耗量较高，减少蒸汽消耗量可大大降低其生产成本。根据板蓝根生产过程中的特点，用热泵蒸发和热泵蒸煮相结合的方法，可以取得良好的节能效果，大大降低生产成本。其生产工艺流程如图 8-10 所示。

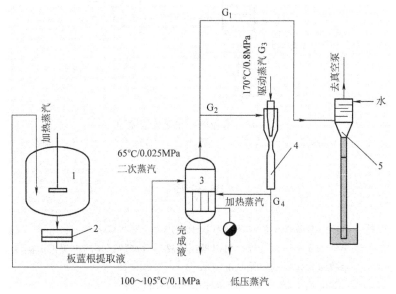

图 8-10　使用热泵蒸发和流程组合的板蓝根生产工艺流程
1—浸取器　2—过滤器　3—浓缩器　4—蒸汽喷射泵　5—冷凝器

用蒸汽喷射泵将从浓缩器出来的二次蒸汽（温度约 65℃）抽出，与进入蒸汽喷射泵的驱动蒸汽（一般情况下压力约为 0.8MPa、温度约为 170℃）混合，从蒸汽喷射泵出来。出来的蒸汽压力约为 0.1MPa，温度约为 100～105℃，一部分送入浓缩器作为浓缩器的加热蒸汽使用，另一部分送入浸取器作为浸取器的加热蒸汽使用。蒸汽喷射泵既作为真空泵,又作为二次蒸汽的压缩泵使用。该系统的优点:节约了大量的加热蒸汽,节约了60%~70%的冷却水,冷凝器的面积大大减小,降低了设备投资及维修费用,减少了减压用真空泵的动力消耗。

2. 热泵蒸馏在丙烯–丙烷分离工程中的应用

常压下丙烷与丙烯的沸点相近,分离困难,因此为从丙烯–丙烷系统中分离出高纯度的精丙烯,回流比大,能耗高,其能耗占装置能耗的40%。为降低能耗,节约水资源,可以采用热泵蒸馏流程。丙烯、丙烷分别为丙烯–丙烷分离塔的塔顶和塔底产品,均适合作为热泵工质,因此可采用直接热泵蒸馏流程。可以把塔顶产品丙烯作为热泵工质,采用压缩热泵流程;也可以把塔底产品丙烷作为热泵工质,采用节流膨胀热泵流程。这两种流程无本质区别,均可取得良好的节能效果。

采用节流膨胀热泵蒸馏流程如图8-11所示。其中塔底的丙烷馏分一部分作为丙烷产品,另一部分经节流阀降压,温度降低,进入蒸发器吸收塔顶热负荷而蒸发为气体,通过压缩机压缩进入塔底作为塔底热源。热泵蒸馏与常规蒸馏相比,在产品回收率、产品精度大致相同的情况下,可节约能量80%以上,并且节约大量水资源。

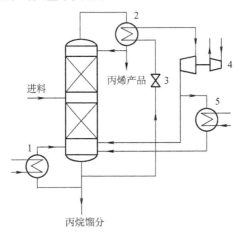

图8-11 节流膨胀热泵蒸馏流程
1—开工重沸器 2—蒸发器 3—节流阀 4—丙烷压缩机 5—辅助冷却器

思考题

1. 对于物料干燥,利用热泵除湿干燥与普通电热干燥相比有哪些优势?
2. 利用空气–空气热泵干燥木材,为什么可以根据木材的含水特点实施准确的温湿度干燥控制?
3. 谈谈热泵在工业余热回收领域的应用状况与前景。
4. 空气源热泵热水器和电热水器、燃气热水器相比有哪些优点?

附　　录

附录A　制冷空调工程常用单位换算

表A-1　功、能及热量单位换算

千卡 kcal	千瓦时 kW·h	英热单位 Btu	焦耳 J	马力时 马力·时	英马力时 hp·h
1	1.163×10^{-3}	3.9683	4.1868×10^3	1.581×10^{-3}	1.5596×10^{-3}
8.599×10^2	1	3.412×10^3	3.6×10^6	1.36	1.341
0.252	2.931×10^{-4}	1	1.055×10^3	3.984×10^{-4}	3.93×10^{-4}
2.388×10^{-4}	2.778×10^{-7}	9.478×10^{-4}	1	3.777×10^{-7}	3.723×10^{-7}
6.325×10^2	0.7355	2510	2.648×10^6	1	0.9863
6.416×10^2	0.7457	2546	2.6845×10^6	1.014	1

表A-2　功率单位换算

千瓦 kW	英马力 hp	马力 马力	千卡每时 kcal/h	英热单位每时 Btu/h
1	1.34	1.36	8.599×10^2	3.412×10^3
0.7457	1	1.014	6.416×10^2	2546
0.7355	0.9863	1	6.325×10^2	2510
1.163×10^{-3}	1.558×10^{-3}	1.581×10^{-3}	1	3.9683
2.931×10^{-4}	3.927×10^{-4}	3.984×10^{-4}	0.252	1

表A-3　制冷量单位换算

冷 吨			千卡每时 kcal/h	英热单位每时 Btu/h	千瓦 kW
日本冷吨	美国冷吨	新英国冷吨			
1	1.09788	0.92495	3320	1.3175×10^4	3.8611
0.91084	1	0.84246	3024	1.2×10^4	3.5169
1.08117	1.187	1	3589.4	1.4244×10^4	4.1745
3.012×10	3.3069×10^{-4}	2.786×10^{-4}	1	3.9684	1.163×10^{-3}
759×10	8.33×10^{-5}	7.02034×10^{-5}	0.252	1	2.9307×10^{-4}
0.25899	0.2843	0.2395	859.85	3411.9	1

表A-4　温度单位换算

温度	摄氏度 t_1/℃	华氏度 t_2/℉	热力学温度 t_3/K
t_1/℃	t_1	$\dfrac{9}{5}t_1 + 32$	$t_1 + 273.15$
t_2/℉	$\dfrac{5}{9}(t_1 + 32)$	t_2	$\dfrac{5}{9}(t_1 + 32) + 273.15$
t_3/K	$t_3 - 273.15$	$\dfrac{9}{5}(t_3 + 273.15) + 32$	t_3
冰点	0	32	273.15
水沸点	100	212	373.15

附录 B 湿空气主要热物理参数

（大气压 $p_b = 101.3\text{kPa}$）

空气温度 t /℃	干空气密度 ρ /（kg/m³）	饱和空气密度 ρ_s /（kg/m³）	饱和空气水蒸气分压力 p_s / ×10² Pa	饱和空气含湿量 d_s /[g/kg(干空气)]	饱和空气焓 h_s /[kJ/kg(干空气)]
−20	1.396	1.395	1.02	0.63	−18.85
−19	1.394	1.393	1.13	0.70	−17.39
−18	1.385	1.384	1.25	0.77	−16.20
−17	1.379	1.378	1.37	0.85	−14.99
−16	1.374	1.373	1.50	0.93	−13.77
−15	1.368	1.367	1.65	1.01	−12.60
−14	1.363	1.362	1.81	1.11	−11.35
−13	1.358	1.357	1.98	1.22	−10.05
−12	1.353	1.325	2.17	1.34	−8.75
−11	1.348	1.347	2.37	1.46	−7.45
−10	1.342	1.341	2.59	1.60	−6.07
−9	1.337	1.336	2.83	1.75	−4.73
−8	1.332	1.331	3.09	1.91	−3.31
−7	1.327	1.325	3.36	2.08	−1.88
−6	1.322	1.320	3.67	2.27	−0.42
−5	1.317	1.315	4.00	2.47	1.09
−4	1.312	1.310	4.36	2.69	2.68
−3	1.308	1.306	4.75	2.94	4.31
−2	1.303	1.301	5.16	3.19	5.90
−1	1.298	1.295	5.61	3.47	7.62
0	1.293	1.290	6.09	3.78	9.42
1	1.288	1.285	6.56	4.07	11.14
2	1.284	1.281	7.04	4.37	12.89
3	1.279	1.275	7.57	4.70	14.74
4	1.275	1.271	8.11	5.03	16.58
5	1.270	1.266	8.70	5.40	18.51
6	1.265	1.261	9.32	5.79	20.51
7	1.261	1.256	9.99	6.21	22.61
8	1.256	1.251	10.70	6.65	24.70
9	1.252	1.247	11.46	7.13	26.92
10	1.248	1.242	12.25	7.63	29.18
11	1.243	1.237	13.09	8.15	31.52
12	1.239	1.232	13.99	8.75	34.08
13	1.235	1.228	14.94	9.35	36.59
14	1.230	1.223	15.95	9.97	39.19
15	1.226	1.218	17.01	10.6	41.78
16	1.222	1.214	18.13	11.4	44.80
17	1.217	1.208	19.32	12.1	47.73
18	1.213	1.204	20.59	12.9	50.66
19	1.209	1.200	21.92	13.8	54.01

（续）

空气温度 t /℃	干空气密度 ρ /（kg/m³）	饱和空气密度 ρ_s /（kg/m³）	饱和空气水蒸气分压力 p_s /×10²Pa	饱和空气含湿量 d_s /[g/kg（干空气）]	饱和空气焓 h_s /[kJ/kg（干空气）]
20	1.205	1.195	23.31	14.7	57.78
21	1.201	1.190	24.80	15.6	61.13
22	1.197	1.185	26.37	16.6	64.06
23	1.193	1.181	28.02	17.7	67.83
24	1.189	1.176	29.77	18.8	72.01
25	1.185	1.171	31.60	20.0	75.78
26	1.181	1.166	33.53	21.4	80.39
27	1.177	1.161	35.56	22.6	84.57
28	1.173	1.156	37.71	24.0	89.18
29	1.169	1.151	39.95	25.6	94.20
30	1.165	1.146	42.32	27.2	99.65
31	1.161	1.141	44.82	28.8	104.67
32	1.157	1.136	47.43	30.6	110.11
33	1.154	1.131	50.18	32.5	115.97
34	1.150	1.126	53.07	34.4	122.25
35	1.146	1.121	56.10	36.6	128.95
36	1.142	1.116	59.26	38.8	135.65
37	1.139	1.111	62.60	41.1	142.35
38	1.135	1.107	66.09	43.5	149.47
39	1.132	1.102	69.75	46.0	157.42
40	1.128	1.097	73.58	48.8	165.80
41	1.124	1.091	77.59	51.7	174.17
42	1.121	1.086	81.80	54.8	182.96
43	1.117	1.081	86.18	58.0	192.17
44	1.114	1.076	90.79	61.3	202.22
45	1.110	1.070	95.60	65.0	212.69
46	1.107	1.065	100.61	68.9	223.57
47	1.103	1.059	105.87	72.8	235.30
49	1.100	1.054	111.33	77.0	247.02
49	1.096	1.048	117.07	81.5	260.00
50	1.093	1.043	123.04	86.2	273.40
55	1.076	1.013	156.94	114	352.11
60	1.060	0.981	198.70	152	456.36
65	1.044	0.946	249.38	204	598.71
70	1.029	0.909	310.82	276	795.50
75	1.014	0.868	384.50	382	1080.19
80	1.000	0.823	472.28	545	1519.81
85	0.986	0.773	576.69	828	2281.81
90	0.973	0.718	699.31	1400	3818.36
95	0.959	0.656	843.09	3120	8436.40
100	0.947	0.589	1013.00	—	—

附录 C 工质的热力学性质和压焓图

表 C-1 R22 饱和液体和饱和气体性质

温度/℃	绝对压力/MPa	液体密度/(kg/m³)	气体密度/(kg/m³)	液体比焓/(kJ/kg)	气体比焓/(kJ/kg)	液体比熵/[kJ/(K·kg)]	气体比熵/[kJ/(K·kg)]	液体比热容/[kJ/(K·kg)]	气体比热容/[kJ/(K·kg)]
−40	0.10523	1406.8	4.873	154.89	388.13	0.8227	1.8231	1.091	0.608
−39	0.11021	1403.9	5.088	155.98	388.59	0.8274	1.8208	1.092	0.611
−38	0.11538	1401.0	5.311	157.07	389.06	0.8320	1.8186	1.093	0.613
−37	0.12073	1398.0	5.541	158.17	389.52	0.8367	1.8163	1.095	0.616
−36	0.12628	1395.1	5.779	159.27	389.97	0.8413	1.8141	1.096	0.619
−35	0.13203	1392.1	6.025	160.37	390.43	0.8459	1.8120	1.097	0.621
−34	0.13797	1389.1	6.279	161.47	390.89	0.8505	1.8098	1.099	0.624
−33	0.14413	1386.2	6.541	162.57	391.34	0.8551	1.8077	1.100	0.627
−32	0.15050	1383.2	6.811	163.67	391.79	0.8596	1.8056	1.102	0.629
−31	0.15708	1380.2	7.090	164.78	392.24	0.8642	1.8036	1.103	0.632
−30	0.16389	1377.2	7.379	165.88	392.69	0.8687	1.8015	1.105	0.635
−29	0.17092	1374.2	7.676	166.99	393.14	0.8733	1.7995	1.107	0.638
−28	0.17819	1371.1	7.982	168.10	393.58	0.8778	1.7975	1.108	0.641
−27	0.18569	1368.1	8.298	169.21	394.03	0.8823	1.7956	1.110	0.644
−26	0.19344	1365.0	8.623	170.33	394.47	0.8868	1.7937	1.112	0.646
−25	0.20143	1362.0	8.958	171.44	394.90	0.8912	1.7918	1.113	0.649
−24	0.20968	1358.9	9.304	172.56	395.34	0.8957	1.7899	1.115	0.653
−23	0.21819	1355.8	9.659	173.68	395.77	0.9002	1.7880	1.117	0.656
−22	0.22696	1352.7	10.03	174.80	396.21	0.9046	1.7862	1.119	0.659
−21	0.23600	1349.6	10.40	175.92	396.64	0.9091	1.7844	1.121	0.662
−20	0.24531	1346.5	10.79	177.04	397.06	0.9135	1.7826	1.123	0.665
−19	0.25491	1343.4	11.19	178.17	397.49	0.9179	1.7808	1.125	0.668
−18	0.26479	1340.3	11.60	179.30	397.91	0.9223	1.7791	1.127	0.672
−17	0.27496	1337.1	12.02	180.43	398.33	0.9267	1.7774	1.129	0.675
−16	0.28543	1334.0	12.45	181.56	398.75	0.9311	1.7757	1.131	0.678
−15	0.29620	1330.8	12.90	182.70	399.16	0.9354	1.7740	1.133	0.682
−14	0.30728	1327.6	13.36	183.83	399.57	0.9398	1.7723	1.135	0.685
−13	0.31867	1324.4	13.83	184.97	399.98	0.9442	1.7706	1.137	0.689
−12	0.33038	1321.2	14.31	186.11	400.39	0.9485	1.7690	1.139	0.692
−11	0.34242	1318.0	14.81	187.26	400.80	0.9528	1.7674	1.142	0.696
−10	0.35479	1314.7	15.32	188.40	401.20	0.9572	1.7658	1.144	0.699
−9	0.36749	1311.5	15.85	189.55	401.60	0.9615	1.7642	1.146	0.703
−8	0.38054	1308.2	16.38	190.70	401.99	0.9658	1.7627	1.149	0.707
−7	0.39394	1304.9	16.94	191.86	402.38	0.9701	1.7611	1.151	0.711
−6	0.40769	1301.6	17.50	193.01	402.77	0.9744	1.7596	1.154	0.715
−5	0.42180	1298.3	18.09	194.17	403.16	0.9787	1.7581	1.156	0.718
−4	0.43628	1295.0	18.68	195.33	403.55	0.9830	1.7566	1.159	0.722
−3	0.45113	1291.6	19.30	196.49	403.93	0.9872	1.7551	1.161	0.726
−2	0.46636	1288.3	19.92	197.66	404.30	0.9915	1.7536	1.164	0.731
−1	0.48198	1284.9	20.57	198.83	404.68	0.9958	1.7521	1.167	0.735

（续）

温度 /℃	绝对压力 /MPa	液体密度 /(kg/m³)	气体密度 /(kg/m³)	液体比焓 /(kJ/kg)	气体比焓 /(kJ/kg)	液体比熵 /[kJ/(K·kg)]	气体比熵 /[kJ/(K·kg)]	液体比热容 /[kJ/(K·kg)]	气体比热容 /[kJ/(K·kg)]
0	0.49799	1281.5	21.23	200.00	405.05	1.000	1.7507	1.169	0.739
1	0.51439	1278.1	21.91	201.17	405.42	1.004	1.7492	1.172	0.743
2	0.53120	1274.7	22.60	202.35	405.78	1.008	1.7478	1.175	0.748
3	0.54842	1271.3	23.31	203.53	406.14	1.013	1.7464	1.178	0.752
4	0.56605	1267.8	24.04	204.71	406.50	1.017	1.7450	1.181	0.757
5	0.58411	1264.3	24.79	205.90	406.85	1.021	1.7436	1.184	0.761
6	0.60259	1260.8	25.56	207.09	407.20	1.025	1.7422	1.187	0.766
7	0.62151	1257.3	26.34	208.28	407.54	1.030	1.7409	1.190	0.771
8	0.64088	1253.8	27.15	209.47	407.89	1.034	1.7395	1.193	0.775
9	0.66068	1250.3	27.97	210.67	408.22	1.038	1.7381	1.196	0.780
10	0.68095	1246.7	28.82	211.87	408.56	1.042	1.7368	1.199	0.785
11	0.70167	1243.1	29.69	213.07	408.89	1.046	1.7355	1.203	0.790
12	0.72286	1239.5	30.57	214.28	409.21	1.051	1.7341	1.206	0.795
13	0.74453	1235.9	31.48	215.49	409.53	1.055	1.7328	1.209	0.801
14	0.76668	1232.2	32.41	216.70	409.85	1.059	1.7315	1.213	0.806
15	0.78931	1228.6	33.36	217.92	410.16	1.063	1.7302	1.217	0.812
16	0.81244	1224.9	34.34	219.14	410.47	1.067	1.7289	1.220	0.817
17	0.83607	1221.2	35.34	220.36	410.78	1.071	1.7276	1.224	0.823
18	0.86020	1217.4	36.36	221.59	411.07	1.076	1.7263	1.228	0.828
19	0.88485	1213.7	37.41	222.82	411.37	1.080	1.7250	1.232	0.834
20	0.91002	1209.9	38.48	224.06	411.66	1.084	1.7238	1.236	0.840
21	0.93572	1206.1	39.57	225.30	411.94	1.088	1.7225	1.240	0.847
22	0.96195	1202.3	40.70	226.54	412.22	1.092	1.7212	1.244	0.853
23	0.98872	1198.4	41.85	227.78	412.50	1.096	1.7199	1.248	0.859
24	1.01604	1194.6	43.03	229.04	412.77	1.100	1.7187	1.252	0.866
25	1.04392	1190.7	44.23	230.29	413.03	1.105	1.7174	1.257	0.872
26	1.07236	1186.7	45.47	231.55	413.29	1.109	1.7162	1.261	0.879
27	1.10136	1182.8	46.73	232.81	413.54	1.113	1.7149	1.266	0.886
28	1.13095	1178.8	48.02	234.08	413.79	1.117	1.7136	1.271	0.893
29	1.16112	1174.8	49.35	235.35	414.03	1.121	1.7124	1.276	0.901
30	1.19188	1170.7	50.70	236.62	414.26	1.125	1.7111	1.281	0.908
31	1.22323	1166.7	52.09	237.90	414.49	1.129	1.7099	1.286	0.916
32	1.25520	1162.6	53.52	239.19	414.71	1.133	1.7086	1.291	0.924
33	1.28777	1158.4	54.97	240.48	414.93	1.138	1.7074	1.296	0.932
34	1.32097	1154.3	56.46	241.77	415.14	1.142	1.7061	1.302	0.940
35	1.35479	1150.1	57.99	243.07	415.34	1.146	1.7048	1.308	0.949
36	1.38925	1145.8	59.55	244.38	415.54	1.150	1.7036	1.314	0.957
37	1.42435	1141.6	61.15	245.69	415.72	1.154	1.7023	1.320	0.966
38	1.46010	1137.3	62.79	247.00	415.91	1.158	1.7010	1.326	0.976
39	1.49651	1132.9	64.47	248.32	416.08	1.162	1.6998	1.332	0.985
40	1.53358	1128.5	66.19	249.65	416.25	1.166	1.6985	1.339	0.995
41	1.57133	1124.1	67.96	250.98	416.40	1.171	1.6972	1.346	1.005
42	1.60976	1119.6	69.76	252.32	416.55	1.175	1.6959	1.353	1.015

（续）

温度/℃	绝对压力/MPa	液体密度/(kg/m³)	气体密度/(kg/m³)	液体比焓/(kJ/kg)	气体比焓/(kJ/kg)	液体比熵/[kJ/(K·kg)]	气体比熵/[kJ/(K·kg)]	液体比热容/[kJ/(K·kg)]	气体比热容/[kJ/(K·kg)]
43	1.64887	1115.1	71.61	253.66	416.70	1.179	1.6946	1.360	1.026
44	1.68869	1110.6	73.51	255.01	416.83	1.183	1.6933	1.368	1.037
45	1.72921	1106.0	75.46	256.36	416.95	1.187	1.6919	1.375	1.049
46	1.77045	1101.4	77.45	257.73	417.07	1.191	1.6906	1.384	1.061
47	1.81240	1096.7	79.50	259.10	417.18	1.196	1.6893	1.392	1.073
48	1.85509	1091.9	81.59	260.47	417.27	1.200	1.6879	1.401	1.086
49	1.89852	1087.1	83.74	261.85	417.36	1.204	1.6866	1.410	1.099
50	1.94269	1082.3	85.95	263.25	417.44	1.208	1.6852	1.419	1.113
51	1.98762	1077.4	88.22	264.64	417.50	1.212	1.6838	1.429	1.127
52	2.03331	1072.4	90.54	266.05	417.56	1.216	1.6824	1.439	1.142
53	2.07978	1067.4	92.93	267.46	417.60	1.221	1.6810	1.450	1.157
54	2.12703	1062.3	95.38	268.89	417.63	1.225	1.6795	1.461	1.173
55	2.17507	1057.2	97.90	270.32	417.65	1.229	1.6781	1.472	1.190
56	2.22391	1052.0	100.5	271.76	417.66	1.233	1.6766	1.485	1.208
57	2.27357	1046.7	103.1	273.21	417.65	1.238	1.6751	1.497	1.226
58	2.32404	1041.3	105.9	274.66	417.63	1.242	1.6736	1.511	1.246
59	2.37534	1035.9	108.7	276.13	417.60	1.246	1.6720	1.525	1.266
60	2.42749	1030.4	111.6	277.61	417.55	1.250	1.6705	1.539	1.287

表 C-2　R134a 饱和液体和饱和气体性质

温度/℃	绝对压力/MPa	液体密度/(kg/m³)	气体密度/(kg/m³)	液体比焓/(kJ/kg)	气体比焓/(kJ/kg)	液体比熵/[kJ/(K·kg)]	气体比熵/[kJ/(K·kg)]	液体比热容/[kJ/(K·kg)]	气体比热容/[kJ/(K·kg)]
−30	0.08438	1388.4	4.426	160.79	380.32	0.8486	1.7515	1.273	0.781
−29	0.08846	1385.4	4.627	162.07	380.95	0.8538	1.7503	1.275	0.784
−28	0.09270	1382.4	4.836	163.34	381.57	0.8591	1.7492	1.277	0.788
−27	0.09710	1379.5	5.051	164.62	382.20	0.8642	1.7482	1.279	0.791
−26	0.10167	1376.5	5.275	165.90	382.82	0.8694	1.7471	1.281	0.794
−25	0.10640	1373.4	5.506	167.19	383.45	0.8746	1.7461	1.283	0.798
−24	0.11130	1370.4	5.745	168.47	384.07	0.8798	1.7451	1.285	0.801
−23	0.11639	1367.4	5.992	169.76	384.69	0.8849	1.7441	1.287	0.805
−22	0.12165	1364.4	6.248	171.05	385.32	0.8900	1.7432	1.289	0.809
−21	0.12710	1361.3	6.512	172.34	385.94	0.8951	1.7422	1.291	0.812
−20	0.13273	1358.3	6.784	173.64	386.55	0.9002	1.7413	1.293	0.816
−19	0.13857	1355.2	7.066	174.93	387.17	0.9053	1.7404	1.295	0.819
−18	0.14460	1352.1	7.357	176.23	387.79	0.9104	1.7396	1.297	0.823
−17	0.15084	1349.0	7.657	177.53	388.40	0.9155	1.7387	1.300	0.827
−16	0.15728	1345.9	7.967	178.83	389.02	0.9205	1.7379	1.302	0.831
−15	0.16394	1342.8	8.287	180.14	389.63	0.9256	1.7371	1.304	0.835
−14	0.17082	1339.7	8.617	181.44	390.24	0.9306	1.7363	1.306	0.838
−13	0.17792	1336.6	8.957	182.75	390.85	0.9356	1.7355	1.309	0.842
−12	0.18524	1333.4	9.307	184.07	391.46	0.9407	1.7348	1.311	0.846
−11	0.19280	1330.3	9.669	185.38	392.06	0.9457	1.7341	1.313	0.850
−10	0.20060	1327.1	10.04	186.70	392.66	0.9506	1.7334	1.316	0.854

（续）

温度 /℃	绝对压力 /MPa	液体密度 /(kg/m³)	气体密度 /(kg/m³)	液体比焓 /(kJ/kg)	气体比焓 /(kJ/kg)	液体比熵 /[kJ/(K·kg)]	气体比熵 /[kJ/(K·kg)]	液体比热容 /[kJ/(K·kg)]	气体比热容 /[kJ/(K·kg)]
−9	0.20864	1323.9	10.42	188.02	393.27	0.9556	1.7327	1.318	0.858
−8	0.21693	1320.8	10.82	189.34	393.87	0.9606	1.7320	1.320	0.863
−7	0.22548	1317.6	11.23	190.66	394.47	0.9656	1.7313	1.323	0.867
−6	0.23428	1314.3	11.65	191.99	395.06	0.9705	1.7307	1.325	0.871
−5	0.24334	1311.1	12.08	193.32	395.66	0.9754	1.7300	1.328	0.875
−4	0.25268	1307.9	12.52	194.65	396.25	0.9804	1.7294	1.330	0.880
−3	0.26228	1304.6	12.98	195.98	396.84	0.9853	1.7288	1.333	0.884
−2	0.27217	1301.4	13.45	197.32	397.43	0.9902	1.7282	1.336	0.888
−1	0.28234	1298.1	13.93	198.66	398.02	0.9951	1.7276	1.338	0.893
0	0.29280	1294.8	14.43	200.00	398.60	1.0000	1.7271	1.341	0.897
1	0.30356	1291.5	14.94	201.34	399.19	1.005	1.7265	1.344	0.902
2	0.31462	1288.1	15.46	202.69	399.77	1.010	1.7260	1.347	0.906
3	0.32598	1284.8	16.01	204.04	400.34	1.015	1.7255	1.349	0.911
4	0.33766	1281.4	16.56	205.40	400.92	1.019	1.7250	1.352	0.916
5	0.34966	1278.1	17.13	206.75	401.49	1.024	1.7245	1.355	0.921
6	0.36198	1274.7	17.72	208.11	402.06	1.029	1.7240	1.358	0.925
7	0.37463	1271.3	18.32	209.47	402.63	1.034	1.7235	1.361	0.930
8	0.38761	1267.9	18.94	210.84	403.20	1.039	1.7230	1.364	0.935
9	0.40094	1264.4	19.57	212.21	403.76	1.044	1.7226	1.367	0.940
10	0.41461	1261.0	20.23	213.58	404.32	1.048	1.7221	1.370	0.945
11	0.42863	1257.5	20.90	214.95	404.88	1.053	1.7217	1.374	0.951
12	0.44301	1254.0	21.58	216.33	405.43	1.058	1.7212	1.377	0.956
13	0.45776	1250.5	22.29	217.71	405.98	1.063	1.7208	1.380	0.961
14	0.47288	1246.9	23.01	219.09	406.53	1.068	1.7204	1.383	0.967
15	0.48837	1243.4	23.76	220.48	407.07	1.072	1.7200	1.387	0.972
16	0.50425	1239.8	24.52	221.87	407.61	1.077	1.7196	1.390	0.978
17	0.52052	1236.2	25.31	223.26	408.15	1.082	1.7192	1.394	0.983
18	0.53718	1232.6	26.11	224.66	408.69	1.087	1.7188	1.397	0.989
19	0.55424	1229.0	26.93	226.06	409.22	1.091	1.7184	1.401	0.995
20	0.57171	1225.3	27.78	227.47	409.75	1.096	1.7180	1.405	1.001
21	0.58959	1221.7	28.65	228.88	410.27	1.101	1.7177	1.409	1.007
22	0.60789	1218.0	29.54	230.29	410.79	1.106	1.7173	1.413	1.013
23	0.62662	1214.2	30.45	231.70	411.31	1.110	1.7169	1.416	1.019
24	0.64578	1210.5	31.39	233.12	411.82	1.115	1.7166	1.421	1.025
25	0.66538	1206.7	32.35	234.55	412.33	1.120	1.7162	1.425	1.032
26	0.68543	1202.9	33.34	235.97	412.84	1.125	1.7159	1.429	1.038
27	0.70592	1199.1	34.35	237.40	413.34	1.129	1.7155	1.433	1.045
28	0.72688	1195.2	35.38	238.84	413.84	1.134	1.7152	1.437	1.052
29	0.74830	1191.4	36.45	240.28	414.33	1.139	1.7148	1.442	1.058
30	0.77020	1187.5	37.54	241.72	414.82	1.144	1.7145	1.446	1.065
31	0.79257	1183.5	38.65	243.17	415.30	1.148	1.7142	1.451	1.073
32	0.81543	1179.6	39.80	244.62	415.78	1.153	1.7138	1.456	1.080
33	0.83878	1175.6	40.97	246.08	416.26	1.158	1.7135	1.461	1.087
34	0.86263	1171.6	42.18	247.54	416.72	1.162	1.7131	1.466	1.095

（续）

温度 /℃	绝对压力 /MPa	液体密度 /(kg/m³)	气体密度 /(kg/m³)	液体比焓 /(kJ/kg)	气体比焓 /(kJ/kg)	液体比熵 /[kJ/(K·kg)]	气体比熵 /[kJ/(K·kg)]	液体比热容 /[kJ/(K·kg)]	气体比热容 /[kJ/(K·kg)]
35	0.88698	1167.5	43.42	249.01	417.19	1.167	1.7128	1.471	1.103
36	0.91185	1163.4	44.68	250.48	417.65	1.172	1.7124	1.476	1.111
37	0.93724	1159.3	45.98	251.95	418.10	1.176	1.7121	1.481	1.119
38	0.96315	1155.1	47.32	253.43	418.55	1.181	1.7118	1.487	1.127
39	0.98960	1151.0	48.68	254.92	418.99	1.186	1.7114	1.493	1.136
40	1.01659	1146.7	50.09	256.41	419.43	1.190	1.7111	1.498	1.145
41	1.04413	1142.5	51.52	257.91	419.86	1.195	1.7107	1.504	1.153
42	1.07223	1138.2	53.00	259.41	420.28	1.200	1.7103	1.510	1.163
43	1.10089	1133.8	54.51	260.91	420.70	1.205	1.7100	1.517	1.172
44	1.13012	1129.5	56.06	262.43	421.11	1.209	1.7096	1.523	1.182
45	1.15992	1125.1	57.66	263.94	421.52	1.214	1.7092	1.530	1.192
46	1.19032	1120.6	59.29	265.47	421.92	1.219	1.7089	1.537	1.202
47	1.22131	1116.1	60.97	267.00	422.31	1.223	1.7085	1.544	1.212
48	1.25289	1111.5	62.69	268.53	422.69	1.228	1.7081	1.551	1.223
49	1.28509	1106.9	64.46	270.07	423.07	1.233	1.7077	1.558	1.235
50	1.31791	1102.3	66.27	271.62	423.44	1.237	1.7072	1.566	1.246
51	1.35134	1097.6	68.13	273.18	423.80	1.242	1.7068	1.574	1.258
52	1.38542	1092.9	70.05	274.74	424.15	1.247	1.7064	1.582	1.270
53	1.42013	1088.1	72.01	276.31	424.49	1.252	1.7059	1.591	1.283
54	1.45549	1083.2	74.03	277.89	424.83	1.256	1.7055	1.600	1.296
55	1.49151	1078.3	76.10	279.47	425.15	1.261	1.7050	1.609	1.310
56	1.52820	1073.4	78.24	281.06	425.47	1.266	1.7045	1.618	1.324
57	1.56556	1068.3	80.43	282.66	425.77	1.271	1.7040	1.628	1.339
58	1.60361	1063.2	82.68	284.27	426.07	1.275	1.7035	1.638	1.354
59	1.64235	1058.1	85.00	285.88	426.36	1.280	1.7030	1.649	1.370
60	1.68178	1052.9	87.38	287.50	426.63	1.285	1.7024	1.660	1.387
61	1.72193	1047.6	89.83	289.14	426.89	1.290	1.7019	1.672	1.404
62	1.76280	1042.2	92.36	290.78	427.14	1.294	1.7013	1.684	1.422
63	1.80440	1036.8	94.96	292.43	427.38	1.299	1.7006	1.696	1.441
64	1.84674	1031.2	97.64	294.09	427.61	1.304	1.7000	1.710	1.461
65	1.88982	1025.6	100.4	295.76	427.82	1.309	1.6993	1.723	1.482
66	1.93366	1020.0	103.2	297.44	428.02	1.314	1.6987	1.738	1.504
67	1.97828	1014.2	106.2	299.14	428.20	1.319	1.6979	1.753	1.527
68	2.02367	1008.3	109.2	300.84	428.36	1.323	1.6972	1.769	1.552
69	2.06985	1002.3	112.3	302.55	428.52	1.328	1.6964	1.786	1.578
70	2.11683	996.2	115.6	304.28	428.65	1.333	1.6956	1.804	1.605

表 C-3   R407C 沸腾状态液体和结露状态气体性质

压力 /MPa	沸点 /℃	露点 /℃	液体密度 /(kg/m³)	气体密度 /(kg/m³)	液体比焓 /(kJ/kg)	气体比焓 /(kJ/kg)	液体比熵 /[kJ/(K·kg)]	气体比熵 /[kJ/(K·kg)]	液体比热容 /[kJ/(K·kg)]	气体比热容 /[kJ/(K·kg)]
0.060	-54.19	-46.89	1413	2.830	127.5	382.9	0.7063	1.854	1.279	0.7473
0.070	-51.25	-44.01	1405	3.270	131.3	384.6	0.7234	1.847	1.284	0.7569

（续）

压力 /MPa	沸点 /℃	露点 /℃	液体密度 /(kg/m³)	气体密度 /(kg/m³)	液体比焓 /(kJ/kg)	气体比焓 /(kJ/kg)	液体比熵 /[kJ/ (K·kg)]	气体比熵 /[kJ/ (K·kg)]	液体比热容 /[kJ/ (K·kg)]	气体比热容 /[kJ/ (K·kg)]
0.080	-48.63	-41.44	1397	3.707	134.7	386.1	0.7385	1.841	1.288	0.7658
0.090	-46.25	-39.12	1390	4.142	137.7	387.5	0.7520	1.836	1.292	0.7740
0.100	-44.08	-36.99	1383	4.574	140.6	388.8	0.7643	1.832	1.296	0.7817
0.110	-42.08	-35.02	1377	5.003	143.2	389.9	0.7756	1.828	1.300	0.7890
0.120	-40.21	-33.20	1371	5.431	145.6	391.0	0.7861	1.824	1.303	0.7959
0.130	-38.46	-31.49	1366	5.858	147.9	392.0	0.7958	1.821	1.307	0.8024
0.140	-36.82	-29.87	1360	6.283	150.0	392.9	0.8050	1.818	1.310	0.8087
0.150	-35.26	-28.35	1356	6.707	152.1	393.8	0.8135	1.815	1.313	0.8148
0.160	-33.79	-26.91	1351	7.129	154.0	394.6	0.8217	1.813	1.316	0.8206
0.170	-32.38	-25.53	1346	7.551	155.9	395.4	0.8293	1.810	1.319	0.8262
0.180	-31.04	-24.22	1342	7.972	157.6	396.1	0.8367	1.808	1.322	0.8317
0.190	-29.76	-22.96	1338	8.393	159.3	396.8	0.8437	1.806	1.325	0.8370
0.200	-28.52	-21.75	1334	8.812	161.0	397.5	0.8503	1.804	1.327	0.8422
0.210	-27.34	-20.59	1330	9.231	162.6	398.1	0.8568	1.802	1.330	0.8472
0.220	-26.19	-19.47	1327	9.650	164.1	398.7	0.8629	1.801	1.333	0.8521
0.230	-25.09	-18.39	1323	10.07	165.6	399.3	0.8688	1.799	1.335	0.8569
0.240	-24.02	-17.35	1319	10.49	167.0	399.9	0.8746	1.797	1.338	0.8616
0.250	-22.99	-16.34	1316	10.90	168.4	400.4	0.8801	1.796	1.340	0.8662
0.260	-21.99	-15.36	1313	11.32	169.7	401.0	0.8854	1.794	1.343	0.8707
0.280	-20.07	-13.48	1306	12.15	172.3	402.0	0.8956	1.792	1.348	0.8794
0.300	-18.25	-11.71	1300	12.99	174.8	402.9	0.9052	1.789	1.352	0.8879
0.320	-16.53	-10.02	1295	13.82	177.1	403.8	0.9143	1.787	1.357	0.8961
0.340	-14.89	-8.417	1289	14.65	179.3	404.6	0.9230	1.785	1.362	0.9041
0.360	-13.32	-6.882	1284	15.49	181.5	405.4	0.9312	1.783	1.366	0.9119
0.380	-11.81	-5.412	1279	16.32	183.6	406.2	0.9390	1.781	1.370	0.9195
0.400	-10.37	-3.999	1274	17.15	185.5	406.9	0.9466	1.779	1.375	0.9269
0.420	-8.974	-2.640	1269	17.99	187.5	407.6	0.9538	1.777	1.379	0.9342
0.440	-7.631	-1.330	1264	18.82	189.3	408.2	0.9608	1.776	1.383	0.9414
0.460	-6.335	-0.064	1259	19.66	191.1	408.8	0.9675	1.774	1.387	0.9484
0.480	-5.080	1.159	1255	20.50	192.9	409.4	0.9739	1.773	1.391	0.9553
0.500	-3.865	2.345	1251	21.33	194.6	410.0	0.9802	1.771	1.395	0.9622
0.520	-2.686	3.495	1246	22.17	196.2	410.5	0.9862	1.770	1.399	0.9689
0.540	-1.541	4.612	1242	23.02	197.8	411.1	0.9921	1.769	1.403	0.9756
0.560	-0.427	5.697	1238	23.86	199.4	411.6	0.9978	1.767	1.407	0.9822
0.580	0.6564	6.754	1234	24.70	200.9	412.1	1.003	1.766	1.411	0.9887
0.600	1.712	7.783	1230	25.55	202.4	412.5	1.009	1.765	1.415	0.9951
0.620	2.742	8.786	1227	26.40	203.9	413.0	1.014	1.764	1.419	1.002
0.640	3.747	9.765	1223	27.24	205.3	413.4	1.019	1.763	1.423	1.008
0.660	4.729	10.72	1219	28.10	206.7	413.8	1.024	1.762	1.427	1.014
0.680	5.688	11.65	1216	28.95	208.1	414.2	1.029	1.761	1.431	1.020
0.700	6.626	12.57	1212	29.80	209.4	414.6	1.034	1.760	1.434	1.027
0.750	8.887	14.77	1203	31.95	212.7	415.6	1.045	1.757	1.444	1.042
0.800	11.04	16.86	1195	34.11	215.8	416.4	1.056	1.755	1.454	1.057

（续）

压力 /MPa	沸点 /℃	露点 /℃	液体密度 /(kg/m³)	气体密度 /(kg/m³)	液体比焓 /(kJ/kg)	气体比焓 /(kJ/kg)	液体比熵 /[kJ/ (K·kg)]	气体比熵 /[kJ/ (K·kg)]	液体比热容 /[kJ/ (K·kg)]	气体比热容 /[kJ/ (K·kg)]
0.850	13.09	18.85	1187	36.28	218.8	417.2	1.066	1.753	1.463	1.073
0.900	15.05	20.76	1179	38.47	221.7	418.0	1.076	1.751	1.473	1.088
0.950	16.94	22.59	1172	40.68	224.5	418.7	1.086	1.749	1.482	1.103
1.000	18.75	24.34	1164	42.90	227.2	419.3	1.095	1.747	1.492	1.118
1.050	20.49	26.03	1157	45.14	229.8	419.9	1.104	1.745	1.502	1.133
1.100	22.17	27.67	1150	47.40	232.3	420.5	1.112	1.744	1.511	1.148
1.150	23.80	29.24	1143	49.67	234.8	421.0	1.120	1.742	1.521	1.164
1.200	25.38	30.77	1136	51.97	237.1	421.5	1.128	1.740	1.531	1.179
1.250	26.91	32.24	1129	54.28	239.5	422.0	1.136	1.739	1.541	1.195
1.300	28.39	33.68	1123	56.62	241.8	422.4	1.143	1.737	1.552	1.210
1.350	29.83	35.07	1116	58.98	244.0	422.8	1.150	1.735	1.562	1.226
1.400	31.23	36.42	1110	61.36	246.2	423.1	1.157	1.734	1.573	1.242
1.450	32.60	37.74	1104	63.76	248.3	423.5	1.164	1.732	1.583	1.259
1.500	33.93	39.02	1097	66.19	250.4	423.8	1.171	1.731	1.594	1.276
1.550	35.22	40.27	1091	68.64	252.5	424.1	1.178	1.730	1.605	1.293
1.600	36.49	41.49	1085	71.11	254.5	424.3	1.184	1.728	1.617	1.310
1.650	37.73	42.68	1079	73.62	256.5	424.6	1.190	1.727	1.628	1.328
1.700	38.94	43.84	1073	76.15	258.4	424.8	1.196	1.725	1.640	1.346
1.750	40.12	44.98	1067	78.70	260.3	425.0	1.202	1.724	1.652	1.364
1.800	41.28	46.09	1061	81.29	262.2	425.2	1.208	1.722	1.664	1.383
1.850	42.42	47.18	1055	83.90	264.1	425.3	1.214	1.721	1.677	1.402
1.900	43.53	48.25	1050	86.55	265.9	425.5	1.220	1.720	1.690	1.422
1.950	44.63	49.29	1044	89.22	267.8	425.6	1.225	1.718	1.703	1.443
2.000	45.70	50.31	1038	91.93	269.5	425.7	1.231	1.717	1.717	1.464
2.050	46.75	51.32	1032	94.67	271.3	425.8	1.236	1.715	1.731	1.485
2.100	47.78	52.30	1027	97.45	273.1	425.8	1.241	1.714	1.745	1.508
2.150	48.80	53.27	1021	100.3	274.8	425.9	1.247	1.713	1.760	1.531
2.200	49.79	54.22	1015	103.1	276.5	425.9	1.252	1.711	1.776	1.554
2.250	50.77	55.15	1010	106.0	278.2	425.9	1.257	1.710	1.792	1.579
2.300	51.74	56.07	1004	108.9	279.9	425.9	1.262	1.708	1.808	1.604
2.350	52.69	56.97	998.3	111.9	281.5	425.9	1.267	1.707	1.825	1.630
2.400	53.62	57.86	992.6	114.9	283.2	425.9	1.272	1.706	1.843	1.658
2.450	54.54	58.73	987.0	118.0	284.8	425.8	1.277	1.704	1.861	1.686
2.500	55.45	59.59	981.3	121.1	286.4	425.7	1.281	1.703	1.880	1.715
2.550	56.34	60.43	975.7	124.2	288.1	425.6	1.286	1.701	1.899	1.746
2.600	57.22	61.26	970.0	127.4	289.6	425.5	1.291	1.700	1.920	1.778
2.650	58.09	62.08	964.3	130.6	291.2	425.4	1.295	1.698	1.941	1.811
2.700	58.94	62.89	958.6	133.9	292.8	425.3	1.300	1.697	1.963	1.846
2.750	59.79	63.68	952.8	137.3	294.4	425.1	1.305	1.695	1.987	1.882
2.800	60.62	64.46	947.1	140.7	295.9	424.9	1.309	1.693	2.011	1.920
2.850	61.44	65.23	941.3	144.2	297.5	424.7	1.314	1.692	2.036	1.960
2.900	62.25	65.99	935.5	147.7	299.0	424.5	1.318	1.690	2.063	2.002
2.950	63.05	66.74	929.6	151.3	300.6	424.3	1.322	1.688	2.091	2.047
3.000	63.84	67.48	923.7	155.0	302.1	424.1	1.327	1.687	2.121	2.093
3.050	64.62	68.20	917.8	158.7	303.6	423.8	1.331	1.685	2.153	2.142

（续）

压力/MPa	沸点/℃	露点/℃	液体密度/(kg/m³)	气体密度/(kg/m³)	液体比焓/(kJ/kg)	气体比焓/(kJ/kg)	液体比熵/[kJ/(K·kg)]	气体比熵/[kJ/(K·kg)]	液体比热容/[kJ/(K·kg)]	气体比热容/[kJ/(K·kg)]
3.100	65.39	68.92	911.8	162.6	305.2	423.5	1.336	1.683	2.186	2.195
3.150	66.15	69.63	905.8	166.5	306.7	423.2	1.340	1.682	2.221	2.250
3.200	66.90	70.33	899.7	170.5	308.2	422.9	1.344	1.680	2.258	2.309
3.250	67.65	71.01	893.5	174.5	309.7	422.5	1.348	1.678	2.298	2.371
3.300	68.38	71.69	887.3	178.7	311.2	422.1	1.353	1.676	2.340	2.438
3.350	69.11	72.36	881.0	183.0	312.8	421.8	1.357	1.674	2.386	2.509
3.400	69.83	73.03	874.6	187.4	314.3	421.3	1.361	1.672	2.434	2.585
3.450	70.54	73.68	868.1	191.9	315.8	420.9	1.366	1.670	2.487	2.668
3.500	71.24	74.32	861.5	196.5	317.3	420.4	1.370	1.668	2.543	2.756
3.550	71.94	74.96	854.8	201.2	318.8	419.9	1.374	1.666	2.605	2.852
3.600	72.63	75.58	848.0	206.1	320.4	419.4	1.378	1.663	2.671	2.956

表 C-4　R410A 沸腾状态液体和结露状态气体性质

压力/MPa	沸点/℃	露点/℃	液体密度/(kg/m³)	气体密度/(kg/m³)	液体比焓/(kJ/kg)	气体比焓/(kJ/kg)	液体比熵/[kJ/(K·kg)]	气体比熵/[kJ/(K·kg)]	液体比热容/[kJ/(K·kg)]	气体比热容/[kJ/(K·kg)]
0.120	-48.20	-48.15	1340	4.895	131.4	400.1	0.7265	1.921	1.357	0.8137
0.130	-46.55	-46.50	1335	5.278	133.7	401.0	0.7364	1.916	1.360	0.8214
0.140	-44.99	-44.94	1330	5.660	135.8	401.8	0.7457	1.911	1.363	0.8288
0.150	-43.52	-43.47	1325	6.042	137.8	402.5	0.7544	1.907	1.366	0.8358
0.160	-42.13	-42.08	1321	6.422	139.7	403.2	0.7627	1.903	1.369	0.8426
0.170	-40.81	-40.75	1316	6.801	141.5	403.9	0.7705	1.899	1.372	0.8492
0.180	-39.54	-39.48	1312	7.180	143.3	404.5	0.7779	1.896	1.374	0.8556
0.190	-38.33	-38.27	1308	7.557	145.0	405.1	0.7850	1.893	1.377	0.8617
0.200	-37.16	-37.11	1305	7.935	146.6	405.7	0.7918	1.890	1.380	0.8677
0.210	-36.04	-35.99	1301	8.311	148.1	406.2	0.7984	1.887	1.382	0.8735
0.220	-34.97	-34.91	1297	8.687	149.6	406.7	0.8046	1.884	1.385	0.8792
0.230	-33.93	-33.86	1294	9.063	151.1	407.2	0.8106	1.881	1.387	0.8847
0.240	-32.92	-32.86	1290	9.439	152.5	407.7	0.8164	1.879	1.390	0.8901
0.250	-31.95	-31.88	1287	9.814	153.8	408.2	0.8220	1.877	1.392	0.8954
0.260	-31.00	-30.94	1284	10.19	155.1	408.6	0.8275	1.874	1.395	0.9005
0.270	-30.09	-30.02	1281	10.56	156.4	409.1	0.8327	1.872	1.397	0.9056
0.280	-29.19	-29.13	1278	10.94	157.7	409.5	0.8378	1.870	1.399	0.9106
0.290	-28.33	-28.26	1275	11.31	158.9	409.9	0.8428	1.868	1.402	0.9155
0.300	-27.49	-27.42	1272	11.69	160.1	410.2	0.8476	1.866	1.404	0.9203
0.310	-26.66	-26.60	1269	12.06	161.2	410.6	0.8522	1.864	1.406	0.9250
0.320	-25.86	-25.79	1266	12.43	162.3	411.0	0.8568	1.862	1.409	0.9296
0.330	-25.08	-25.01	1264	12.81	163.5	411.3	0.8612	1.860	1.411	0.9342
0.340	-24.31	-24.25	1261	13.18	164.5	411.7	0.8655	1.859	1.413	0.9387
0.350	-23.57	-23.50	1258	13.55	165.6	412.0	0.8697	1.857	1.415	0.9432
0.360	-22.84	-22.77	1256	13.93	166.6	412.3	0.8739	1.855	1.417	0.9476
0.370	-22.12	-22.05	1253	14.30	167.7	412.6	0.8779	1.854	1.420	0.9519
0.380	-21.42	-21.35	1251	14.68	168.6	412.9	0.8818	1.852	1.422	0.9562
0.390	-20.73	-20.66	1249	15.05	169.6	413.2	0.8857	1.851	1.424	0.9605
0.400	-20.06	-19.99	1246	15.42	170.6	413.5	0.8895	1.849	1.426	0.9646

（续）

压力 /MPa	沸点 /℃	露点 /℃	液体密度 /(kg/m³)	气体密度 /(kg/m³)	液体比焓 /(kJ/kg)	气体比焓 /(kJ/kg)	液体比熵 /[kJ/ (K·kg)]	气体比熵 /[kJ/ (K·kg)]	液体比热容 /[kJ/ (K·kg)]	气体比热容 /[kJ/ (K·kg)]
0.410	-19.40	-19.32	1244	15.80	171.5	413.8	0.8932	1.848	1.428	0.9688
0.420	-18.75	-18.68	1242	16.17	172.5	414.0	0.8968	1.846	1.430	0.9729
0.430	-18.11	-18.04	1239	16.55	173.4	414.3	0.9003	1.845	1.433	0.9770
0.440	-17.49	-17.41	1237	16.92	174.3	414.6	0.9038	1.844	1.435	0.9810
0.450	-16.87	-16.80	1235	17.30	175.2	414.8	0.9073	1.842	1.437	0.9850
0.460	-16.27	-16.19	1233	17.67	176.0	415.1	0.9106	1.841	1.439	0.9889
0.470	-15.67	-15.60	1230	18.05	176.9	415.3	0.9139	1.840	1.441	0.9928
0.480	-15.09	-15.01	1228	18.42	177.7	415.5	0.9172	1.839	1.443	0.9967
0.490	-14.51	-14.44	1226	18.80	178.6	415.8	0.9204	1.837	1.445	1.001
0.500	-13.95	-13.87	1224	19.17	179.4	416.0	0.9235	1.836	1.447	1.004
0.520	-12.84	-12.76	1220	19.93	181.0	416.4	0.9296	1.834	1.451	1.012
0.540	-11.76	-11.68	1216	20.68	182.6	416.8	0.9356	1.832	1.455	1.020
0.560	-10.72	-10.64	1212	21.44	184.1	417.2	0.9413	1.830	1.459	1.027
0.580	-9.701	-9.617	1208	22.19	185.6	417.6	0.9469	1.828	1.463	1.034
0.600	-8.710	-8.624	1205	22.95	187.0	418.0	0.9524	1.826	1.467	1.041
0.620	-7.743	-7.657	1201	23.71	188.5	418.3	0.9577	1.824	1.471	1.049
0.640	-6.800	-6.713	1198	24.47	189.8	418.7	0.9629	1.822	1.476	1.056
0.660	-5.879	-5.791	1194	25.23	191.2	419.0	0.9679	1.820	1.479	1.063
0.680	-4.979	-4.890	1191	25.99	192.5	419.3	0.9728	1.818	1.483	1.070
0.700	-4.099	-4.009	1187	26.76	193.9	419.6	0.9777	1.817	1.487	1.077
0.720	-3.238	-3.147	1184	27.53	195.1	419.9	0.9824	1.815	1.491	1.084
0.740	-2.395	-2.303	1181	28.29	196.4	420.2	0.9870	1.813	1.495	1.091
0.760	-1.568	-1.476	1177	29.06	197.6	420.4	0.9915	1.812	1.499	1.098
0.780	-0.758	-0.665	1174	29.84	198.9	420.7	0.9959	1.810	1.503	1.104
0.800	0.0358	0.1301	1171	30.61	200.1	421.0	1.000	1.809	1.507	1.111
0.820	0.8153	0.9103	1168	31.39	201.2	421.2	1.004	1.807	1.511	1.118
0.840	1.580	1.676	1165	32.16	202.4	421.4	1.009	1.806	1.515	1.125
0.860	2.332	2.428	1162	32.94	203.5	421.7	1.013	1.804	1.519	1.132
0.880	3.070	3.168	1159	33.73	204.7	421.9	1.017	1.803	1.523	1.138
0.920	4.510	4.609	1153	35.30	206.9	422.3	1.024	1.800	1.531	1.152
0.960	5.903	6.003	1147	36.87	209.0	422.7	1.032	1.798	1.539	1.165
1.000	7.253	7.354	1141	38.46	211.1	423.0	1.039	1.795	1.547	1.179
1.040	8.563	8.665	1136	40.06	213.1	423.4	1.046	1.793	1.555	1.192
1.080	9.835	9.939	1131	41.67	215.1	423.7	1.053	1.790	1.564	1.206
1.120	11.07	11.18	1125	43.28	217.0	424.0	1.060	1.788	1.572	1.220
1.160	12.28	12.38	1120	44.91	218.9	424.2	1.067	1.786	1.580	1.233
1.200	13.45	13.56	1115	46.55	220.8	424.5	1.073	1.784	1.589	1.247
1.240	14.59	14.70	1110	48.19	222.6	424.7	1.079	1.781	1.597	1.261
1.280	15.71	15.82	1105	49.85	224.4	424.9	1.085	1.779	1.606	1.275
1.320	16.80	16.91	1100	51.52	226.1	425.1	1.091	1.777	1.614	1.289
1.360	17.87	17.98	1095	53.21	227.8	425.3	1.097	1.775	1.623	1.303
1.400	18.91	19.02	1090	54.90	229.5	425.4	1.103	1.773	1.632	1.318
1.440	19.93	20.04	1085	56.60	231.2	425.6	1.108	1.771	1.641	1.333
1.480	20.93	21.04	1081	58.32	232.8	425.7	1.113	1.769	1.650	1.347
1.520	21.91	22.02	1076	60.05	234.4	425.8	1.119	1.768	1.659	1.362

（续）

压力 /MPa	沸点 /℃	露点 /℃	液体密度 /(kg/m³)	气体密度 /(kg/m³)	液体比焓 /(kJ/kg)	气体比焓 /(kJ/kg)	液体比熵 /[kJ/ (K·kg)]	气体比熵 /[kJ/ (K·kg)]	液体比热容 /[kJ/ (K·kg)]	气体比热容 /[kJ/ (K·kg)]
1.560	22.87	22.98	1071	61.80	236.0	425.9	1.124	1.766	1.669	1.378
1.600	23.81	23.93	1067	63.55	237.5	426.0	1.129	1.764	1.678	1.393
1.640	24.74	24.85	1062	65.33	239.1	426.1	1.134	1.762	1.688	1.409
1.680	25.64	25.76	1058	67.11	240.6	426.2	1.139	1.760	1.698	1.425
1.720	26.53	26.65	1053	68.91	242.1	426.2	1.144	1.758	1.708	1.441
1.760	27.41	27.52	1049	70.72	243.6	426.3	1.149	1.757	1.718	1.458
1.800	28.27	28.38	1044	72.55	245.0	426.3	1.154	1.755	1.728	1.475
1.900	30.36	30.47	1034	77.19	248.6	426.3	1.165	1.751	1.755	1.518
2.000	32.37	32.48	1023	81.93	252.1	426.3	1.176	1.746	1.783	1.564
2.100	34.30	34.42	1012	86.78	255.5	426.2	1.187	1.742	1.812	1.612
2.200	36.16	36.28	1002	91.75	258.8	426.1	1.197	1.738	1.844	1.664
2.300	37.97	38.08	991.2	96.83	262.0	425.8	1.207	1.734	1.877	1.718
2.400	39.71	39.82	980.8	102.0	265.2	425.6	1.217	1.730	1.912	1.777
2.500	41.40	41.51	970.4	107.4	268.3	425.2	1.227	1.726	1.950	1.839
2.600	43.03	43.15	960.0	112.9	271.4	424.8	1.236	1.722	1.991	1.907
2.700	44.62	44.73	949.6	118.6	274.4	424.4	1.246	1.717	2.034	1.980
2.800	46.16	46.27	939.1	124.4	277.4	423.9	1.255	1.713	2.082	2.059
2.900	47.67	47.78	928.6	130.4	280.4	423.3	1.264	1.709	2.133	2.146
3.000	49.13	49.24	918.1	136.6	283.3	422.6	1.272	1.705	2.190	2.241
3.100	50.55	50.66	907.4	143.0	286.2	421.9	1.281	1.700	2.252	2.346
3.200	51.94	52.04	896.6	149.7	289.1	421.2	1.290	1.696	2.320	2.463
3.300	53.30	53.40	885.6	156.6	292.0	420.3	1.298	1.691	2.397	2.594
3.400	54.62	54.72	874.4	163.8	294.8	419.4	1.306	1.686	2.483	2.742
3.500	55.91	56.01	863.0	171.4	297.7	418.4	1.315	1.682	2.581	2.911
3.600	57.17	57.26	851.4	179.2	300.6	417.3	1.323	1.677	2.692	3.105
3.700	58.41	58.50	839.4	187.5	303.5	416.1	1.332	1.671	2.822	3.330
3.800	59.61	59.70	827.1	196.3	306.4	414.9	1.340	1.666	2.974	3.596
3.900	60.79	60.88	814.3	205.6	309.3	413.4	1.348	1.660	3.156	3.915
4.000	61.95	62.03	800.9	215.4	312.3	411.9	1.357	1.654	3.377	4.305

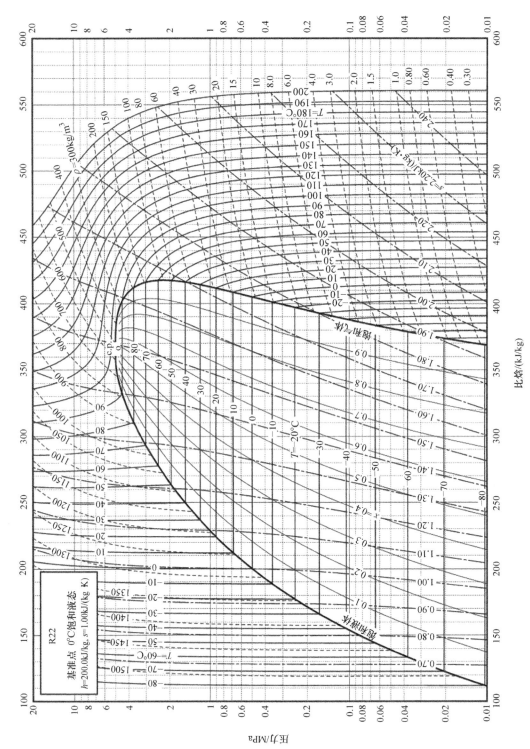

比焓/(kJ/kg)

压力/MPa

图 C-1　R22 压焓图

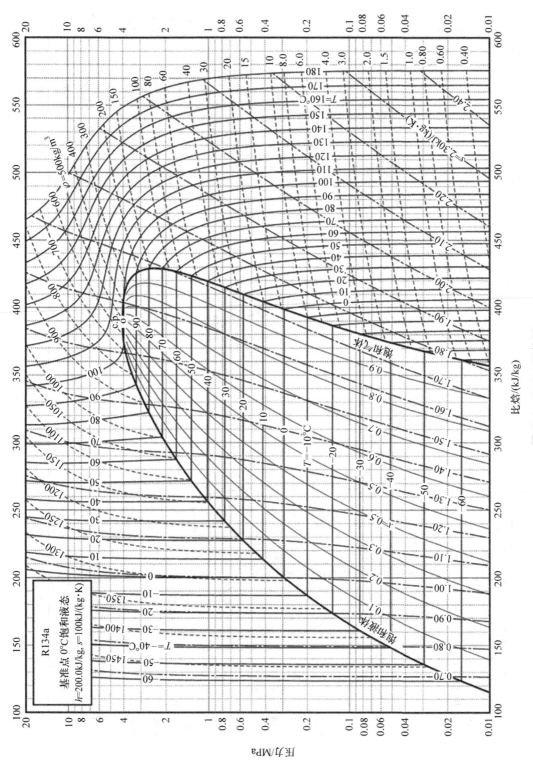

图 C-2　R134a 压焓图

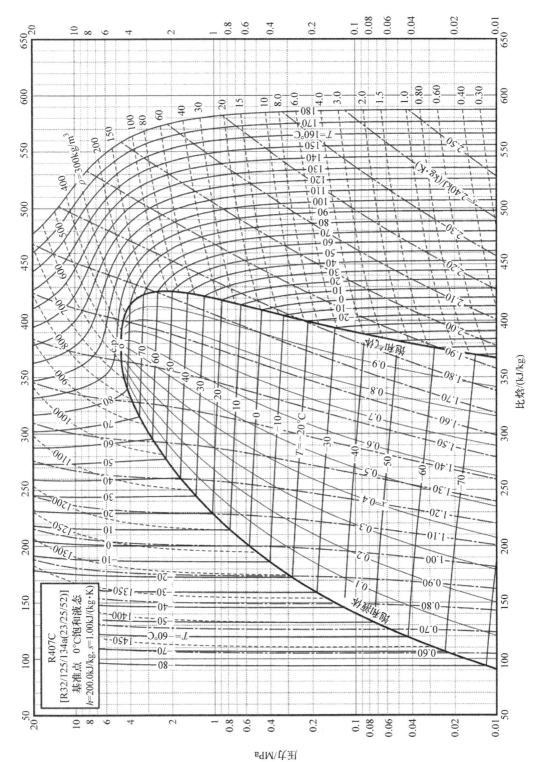

图 C-3 R407C 压焓图

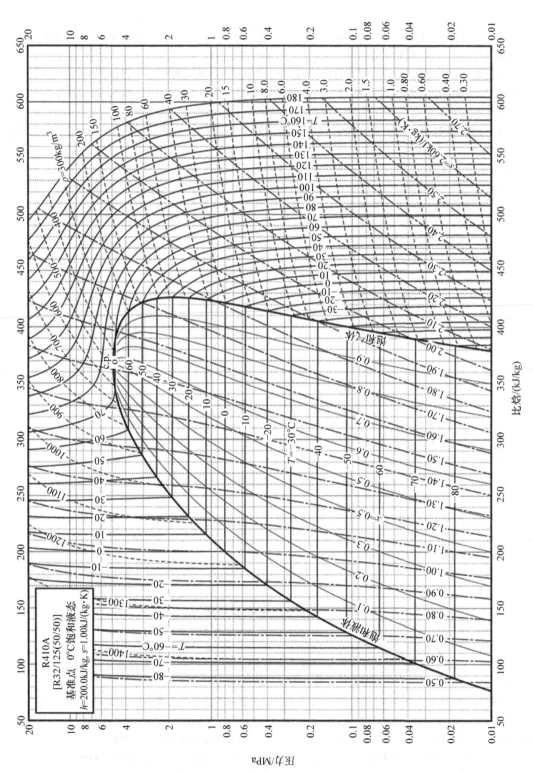

图 C-4　R410A 压焓图

参 考 文 献

[1] 蒋能照，刘道平. 水源·地源·水环热泵空调技术及应用 [M]. 北京：机械工业出版社，2007.

[2] 姚杨，马最良. 浅议热泵定义 [J]. 暖通空调，2002，32（3）：33.

[3] 中国建筑节能协会能耗统计专业委员会. 中国建筑能耗研究报告（2016年）[R]. 上海：2016.

[4] 计军平，马晓明. 中国温室气体排放增长的结构分解分析 [J]. 中国环境科学，2011，31（12）：2076－2082.

[5] 孙建卫，赵荣钦，黄贤金，等. 1995—2005年中国碳排放核算及其因素分解研究 [J]. 自然资源学报，2010（8）：1284－1295.

[6] Bouma J W J. 热泵技术的国际发展趋势 [J]. 制冷技术，1988（3）：19－21.

[7] 杨灵艳，徐伟，朱清宇，等. 国际热泵技术发展趋势分析 [J]. 暖通空调，2012，42（8）：1－8.

[8] 徐邦裕，陆亚俊，马最良. 热泵 [M]. 北京：中国建筑工业出版社，1988.

[9] 姚杨，姜益强，马最良，等. 水环热泵空调系统设计 [M]. 2版. 北京：化学工业出版社，2011.

[10] 马最良，杨自强，马光昱. 我国热泵空调发展的回顾与展望 [A]. 《暖通空调新技术》编委会. 暖通空调新技术2 [C]. 北京：中国建筑工业出版社，2000：24－27.

[11] 姚行健，孙利生，张昌. 空气调节用制冷技术 [M]. 北京：中国建筑工业出版社，1996.

[12] 张昌，叶锋. 新型制冷剂热物理性质研究与应用现状 [J]. 流体机械，2005，33（10）：81－86.

[13] 曹德胜，史琳. 制冷剂使用手册 [M]. 北京：冶金工业出版社，2003.

[14] 孙维栋，张鹏，张昌. R1234yf/R134a二元混合工质的热物理性质 [J]. 流体机械，2017，45（8）：78－83.

[15] 孙维栋，张鹏，张昌. R1234yf汽车空调制冷剂的理论循环性能分析 [J]. 制冷与空调，2016，16（10）：33－37.

[16] 刘自放，张廉均，邵丕红. 水资源与取水工程 [M]. 北京：中国建筑工业出版社，2000.

[17] 辛长平. 溴化锂吸收式制冷机实用教程 [M]. 北京：电子工业出版社，2004.

[18] 陈东，谢继红. 热泵技术及其应用 [M]. 北京：化学工业出版社，2006.

[19] 刘志强. 空气源热泵机组动态特性及性能改进研究 [D]. 长沙：湖南大学，2003.

[20] 龙惟定，范存养. 上海地区使用风冷热泵冷热水机组的经济性分析 [J]. 暖通空调，1995，25（5）：3－7.

[21] 姜益强，姚杨，邓仕明，等. 空气源热泵冷热水机组的选择 [J]. 暖通空调，2003，33（6）：30－33.

[22] 马最良，吕悦，《工程建设与设计》杂志社. 地源热泵系统设计与应用 [M]. 2版. 北京：机械工业出版社，2014.

[23] 美国制冷空调工程师协会. 地源热泵工程技术指南 [M]. 徐伟，等译. 北京：中国建筑工业出版社，2001.

[24] 张银安，李斌. 开式地表水地源热泵系统的应用分析 [J]. 暖通空调，2007，37（9）：99－104.

[25] 袁东立. 水源热泵设计图集 [M]. 北京：中国建筑工业出版社，2006.

[26] 于奎明. 海水源热泵机组在建筑中的应用 [J]. 中国建设信息供热制冷，2007（4）：49－50.

[27] 孙风岭，陈超，冯磊. 地下水源热泵空调系统及其工程设计 [J]. 建筑热能通风空调，2005（8）：58－62.

[28] 付圣东，等. 地表水源热泵系统若干问题分析 [J]. 制冷空调与电力机械，2007（1）：64－76.

[29] 薛玉伟，等. 地下水水源热泵的水源问题研究 [J]. 能源与工程，2003（2）：10－13.

[30] 徐伟. 可再生能源建筑应用技术指南 [M]. 北京：中国建筑工业出版社，2008.

[31] 徐伟. 中国地源热泵发展研究报告（2008）[M]. 北京：中国建筑工业出版社，2008.

[32] 朱名世. 污水源热泵中心能源站设计研究 [J]. 建材与装饰，2003（18）：200－201.

［33］MARTIN M A, DURFEE D J, HUGHES P J. Comparing maintenance costs of geothermal heat pump systems with other HVAC systems in Lincoln Public Schools: Repair, service, and corrective actions ［J］. ASHRAE Transactions, 1999 (1): 1208 – 1215.

［34］MARTIN M A, DURFEE D J, HUGHES P J. Comparing maintenance costs of geothermal heat pump systems with other HVAC systems: Preventive maintenance actions and total maintenance costs ［J］. ASHRAE Transactions, 2000 (1): 408 – 423.

［35］范蕊. 土壤蓄冷与热泵集成系统地埋管热渗耦合理论与实验研究 ［D］. 哈尔滨: 哈尔滨工业大学, 2006.

［36］BALL D A, FISCHER R D, et al. Design methods for ground – source heat pumps ［J］. ASHRAE Transactions, 1983 (2): 416 – 440.

［37］SVEC O J, GOODRICH L E, PALMER J H L. Heat transfer characteristics of in – ground heat exchangers ［J］. Energy & Research, 1983 (7): 265 – 278.

［38］李新国, 赵军, 朱强. 地源热泵供暖空调的经济性 ［J］. 太阳能学报, 2001, 22 (4): 418 – 421.

［39］DAVID R D. Geothermal system for school ［J］. ASHRAE Journal, 1998 (5): 52 – 54.

［40］MEI V C, FISCHER S K. Vertical concentric tube ground coupled heat exchangers ［J］. ASHRAE Transactions, 1983 (2) : 391 – 406.

［41］CANE R L D, CLEMES S B. Comparison of measured and predicted performance of a ground – source heat pump system in a large building ［J］. ASHRAE Transactions, 1995 (2): 1081 – 1087.

［42］KAVANAUGH, STEVE. Water loop design for ground – coupled heat pumps ［J］. ASHRAE Journal, 1996 (5): 43 – 47.

［43］BOSE J E, PARKER J D, MCQUISTON F C. Design/data manual for closed – loop ground – coupled heat pump systems ［R］. Oklahoma State University for ASHRAE, 1985.

［44］Caneta Research Inc. Commercial/institutional ground – source heat pumps enginnering manual ［J］. ASHRAE, Atlanta, 1995.

［45］MEI V C, BAXTER V D. Performance of a ground – coupled heat pump with multiple dissimilar U – tube coils in series ［J］. ASHRAE Transactions, 1986, 92 (2): 22 – 25.

［46］YAVUZTURK C, SPITLER J D, REES S J. A transient two – dimensional finite volume model for the simulation of vertical U – tube ground heat exchangers ［J］. ASHRAE Transactions, 1999, 105 (2): 465 – 474.

［47］KAVANAUGH S P, LAMBERT S E. A bin method energy analysis for ground – coupled heat pumps ［J］. ASHRAE Transactions, 2004 (1): 535 – 542.

［48］CANE R L D, FORGAS D A. Modeling of ground – source heat pump performance ［J］. ASHRAE Transactions, 1991, 97 (1): 909 – 925.

［49］DEERMAN J D, KAVANAUGH S P. Simulation of vertical U – tube ground – coupled heat pump systems using the cylindrical heat source solution ［J］. ASHRAE Transactions, 1991, 97 (1): 287 – 295.

［50］MEI V C, FISCHER S K. Vertical concentric tube ground – coupled heat exchanger ［J］. ASHRAE Transactions, 1983 (2): 391 – 406.

［51］MURAYA N K, O'NEAL D L, HEFFINGTON W M. Thermal interference of adjacent legs in a vertical U – tube heat exchanger for a ground – coupled heat pump ［J］. ASHRAE Transactions, 1996, 102 (2): 12 – 21.

［52］ROTTMAYER S P, BECKMAN W A, MITCHELL J W. Simulation of a single vertical U – tube ground heat exchanger in an infinite medium ［J］. ASHRAE Transactions, 1997, 103 (2): 651 – 659.

［53］METZ P D. A simple computer program to model three – dimension underground heat flow with realistic boundary conditions ［J］. Journal of Solar Enerny Engineering, 1983 (105): 42 – 49.

［54］LEI T K. Development of a computational model for a ground – coupled heat exchanger ［J］. ASHRAE Transactions, 1993, 99 (1): 149 – 159.

[55] BOSE J E, SMITH M D, SPITLER J D. Advances in ground source heat pump systems an international overview [C]. Proceedings of the Seventh International Energy Agency Heat Pump Conference, 2002: 313 – 324.

[56] HELLSTRON G. Ground heat storage: Thermal analysis of duct storage systems [D]. Lund: University of Lund, Sweden, 1991.

[57] ZHANG Q, MURPHY W E. Measurement of thermal conductivity for three borehole fill materials used for GSHP [J]. ASHARE Transaction, 1997, 106 (2): 434.

[58] JONES W V, BEARD J T, RIBANDO R J. Thermal performance of horizontal closed – loop ground – coupled heat pump systems using flowable – fill [C]. Proceedings of the Intersociety Energy Conversion Engineering Conference, 1996 (2): 748 – 754.

[59] ALLAN M L, KAVANAUGH S P. Thermal conductivity of cementitious grouts and impact on heat exchanger length design for ground source heat pumps [J]. HVAC & R Research, 1999, 5 (2): 87 – 98.

[60] KAVANAUGH S P, ALLAN M L. Testing of thermally enhanced cement ground heat exchanger grouts [J]. ASHRAE Transactions, 1999, 105 (1): 446 – 450.

[61] 王向岩, 马伟斌, 等. 超强吸水树脂与原土混合作为地源热泵回填材料的实验研究 [J]. 暖通空调, 2006, 36 (6): 108 – 110.

[62] KAVANAUGH S P. Field tests for ground thermal properties——methods and impact on ground – source heat pumps design [J]. ASHRAE Transactions, 1998, 104 (2): 347 – 355.

[63] CONRAD O P, SHAFIUR R M. Heat pump dehumidifier drying of food [J]. Trends in Food Science and Technology, 1997 (8): 75 – 79.

[64] 余克明, 王崎. 热泵干燥技术的发展及其应用的前景 [J]. 能源技术, 2000 (1): 36 – 37.

[65] 张绪坤, 毛志怀, 熊康明, 等. 热泵干燥技术在食品工业中的应用 [J]. 食品科技, 2004 (11): 11 – 13.

[66] 刘贵珊, 何建国, 韩小珍, 等. 热泵干燥技术的应用现状与发展展望 [J]. 农业科学研究, 2006, 27 (1): 46 – 49.

[67] 胡长春, 余克明, 周斌, 等. 热泵粮食种子干燥装置研制 [J]. 能源技术, 1996 (2): 26 – 33.

[68] 薛志成. 热泵及其在农副产品干燥中的应用 [J]. 实用新技术, 2002 (5): 24.

[69] 郑春明. 热泵在农副产品干燥中的应用 [J]. 中国农机化, 1997 (增刊): 309 – 313.

[70] 谢英柏, 宋蕾娜, 杨先亮. 热泵干燥技术的应用及其发展趋势 [J]. 农机化研究, 2006 (4): 12 – 15.

[71] 贺益英. 关于火、核电厂循环冷却水的余热利用问题 [J]. 中国水利水电科学研究学报, 2004, 2 (4): 315 – 320.

[72] 王锡生. 吸收式热泵在工业中的应用 [J]. 节能, 1997 (7): 10 – 15.

[73] 杨秀美. 采用空气源热泵的学校集中热水供应系统 [J]. 煤气与热力, 2006, 26 (10): 63 – 64.

[74] 王海霞, 毕文峰. 低温储粮技术探讨 [J]. 粮食流通技术, 2007 (2): 34 – 39.

[75] 李志远, 胡晓静. 热泵在食品工业中的应用 [J]. 广州食品工业科技, 1999, 15 (2): 39 – 40.

[76] 蒋安元. 热泵蒸发和热泵蒸煮在板蓝根生产中的应用 [J]. 化学世界, 2001 (9): 501 – 502.

[77] 江浩, 张微, 顾杰. 热泵在蒸馏过程中的应用 [J]. 油气田地面工程, 1999, 18 (6): 23 – 25.

[78] 尹辉. 热泵在低温热回收项目中的应用 [J]. 石油化工设计, 2013, 30 (3): 52 – 54.